Promenade dialectique dans les sciences

Collection Histoire des sciences
dirigée par Philippe Fauvernier

www.editions-hermann.fr

ISBN : 978 2 7056 8272 9

ÉVARISTE SANCHEZ-PALENCIA

Promenade dialectique dans les sciences

hermann

Depuis 1876

Avertissement

Certains lecteurs pourraient être étonnés, voire troublés, par ce texte peu conforme à la ligne éditoriale traditionnelle des Éditions Hermann. L'auteur s'explique dans son introduction sur le style rédactionnel (véhément, inégal, contrasté, faisant souvent appel au langage parlé) qu'il a choisi pour véhiculer un message original sur des sujets souvent ardus et controversés. Le lecteur sera seul juge de la pertinence de ces choix.

Introduction

Ce livre est dédié à la mémoire du Petit Prince, dont la perspicace naïveté fait l'un des philosophes les plus profonds du XXe siècle, promis à un bel avenir par les temps qui courent, temps d'aliénation et d'anesthésie, comme sont presque tous les temps.

Bien qu'étant scientifique de profession, j'ai toujours aimé l'histoire, celle des événements qui nous touchent, souvent récents, parfois plus anciens, pour ce qu'ils nous apprennent afin de comprendre le monde et les hommes. Je fais mienne la fameuse citation :

> Ceux qui ne se souviennent pas du passé sont condamnés à le revivre.

Je l'ai vue pour la première fois il y a plus de quarante ans, en exergue de « Le troisième Reich » de W. Shirer, qui l'attribue à G. Santayana. Je l'ai retrouvée par la suite (avec de petites variantes que l'on peut imputer aux traductions) comme étant de K. Marx voire de W. Goethe. En fin de compte, cette affaire de paternité est-elle très importante ? Je viens de dire que ce qui m'intéresse est de comprendre le monde et les hommes. L'Histoire est peut-être comme les sciences ; on dit que les découvertes ne sont pas faites par ceux que l'on croit, et d'après mon expérience, c'est souvent vrai. Je crois que la citation ci-dessus est vraie. Et pourtant, le passé ne revient jamais sous la même forme… Aussi n'ai-je pas été étonné de voir plus tard une autre citation, attribuée à Confucius, qui dit à peu près le contraire :

> L'expérience est une lanterne accrochée au dos qui n'éclaire que le chemin parcouru.

Ma foi… ce n'est pas faux ; peut-être pas complètement vrai, mais celle de Santayana/Marx/Goethe non plus…

Fort opportunément, il y a une autre citation très éclairante de N. Bohr :

> Le contraire d'une vérité triviale est une erreur stupide, mais le contraire d'une vérité profonde est toujours une autre vérité profonde.

Nous avons quitté le domaine de l'Histoire pour entrer dans celui de la philosophie, interprétée par un scientifique. Il a une chance que cela soit intéressant ! Non qu'à mon avis les scientifiques sont les mieux placés pour faire de la philosophie, mais peut-être pour faire de la philosophie… des sciences, l'épistémologie. Ne pensez surtout pas que je méprise les philosophes. De philosophes (comme de scientifiques), il y en a de toutes sortes, et ceux que j'admire ne manquent pas. Précisément, une partie de la philosophie, *la dialectique* parfois définie (probablement à tort) comme une théorie de la contradiction, offre une base intelligible et une portée assez générale à des phrases telles que celle de Bohr ci-dessus, sous réserve de donner un sens approprié au terme « vérité profonde ».

La dialectique n'est pas une logique avec des lois strictes, mais un cadre général dans lequel s'inscrivent les phénomènes évolutifs. Le temps y joue un rôle important, si bien qu'en général, la causalité n'est pas instantanée, mais plutôt différée ou cummulative (inertie), ce qui rend naturellement inopérant le principe logique du tiers exclu : une affirmation peut être vraie à un moment et pas à un autre.

Il est utile de considérer la contradiction comme opposition de tendances (antagonisme) entre les éléments impliqués dans un processus évolutif (et non comme impossibilité logique), ce qui donne lieu à l'un des principes de la dialectique, la « force créatrice de la contradiction » : Comme nous le verrons, ces tendances antagoniques induisent en général des phénomènes essentiellement dynamiques de nature cyclique ou vaguement périodique dont l'amplitude dépend fortement de la configuration de départ. D'autres principes concernent le passage du quantitatif au qualitatif et le dépassement de la contradiction. Il s'agit là, de toute évidence, d'un cadre (façon de penser les phénomènes naturels) propre à maîtriser la cohérence cachée de maintes situations (scientifiques ou autres) qui paraissent incongrues ou inintelligibles du point de vue de la logique.

Mon expérience de plus de quarante ans comme chercheur m'a permis de réaliser comment une diversité de situations inattendues, voire insolites ou paradoxales, devenaient intelligibles ou du moins abordables en mettant la dialectique comme toile de fond. Cela concernait aussi bien mon propre domaine de recherche (mathématiques appliquées à la mécanique des solides élastiques et des fluides) que les brèves incursions que j'ai pu faire dans d'autres domaines pour me tenir informé de l'évolution générale du panorama des connaissances. Mais c'est surtout la sociologie et la psychologie de la recherche, les modes de production des connaissances, si éloignés d'une logique communément admise mais très peu convaincante, qui peuvent trouver dans la dialectique un cadre permettant une ébauche de cohérence. Aussi me suis-je livré à une réflexion sur la science et la recherche qui devrait, me semble-t-il, être utile à d'autres que moi-même.

Ce livre constitue donc une sorte de visite des sciences à la lumière de la dialectique, mais il contiendrait aussi une approche originale, de la dialectique elle-même, sur des bases tirées des sciences, une description de ses principes en rapport direct avec les propriétés les plus élémentaires de la théorie des systèmes dynamiques. Précisément, cette approche m'a permis d'incorporer un nouveau principe de la dialectique, issu des phénomènes (assez généraux dans les systèmes d'une certaine complexité) de chaos déterministe. Un autre point, original à ma connaissance, est un nouveau traitement de certaines questions de théorie des jeux (concrètement le paradoxe du prisonnier), dont une nouvelle modélisation permet une vision bien plus proche de la réalité et moins... paradoxale. Il pourrait être utile de mettre ces résultats en rapport avec certaines questions de modélisation en économie.

Ce livre se situe à la croisée des chemins entre histoire des sciences commentées, vulgarisation scientifique et épistémologie. Il présente un ensemble de réflexions sans connexion évidente sur les sciences et sur la recherche. Pour dire ce que sont les sciences, de façon très simple et très élémentaire, pour faire connaître le monde de la recherche, avec ses grandeurs et ses misères, ses aventures incomparables, ses triomphes et ses échecs. Il y a des points d'histoire des sciences, choisis pour donner un contenu réel à des idées que l'abstraction rendrait difficilement compréhensibles. Ce choix n'est pas neutre : certains de ces points sont tellement paradigmatiques que l'abstraction en découle naturellement. Puisque la jeunesse voit le présent plongé dans l'intemporalité, le plus difficile est peut-être de faire comprendre aux jeunes, auxquels je m'adresse dans l'espoir d'éveiller des vocations, que le présent que nous vivons n'est que l'histoire de l'avenir.

Je m'adresse aussi aux non scientifiques, mais qui s'intéressent aux sciences. Un peu ce qu'on appelait ou XVIIIe (des Lumières) l'honnête homme, raccourci commode recouvrant un immense éventail de tempéraments, goûts, capacités, disponibilités, et surtout... curiosités. De nos jours la curiosité porte davantage sur la compréhension que sur la connaissance elle-même. Tous nous en savons probablement trop mais ne comprenons pas assez. En allait-il de même au XVIIIe siècle ? C'est probable. Toujours est-il que les philosophes, comme on disait à l'époque (les hommes des Lumières), avaient inventé un mode d'exposition, le conte philosophique, dont la clé de voûte était l'analogie ou la métaphore. Les aventures de tel ou tel personnage laissaient voir en filigrane quelque chose de bien plus profond et général qui n'était pas explicite, laissant au lecteur le soin de découvrir lui-même le message que se proposait de véhiculer l'auteur. Procédure très astucieuse qui, flattant les capacités cognitives du lecteur, lui faisait goûter à la démarche intellectuelle elle-même. Cette procédure, peut-être peu économe en temps, est très efficace pour comprendre le monde où nous vivons. Nous sommes submergés par l'information, ce qui nous manque le plus, c'est de la structurer, la synthétiser, la comprendre autant que possible par nous-mêmes.

Puisque le mouvement se démontre en marchant, j'ai essayé, dans la mesure du possible, d'effectuer de vrais raisonnements scientifiques, assez élémentaires certes, pour exposer certains points (c'est le cas des parties sur la dialectique et les faux problèmes ; j'ai même introduit un simulacre de recherche en mathématique pour en montrer le sens et le rôle de l'erreur). Cela reste assez limité, et de longues parties sont purement descriptives. Dans celles-ci, pour me faire comprendre, j'utilise souvent des analogies empruntées à des domaines non scientifiques, inspirées justement du conte philosophique. Cela conduit à un texte inégal, haché, avec des sauts de point de vue, de style, de sujet, truffé de renvois d'une partie à une autre. Mais la science (au sens de la science qui se fait, mais il n'y en a pas d'autre) est inégale, hachée, avec des sauts de point de vue, de style, de sujet, truffée de renvois d'une partie à une autre.

Tel lecteur (tel honnête homme) sera peut-être intéressé par certains des sujets traités, pas par d'autres. Il se peut aussi que, tout en étant intéressé par un sujet, il soit découragé de sa lecture par la prolixité d'explications superflues ou, au contraire, par l'appel à des raisonnements ou des connaissances qui lui sont étrangers. Qu'il n'en soit pas découragé ; ce livre n'est pas fait pour être lu de la première à la dernière page ; l'ordre des sujets est largement arbitraire, vous pouvez lire un paragraphe, un chapitre, la légende d'une figure, et passer à autre chose ; la science est une maison en chantier, où l'on construit, on démolit, on refait les fondations, tout en étant habitée. Ce livre aussi.

Je me suis interrogé sur la pertinence de ce type de présentation et son intelligibilité. Bien entendu, je ne sais pas faire autrement ; tout au plus, aurais-je pu supprimer quelques touches trop personnelles et les remplacer par un exposé plus conventionnel. Mais je m'en serais voulu de ne pas présenter les choses comme je les vois. Un jour, préoccupé par cette décision à prendre, je suis tombé sur le dernier numéro de *Classica* (n° 106, octobre 2008) ; en couverture j'ai vu la phrase : « Je me nourris de contradictions », qui renvoyait à une interview de la pianiste Hélène Grimaud. J'ai pensé : « bien sûr, tout le monde se nourrit de contradictions !... mais... Hélène Grimaud le sait ! » Vivement intéressé, j'ai feuilleté l'article, et une phrase m'a sauté aux yeux (page 45) : « Je vis dans la peur de décevoir.

Or, la vraie peur, la seule, c'est de se décevoir soi-même. » J'ai décidé de ne rien changer à mon mode de présentation ; ensuite, j'ai lu l'interview.

Le livre est organisé de la façon suivante :

Le chapitre I est consacré à l'exposition de divers exemples ponctuels de l'histoire des sciences illustrant le caractère paradoxal de la recherche, en contraste avec l'image simpliste du progrès.

Le chapitre II contient une définition ou interprétation de la science en tant que connaissance objective, approchée et perfectible de la nature. Commentaires sur l'idéalisme dans les sciences.

Le chapitre III est une digression sur quelques aspects de la pratique de la recherche, ses errements, le fétichisme des publications et la vie des chercheurs.

Le chapitre IV contient diverses remarques sur les interprétations en termes de causalité et finalisme et se termine par une comparaison entre la pensée scientifique et la pensée magique.

Le chapitre V est consacré à nos connaissances, issues des sciences cognitives, sur le fonctionnement du cerveau humain. L'accent est mis sur le caractère inconscient de la plupart de nos activités mentales et sur le problème du sens. Celui-ci est mis en rapport avec la psychologie de la forme (Gestalt). Le chapitre se termine par une description de l'activité cognitive dans la recherche scientifique.

Le chapitre VI est une description élémentaire des processus d'évolution dans le temps faisant intervenir plus d'un agent (systèmes dynamiques). Rôle du temps, de l'inertie et de l'antagonisme éventuel entre les divers agents en jeu. C'est le point de départ de l'interprétation de la dialectique du chapitre suivant. Indications sur le chaos déterministe.

Le chapitre VII est la mise en œuvre de la logique dans un contexte pratique et montre ses limitations, ouvrant la voie à la dialectique, schéma général où s'inscrivent les processus évolutifs. Les principes de la dialectique (notamment le passage du quantitatif au qualitatif et la force créatrice de la contradiction) sont décrits à la lumière des systèmes dynamiques (chapitre VI), incluant le phénomène du chaos déterministe. La description est illustrée ou commentée à l'aide d'exemples pris dans les sciences.

Le chapitre VIII est constitué de deux petits exemples de recherche scientifique. Le premier est fictif, puisqu'il retrace des recherches faites au XIXe siècle. L'accent est mis sur les erreurs, comment et pourquoi on les fait, leur nature et leur rôle dans la génération de nouveaux problèmes. Le deuxième est une pièce de recherche originale, un traitement détaillé du « dilemme du prisonnier » (exemple classique en théorie des jeux, qui se retrouve dans l'économie). Le raisonnement classique donne un résultat paradoxal. Un autre raisonnement aboutit à un autre résultat. Finalement, une étude plus générale, utilisant des méthodes entièrement différentes, fait comprendre la véritable nature du problème et les ambiguïtés ou incohérences de l'énoncé. C'est un exemple de processus dialectique : thèse (solution paradoxale classique) antithèse (autre résultat issu d'un autre raisonnement) et synthèse (étude générale et clarification de la question).

Le chapitre IX contient des commentaires très succincts sur la biologie et l'évolution. L'accent est mis sur le développement (mise en œuvre des gènes), qui dépend de bien des facteurs, dont l'environnement. En outre, des séquences de gènes sont déplacées, dupliquées, inhibées, activées... c'est le bricolage de l'évolution. Le chapitre se termine par une courte réflexion sur science et idéologies.

Le chapitre X a pour objet quelques remarques sur les mathématiques (statut des théorèmes et autres objets mathématiques, relations entre exact et approché, géométries non euclidiennes). L'accent est mis sur les modes opératoires et le rôle des conventions, prenant des distances avec les interprétations transcendantes.

Cette visite des sciences se termine par une courte coda, où sont repris certains éléments sous une forme différente.

I

Quelques coups d'œil sur l'histoire des sciences

Il est très difficile de faire comprendre la recherche scientifique et son développement à ceux qui n'en font pas eux-mêmes. Ce premier chapitre a un caractère liminaire ; il n'est nullement une histoire des sciences, il s'agit d'anecdotes ponctuelles ou paradigmatiques à son sujet, propres à illustrer ou préparer par des exemples réels certaines des idées-forces qui seront ensuite développées. Chacun de ces coups d'œil est, en principe, parfaitement autonome et présente un intérêt qui lui est propre.

I. LA DÉCOUVERTE DE NEPTUNE ET LE FIASCO DE VULCAIN

La mécanique céleste est l'un des chapitres de la science qui a le plus contribué à l'essor de la science moderne, à la montée en puissance des Lumières et au basculement dans la rationalité des mythes et légendes ataviques. Son prestige au début du XIXe siècle est immense. La loi de la gravitation de Newton (1643-1727) a fait largement ses preuves expliquant les mouvements du Soleil et des planètes de façon unifiée et, surtout, prédictive. Les éclipses de Lune et de Soleil, qui ont jadis tant alimenté des frayeurs et des croyances en une intervention transcendante dans les mouvements des corps célestes, sont prédites avec une anticipation et une précision remarquables.

Tout cela s'effectue avec la loi de la gravitation, qui conduit à des équations différentielles fort compliquées, dont on a trouvé des solutions assez simples correspondant au cas d'un corps céleste attiré par un point ou le mouvement de deux corps (un soleil et une planète ou une planète et une satellite) en attraction mutuelle. Le cas du système solaire entier est très complexe, les solutions étant toujours inconnues de nos jours [1]. Fort heureusement, les planètes sont petites par rapport aux dimensions du Soleil, si bien que le mouvement d'une planète, la Terre par exemple, autour de celui-ci peut être calculé et prédit avec une précision assez satisfaisante en négligeant la présence des autres corps célestes. Une meilleure précision exige la prise en compte de la présence et des mouvements des grosses planètes, Jupiter et Saturne, dont les mouvements ne sont (pour la même raison) connus qu'approximativement. On s'en tire en faisant des corrections successives d'approximation croissante ; la « théorie des perturbations » permet de réduire et optimiser ces calculs, les rendant viables au prix d'une quantité de travail parfois titanesque.

Les progrès de l'optique pendant le XVIIIe siècle ont permis la construction de télescopes permettant une meilleure observation des planètes et d'apercevoir nombre d'étoiles invisibles à l'œil nu. En 1781, William Herschel (1738-1822) découvre ainsi une nouvelle planète du système solaire, Uranus, qui s'ajoute à celles connues depuis l'antiquité. Elle est désormais la planète la plus éloignée du Soleil. Son orbite est immédiatement calculée, puis corrigée en tenant compte des perturbations de Jupiter et Saturne, ce qui rend possible la construction de tables prédisant les positions futures d'Uranus. Mais on s'aperçoit plus tard qu'Uranus n'est pas au rendez-vous des prédictions.

Que se passe-t-il ? La théorie classique de la gravitation ne serait-elle pas exacte, ce qui fausserait les calculs de la théorie des perturbations ? Ce n'est pas impossible ; après tout, le périhélie de Mercure a aussi des mouvements inexpliqués. D'autre part, Uranus n'était pas connu avant ; il se peut bien qu'il existe d'autres planètes

---

1. Nous reviendrons sur ces questions à la section IV de ce chapitre.

inconnues dont il faille tenir compte pour étudier les perturbations dans ces parages éloignés du Soleil. La communauté des astronomes est partagée entre ces deux hypothèses. Alexis Bouvard (1767-1843) refait les calculs des perturbations, trouve des erreurs et les corrige... en vain. Les caprices du mouvement d'Uranus sont toujours enveloppés de mystère. Parmi ceux qui à cette époque se sont occupés du mouvement incontrôlé d'Uranus figurent, mis à part Bouvard, l'Allemand F.-W. Bessel (1784-1846) et le Britannique G.-B. Airy (1801-1892), ce dernier étant assez sceptique quant à l'existence d'une autre planète inconnue, d'ailleurs activement cherchée sans succès.

Nous en arrivons à 1843, où se produit un tournant : L'hypothèse d'une autre planète perturbatrice a fait son chemin ; il se peut bien qu'elle soit difficilement visible de par la nature de son sol, réfléchissant faiblement la lumière... Les observations d'Uranus sont désormais suffisamment nombreuses et précises pour avoir une bonne description de ses écarts par rapport à l'orbite prévue. On peut envisager la question sous une forme inédite : au vu des effets produits sur Uranus de l'hypothétique planète, que peut-on dire de celle-ci ? Cela s'appelle un problème inverse, *a priori* bien plus difficile que le problème de perturbation direct, et bien plus imprécis, puisque pouvant en général avoir plusieurs solutions. Cette difficile recherche est entreprise d'abord par le Britannique John Couch Adams (1819-1892), ensuite par le Français Urbain Le Verrier (1811-1877), qui utilisent des méthodes et des hypothèses simplificatrices[2] différentes.

Adams, (alors âgé de 24 ans) jeune étudiant à Cambridge, aborde la question en 1843. Il travaille pendant deux ans et détermine la masse et les éléments de l'orbite de l'hypothétique planète, qu'il communique le 1er novembre 1845 à Airy, directeur de l'observatoire de Greenwich (Astronomer Royal). D'après nos connaissances actuelles, il est permis de penser que ces éléments auraient été suffisants pour qu'une recherche systématique de la région correspondante du ciel mène à la découverte de la planète. Mais Airy, sceptique comme

2. Par exemple, le plan de l'orbite doit être proche de celui des autres planètes.

nous l'avons signalé, n'a pas donné suite à la lettre d'Adams et une telle recherche n'a pas été entreprise.

François Arago (1786-1853), directeur de l'observatoire de Paris, propose à Le Verrier d'aborder le problème. Celui-ci met au point une méthode plus efficace et précise, travaille d'arrache-pied et donne des résultats d'une précision croissante en trois communications à l'Académie des Sciences de Paris les 10 novembre1845, 1er juin 1846 et 31 août1846 (on note que la première communication de Le Verrier a été faite neuf jours après la lettre d'Adams à Airy). Mais une recherche systématique de la région concernée du ciel n'est toujours pas entreprise. Il faut reconnaître qu'une telle tâche n'était pas aisée : les étoiles n'étaient pas répertoriées, si bien que la nouvelle planète pouvait très bien être vue mais non identifiée en tant que telle ; elle pouvait être prise pour une étoile. Seule une comparaison entre deux observations à des dates différentes pouvait départager une planète (en mouvement par rapport à la voûte céleste) d'une étoile (fixe par rapport à celle-ci).

Fort heureusement, l'observatoire de Berlin, dirigé par J.-F. Encke (1791-1865), avait entrepris l'édition de cartes du ciel avec toutes les étoiles visibles à l'aide des instruments de l'époque. Sachant que l'observatoire de Berlin disposait de meilleurs instruments que celui de Paris, Le Verrier écrit le 18 septembre 1846 à l'astronome berlinois Johann Galle (1812-1910) le saisissant du problème. Cinq jours après, Galle reçoit la lettre et en défère à son supérieur Encke dont ce jour (23 septembre 1846) est la date d'anniversaire et qui est pris par une soirée mondaine ; il n'est pas question qu'il fasse des observations la nuit, mais il donne des instructions à Galle pour qu'il les fasse ; de toute façon, le temps est couvert sur Berlin, il n'y a pas lieu de s'attendre à des événements importants.

La nuit tombée, Galle, assisté du jeune astronome H.-L. d'Arrest (1822-1875), dirige son télescope vers la position signalée par Le Verrier et il parvient à voir le ciel entre deux nuages. Il y a des étoiles, c'est-à-dire des images ponctuelles, pas le disque caractéristique d'une (proche) planète. Se rappelant que des cartes du ciel étaient en préparation à l'observatoire même, d'Arrest cherche fébrilement la carte de cette région du ciel, dans la crainte de l'arrivée d'un nuage, et dans l'obscurité, pour ne pas gêner l'observation ; par un heureux hasard, la carte en question avait déjà été faite dans le programme de l'observatoire. La comparaison semble montrer une différence : le télescope décèle un point lumineux qui ne se trouve pas sur la carte ! Mais peu avant minuit, et avant d'avoir pu confirmer l'observation, le ciel se couvre définitivement. L'observatoire vit dans l'anxiété jusqu'à la nuit suivante. Le 24 septembre 1846, à l'approche de la nuit, le ciel est dégagé sur Berlin. La nouvelle planète est cherchée et retrouvée, à une position déplacée par rapport à celle de la nuit précédente : la différence des positions s'accorde avec la trajectoire prédite par Le Verrier.

Le retentissement de la découverte est immense, comme le prestige de ses auteurs et de la mécanique céleste. La suite est moins glorieuse. Une dure polémique s'instaure en Europe concernant la paternité de la découverte de la nouvelle planète. Doit-elle être attribuée à Galle, qui l'a vue, à Le Verrier qui a fourni les éléments pour la voir, ou à Adams, qui les avait donnés aussi, mais n'avait pas été écouté ? Arago défend naturellement Le Verrier, avec des accents lyriques : Le Verrier « a vu la planète du bout de sa plume », alors même que les sciences du calcul l'emportent sur celles de l'observation, reléguée au rôle de vérification ; un tel bouleversement ne peut être récompensé que par l'attribution du nom de Le Verrier à la nouvelle planète ! Finalement, la sagesse l'emporte et, suivant la tradition mythologique, elle s'appellera Neptune.

Cette histoire particulièrement instructive, montre le rôle des idées qui s'imposent progressivement grâce au travail de nombreux chercheurs. Le succès n'est venu que par une conjonction de circonstances, compétences et moyens complémentaires. La découverte de Neptune est généralement attribuée à Le Verrier et Galle, mais n'a été possible que dans le contexte d'une problématique imprégnant le milieu scientifique, contexte dans lequel Adams et beaucoup d'autres retrouvent leur place.

Les travaux d'Adams et de Le Verrier faisaient-ils double emploi ? L'un des deux a-t-il travaillé pour rien ? Rien n'est moins évident.

Il est établi à présent que les calculs de Le Verrier étaient bien supérieurs à ceux d'Adams, mais, comme nous l'avons signalé, il n'est pas impossible que les résultats d'Adams auraient suffi, si l'on avait fait le nécessaire. Est-ce la faute d'Airy ? Probablement pas. Airy n'était pas acquis à l'idée d'une nouvelle planète ; pourquoi aurait-il changé d'avis en recevant une lettre d'un jeune inconnu ? Tout haut responsable scientifique reçoit de nombreuses lettres et des travaux plus ou moins extravagants ou qui demandent vérification, impossibles à lire et à gérer autrement qu'en les jetant à la poubelle. On doit savoir que ce qui ressemble le plus à une œuvre géniale est une œuvre de fou. Airy l'ignorait-il ? Cela n'aurait pas changé grand-chose, le problème n'étant pas de savoir qu'il en est ainsi, mais comment déceler les œuvres géniales. En fait, il y en a vraiment très peu, et il est impossible d'établir des critères pour les déceler. Les génies sont très rares, aucun pareil à un autre. Parfois ils s'imposent par des voies détournées. Adams n'aurait pas dû s'adresser à Airy, c'est clair ; ce n'est pas une raison pour penser que cette erreur d'aiguillage ait frappé d'inutilité son travail. *Il est plus raisonnable de bien réaliser que, si génie il était, il n'était pas le seul, il y avait au moins Le Verrier, peut-être d'autres, et que si l'un ou l'autre n'avait pas existé, ou même les deux, l'orbite de Neptune aurait été vraisemblablement calculée par quelqu'un d'autre, puis Neptune elle-même vue lors d'une nuit dégagée sur un observatoire. Ou peut-être qu'elle aurait été vue sans que son orbite eût été calculée avant...*

Attention ! Nous venons de toucher un point du plus grand intérêt pour comprendre ce qu'est la science. *Cela s'était déjà produit !* On sait à présent que pendant le demi-siècle qui a précédé la *découverte* de Neptune elle a été vue au moins quatre fois, mais prise pour une étoile. La plus pittoresque d'entre elles est celle de Joseph de Lalande (1732-1807) qui, en mai 1795, l'a vue deux nuits consécutives, à deux positions différentes, ce qui correspondait à sa condition de planète, mais prise pour une étoile, la différence de position étant attribuée à une erreur d'observation. *Lalande manquait précisément du contexte nécessaire pour interpréter correctement ses propres observations. Non, ce n'est pas Lalande (ou un autre de ceux qui l'avaient vue) qui a découvert Neptune, mais ceux qui nous l'ont fait connaître dans sa condition de planète, intégrée et comprise au sein d'un réseau structuré.*

Quelle a été la suite de ces événements singuliers ? Le Verrier, nanti d'une éclatante gloire a régné de façon quasi despotique sur l'astronomie française, échafaudant des idées fantaisistes sur la possibilité de découvrir par le seul calcul des planètes de plus en plus éloignées du Soleil. Il n'en a rien été. Aucune nouvelle planète n'a été découverte jusqu'en 1930, où Pluton a été décelée comme les astéroïdes, par la photographie, une exposition avec une caméra dont le mouvement compense celui de la voûte céleste donne un point pour une étoile, un trait pour une planète ou un astéroïde. Pluton est très petite, sa faible masse est incapable de perturber de façon significative le mouvement des autres planètes, ce qui la rendait indécelable par la méthode de Le Verrier.

Mais le mouvement d'Uranus n'était pas la seule énigme de la mécanique céleste. Nous avons déjà signalé que le mouvement de Mercure, planète la plus proche du Soleil, échappait aussi à des prédictions correctes, notamment en ce qui concernait le calcul du mouvement de précession du périhélie de son orbite. Tout naturellement, Le Verrier conçoit l'existence d'une planète encore plus proche du Soleil, dont la présence perturberait le mouvement de Mercure. Mettant en œuvre une version modifiée de sa méthode, il donne le 12 septembre 1859 les éléments de l'orbite de l'hypothétique planète. Pour que cette fois-ci il n'y ait pas de controverse, tout est bien ficelé d'avance, même son nom est prévu : ce sera Vulcain. Activement recherchée par divers observatoires, surtout en France, elle n'a jamais été trouvée. À plusieurs reprises, on a cru l'apercevoir tout près du Soleil ; il s'agissait de taches solaires… Cette recherche a été petit à petit abandonnée et l'hypothétique Vulcain oubliée.

En 1915, Albert Einstein (1879-1955) donne une explication des anomalies du mouvement de Mercure basée sur des effets relativistes, totalement inconnus du temps de Le Verrier [3]. *Finalement, la théorie*

3. En fait, cette explication constituait la première vérification expérimentale de la théorie de la relativité.

de la gravitation de Newton n'était pas aussi exacte qu'on le pensait ; c'était l'autre hypothèse prise en considération du temps de Bouvard et Airy. La grande masse du Soleil modifie la courbure de l'espace dans les régions proches, là où voyage Mercure, pas dans les lointaines contrées où tournent Uranus et Neptune.

Qui avait raison, qui avait tort ? On ne peut donner que des réponses partielles, entachées de subjectivité et sujettes à de futurs changements. Le poème « Il n'y a pas d'amour heureux » de L. Aragon (1897-1982), popularisé par la chanson homonyme de George Brassens (1921-1981), nous apprend que « Rien n'est acquis à l'homme, ni sa force ni sa faiblesse »...

II. LES ÉQUATIONS DE MAXWELL

Nous venons de mentionner l'immense prestige de la mécanique céleste au XIXe siècle. Plus généralement, la mécanique de Newton (1643-1727) et ses développements, qui constituent la « mécanique rationnelle », est plus que prestigieuse, elle est le modèle idéal des sciences de la nature. Partant d'un minimum de données expérimentales, elle a atteint un degré de mathématisation qui la rend pratiquement aussi rigoureuse que la géométrie (avec les standards de rigueur de l'époque). Toutes les sciences physiques la prennent pour modèle et rêvent, lors d'un développement futur, de se hisser aux mêmes sommets de rigueur. Il convient de bien réaliser qu'il n'en a pas été toujours ainsi. L'acceptation de la mécanique de Newton a trouvé de fortes réticences, en raison principalement de la mise en œuvre de forces exercées à distance. Les forces, les actions des corps les uns sur les autres proviennent des contacts. Quelle était la nature de cette force, à nulle autre pareille, qui agissait sans toucher, comme un ordre, comme quelque chose d'immatériel ? Newton coupa court à ces réticences avec son fameux « hypotheses non fingo ». Une façon comme une autre d'évacuer la critique, de s'en tenir à l'empirisme en gardant l'efficacité de la théorie, précisément basée sur l'hypothèse de l'existence de cette force mystérieuse. Empirisme qui l'emporta rapidement sur ces réticences théoriques.

La mécanique est la reine des sciences de la nature aux XVIIIe et XIXe siècles.

L'électricité et le magnétisme, qui viennent plus tard que la mécanique, sont probablement plus difficiles et tardent à acquérir une structure systématique. Elles comportent aussi ces gênantes actions à distance, mais d'une façon plus complexe que la gravitation. L'électricité et le magnétisme de cette époque se ressemblent, tout en étant différents, et la multiplicité de ces actions à distance pose problème. Qui plus est, Christian Oersted (1791-1851) découvre un phénomène remarquable : un courant électrique en mouvement produit des effets magnétiques. Puis Michael Faraday (1791-1867) trouve que réciproquement, le mouvement d'un aimant engendre des courants électriques. Voici que ces actions à distance sont autre chose que des ordres ; elles interagissent, elles sont presque matérielles, tout en n'étant pas des corps et n'ayant pas de masse !

La mécanique des fluides (étude des mouvements des liquides et gaz) est très embryonnaire à cette époque, réduite pratiquement à quelques résultats concernant des fluides idéaux sans frottement (viscosité est le terme précis). Hermann von Helmholtz (1821-1894) avait établi des propriétés remarquables des tourbillons (portions du fluide comportant des rotations de particules fluides autour d'elles-mêmes), en particulier, que dans un fluide idéal ils ne pouvaient pas apparaître spontanément (parce que les actions de pression sur les particules, passant par leur centre d'inertie, ne peuvent modifier leur rotation).

Dans ce contexte, James Clerk Maxwell (1831-1879) publie son premier travail sur l'électricité : « On Faraday lines of force » en 1855. Il y présente des images hydrodynamiques lui permettant d'exprimer les lois connues de l'électromagnétisme dans un langage nouveau largement inspiré par la mécanique des fluides. Il montre en particulier l'analogie formelle entre électrostatique, magnétostatique et mouvement des fluides idéaux[4].

4. Cette analogie est en fait la structure d'un champ de vecteurs dont on connaît la divergence et le rotationnel (en particulier la loi de Biot et Savart).

Guidé par ces analogies, Maxwell publie en 1862 un important travail « On physical lines of force », portant sur une interprétation mécanique des phénomènes magnétiques. Le siège de ces phénomènes est l' « éther », matière idéale censée remplir l'espace. Selon Maxwell, il est essentiellement constitué de minuscules cellules qui, soumises à un champ magnétique, tournent toutes dans le même sens autour d'axes parallèles aux lignes de force de ce champ. La transmission de la rotation dans le même sens entre cellules adjacentes est assurée par de minuscules billes qui constituent l'électricité et jouent un rôle de roulements à billes. Cette structure microscopique de l'espace lui permet de donner des interprétations fort intéressantes des énergies magnétique et électrique du champ, respectivement assimilées aux énergies cinétique et potentielle de cellules et billes.

Il s'agit là, nous l'avons vu, d'une *explication des phénomènes électromagnétiques* en invoquant la présence d'une structure mécanique sous-jacente. Or, en acceptant la réalité effective de cette structure mécanique microscopique, Maxwell parvient à la conclusion que, dans le cas d'un milieu diélectrique (le vide, par exemple, ou un isolant), une variation dans le temps du champ électrique imposé de l'extérieur doit mettre en mouvement les petites billes d'électricité qui doivent à leur tour faire tourner les cellules magnétiques. L'effet sur le champ magnétique serait analogue à celui d'un courant électrique. C'est le *courant de déplacement de Maxwell* (égal à – dE/dt, E et t étant le champ électrique et le temps), *qui n'était pas connu phénoménologiquement.*

Les équations connues du champ électromagnétique dans le vide étaient

(1) rot H = 0

(2) rot E = dH/dt

où H et E sont les vecteurs champ magnétique et électrique et rot un opérateur de dérivation dans les variables d'espace exprimant un tourbillon (une rotation) local. L'adjonction du courant de déplacement de Maxwell conduirait aux équations

(3) dE/dt = -rot H

(4) dH/dt = rot E.

Lequel des deux systèmes était-il correct ? Le nouveau terme de courant de déplacement n'est qu'une conséquence d'une hypothétique structure mécanique du milieu. *A priori*, si l'on était certain de la justesse du système initial (1), (2), cela devrait conduire à invalider l'hypothèse. Mais il n'en est pas ainsi. Le terme dH/dt des équations (2) ou (4), qui n'est pas en litige, exprime l'induction magnétique, phénomène déjà signalé découvert par Faraday dans les décennies de 1820 et 1830, qui faisait toujours l'objet de recherches actives. L'électromagnétisme était loin d'être compris et maîtrisé, il y avait lieu de penser que d'autres phénomènes pourraient être découverts. Le nouveau terme de courant de déplacement était cohérent avec une certaine symétrie des équations ; c'était dans l'air du temps, où l'on avait déjà compris que les phénomènes électriques et magnétiques étaient intimement liés. Le courant de déplacement de Maxwell semblait donc une hypothèse très plausible, qui, au cas où elle serait confirmée, donnerait en même temps un nouveau type de phénomènes physiques et une explication de l'électromagnétisme sur une base mécanique.

La question était claire : le courant de déplacement existe-t-il bel et bien ou non ? Elle ne pouvait être tranchée que par des expériences, portant nécessairement sur des variations du champ électrique avec le temps et leurs conséquences. Une analyse fine de l'affaire montre que, pour être significatives, les variations avec le temps doivent être extrêmement rapides, pratiquement irréalisables avec les appareillages usuels des laboratoires de l'époque et la question demeura longtemps sans réponse…

Regardons bien les équations (3) et (4) issues de l'hypothèse de la structure mécanique. E et H sont les champs électrique et magnétique respectivement, dE/dt et dH/dt leurs variations par unité de temps (à chaque point de l'espace). Même si l'on ne sait pas très bien ce que signifie rot, une chose est claire : puisque l'équation (3) contient un signe – au second membre, qui n'existe pas dans l'équation (4), les variations par unité de temps de chacun des champs E et H dépendant de l'autre champ, mais pas de la même façon, *E réagit à H exactement à l'inverse de la façon dont H réagit à E*. J'ai dit plus haut que le courant de déplacement était cohérent avec une certaine symétrie des équations ; en fait, c'est le contraire, cela s'appelle une *antisymétrie.*

Le système formé par les deux équations (3) et (4) qui définit l'évolution dans le temps du champ électromagnétique entre dans le cadre d'un ensemble très large de systèmes d'évolution dans le temps, bien connus des mathématiques actuelles [5], dont le modèle élémentaire est le système prédateur/proie, qui sera largement étudié et commenté (chapitre VI, en particulier section I.1). *La propriété fondamentale de ces systèmes est de définir une évolution temporelle de type cyclique faisant intervenir une énergie qui est exactement conservée le long de l'évolution, si bien que le processus cyclique ne s'annule jamais une fois qu'il est commencé* [6]. Le système pré-maxwellien (1), (2) n'entre pas dans ce cadre.

Sur la base du système d'équations (3), (4), Maxwell prédit l'existence d'ondes de nature électromagnétique se propageant à une vitesse proche de celle de la lumière [7]. La description détaillée des multiples recherches qui ont suivi sortirait du cadre de ce « coup d'œil ». Je me limiterai à signaler que *la vérification expérimentale de la validité des équations (3), (4) (et donc de l'existence du courant de déplacement de Maxwell) est venue des expériences de H.-R. Hertz (1857-1894) en1888 (neuf ans après la mort de Maxwell) prouvant l'existence et la propagation des ondes électromagnétiques* (de la radio, initialement, mais aussi de la lumière, radar et autres).

---

5. Pour les spécialistes : systèmes avec générateur infinitésimal antiadjoint. Les solutions forment un groupe unitaire dans la norme de l'espace (théorème de Stone). Il y a des versions non-linéaires de ce théorème.

6. Cette propriété fondamentale garde un rapport avec le principe dialectique de la « force créatrice de la contradiction » (chapitre VII, section VIII.3).

7. Il est facile d'obtenir des équations (3) et (4), compte tenu que dans le vide E et H sont des vecteurs de divergence nulle, l'équation des ondes pour E aussi bien que pour H.

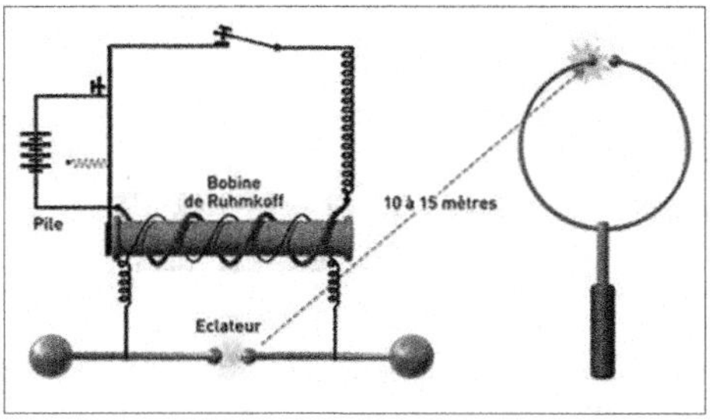

Fig. 1. Expérience de Hertz en 1888 prouvant l'existence réelle des ondes électromagnétiques prédites par Maxwell : Hertz réalise un oscillateur à l'aide d'une bobine et d'un condensateur composé de deux sphères. Les oscillations du courant électrique dans ce dispositif sont à l'origine d'une onde qu'il détecte avec un petit résonateur composé d'un anneau métallique presque refermé. Le courant créé par l'onde dans cette antenne provoque une étincelle.

Ainsi donc, *le courant de déplacement de Maxwell, dont la découverte est issue d'une hypothétique structure mécanique du milieu, existe bel et bien. Mais la structure mécanique elle-même a été abandonnée depuis.* Le concept et le terme même d'éther (ainsi d'ailleurs que les tourbillons et corpuscules) ont disparu depuis longtemps de la terminologie scientifique. Cet éther était quelque chose d'étrange. Dans l'air, la vitesse de propagation des ondes sonores en est une propriété, égale à la racine carrée du quotient de son coefficient de rigidité par sa densité. La vitesse de propagation des ondes électromagnétiques étant presque un million de fois plus grande que celle du son dans l'air, l'« éther » devrait être extrêmement rigide ou léger, ou les deux choses à la fois ! Vraiment très difficile à concevoir, mais surtout *inutile, le concept d'éther a été abandonné*[8] *; les ondes électromagnétiques sont devenues de nos jours un mouvement vibratoire… du vide : conceptuellement incompréhensible mais efficace… Démarche analogue au « hypotheses non fingo » de Newton.*

8. Il y a eu d'autres raisons plus tard, notamment l'incompatibilité avec la relativité.

III. LA PASSION ET LA MORT DE SEMMELWEIS

Vous savez parfaitement que l'espérance de vie des femmes est sensiblement supérieure à celle des hommes. Il y a de grandes différences de nos jours entre les divers pays, et, à l'intérieur d'un pays, entre les classes sociales, mais à l'intérieur de ces groupes, les femmes affichent toujours une longévité nettement supérieure à celle des hommes. Toujours ? Non, pas vraiment ; c'est vrai pour les statistiques modernes, des XXe et XXIe siècles. Avant, tout semble indiquer que la différence était minime (« Tout semble indiquer » parce que les statistiques étaient inexistantes ou peu fiables). À titre d'exemple, en France, la probabilité pour un nouveau-né d'atteindre l'âge de 60 ans était en 1985 de 80 % pour les garçons et de 91 % pour les filles, mais, en 1825, les chiffres correspondants étaient 36 % et 37 % respectivement. On constate que, pendant le XIXe siècle, l'augmentation de l'espérance de vie a été sensiblement plus importante pour les femmes que pour les hommes.

Que s'est il passé au cours du XIXe siècle ? Je cite quelques lignes du livre d'où j'ai pris les données statistiques qui précèdent[9] :

> Les grandes épidémies de choléra du XIXe siècle font prendre conscience de l'importance de la propreté de l'eau et de l'évacuation des déchets. On commence la construction des égouts au milieu de grandes polémiques. À la fin du XIXe les découvertes de Pasteur sont à l'origine du tournant fondamental de la condition humaine. La notion de contagion s'impose : les maladies infectieuses ne viennent pas de l'organisme, elles viennent de l'extérieur, on peut se protéger contre elles par l'hygiène et la vaccination.

On aurait pu associer Lister à Pasteur et « asepsie » à « hygiène », mais les éléments sont là. Néanmoins l'énigme reste entière ; pourquoi tout cela a-t-il profité aux femmes davantage qu'aux hommes ?

9. Tubiana, M. [2003], page 65. Les statistiques se trouvent à la page 64.

Il y a un siècle et demi ou deux, tout ce qui touche à la naissance et la maternité avait un statut sociologique entièrement différent de l'actuel. Mal comprise et mal maîtrisée, la maternité est à cette époque entourée de mystère et de hasard. Siège de souffrance et de joie, l'accouchement est perçu comme un moment privilégié du rapport au transcendant. Bien des femmes meurent en couches, emportées par la fièvre puerpérale. Nous savons aujourd'hui qu'il s'agit d'une infection des blessures naturelles de l'accouchement par le streptocoque. Mais à l'époque, l'infection est inconnue, encore plus le streptocoque. Les maladies, les fièvres, frappent au hasard et emportent les vies à tout âge. C'est triste ou tragique, on s'en console, la vie est ainsi faite. La fièvre puerpérale est une fièvre comme une autre, que dis-je, bien moins injuste que les autres. C'est une sorte de péage que les femmes paient pour donner la vie. La mortalité est énorme, fluctuant en général entre 3 et 6 femmes décédées pour 100 naissances. Calculez le risque encouru par une mère de 5 ou 6 enfants, chiffre normal à l'époque, nécessaire même pour maintenir la démographie, tant la mortalité enfantine est élevée. Mais *cela n'émeut personne, les femmes jouissent d'un immense privilège et elles en payent le tribut. C'est une loi de vie, et c'est même juste.* Juste ?... peut-être dans l'abstrait ; ce n'est pas tout à fait l'opinion des accouchées, frappées par l'arbitraire d'une sinistre loterie ! Ces éléments sont absolument nécessaires pour comprendre comment ont pu avoir lieu les événements qui suivent.

Nous sommes à Vienne en février 1846. L'Autriche ou la France, cela ne change pas grand-chose aux statistiques qui précèdent. Ignaz Philipp Semmelweis (1818-1865), jeune médecin hongrois, veut faire carrière dans les prestigieux hôpitaux de la capitale impériale. Il trouve une place d'assistant à la clinique obstétrique de l'Hôpital Général, dirigée par Johann Klein (1788-1856), lequel était reconnu comme une nullité scientifique. Cela ne constitue pas, comme on pourrait le penser, une véritable tare. Tout scientifique, y compris les génies (surtout les génies), a été considéré à un moment ou un autre, ou par certains, comme une nullité. Qui plus est, « scientifique » avait à l'époque un sens bien différent de l'actuel ; nous aurons l'occasion de le voir. Et puis, la médecine relève autant de l'art que de la science. Bref, il ne faut pas y attacher beaucoup d'importance ni en tirer des conséquences. Bien plus significatif pour situer son environnement est le fait que Klein était habile et ambitieux, bien introduit à la cour impériale et ami intime du baron Sommaruga, ministre de l'Éducation. Justement, Klein avait accédé à la direction de l'hôpital en réussissant à faire mettre son prédécesseur à la retraite anticipée.

La clinique était divisée en deux sections, la première, dirigée par Klein en personne, était desservie par des étudiants en médecine, la deuxième par des sages-femmes. Il était du domaine public que la mortalité par fièvre puerpérale était bien plus élevée dans la section de Klein que dans l'autre. Fait paradoxal, puisque les médecins étaient *a priori* plus compétents que les sages-femmes et les deux sections en tous points égales, l'aiguillage des accouchées vers l'une ou l'autre section se faisant suivant les horaires d'arrivée. Les accouchées faisaient tout pour ne pas aller à la première section, et il y avait eu des cas d'accouchement dans la rue, afin d'attendre l'heure d'être envoyées dans la deuxième. Plusieurs commissions d'enquête (présidées par Klein) avaient attribué à des circonstances accidentelles la différence de mortalité.

Semmelweis reporte sur un graphique (figure 2) les taux de mortalité dans les deux sections de la clinique pendant les années précédentes pour bien comprendre ce que tout le monde savait. Il voit que les chiffres sont variables suivant les années, mais les courbes des deux sections ont des allures analogues, et à tout moment, la mortalité dans la première section est plus élevée que dans la seconde. Il comprend deux choses. Bien sûr, la première section est notoirement plus dangereuse, mais il y a eu partout, vers 1842, une sorte d'épidémie de fièvre, suivie d'une récession de la maladie, qui amorce à nouveau une remontée en 1846. Il comprend alors que la fièvre, quoique présente partout et à tout moment, présente des analogies avec les épidémies connues de choléra ou de peste, pour lesquelles le phénomène de contamination était connu et admis, quoique mal compris. Microbes, virus étaient inconnus. On invoquait des miasmes, sans les définir. Semmelweis conçoit une « matière cadavérique », vaguement identifiée à des odeurs fétides, analogue à l'agent des pestes, contre lequel les médecins depuis longtemps essayaient de se protéger à l'aide de masques à grand bec remplis de matières aromatiques, censées contrecarrer les miasmes.

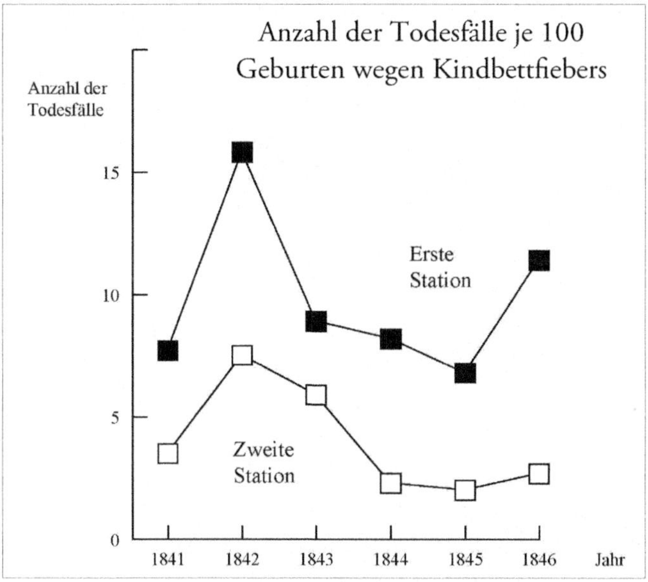

Fig. 2. Diagramme de Semmelweis (1846) montrant les taux de mortalité dus à la fièvre puerpérale dans les deux sections de la clinique obstétrique de Vienne au cours des six années précédentes.

Mais pourquoi et comment cette matière cadavérique se manifeste-t-elle plus efficacement (si l'on peut dire) dans la première section de la maternité que dans la seconde ? Persuadé que la cause de la maladie est un agent matériel, Semmelweis traque toute différence entre le fonctionnement des deux sections. Il réalise alors que les médecins pratiquent des autopsies d'accouchées décédées dans leur section, ce qui n'a pas lieu dans la section des sages-femmes. Différence apparemment anodine : les médecins étaient plus précisément des étudiants en médecine, qui profitaient des cadavres disponibles pour pratiquer, en dehors du service proprement dit de maternité. Semmelweis comprend immédiatement que ce sont les étudiants eux-mêmes qui véhiculent la matière cadavérique des patientes décédées aux arrivantes.

À partir de mai 1847, Semmelweis incite les étudiants à se laver les mains avec des produits chimiques censés neutraliser « les particules cadavériques adhérées », et la mortalité tombe immédiatement dans la section des étudiants en médecine. Elle avait été de 11,4 % en 1846 (sur la figure c'est le point de droite de la « erste Station ») et de 3,04 % au deuxième semestre de 1847, chiffre comparable à celui de la section des sages-femmes en 1846.

Semmelweis fait connaître ces résultats auprès de ses anciens professeurs de la faculté de médecine, en particulier Joseph Skoda et Ferdinand Hebra, qui feront, plus tard, beaucoup pour informer de ces faits nouveaux la communauté européenne, et défendre Semmelweis malgré son mauvais caractère et son manque de tact dans ses relations avec ses collègues et supérieurs. Quelle était l'ambiance à la clinique ? Un peu inhabituelle et pittoresque : Klein laisse faire Semmelweis, car il a tout à gagner d'une chute de mortalité dans sa section, mais il perd progressivement le contrôle de son fief, et l'on commente ouvertement que dans cette clinique, l'assistant dirige, et le titulaire de la chaire proteste. C'en était trop pour Klein, qui comprend que Semmelweis pourrait arriver à le faire partir à la retraite, comme il en avait fait lui-même avec son prédécesseur. Alors, il combat les idées de son assistant et fait tout pour l'éloigner de Vienne. Il refuse de prolonger le contrat temporaire de son assistant, et celui-ci, au lieu de résister grâce aux appuis dont il dispose, dans un geste déconseillé par ses amis, quitte Vienne pour Budapest. Klein a triomphé.

Le scénario infernal est en place. Hebra, Skoda et bien d'autres défendent, comme on a dit, des idées sur l'hygiène et la prophylaxie mal étayées et mal confirmées, dont l'auteur est un obscur professeur d'obstétrique à Pest, hargneux et manquant d'entregent. Les adversaires ne manquent pas, et ils sont de taille. Klein, bien sûr, qui meurt en 1856, mais, un peu paradoxalement le grand biologiste

Rudolf Virchow (1821-1902), pourtant hygiéniste et progressiste, qui adhérait aux idées habituelles attribuant la fièvre puerpérale aux conditions atmosphériques. Semmelweis n'aimait ni parler en public ni écrire, et manquait du plus élémentaire sens du savoir-faire et de l'opportunité. Il devient agressif et développe un comportement paranoïaque. En 1861, il écrit un livre pour défendre ses idées, mais son langage messianique le rend peu convainquant. Il adresse à ses détracteurs des lettres de menace : « Je vous dénoncerai comme assassin devant Dieu et les hommes. » Sa famille et son grand ami Hebra le font enfermer dans un hôpital psychiatrique. Il n'y reste pas longtemps ; juste avant, il s'est blessé lors d'une intervention et développe une septicémie. Âgé de 47 ans, il meurt le 13 août 1865, tué par son véritable ennemi, le streptocoque, qu'il a combattu depuis 1846 sans le connaître.

Les hommes meurent, les idées font leur chemin. Celles de Semmelweis et bien d'autres, Pasteur (1822-1895), Lister (1827-1912)... En 1894, on érige à Budapest une statue à la mémoire de Semmelweis, connu dans le monde germanique comme « der Retter der Mütter » (le sauveur des mères). Ensuite, on a oublié qu'il fut un temps où l'espérance de vie des femmes n'était pas supérieure à celle des hommes.

IV. L'ERREUR DE POINCARÉ ET LA DÉCOUVERTE DES ATTRACTEURS ÉTRANGES

La découverte des phénomènes de chaos déterministe (le célèbre « effet papillon » et les « attracteurs étranges »), qui jouent un rôle extrêmement important dans notre vision actuelle des phénomènes naturels [10], a suivi un cheminement des plus étranges et inattendus. Il y a lieu de penser que la difficulté à les comprendre, les maîtriser et les manipuler a conduit tout simplement à un « oubli », une « ignorance de facto », pendant plus de cinquante ans de propriétés

10. Cela sera développé plus tard, aux chapitres VI (section III) et VII (section IX).

parfaitement démontrées et dont la portée et les conséquences étaient comprises, du moins par certains, mais pas assimilées par la communauté. Tout simplement, on est passé à côté, comme si elles n'existaient pas. Mais les circonstances de la découverte sont aussi insolites et pittoresques.

Henri Poincaré (1854-1912) est l'un des plus grands mathématiciens des temps modernes. Il a laissé des résultats fondamentaux dans tous les domaines des sciences mathématiques de son époque, ce qui comprenait la mécanique et de larges domaines de la physique (il fut également, un grand maître de l'épistémologie et de la psychologie de la recherche)[11]. Dans les années 1880 son prestige dans le monde universitaire est énorme. Il produit des articles du plus haut niveau, souvent extrêmement novateurs, et de façon continue. Il les envoie à des journaux scientifiques qui les reçoivent souvent comme un honneur. Il est pourtant réputé ne pas relire les épreuves d'imprimerie en temps voulu et, bien plus important, parce que ses écrits contiennent souvent des « trous », des points obscurs passés sous silence, et des inexactitudes. Les rédacteurs des journaux lui demandent souvent d'apporter des précisions et des explications complémentaires sur certains passages ; le ton est plutôt celui de « on n'a pas été capable de comprendre… » que celui du reproche. Et, effectivement, le plus souvent, les notes complémentaires qu'il apporte confirment la justesse de sa pensée et le bien-fondé de ses raisonnements. Il arrive aussi qu'on s'aperçoive par la suite de véritables lacunes dans ses travaux : cela fournit du travail de confirmation, vérification, souvent source d'activité originale et féconde sur fond de controverse. Poincaré est un véritable moteur de la recherche en mathématiques et reconnu comme tel.

Le roi Oscar II de Suède (1829-1907) est un grand protecteur des sciences. Avec son appui moral et économique, une nouvelle revue de mathématiques voit le jour, la prestigieuse « Acta Mathematica »,

11. Après lui, seul David Hilbert (1862-1943) peut être considéré comme un mathématicien « total » ; ensuite, la diversification des mathématiques a été telle qu'aucun esprit n'était capable de les dominer dans leur totalité.

dont le rédacteur en chef est Gösta Mittag-Leffler (1846-1927). Dans le but d'afficher le haut niveau du nouveau journal, Mittag Leffler sollicite des articles à Poincaré et au fil des années, une amitié se noue entre les deux hommes, tandis que « Acta Mathematica », devient le principal débouché de la production de Poincaré.

En 1884, le roi Oscar décide d'accorder un prix (une médaille d'or et une somme de 2 500 couronnes) « à une découverte importante dans le domaine de l'analyse mathématique supérieure » à l'occasion de son 60e anniversaire, le 21 janvier 1889. Mittag Leffler préside le jury (formé aussi par C. Hermite [1822-1901] et K. Weierstrass [1815-1897]) et fixe les règles : les postulants, sous couvert d'anonymat, doivent envoyer des mémoires, de préférence sur plusieurs sujets assez généraux définis par le jury, dont le grand problème de la stabilité du système solaire.

De quoi s'agit-il ? Le mouvement de chaque planète autour du Soleil peut être calculé facilement (depuis Newton, 1643-1727) à l'aide de la loi de la gravitation universelle, ce qui donne des orbites elliptiques, parcourues de façon périodique. Or, lorsqu'il y a plus d'une planète, elles s'attirent, modifiant le schéma précédent. Le problème mathématique est très compliqué, mais étant donné que les planètes sont petites, le mouvement de chacune est très proche de celui qu'elle aurait si elle était seulement soumise à l'attraction du Soleil[12]. On peut se demander si, avec le temps, ces petites perturbations peuvent avoir un effet cumulatif de sorte que, dans un avenir très éloigné la configuration du système solaire devienne très différente de l'actuelle, et si la terre peut devenir un astre lointain, ou, au contraire, approcher du Soleil et griller… Pour étudier ce type de mouvements, on fait des approximations, en le simplifiant, ce qui conduit à la théorie des perturbations (dont il a été question à propos de la découverte de Neptune, section I) mais ces solutions approchées sont entachées de petites erreurs, qui à

---

12. Du moins pendant de longues périodes de temps. C'est d'ailleurs la raison pour laquelle on a découvert (Kepler, 1571-1630) que les orbites sont elliptiques ; en fait, elles ne le sont que très approximativement.

la longue pourraient à leur tour avoir un effet cumulatif, faussant les résultats. La théorie des perturbations est tout à fait fiable pour des années, voire des siècles, pas pour l'éternité… Par ailleurs, il y a bien d'autres questions liées, plus concrètes : le passage près de nous d'un astre provenant de l'extérieur du système solaire peut-il disloquer celui-ci complètement, ou bien tout rentrera-t-il dans l'ordre peu après son passage ?

Poincaré décide de concourir au prix préalablement cité et choisit le problème de la stabilité, ou plutôt un problème restreint dans ce cadre, le « problème réduit des trois corps », où seul est inconnu le mouvement d'une planète, les deux autres ayant des mouvements connus. Les méthodes de perturbation classiques étaient, nous venons de le mentionner, de peu d'utilité. Il aborde donc la question d'une façon totalement nouvelle. Au lieu d'étudier une trajectoire du point en tant que telle, il considère l'ensemble des trajectoires que pourrait suivre la planète pour ses diverses positions possibles à l'instant initial [13]. Cela lui permet de mettre à profit une propriété qualitative fondamentale : deux quelconques de ces trajectoires ne peuvent pas se couper, ce qui introduit des contraintes extrêmement utiles : les trajectoires ne peuvent pas faire n'importe quoi, elles sont comme canalisées, encadrées dans une certaine mesure. De la connaissance de certaines d'entre elles, périodiques, et des considérations sur la conservation de l'énergie, on peut tirer des propriétés qualitatives des solutions, sans les connaître et sans faire de véritables calculs, remplacés par de subtils (et extrêmement difficiles) raisonnements sur les positions possibles et leur évolution dans le temps.

Le mémoire de Poincaré contient une quantité impressionnante de résultats qualitatifs inattendus sur le problème en question : existence de solutions périodiques, de solutions asymptotiques… Mais le plus surprenant est que certains d'entre eux ont un caractère tout à fait général, dépassant largement la question de la stabilité

13. Il s'agit en fait d'un point représentatif dans l'espace des phases.

du système solaire ; théorème de récurrence, théorie des exposants caractéristiques... Une nouvelle théorie est née, issue des méthodes inédites mises en œuvre. Le mémoire de Poincaré établit aussi la stabilité (dans le cas restreint considéré) du système solaire ; c'est un résultat formidable, mais... faux !

Une douzaine de mémoires sont reçus par le jury. L'un d'eux apparaît immédiatement et sans équivoque comme très largement supérieur aux autres, c'est celui de Poincaré. Le 21 janvier 1889, Mittag-Leffler lui écrit pour lui notifier que le prix lui est attribué et que, conformément aux statuts du prix, le mémoire est envoyé pour publication dans Acta Mathematica ; le manuscrit est confié au jeune mathématicien L.-E. Phragmén pour en préparer l'édition. L'ambassadeur de Suède remet à Poincaré la médaille et le montant du prix lors d'une cérémonie qui a lieu le 23 mars.

En juillet, Phragmén a fini son travail de préparation. Il n'a pas décelé d'erreur, ce qui d'ailleurs aurait été impensable ! Comme d'habitude, plusieurs points sont insuffisamment clairs, on demande à l'auteur des commentaires pour les éclaircir. Comme d'habitude, Poincaré s'exécute, cela lui prend très peu de temps, sauf que... l'une des questions à éclaircir s'avère récalcitrante... il ne parvient pas à donner rapidement une explication simple et convaincante. Poincaré approfondit l'affaire : un raisonnement est totalement faux ; qui plus est, il ne parvient pas à le remplacer par un autre, il doit se rendre à l'évidence : le résultat de stabilité du système solaire est tout simplement faux !

Poincaré met un certain temps à faire la lumière. Par ailleurs, le 9 novembre naît Yvonne, deuxième fille d'Henri et Louise Poincaré. Fin novembre il envoie enfin à Phragmén une lettre, aujourd'hui perdue, en lui proposant une version modifiée de l'article, et le 1er décembre il écrit à Mittag-Leffler lui faisant état de sa profonde déception.

C'est l'évidence même que, même amputé du résultat erroné, le mémoire de Poincaré mérite sans l'ombre d'un doute le prix, qui n'est nullement remis en question. Mais le texte modifié de Poincaré est arrivé trop tard. Le numéro d'Acta Mathematica est imprimé mais pas encore distribué [14]. En accord avec l'auteur, Mittag-Leffler fait réimprimer une version modifiée, finalement distribuée. À titre anecdotique, les frais de réimpression ont été de 3 585 couronnes, et la facture envoyée à Poincaré, qui a donc gagné une médaille d'or et perdu 1 085 couronnes [15] ; mais cela est complètement dérisoire au regard de la dimension scientifique, présente et future de son mémoire.

En quoi consistait l'erreur ? Bien entendu, elle était très bien dissimulée à l'intérieur de nombreux raisonnements difficiles et subtils (ni les membres du jury ni Phragmén ne l'ont décelée). Mais à l'heure de vérité, le schéma de l'erreur était le suivant [16] : dans un demi-plan dont le bord contient un point, considérons deux courbes fermées, C_1 et C_2 passant par O. Les aires entourées par les deux courbes sont égales. Poincaré en déduit que les deux courbes coïncident ; c'est manifestement faux, il suffit pour s'en convaincre d'envisager deux courbes se coupant en un ou plusieurs points (en plus du O). De toute évidence, Poincaré pensait que les deux courbes ne pouvaient se couper ailleurs qu'en O ! *Une telle erreur est surprenante... mais compréhensible.* Dans un travail précédent, Poincaré avait traité de questions analogues dans un autre problème où les courbes C_1 et C_2, qui ne sont pas des trajectoires, héritaient de celles-ci la propriété de ne pouvoir se couper ailleurs qu'en O, car tout s'y passait dans le plan, et les courbes y font des barrières. Dans le problème du prix, les trajectoires étaient dans un espace tridimensionnel, les courbes C_1 et C_2 n'héritant pas de celles-ci la propriété de ne pouvoir se couper, car les courbes ne sont pas des barrières dans l'espace tridimensionnel. *Manifestement, Poincaré avait en tête le problème précédent !*

---

14. On prévoyait probablement d'insérer les explications complémentaires de l'auteur dans le numéro suivant.

15. La couronne suédoise valait à l'époque 1,40 francs environ. Pour se faire une idée des sommes en jeu, il est utile de savoir que le salaire annuel de Mittag-Leffler était de 7 000 couronnes.

16. J'ai simplifié, presque caricaturé. Les notions de trajectoires et de barrières seront traitées au chapitre VI. Le lecteur pourra sauter ces points lors d'une lecture rapide.

Poincaré a-t-il été victime du délai de présentation des mémoires pour le prix, qui l'a empêché de consacrer le temps nécessaire pour finir le travail ? Peut-être, mais c'est loin d'être évident. Les mémoires devaient être envoyés à Uppsala pour le 1er juin 1888, et Poincaré a envoyé le sien le 17 mai, ce qui peut être considéré comme limite pour un envoi important et volumineux (270 pages d' « Acta Mathematica »), or, le concours était ouvert depuis 1885 ; de par ses capacités, Poincaré pouvait choisir pratiquement n'importe lequel des sujets proposés (par ailleurs ceux-ci n'étaient pas contraignants) ; il a finalement choisi celui de la stabilité et travaillé environ un an [17]. On peut estimer qu'il a travaillé à son rythme normal, mais c'est un fait qu'à la fin il a pu être pressé. Quoi qu'il en soit, il a rédigé comme d'habitude, faisant confiance à son intuition, avec des résultats insuffisamment élaborés. *Et cette fois-ci, contrairement à l'habitude, un des résultats était faux. Il n'a vu que ce qu'il avait prévu de voir.*

Dans son mémoire, Poincaré a essayé de démontrer son (faux) théorème par deux méthodes. La première faisait intervenir une série dont il n'a pas démontré la convergence, sans quoi elle n'était pas une démonstration. Les séries non convergentes étaient un sujet très sensible en mécanique céleste, car dans le passé, nombre de résultats établis par des astronomes les utilisant avaient plus tard été reconnus faux. Poincaré n'est pas tombé dans ce piège, et a abandonné cette tentative de démonstration, qu'il a quand même incluse, en tant que filière inachevée, dans son mémoire. Il s'est ensuite tourné vers l'autre démonstration, qu'il croyait juste et qui contenait une véritable erreur. Si Poincaré était convaincu de la véracité de sa deuxième démonstration, pourquoi a-t-il donné la première, embryonnaire et peu convaincante ? Il y a lieu de se demander s'il avait un doute concernant la justesse de la seconde démonstration, et voulait combler avec un argument supplémentaire une possible lacune dont il avait vaguement conscience. Il n'y a pas de réponse à ces questions. Il a quand même rédigé comme il en avait l'habitude ;

17. Il a commencé en mai ou juin 1887 (lettre de Poincaré à Mittag-Leffler du 16 juillet 1887, dans H. Poincaré et G. Mittag-Laffler [1999], p 161).

les travaux complémentaires lui avaient toujours donné raison. Le plus probable est que Poincaré n'avait aucun doute sur la validité de sa démonstration.

Après ces aventures, Poincaré en a tiré toutes les conséquences, et les a développées dans un livre qui a fait époque : *Les méthodes nouvelles de la mécanique céleste*[18]. Les deux courbes C_1 et C_2 se coupent, bien entendu, mais une infinité de fois, et ceci au voisinage de tout point. Elles sont enchevêtrées de façon inextricable, voyons ce qu'explique Poincaré :

> Ces intersections forment une sorte de treillis, de tissu, de réseau à mailles infiniment serrées ; chacune de ces courbes ne doit jamais se recouper elle-même, mais elle doit se replier elle-même d'une manière très complexe pour venir couper une infinité de fois toutes les mailles du réseau. On sera frappé par la complexité de cette figure, que je ne cherche même pas à tracer. Rien n'est plus propre à nous donner une idée de la complication du problème de trois corps et en général de tous les problèmes de la dynamique où il n'y a pas d'intégrale uniforme.

Bien entendu, il n'y a pas que ces deux courbes. Tout ceci a des conséquences d'une portée extraordinaire sur les trajectoires elles-mêmes, également enchevêtrées et imbriquées les unes dans les autres. En fait, *dans la plupart des cas, le système est instable, et l'allure des trajectoires sur des temps très longs, extrêmement compliquée.*

Avez-vous remarqué que dans le texte qui précède, Poincaré semble avoir parfaitement compris la complexité des courbes (et des trajectoires) mais ne les décrit pas en tant que telles, et « ne cherche même pas à tracer » la figure ? En effet, une figure des trajectoires n'aide pas beaucoup, car elles se trouvent dans l'espace de dimension 3, et en en faisant une figure plane, on les rend absolument illisibles. Notez aussi que *Poincaré a parfaitement compris la portée très générale de ce type de phénomènes*, qui dépasse très largement le problème

---

18. H. Poincaré [1893].

spécifique de la stabilité du système solaire. Ce type de phénomène était « général à tous les problèmes de la dynamique où il n'y a pas d'intégrale uniforme ».

Faute de figures, faute d'exemples palpables, mais aussi en raison de la difficulté des raisonnements, la connaissance de ces phénomènes remarquables, de portée et généralité immenses, reste confinée pendant plus de soixante-dix ans au cercle des rares lecteurs des « Méthodes nouvelles de la mécanique céleste ». Sans doute les recherches dans ce domaine ont-elles progressé pendant ce temps, grâce notamment aux travaux de l'Américain George D. Birkhoff (1884-1944), mais dans un cadre très académique et sans véritable percée vers une conception globale des problèmes d'évolution.

Dans les années 1960, Edward Lorenz (1917-2008) travaille sur des modèles simples pour comprendre certains phénomènes météorologiques faisant intervenir la convection atmosphérique produite par le réchauffement solaire. Les équations sont trop compliquées pour pouvoir en obtenir des solutions exactes, et Lorenz fait des calculs sur ordinateur qui lui permettent d'avoir une solution (approchée) en donnant les valeurs à l'instant initial des divers paramètres (température, pression, etc.).

Les ordinateurs de l'époque étaient très lents, comparés aux standards actuels, si bien qu'un de ces calculs pour un système d'équations différentielles, presque instantané aujourd'hui, demandait alors plusieurs heures. Un jour, voulant reproduire une séquence de résultats obtenue quelques jours avant, pour gagner du temps, au lieu de la recommencer dès le début avec les mêmes valeurs initiales, Lorenz la commence à un instant vers le milieu de l'évolution, en prenant comme valeurs initiales celles de la séquence précédente à cet instant. Il obtint une séquence entièrement différente de la précédente. Intrigué par ce résultat, incompatible avec le caractère déterministe du système, il vit que, au lieu d'injecter comme donnée la valeur 0,5061127, il s'était contenté de mettre 0,506. Il avait donc injecté une erreur de 0,02 %, ce qui avait conduit à une évolution entièrement différente de la première. C'était le point de départ de l'actuelle théorie du chaos déterministe. Dans ce système, comme dans de nombreux (pour ne pas dire presque tous) systèmes différentiels non linéaires en dimension plus grande ou égale à trois, les trajectoires s'enchevêtrent comme celles de la planète perturbée étudiée par Poincaré. *Il a fallu attendre soixante-dix ans qu'un ordinateur « dessine » les courbes que Poincaré « ne cherchait même pas à tracer » pour que l'on prenne la mesure de ces phénomènes généraux et fondamentaux.*

Les propriétés mises en évidence par Lorenz sont par la suite relativement connues de la communauté des météorologistes, mais leur caractère général reste encore ignoré. En 1971, les physiciens David Ruelle (né en 1935) et Floris Takens (1940-2010) découvrent des propriétés analogues dans le système d'équations de la mécanique des fluides, apportant un éclaircissement fondamental au phénomène de l'apparition de la turbulence dans les écoulements fluides, ce qui propage dans la communauté des physiciens les nouvelles idées sur le chaos déterministe.

La structure sociale de l'évolution des idées scientifiques apparaît ici de façon paradigmatique. Le formidable génie intuitif de Poincaré avait besoin de la lecture attentive de Phragmén pour corriger ses fausses intuitions hardies et saisir la réalité insoupçonnée. Des découvertes fondamentales peuvent rester endormies par manque d'exemples palpables, de description intelligible. Les potentialités ouvertes par les progrès des techniques changent notre regard sur les connaissances anciennes et les font revivre et fructifier.

V. LA RÉHABILITATION DE GEOFFROY SAINT-HILAIRE

Nous aurons l'occasion de décrire et commenter les idées sur l'évolution des espèces, qui sont latentes sous des formes diverses au début du XIXe siècle et bien avant [19]. Jean-Baptiste de Lamarck (1744-1829), c'est bien connu, donne des règles précises de l'évolution, élaborant une théorie, le transformisme, mal étayée par les faits

19. Chapitre XI, surtout sections V et VI.

et dont l'élément principal, la transmission à la descendance des caractères acquis, est à présent tenu pour faux, du moins sous sa forme pure et dure.

Étienne Geoffroy Saint-Hilaire (1772-1844) commence sa carrière scientifique au contact de Daubenton (1716-1799) et Jussieu (1748-1836) et est nommé professeur au muséum d'Histoire Naturelle à l'âge de 21 ans, chargé des oiseaux et des quadrupèdes. En 1798, il accepte l'offre du chimiste Berthollet de participer à l'expédition de Bonaparte en Égypte, d'où il rentre en 1801 avec une très riche collection d'animaux momifiés ou naturalisés. Cette collection est étudiée à son retour par nombre de naturalistes, parmi lesquels Georges Cuvier (1769-1832) et Lamarck, ainsi que Geoffroy Saint-Hilaire lui-même.

Geoffroy Saint-Hilaire s'attache surtout à comparer les divers spécimens et leurs composantes pendant deux décennies. Il ne se limite nullement à la description objective et pragmatique, il cherche l'organisation des divers éléments constitutifs de chaque spécimen. En cela, sa démarche est analogue à celle de Cuvier, chantre de l'harmonie de chaque organisme, qui se vante de pouvoir identifier, à partir d'une petite portion d'un squelette, l'espèce, actuelle ou disparue, à laquelle il appartient[20]. L'analyse des animaux momifiés d'Égypte montre une telle ressemblance avec les animaux actuels que Cuvier conclut à la fixité des espèces. L'évidence de l'existence des « animaux préhistoriques » différents des espèces vivantes est expliquée par un cataclysme dévastateur ayant causé leur disparition. L'utilisation opportuniste de la légende du déluge, existante dans toutes les vieilles civilisations, est évidente. Les données s'accumulent et il apparaît que l'existence de deux faunes, l'une avant, l'autre après le déluge avec les créations correspondantes, totales ou partielles, est incapable d'expliquer la diversité des cas. Cuvier modifie son idée en

20. Les études scientifiques des fossiles commencent vers 1800 et concernent le mososaure de Maastricht, le ptérodactyle et le mégathérium, trouvés en 1770, 1784 et 1788 respectivement. D'autres fossiles avaient été trouvés, mais pas étudiés, comme le megaloceros, sorte de cerf géant, trouvé en Irlande en 1697.

la réitérant : il y a eu une suite de catastrophes planétaires (grandes éruptions volcaniques ou autres), dont la dernière est vaguement apparentée au déluge biblique. L'homme, dont on ne connaissait pas de restes fossiles, devait faire partie de la dernière vague de créations animales. Cuvier fonde la datation géologique à l'aide des fossiles enfermés dans les strates.

Mais Geoffroy Saint-Hilaire fait bien plus qu'étudier chaque organisme : il reconnaît les *analogies* (*homologies* dans la terminologie actuelle) *morphologiques et fonctionnelles entre les diverses espèces* (os de poissons et squelettes de mammifères et autres). Il découvre ainsi l'unité du vivant. Dans sa « Philosophie anatomique » (1818-1822), il décrit les lois de connexion des organes et de leur permanence : « Le poulpe est un oiseau plié en deux », « le homard est un vertébré qui marche sur le dos [21] ». Cette dernière affirmation, un peu inattendue certes, est en fait un raccourci pour décrire l'une de ses plus belles et profondes découvertes, *l'inversion des structures entre vertébrés et invertébrés*. En effet, chez les invertébrés, le système nerveux est en position ventrale et le cœur en position dorsale, alors que dans les vertébrés c'est le contraire. Cette idée, originale et audacieuse, mais que les connaissances de l'époque ne permettaient pas de démontrer, sera d'ailleurs ridiculisée par Cuvier.

Un tel plan d'organisation commun suggérait fortement une évolution des espèces, issues d'un ancêtre commun à tous les êtres vivants. Une telle conception était parfaitement cohérente avec le transformisme de Lamarck, alors qu'elle apparaissait comme incongrue dans le cadre du fixisme de Cuvier. Geoffroy Saint-Hilaire avait travaillé et publié avec Lamarck et Cuvier, mais ses nouvelles conceptions l'éloignent idéologiquement de celui-ci et l'approchent du premier, sans pour autant épouser complètement ses idées. En effet, Geoffroy Saint-Hilaire ne partage pas tous les aspects du transformisme de Lamarck, en particulier ne croit pas au pouvoir

---

21. Les nombreuses citations de cette section sont prises de Mazliak [2002] (en particulier pages 7, 8, 20, 29, 44, 47-49 et 55) et de Chaline [2006] (en particulier pages 92, 93 et 97-99).

de l'habitude qui développerait les caractères transmissibles ; il estime que *l'agent majeur des transformations est le milieu.*

La rencontre harmonieuse dans les conceptions de Geoffroy Saint-Hilaire entre l'évolution et l'unité du vivant apparaît clairement décrite dans son assertion :

> Dans l'évolution d'un être qui a parcouru toutes les phases de sa vie, vous avez en raccourci, sous quelques rapports, le spectacle de l'évolution du globe terrestre.

L'embryologie naissante vient en appui de ces idées, puisque les fœtus des mammifères présentent des branchies comme les poissons, qui ne peuvent pourtant dépasser le niveau des conjectures. C'est ainsi que, par-delà les découvertes objectives de valeur indiscutable de Cuvier et Geoffroy Saint-Hilaire, un différend idéologique de taille naît entre eux. Cuvier part d'un principe d'harmonie à l'intérieur de chaque organisme : ce n'est qu'à partir d'une vision globale de l'organisme que l'on peut saisir la fonction de chacun de ses organes. Cela le conduit à une vision fixiste des espèces. Geoffroy Saint-Hilaire ne voit d'unité que dans l'ensemble du vivant, auquel l'évolution confère sa cohérence. Une polémique s'instaure tout naturellement, des faits scientifiques sont utilisés pour faire triompher l'une des deux conceptions du vivant, de façon pas toujours rigoureuse. L'un et l'autre commettent des erreurs (plus exactement, font des affirmations insuffisamment étayées reconnues comme des erreurs à la lumière de nos connaissances actuelles) : selon Geoffroy Saint-Hilaire la carapace dure des arthropodes équivalait à la colonne vertébrale des quadrupèdes, Cuvier classe le ptérodactyle dans les reptiles volants.

À maintes reprises, Cuvier et Geoffroy Saint-Hilaire s'affrontent à l'Académie des Sciences. L'argument principal de Cuvier est l'absence ou rareté (à l'époque) de fossiles intermédiaires témoignant de l'évolution. Aussi la découverte près de Caen du téléosaure, saurien du jurassique annonçant la venue des mammifères du tertiaire, constitue un argument de poids pour Geoffroy Saint-Hilaire. Plus tard, un homme fossile est trouvé à la grotte d'Engis (un néandertalien, d'après nos connaissances actuelles) ; Geoffroy Saint-Hilaire signale cette découverte à l'Académie sous la dénomination d'homme antédiluvien (antérieur au déluge), mais Cuvier rejette cette idée contraire à la Bible[22].

Dans un premier temps, la controverse est assez équilibrée. De par la nature des conceptions qu'elle sous-tend, elle déborde du cadre strictement scientifique et devient un fait social. Elle dépasse les frontières, notamment vers l'Allemagne, passionnant Goethe (1749-1832)[23], pourtant très âgé, ainsi que le courant vitaliste allemand, qui trouvait dans le concept d'unité d'ensemble du vivant un cadre approprié à ses idées. Mais Cuvier, grâce à son pouvoir politique et à sa position de force en tant que Secrétaire Perpétuel de l'Académie des Sciences, parvient à faire interdire ces discussions au public et, à l'aide notamment d'attaques personnelles et de railleries, fait triompher le fixisme contre Lamarck, Geoffroy Saint-Hilaire, et d'autres transformistes. Il est néanmoins admis que, avec les connaissances de l'époque, les arguments des transformistes étaient moins convaincants que ceux de Cuvier : « Qui osera nous dire que la méduse et la girafe, que l'éléphant et l'étoile de mer représentent un assemblage de parties organiques qui se répètent uniformément ? »

Cuvier décède en 1832 du choléra. Geoffroy Saint-Hilaire devient aveugle en 1840 et meurt en 1844. Son fils Isidore Geoffroy Saint-Hilaire (1805-1861) lui succède comme professeur au Muséum et continue son œuvre et ses idées, qui périclitent lentement.

Presque deux siècles après ces événements, la pertinence des idées et la portée des découvertes (ou intuitions ?) de Geoffroy Saint-Hilaire sont démontrées après un long ostracisme. Entre-temps, des découvertes

22. Il y a lieu de rappeler que Cuvier jouit des faveurs du pouvoir, napoléonien d'abord, royal après le Restauration ; fait baron en 1819, il est directeur des cultes non catholiques au ministère de l'Intérieur. Louis Philippe le nomme Pair de France en 1831.

23. Une anecdote le concernant veut que, en juillet 1830, parlant de Paris, il s'exclame : « Le volcan a fait explosion, ce n'est plus un débat à huis clos. » Il faisait allusion à la controverse scientifique et non à la révolution de juillet.

de première force (Darwin, les lois de Mendel, les mutations génétiques, la double hélice et surtout la biologie du développement) sont passées par là, bouleversant nos conceptions du vivant et rendant possible une description précise des mécanismes, assortie d'arguments irréfutables.

Le changement de structure du système nerveux entre les invertébrés et les vertébrés signalés ci-dessus a été compris[24] après la découverte des gènes de régulation Hox (ou homéo-box, ou homéoboîte, sur lesquels nous reviendrons à propos du développement[25]). Ces découvertes d'embryologie moléculaire faisaient apparaître le type d'organisation commun à tous les animaux sous la forme d'un ancêtre dont dériveraient les gènes de développement. En 1993 en effet, les chercheurs britanniques Slack, Holland et Graham[26] expliquent les similitudes entre les gènes du développement chez tous les animaux par l'existence d'un ancêtre commun, le zootype, apparu il y a environ 700 millions d'années, contenant une organisation minimale : tube digestif dans un corps métamérisé, avec des ailes sur certains segments du corps. Des processus de duplication et modification des homéogènes ainsi que des inversions de leur place sur les chromosomes auraient donné lieu à la diversité du vivant que nous connaissons. La figure 3, issue de Slack J.-M-W., Holland P.-W.-H., Graham C.-F. [1993] donne un schéma de l'évolution du vivant.

---

24. De Robertis and Sasai. [1996].
25. Chapitre IX, section II.
26. Slack, Holland, Graham [1993].

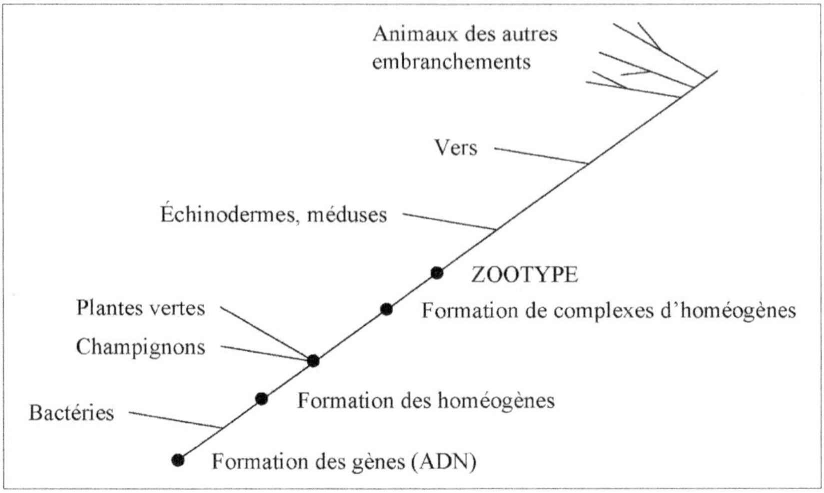

Fig. 3. L'évolution du vivant d'après Slack, Holland, Graham [1993].

Le rôle fondamental des agents environnementaux apparaît dans les nouvelles conceptions de l'évolution [27]. La plupart des conceptions de Geoffroy Saint-Hilaire sont de nos jours reconnues comme exactes, lui rendant sa place de grand précurseur. Voici une citation de S.-J. Gould dans son grand ouvrage posthume « La structure de la théorie de l'évolution [28] » :

> Il semble à présent presque inévitable d'admettre la réalité d'une certaine homologie entre les segments des arthropodes et des vertébrés [...] Cette hérésie, qui a été la plus tournée en ridicule et qui est si contraire, dans ses fondements, aux prédictions du strict darwinisme épousé par la synthèse moderne, et qui avait été largement rejetée en tant qu'illusion romantique jusqu'il y a peu, a maintenant refait surface, sous une forme bien entendu révisée.

27. Certaines de ces questions sont traitées au chapitre IX.
28. Gould [2006], pages 1 550 et 1 562-1 563.

Les conceptions synthétiques du vivant ne pouvaient trouver une base cohérente que dans une compréhension de ses fonctionnalités et de l'évolution, qui faisaient défaut dans ce début du XIXe siècle. Geoffroy Saint-Hilaire a perçu des harmonies synthétiques hasardeuses que la science de son temps était incapable de confirmer ou infirmer. Mais ces intuitions d'avant-garde étaient justes.

VI. LA FRAUDE DE SIR CYRIL BURT. PROGRÈS ET RÉGRÈS

Vous êtes certainement au courant par les médias des affaires de fraude qui éclaboussent souvent le monde de la recherche. Elles concernent le plus souvent la falsification ou l'invention pure et simple de résultats expérimentaux dans le but de faire une carrière scientifique, parfois, lors de recherches financées par des sociétés commerciales, pour générer des bénéfices pour le sponsor. Les scientifiques « globalement honnêtes », qui constituent heureusement la plus grande partie de la communauté, n'aiment guère en parler. Dans leur esprit, ces manquements patents à l'éthique doivent être considérés comme des incidents ponctuels, œuvre de malfrats ; une fois identifiés et leurs conséquences effacées d'une manière ou d'une autre, ils ne remettent nullement en cause l'avancement des sciences, la marche vers le progrès. Après tout, des délits et des délinquants existent partout et toujours, il faut bien vivre avec. Je lis, par exemple, dans un article de « Science et Avenir[29] » « Sir Cyril Burt (1883-1971), un des fondateurs de la psychométrie,... *n'est plus connu aujourd'hui que comme l'auteur d'une des plus spectaculaires fraudes scientifiques.* » C'est aller un peu vite en besogne, comme si on pouvait le faire disparaître sans laisser de traces, comme si la vérité d'aujourd'hui ne s'appuyait pas sur une sorte de palimpseste partiellement visible des vérités du passé, comme si elle n'était pas destinée à rejoindre ce passé pour préparer la vérité de demain.

29. Hors série décembre 2006-janvier 2007, p. 47.

La réalité est bien plus complexe et subtile. L'affaire Burt est associée à la prestigieuse chaire de psychologie de l'University College de Londres, et se décline en quatre temps : Spearman, Burt I, Burt II, le dénouement.

Charles Spearman (1863-1945) a été titulaire de la chaire de psychologie de l'University College de Londres. Son travail scientifique a tourné autour de la recherche d'une définition rigoureuse de l'intelligence humaine et de sa mesure. Il était (comme nous avons vu que c'était le cas de Maxwell) obsédé par le prestige écrasant de la mécanique de Newton (1643-1727), et prétendait rien de moins que fonder la psychologie sur des bases aussi rigoureuses et solides que la mécanique. Comment le faire à partir des résultats de tests empiriques à causalité assez opaque ? Il n'échappait à personne que les résultats des tests reflétaient aussi bien les connaissances préalables, l'entraînement par des tests analogues, et bien de circonstances et facteurs autres que les capacités de raisonnement que l'on essayait de déceler[30]. Plus exactement, une telle utilisation des tests constituait un véritable détournement de fonction des tests. En effet, ceux-ci ont été élaborés dans le but de *mesurer le retard (ou l'avancement) des capacités d'un élève à un moment donné par rapport à l'enseignement imparti dans sa classe*[31], de façon à soutenir les élèves en retard par des enseignements complémentaires mieux adaptés. Ils répondent à peu près convenablement à ce but pratique, qui a de toute évidence un rapport avec une hypothétique intelligence de l'élève… et avec bien d'autres choses.

Spearman se propose donc de mettre au point des tests destinés à mesurer l'intelligence et seulement l'intelligence. Ces tests, que

30. Nous mentionnerons, à propos de la pragmatique (chapitre VII, section II), d'autres biais concernant l'interprétation des tests de capacité intellectuelle.

31. Rappelons, en effet, que le fameux QI (Quotient Intellectuel) n'est à l'origine rien d'autre que le rapport entre l'âge normal des connaissances d'un élève et son âge réel. Il a été ensuite modifié pour mesurer une hypothétique intelligence (d'un élève ou d'un adulte) sans base objective scientifiquement établie, tout comme le « g » de Spearman commenté dans la suite.

je ne décrirai pas ici [32] sont souvent dérisoires de naïveté en ce qui concerne leur prétendue indépendance par rapport à autre chose que l'intelligence (que l'on prétendait définir !). Il utilise ensuite une méthode mathématique (l'analyse factorielle) pour mesurer les corrélations entre les résultats des divers tests et en dégager une entité mesurable par un nombre, le « g » de Spearman, censé définir *l'intelligence générale innée*, indépendamment des connaissances et des domaines où s'exerçait cette intelligence (pratique, logique abstraite, compréhension...). Ce n'est pas ici le lieu de décrire le caractère parfaitement fallacieux de ce concept, aujourd'hui abandonné. Le lecteur intéressé pourra par exemple se référer au livre cité ci-dessus de Gould, où l'auteur décrit magistralement le processus de simplification opéré de façon injustifiée et arbitraire autour d'un concept flou et polymorphe.

Nous en arrivons à Burt I. Cyril Burt succède à Spearman à la chaire de psychologie de l'University College en 1932. Dans une première époque, il poursuit et perfectionne le travail de son prédécesseur. Mis à part le caractère fallacieux des entités manipulées, le travail mathématique est de très bonne qualité, et Burt acquiert un grand prestige. Dès cette époque, il enfreint sans vergogne l'éthique professionnelle. Il essaie de s'approprier la paternité de la méthode d'analyse factorielle ; en particulier, il écrit dans ce sens une lettre à sa propre revue en utilisant un pseudonyme qui le fait apparaître comme un psychologue étranger. Spearman, retraité mais encore actif, réagit vertement et Burt, pris en flagrant délit, lui envoie une lettre, véritable bijou d'obséquiosité et flagornerie. Le caractère fallacieux du « g » n'échappe pas à tout le monde. En particulier L.-L. Thurstone (1887-1955) à Chicago, en utilisant des méthodes analogues, s'écarte du concept d'intelligence générale innée, et met au point diverses « aptitudes mentales primaires » ou PMA (pour « primary mental abilities ») en nombre de sept. Elles ne sont pas plus objectives que « g » ni indépendantes. Il y a beaucoup de sceptiques

32. Le lecteur intéressé pourra se référer par exemple à Gould [1983], d'où sont d'ailleurs tirées d'autres citations de cette section.

face à la théorie de Spearman-Burt, mais tout cela n'entame pas le prestige de Burt, encensé par une bonne partie de la communauté et anobli par la reine.

Il y avait une importante différence entre Spearman et Burt. Le premier ne se souciait pas d'hérédité, l'obsession de son successeur dans la chaire. Nous en arrivons ainsi à Burt II. Au faîte de son prestige, Burt s'emploie à démontrer que *l'intelligence générale innée ou le facteur « g » sont héréditaires.*

Dans un premier temps, il compare les (largement fallacieux) « g » des proches parents, sans le moindre scrupule d'objectivité, mélangeant des tests effectifs avec des estimations supposées dans le cas de parents non accessibles aux tests. Dans un deuxième temps, il utilise des vrais jumeaux élevés séparément pour comparer leurs « g ». En effet, il était relativement courant en ces temps difficiles de la Grande Bretagne pendant et après la seconde guerre mondiale, qu'à la naissance de jumeaux (vrais comme faux), l'un d'eux fût élevé par des proches parents. Cette méthode était largement utilisée à l'époque pour départager les influences génétiques et épigénétiques, sans jamais dépasser, en raison d'évidentes difficultés, la prise en considération de plus d'une vingtaine de couples de jumeaux. Or, les résultats de Burt concluant sans équivoque à l'héritabilité du facteur « g » mettaient en œuvre 53 couples !

Le dénouement de l'affaire eut lieu après la mort de Burt, en 1971. Plusieurs particularités invraisemblables dans les résultats de ses tests sont décelées par des collègues indépendants. Deux de ses collaboratrices censées avoir collecté des résultats de tests sur des jumeaux sont activement recherchées. Or, elles n'ont jamais existé[33]. L'affaire s'ébruite et les g-sceptiques donnent de la voix. Les (nombreux) partisans de la théorie de Burt tiennent dans un premier temps ces accusations pour un complot de la gauche en vue de discréditer la position héréditariste. Une biographie officielle

33. D'après le livre de Hearnshaw cité ci-dessous, les deux collaboratrices en question auraient pu exister, mais elles n'ont certainement pas été en contact avec Burt à l'époque des faits.

du grand homme est commandée à L.-S. Hearnshaw et publiée en 1979 [34]. Et c'est justement lui qui, en ayant accès à toutes les archives de Burt, dévoile, sans objection possible, la supercherie : les jumeaux n'ont jamais existé, ou ont été en très petit nombre. Lisons, pour conclure cette triste affaire, ce que dit Gould page 294 :

> Hearnshaw pense que Burt commença ses falsifications au début des années 1940 et que son travail précédent était honnête, bien que gâché par des *a priori* rigides, et souvent inexcusablement bâclé et superficiel, même selon les normes de son temps. Le monde de Burt commença à s'effondrer pendant la guerre… [et plus loin :] Son dogme héréditariste ne s'accordait plus à la mentalité d'une époque qui venait d'être témoin de l'holocauste.

Ainsi, Burt a-t-il été cru, du moins par certains, pour des raisons de prestige. *Il est très courant en effet, dans la communauté scientifique, de croire quelqu'un non pas pour les raisons qu'il donne, mais par l'autorité qui émane de sa personne ou du poste qu'il occupe.* Ce n'est pas absurde en soi, pourvu que ce prestige soit issu de la notoire capacité de la personne en question à résoudre de façon pertinente des questions difficiles ; c'est toutefois un peu léger, surtout si le domaine où a été acquis le prestige et celui où on le croit sont éloignés.

Or, dans le cas qui nous occupe, le premier domaine de recherche, les conséquences tirées de l'analyse factorielle, était lui-même contestable. Pourquoi Burt n'a-t-il pas été combattu et démonté plus tôt ? Certainement pour des raisons sociologiques. *Il est facile et bien vu d'adhérer au concert de louanges qui entourent une personnalité ; c'est même démocratique, et en cas d'erreur on ne risque pas grand-chose, « puisqu'on s'est trompé comme tout le monde ». Bien plus difficile et risqué est de mettre en doute, voire combattre, des affirmations d'un scientifique haut placé ; on est souvent réduit à prendre des distances et afficher un certain scepticisme en attendant que le temps fasse son œuvre* [35].

34. Hearnshaw [1979].

35. Parfois, le prestige est tel que même les alliés objectifs de l'opposant refusent d'étudier la question et soupçonnent celui-ci de jalousie envers la réussite du grand-homme.

C'est ce qui est arrivé avec les travaux de Burt. De nos jours, on pourrait se dire que le mieux y est d'ignorer toute son œuvre. Ainsi conclut la citation de « Science et Avenir » ci-dessus. Mais c'est impossible. Les faits sont ineffaçables, ils perdurent, ne serait-ce que par des empreintes historiques, sociologiques ou idéologiques (pouvez-vous effacer Napoléon ?). Tout un pan de la psychologie a ainsi marché à reculons, a démenti le progrès[36].

Le progrès qui marche à reculons… c'est le contraire du progrès ! Y a-t-il un mot pour cela ? Oui, ou tout au moins il y en a eu un. C'est « régrès ». Les mots naissent, parfois ils tombent en désuétude et disparaissent du dictionnaire. C'est arrivé à « régrès » ; on a probablement considéré qu'il était inutile, puisqu'on avait « régression ». Peut-être… non, pas vraiment, « progrès » a un caractère absolu, intemporel, alors que « régression » induit l'idée de « localisé dans le temps » ; ce n'est pas le contraire de « progrès ». Or, le progrès est une catégorie idéologique ; si son contraire n'existe pas dans la langue, nous nous privons de la capacité d'en discuter. Et qu'on ne me dise pas que ce serait inutile à une époque où le discours catastrophiste est omniprésent.

Le terme « régrès », a été forgé et largement utilisé par l'un des initiateurs de la géographie humaine, Élisée Reclus (1830-1905), un esprit d'une rare clairvoyance, auteur entre autres d'une *Nouvelle Géographie universelle* (1876-1894) et de *L'homme et la Terre* (posthume, 1905-1908), dont le frontispice de la première édition porte la fameuse devise : « L'homme est la nature prenant conscience d'elle-même. »

Ces ouvrages, initialement parus en France sous forme de fascicules périodiques, ont connu de leur temps une large audience internationale, mais sont presque oubliés aujourd'hui. Si certaines données sont naturellement obsolètes, ils surprennent par leur modernisme et

36. Cette affirmation cache des subtilités. Que la démonstration d'une affirmation soit frauduleuse ou erronée n'implique pas que l'affirmation soit fausse. De nos jours la croyance en une « intelligence générale innée » a été remplacée par une diversité de capacités et prédispositions dans la constitution de chacune desquelles inné et acquis s'enchevêtrent subtilement. Voir plus loin chapitre V, sections I et VI.

actualité, mais surtout par leur rare perspicacité dans les projections sur l'avenir, qui, sous des formes précises, ont été ou sont en train de se réaliser. Voyons ce que disait Béatrice Giblin dans sa préface à une édition de 1982 de morceaux choisis de *L'homme et la Terre*[37] :

> Mais sa démarche reste exemplaire et l'ampleur de sa conception de la géographie dépasse encore largement celle de la plupart des géographes d'aujourd'hui. Ses soucis, surtout, sont plus que jamais à l'ordre du jour : il souligne les risques qu'entraîne la dégradation des potentialités naturelles ; *il aspire au progrès, mais il montre qu'il s'agit d'un processus contradictoire et que les progrès ne vont pas sans que se développent ce qu'il appelle les régrès.* Reclus cherche à comprendre l'évolution du monde, mais il se défie des explications trop simples ; les théories économiques, qui n'envisagent que le développement du capitalisme et de ses contradictions lui paraissent nécessaires mais non suffisantes... Il dénonce le capitalisme et aspire à sa destruction, mais dans les premières années du XXe siècle, il pressent que les révolutions qui mettront fin au régime de propriété privée des moyens de production risquent de conduire au renforcement démesuré des pouvoirs de l'État et à de nouvelles formes d'oppression. Comme Marx, Reclus raisonne en termes de lutte des classes, mais il considère que l'individu a un rôle fondamental et que le progrès social n'a de sens que si les droits de l'homme sont sauvegardés et renforcés...

Les idées de Reclus s'inscrivent naturellement dans la problématique d'aujourd'hui. Je cite aussi deux phrases de *L'homme et la terre* :

> Il faut tenir compte de l'inter-évolution de tous les peuples. Aujourd'hui, tous les peuples entrent dans la danse. Il n'y a plus de question de progrès que pour la terre entière. (tome I, page 37.) [et] La prospérité des uns amène la déchéance des autres. Là est le côté très douloureux de notre demi-civilisation, si vantée, demi-civilisation puisqu'elle ne profite pas à tous. (tome VI, page 533.)

---

37. Reclus, E. [1905], édition La Découverte 1998, page 6. Les autres textes cités ensuite se trouvent page 7.

Qui était ce Reclus, si profond et clairvoyant ? C'était à peu près l'antithèse de Burt. Il n'a jamais eu de poste universitaire ni de revenu stable. Républicain convaincu, il doit s'exiler une première fois en Angleterre et Amérique après le coup d'état de Louis Napoléon. Plus tard, devenu géographe largement connu, il se bat comme volontaire de la Garde nationale pour la Commune et il est fait prisonnier par les Versaillais lors du combat de la redoute de Châtillon. Grâce à l'intervention de collègues, il échappe à la déportation ou à la mort et est seulement condamné à dix ans de bannissement. Il voyage beaucoup, tout en faisant de longs séjours en Suisse et en Belgique, où il décède d'une angine de poitrine.

On peut se demander si Burt, dont la supercherie n'a été découverte qu'après sa mort, a finalement été heureux en croyant prouver, à sa façon, le caractère inné et héréditaire de l'intelligence, dont il était convaincu. Et Reclus, a-t-il vécu heureux ses divers exils, dans ses travaux et la fidélité à ses idées ? Ces questions n'ont probablement pas un sens très précis, car le bonheur, tout comme l'intelligence (probablement davantage) n'est pas réductible à des chiffres que l'on puisse comparer. Il semble pourtant certain que Reclus est mort heureux[38], d'après le témoignage des amis venus auprès de son lit le 4 juillet 1905, quelques instants avant la crise cardiaque qui devait l'emporter, pour lui annoncer que, à la suite de la mutinerie du cuirassé Potemkine, de violentes émeutes avaient éclaté à Odessa, Saint Petersbourg, Moscou, Varsovie et d'autres villes.

Fig. 4. Gravure de Deloche pour la 1re page de la première édition de *L'homme et la terre*.

38. Voir Vincent [2010].

VII. LE RENDEZ-VOUS MANQUÉ DU 4 JUILLET 1976

Il est probable que la date du 4 juillet 1976 ne vous dit rien de très particulier. C'est tout à fait normal, elle est marquée dans les sciences par une absence annoncée, un rendez-vous destiné à être manqué que l'on a oublié à bon escient.

Dans les « coups d'œil » qui précèdent, nous avons touché des moments cruciaux, parfois poignants, de l'aventure scientifique ; peut-être avez-vous eu l'impression que ces choses-là relèvent d'un temps révolu, et ont peu à voir avec les échos que l'on a quotidiennement dans la presse et les médias au sujet des revendications des chercheurs, des demandes de postes de travail, de matériel et autres. Il n'en est rien, ces « coups d'œil » sont des paradigmes des aléas de la vie de tous les jours dans le monde de la recherche, lequel comporte aussi des facettes économiques. Je suppose que je n'aurais pas grand-peine à vous convaincre qu'il faut de l'argent pour la recherche (vous en êtes peut-être déjà persuadé). Le problème est que certains, parmi les plus puissants, sont convaincus qu'il faut de la recherche pour l'argent, et qui ne le diront pas, car ce n'est pas politiquement correct (il s'agit le plus souvent de gens qui parlent très bien).

Il y a des expériences ou des programmes qui nécessitent énormément d'argent ; on appelle parfois cela big science ; il s'agit du grand télescope international de La Silla au Chili, des accélérateurs de particules du CERN et bien d'autres. Il faut d'importants financements, qui exigent le plus souvent des scientifiques de faire miroiter de grandes découvertes, ou, mieux encore, d'utiles retombées pour l'industrie et l'économie. La première puissance économique mondiale peut même se permettre ce type de programmes au niveau national. Ce sont des investissements fabuleux avec un objectif précis. Le plus fameux est le « Projet Manhattan » qui a entraîné la construction des premières bombes atomiques. Il y a eu ensuite le « Programme Apollo », lancé par le président Kennedy le 25 mai 1961, visant à envoyer un homme sur la Lune avant la fin de la décennie. Le premier a atteint son but initial de disposer d'armes atomiques avant l'Allemagne nazie (qui n'a pas élaboré de véritable programme de fabrication de telles armes) et a eu des retombées prodigieuses : utilisation contre le Japon et joker fondamental de la guerre froide. Le deuxième aussi : le 21 juillet 1969, le premier homme sur la Lune était issu du programme Apollo, lavant l'affront des premiers satellites artificiels et premiers astronautes soviétiques, alors même que la maîtrise de la technologie des lanceurs s'inscrivait tout naturellement dans la crédibilité de l'équilibre de la terreur.

Le président Nixon a dû penser qu'il n'y avait pas deux sans trois, et a signé le 23 décembre 1971 le « National Cancer Act 1971 » (Public Law 92-218), assorti de moyens et budget de rêve, dont l'objectif affiché était de vaincre le cancer pour le bicentenaire de l'indépendance américaine. Il a donc estimé que vaincre le cancer était une affaire de cinq ans. Bel optimisme, quand mettre un homme sur la Lune avait pris huit ans ! La dure réalité s'est vite imposée au volontarisme de Nixon et ses conseillers : des sommes immenses ont été gaspillées avec un rendement dérisoire en matière d'avancées contre le cancer. L'euphorie initiale est vite retombée et les engagements ont été discrètement abandonnés à l'approche d'une échéance gênante.

Vous avez probablement oublié ces événements, ou, si vous êtes jeune, vous ne les avez jamais connus ; en revanche, vous savez parfaitement que le cancer n'est toujours pas vaincu, que des progrès énormes ont été faits depuis 1971 dans la lutte contre le cancer (ou plutôt les cancers), et que ces progrès ne sont pas particulièrement concentrés entre 1971 et 1976. De nos jours, il y a des « plans cancer » dans de nombreux pays, mais cela n'a rien à voir avec la Public Law 92-218 ; ce sont des budgets affectés à une recherche que l'on sait longue, polymorphe et hasardeuse. Le 4 juillet 1976 on a fêté le bicentenaire de l'indépendance des États-Unis d'Amérique, pas la victoire sur le cancer.

Je conviens que c'est un peu succinct du point de vue anecdotique pour faire un « coup d'œil ». C'est pourquoi j'ai ajouté quelques commentaires et citations.

Pourquoi « Manhattan » et « Apollo » ont-ils réussi et le « National Cancer Act 1971 » échoué ? N'en était-il pas la copie conforme ?

– Non, il en différait sur un point essentiel : Le projet « Manhattan » est issu de la fameuse lettre d'Einstein à Roosevelt du 2 août 1939 [39] dans laquelle le premier faisait état de la faisabilité réelle, au point de vue scientifique, des armes atomiques (d'où le danger que l'Allemagne nazie les développât), si bien que l'enjeu se situait à un niveau technique et industriel, nécessitant des moyens colossaux, mais dont les grandes lignes ne mettaient pas en œuvre des faits scientifiquement inconnus lors du lancement du programme.

Il en était de même du projet « Apollo » ; la possibilité réelle de mettre et récupérer des hommes sur la Lune était acquise et l'enjeu s'inscrivait plutôt dans une course de vitesse avec l'Union Soviétique pour développer et maîtriser des lanceurs puissants et des techniques d'alunissage et décollage.

« Manhattan » et « Apollo » étaient des programmes de développement et non de recherche. Bien au contraire, « vaincre le cancer » était (et est) un véritable défi : personne ne savait (et ne sait) comment s'y prendre. Qui plus est, la nature même du problème est scientifique, puisqu'on ne sait pas vraiment ce qu'est un cancer, ni comment et pourquoi il se développe. La nature *qualitative* et le véritable enjeu de l'obstacle à surmonter pour vaincre le cancer étaient passés entièrement inaperçus du président Nixon et de ses conseillers ; pour eux c'était un problème quantitatif ponctuel et isolé du reste de la science. Précisément, parmi les grands progrès obtenus depuis, certains, et pas des moindres, ont été des conséquences des avancées dans d'autres domaines de la biologie, ainsi d'ailleurs que du développement de techniques expérimentales, d'observation et de calcul, de nature physique et mathématique. Cancer par rapport à Apollo n'était pas une affaire de cinq ans par rapport à huit (ce qu'on a vite compris) mais *une affaire de ne pas savoir par rapport à savoir, un obstacle essentiel qui* (cela est bien plus difficile à comprendre) *ne pouvait être surmonté par de l'argent et du volontarisme.*

39. Le brouillon avait été rédigé par L. Szilárd (1898-1964).

À ma connaissance, aucun autre programme comparable n'a été lancé depuis. La leçon de l'échec du National Cancer Act a peut-être été entendue, mais il y eut sans doute d'autres raisons. Ces trois grands programmes, deux réussis, le troisième raté, ont en commun un point très important : des sommes colossales ont été dépensées dans le but de faire quelque chose, même si elle est souvent liée au prestige ; or on ne gagne pas de l'argent avec, on le dépense, du moins dans l'immédiat. Sans doute les compagnies qui participent aux programmes font-elles des profits énormes, et les retombées sont très lucratives, mais il y a un but à atteindre. Ces programmes (à la différence des programmes véritablement scientifiques comme le télescope de La Silla) s'inscrivent dans *la logique du capitalisme productif qui privilégie la connaissance des procédés et des produits.*

Or, *le capitalisme a changé depuis, devenant commercial et financier*, à la faveur de la mondialisation néolibérale et de la politique des organisations économiques internationales (OCDE, Banque Mondiale, OMC, Commission Européenne...). Voici une explication très éclairante de Laval [2009], page 30 :

> Dans l'économie de la connaissance, la connaissance doit être créée et diffusée pour des fins principalement économiques, elle doit être au service de la compétitivité des économies et des entreprises. Les institutions doivent être subordonnées d'une manière directe ou indirecte aux besoins des entreprises, aussi bien du côté de la recherche que de l'enseignement. Et si la connaissance est un bien économique, il convient que la production en soit réglée selon le principe des organisations qui ont fait la preuve de leur efficacité, à savoir, les entreprises privées. L'école et la recherche doivent devenir elles-mêmes des entreprises obéissant aux valeurs et aux principes du management de la performance. Enfin, si la connaissance est définie comme un bien économique qui a un coût et un rendement, et qu'elle relève essentiellement d'un calcul économique, son financement public peut être mis en question.

Mais, dans son avatar financier, le capitalisme secrète une logique purement hallucinante, C. Laval poursuit, page 36 :

Conformément à la thèse de F. Hayek, peu importe le contenu de connaissance, ce qui importe est l'information pertinente sur un produit cognitif, c'est-à-dire, sa valeur abstraite dans le système d'évaluation (nombre de citations, nombre de publications, etc.). Ce n'est pas la valeur d'usage qui compte ici, mais la valeur abstraite que le système de mesure produit. (Et C. Laval de conclure [page 39] :) Les luttes qui se déroulent dans le domaine de la connaissance, dans les secteurs de la recherche et de l'enseignement, mais aussi dans le champ de la culture et de la santé, participent d'un combat beaucoup plus général, de nature anthropologique, puisque chaque homme en tant qu'il parle, qu'il imagine, qu'il connaît et qu'il pense risque d'être réduit à son employabilité, voire au néant social s'il a le malheur plus grand encore de n'être plus à jour de ses compétences et de son portefeuille personnel d'actifs immatériels.

Je ne suis pas économiste ; cela me rappelle la conversation du petit prince avec le businessman (Antoine de Saint-Exupéry, *Le petit prince*, chapitre XIII) :

– Et que fais-tu de 500 millions d'étoiles ?
– [...] Rien, je les possède.
– Tu possèdes les étoiles ?
– Oui.
– Mais j'ai déjà vu un roi qui...
– Les rois ne possèdent pas, ils « règnent » sur. C'est très différent.
– Et à quoi te sert-il de posséder des étoiles ?
– Cela me sert à être riche.
– Et à quoi cela te sert-il d'être riche ?
– À acheter d'autres étoiles, si quelqu'un en trouve.
Celui-là, se dit en lui-même le petit prince, il raisonne un peu comme mon ivrogne [...].
– Mais tu ne peux pas cueillir les étoiles !
– Non, mais je puis les placer en banque.
– [...] C'est amusant, pensa le petit prince. C'est assez poétique. Mais ce n'est pas très sérieux. Le petit prince avait sur les choses sérieuses des idées très différentes des idées des grandes personnes.

– Moi, dit-il encore, je possède une fleur que j'arrose tous les jours. Je possède trois volcans que je ramone toutes les semaines. Car je ramone aussi celui qui est éteint. On ne sait jamais. C'est utile à mes volcans, et c'est utile à ma fleur, que je les possède. Mais tu n'es pas utile aux étoiles…

Le businessman ouvrit la bouche mais ne trouva rien à répondre, et le petit prince s'en fut.

VIII. DAGUERRE ET LA PHOTOGRAPHIE

Ce « coup d'œil » a un caractère différent de ceux qui précèdent, et plus précisément, ce n'est pas un « coup d'œil ». Bien au contraire, c'est un film rapide des inventions dans le domaine de la photographie, propre à mettre en évidence le contraste flagrant entre les événements historiques et le regard que nous portons aujourd'hui sur eux. *Nous reconstruisons le passé, nous ne naviguons pas sur le temps.*

Un petit coup d'œil pittoresque quand même, pourquoi pas ? Contrairement aux usages des scientifiques, Louis Daguerre (1787-1851) n'a pas fait lui-même une communication (écrite ou orale) sur son invention. C'est François Arago (1786-1853), secrétaire perpétuel de l'Académie des Sciences de Paris qui l'a faite à sa place, le 19 août 1839. Maladie ? Timidité ? Je vous laisse le soin d'interpréter le début de l'intervention d'Arago, écrit dans le langage savoureux de l'époque (Comptes rendus, tome IX, 1839) :

> Ce matin encore j'ai prié, j'ai supplié l'habile artiste de vouloir bien se rendre à un vœu qui me semblait devoir être partagé par tout le monde ; mais un violent mal de gorge ; mais la crainte de ne pas se rendre intelligible sans le secours de planches ; mais un peu de timidité ont été des obstacles que je n'ai pas su vaincre. J'espère bien que l'Académie voudra bien me tenir quelque compte de l'obligation où je me trouve de lui faire, et même sans y être suffisamment préparé, une simple communication verbale sur des sujets si délicats.

Langage savoureux, certes, mais surtout passionné, au service d'un progrès *qui lui semblait devoir être partagé par tout le monde.*

Le XIXe est le siècle de la science triomphante, portant à l'humanité les fruits des Lumières, et acceptée comme telle. Mais revenons à la communication de Daguerre (faite par Arago), une invention décrite dans les dix-huit pages qui suivent le début que je viens de reproduire. De quoi s'agit-il ?

L'invention de la photographie est normalement attribuée à Niepce en 1826/27. Sa procédure était de très pauvre qualité et nécessitait environ *huit heures de temps d'exposition.* Daguerre invente une nouvelle procédure, utilisant une fixation par des vapeurs de mercure et une solution de sel commun, *qui réduit le temps d'exposition à dix ou vingt minutes.* C'est le *daguerréotype.* On est loin de ce qu'on trouve de nos jours dans le rayon photo d'un grand magasin. En fait, qu'est-ce que la photographie ?

Sous forme un peu télégraphique :

- En 1826, J.-N. Niepce (1765-1833) réussit à fixer une image (floue) de la cour de sa maison à l'aide d'une plaque d'étain recouverte de bitume dans une chambre noire, après une exposition de huit heures.
- 1839 : Le daguerréotype, que nous venons de décrire. L'état français acquiert le brevet et verse une pension viagère à Daguerre (1787-1851), puis en fait « don au monde » (le progrès doit être partagé par tout le monde)[40]. Daguerréotypomanie. Inquiétude des peintres.
- William Talbot (1800-1877) invente en 1840 la « calotypie », procédé négatif/positif permettant la diffusion multiple des images.
- 1884. Apparition du film en celluloïd (George Eastman). Diminution de la taille des appareils. Photographie de voyage et de reportage.
- Les appareils de petit format apparaissent vers 1925, ensuite, la couleur (kodachrome en 1935, agfacolor en 1936).
- Edwin Land (1909-1991) met au point en 1948 le premier appareil à développement instantané, le Polaroïd, et en 1962, il y incorpore la couleur.

---

40. On pourra apprécier le progrès de la civilisation à l'aune de cet exemple : de nos jours, les laboratoires (surtout pharmaceutiques) ne font pas don des découvertes à l'humanité. Êtes-vous convaincu maintenant de l'utilité du terme « régrès » évoqué ci-dessus (section VI) ?

– La photo numérique apparaît dans les années 1980 ou plutôt 1990. Elle utilise l'effet photoélectrique : les photons arrivant arrachent des électrons des capteurs élémentaires et produisent un courant électrique, transformé ensuite en fichier électronique.

Bon, cela situe un peu l'invention de Daguerre, mais pour vous, c'est quoi, la photographie ? Cela dépend ; si vous avez un certain âge, vous penserez probablement aux appareils où l'on mettait un film enroulé, l'on faisait des prises de vue « instantanées » et l'on donnait ensuite à un professionnel le film à développer. Vous connaissez sans doute les appareils numériques actuels, mais, à vrai dire, ce n'est plus de la photographie, puisqu'il n'y a plus de chimie ; ce sont des machines qui captent des photons et qui donnent directement un fichier informatique orné de noms aussi poétiques que jpg ou pdf. Si vous êtes assez jeune, il se peut que vous n'ayez jamais vu d'appareil photo non numérique, vous en avez entendu parler, comme des omnibus à chevaux, mais en fait, pour vous, un appareil photo, c'est comme un caméscope, mais qui fait des images une à une (ce que fait aussi un caméscope) au lieu de donner, comme c'est normal, une séquence continue d'action. Mais, quel que soit votre âge, un appareil photo est sans doute pour vous *un moyen technique de fixer des images prises sur le vif.* Une machine qui sert à fixer pour la postérité la réalité d'un instant. D'où son succès auprès des parents et grands-parents de jeunes enfants. *À la différence d'un dessin ou d'un tableau, qui peut avoir une valeur évocatrice et artistique certaine mais est, du moins partiellement, produit de l'imagination de l'artiste, la photo porte témoignage de la réalité telle qu'elle est ; c'est un document historique indiscutable.*

Oui, mais… cela est notre vision d'hommes de la fin du XXᵉ ou du XXIᵉ siècle. *Du temps de Daguerre c'était exactement le contraire.*

Neuf ans après la communication de Daguerre/Arago eut lieu la révolution de 1848. Il n'y a pas de photos des révolutions de 1789 ni de 1830 bien sûr, mais il y a des daguerréotypes de celle de 1848 ! Voici qui est susceptible de nous montrer les événements de 1848 comme quelque chose de bien plus palpable que l'histoire des livres !

Fig. 5. Barricades de la rue Saint-Maur à Paris. Daguerréotype pris par Thibault le 25 juin 1848, Musée d'Orsay, Paris. Le temps d'exposition de 10 ou 15 minutes supprime automatiquement les figures en mouvement.

Hélas, il n'en est rien ! Voici (figure 5) les barricades de la rue Saint-Maur le 25 juin 1848, daguerréotype conservé au musée d'Orsay à Paris. Là où nous nous attendions à voir une sorte de reportage, ponctuel, certes, mais vivant, de ce combat historique, nous percevons vaguement des contours un peu estompés ; on arrive à distinguer les bâtiments, mais le plus intéressant serait de voir le combat, les hommes en chair et en os qui ont impressionné les vapeurs de mercure et la solution de sel commun. Or, il n'y a pas de figures humaines, on dirait que la barricade a été désertée ! Alors, nous comprenons : le daguerréotype nécessitait au moins dix minutes d'exposition et ignorait donc les présences momentanées. Il est vraisemblable que les républicains aient refusé de poser immobiles pour la postérité pendant dix minutes sous le feu des troupes royales, mais même s'ils l'avaient fait, ça aurait été dépourvu de tout naturel, cela n'aurait pas été un témoignage du combat réel, pris sur le vif. *Il y avait probablement des figures en mouvement, que le daguerréotype n'a pas enregistrées.*

Finalement, la photo ne prouve rien. Si ce qu'on veut est un témoignage, le mieux à faire est de se reporter… à un tableau, malgré toutes les nuances évoquées, par exemple, « Barricade de la rue Soufflot », d'Horace Vernet (1789-1863), le même jour, 25 juin 1848, également conservé au musée d'Orsay. On doit se fier à l'objectivité de l'artiste, comme pour 1789 et 1830.

Fig. 6. Horace Vernet, *Barricade de la rue Soufflot*, Paris 1848. Musée d'Orsay, Paris.

Le renversement tableau/photo en ce qui concerne le rôle « témoignage sur le vif » est un phénomène qui s'est produit graduellement au cours du XXe siècle, à la faveur de la diminution des temps d'exposition et l'apparition de la « photo instantanée » Ce phénomène constitue un exemple de transition du quantitatif (temps d'exposition) au qualitatif (témoignage fidèle versus fiction), l'un des principes de la dialectique (voir plus loin, chapitre VII).

Encore un mot avant de terminer ce chapitre. J'ignore si vous avez repéré une erreur dans les lignes précédentes. *C'était volontaire, pour avoir encore un petit exemple de reconstruction du passé.* Le terme « Révolution de 1848 » (et les idées emblématiques qui s'y rattachent :

proclamation de la IIe République, abolition définitive de l'esclavage, printemps des peuples, etc.) est un raccourci. *Il y a eu deux révolutions, en février et en juin.* La République est issue du triomphe de la révolution de février, mais la définition de son contenu et sa portée n'étaient pas fixées. *La révolution de juin, dont le sens était de donner un contenu social à la République, a échoué.* La IIe République était mort-née, et trois ans après elle succombait au coup d'état de Louis Napoléon. Les images ci-dessus sont, bien entendu, de la révolution échouée de juin. *Les troupes ennemies n'étaient pas royales, mais... républicaines !*

Ah ! Ne pensez surtout pas que les reportages actuels, issus de la photo instantanée, témoignent enfin de l'instant historique. Cela renvoie à la véracité de la prise des vues, des retouches et des montages. Les photos emblématiques de la fin de la deuxième guerre mondiale, le drapeau américain hissé sur le mont Suribachi à Iwo Jima et le drapeau rouge sur le Reichstag ont toutes deux été faites par reconstitution une fois les lieux sécurisés. La dernière, en particulier, dont il y a bien des versions (le photographe E. Khaldei (1917-1997) avait dépensé l'un de ses précieux rouleaux tout entier) a été faite le 2 mai 1945, alors que le Reichstag avait été enlevé aux nazis le 30 avril vers 21 heures, et pour cause : l'Armée Rouge voulait s'offrir le Reichstag en cadeau pour le 1er mai ! Est-ce mieux qu'un tableau de Vernet ?

II

Généralités sur la connaissance scientifique

Après les exemples ponctuels d'histoire du chapitre précédent, nous abordons ici le véritable début du livre. Il commence par l'affirmation du caractère approché de la connaissance scientifique (sections I et II) et son articulation avec une utopique exactitude (section III). Le chapitre se prolonge par de courts commentaires sur divers sujets d'épistémologie et de sociologie des sciences.

I. LA NATURE DE NOTRE CONNAISSANCE DE LA NATURE

Certaines pièces de théâtre ne sont jouées qu'une fois. Par exemple à l'occasion de grandes fêtes ; j'en connais une tout à fait remarquable, qui possède en outre la particularité que les acteurs, spectateurs, critiques et auteurs sont les mêmes personnes. Cela fait désordre ! Comment s'y retrouver ? On n'aimerait pas y participer… ou peut-être si, pourquoi pas ? Cela pourrait nous changer de ces routines ennuyeuses, réglées comme du papier à musique ! Après tout, dans Hamlet, il y a une pièce dans la pièce et certains acteurs sont spectateurs ; l'auteur en est Hamlet lui-même, qui est donc auteur, spectateur, et acteur. Cela se comprend très bien, c'est très intéressant, et même utile… cela sert à démasquer l'auteur d'un crime abominable…

De toute façon, on n'a pas le choix, on est dans cette pièce. La scène c'est le monde, et la pièce, son évolution. Nous faisons partie (acteurs) du monde que nous étudions (spectateurs), que nous jugeons (critiques) et que nous transformons (auteurs). Ce n'est jamais facile de vivre, mais on y arrive comme on peut, tant que l'on n'est pas mort. Cette phrase est parfaitement tautologique, mais elle me semble définir notre statut (nul besoin de métaphysique pour cela, ce serait trop compliqué).

Je voulais traiter surtout des sciences. Cela concerne principalement l'activité « spectateur », mais pas seulement, car tout s'imbrique (on s'en doutait, dans cette pièce...). Lorsqu'on fait une expérience pour en observer le résultat, est-on spectateur ou auteur ? Les deux, bien sûr (comme Hamlet !), où est le problème ? Eh bien, le problème est que, implicitement, on admet qu'en se situant une autre fois dans les mêmes conditions, on aura le même résultat ; mais *on ne se met jamais dans les mêmes conditions, car la pièce n'est jouée qu'une fois.* Au mieux, on arrive à se situer à peu près dans les mêmes conditions et à obtenir à peu près le même résultat, ce qui nous permet de dégager des lois à peu près vraies. *La science n'est pas exacte, mais approchée. Et ceci ne constitue nullement un défaut, bien au contraire, c'est une qualité, une merveilleuse qualité, qui lui permet d'exister et d'être (approximativement !) vraie et (approximativement !) utilisable.*

Cela peut sembler tout à fait curieux, voire surprenant. Comment peut-on construire la science, dont nous avons tous une certaine idée, sur des bases aussi floues ? Notre perception subjective de la science fait souvent appel à des idées de vérité, de vérifiabilité, de lois, de démonstrations, parfois d'erreurs, mais tout de même, c'est quelque chose de sérieux, de bien fondé, pas de bâti sur du sable...

Nos connaissances scientifiques sont éminemment sociales. D'évidence, il y a des gens qui construisent ou modifient, ou font progresser les sciences, ce sont les scientifiques ; mais ils travaillent toujours à partir de connaissances... scientifiques, ce n'est pas comme un roman ou une mélodie (quoique... je n'en suis pas sûr, mais cela nous dévierait de notre sujet) ; tout le monde sait que de nos jours, il faut apprendre beaucoup de choses pour pouvoir faire valablement de la recherche, alors qu'il y a deux ou trois siècles, des inventions et des découvertes étaient faites par des gens qui avaient un autre métier et consacraient très peu de temps aux recherches.

Cela peut évoquer une sorte d'âge d'or, mais c'est une idée parfaitement erronée ; en fait, très peu de gens faisaient des découvertes, et le plus souvent par hasard, grâce à une rare curiosité et une grande perspicacité.

Perspicacité. À l'origine, il est évident que la science n'était pas sociale, et ne pouvait l'être ; elle est apparue difficilement et tardivement, à la faveur d'analogies partielles et approchées entre situations qui donnaient lieu à des conséquences présentant elles-mêmes des analogies partielles et approchées. Cela est subtil et difficile. Les analogies n'ont lieu que si l'on a un critère pour écarter ce qui n'est pas analogue... cela semble un cercle vicieux. Cela ne pose aucun problème et nous le faisons tout naturellement lorsque nous savons de quoi il s'agit ou le type d'analogie recherché : Si l'on choisit des vêtements dans le but exclusif de se protéger du froid, des manteaux de la même étoffe mais de couleurs différentes seront analogues ; si en revanche on privilégie un critère esthétique, ceux de même couleur mais d'étoffes différentes seront perçus comme analogues. Mais comment peut-on percevoir des analogies sans savoir où l'on va, sans avoir le critère de l'analogie ? Eh bien, on a fait comme on a pu, et voilà pourquoi les sciences sont apparues difficilement et tardivement,... ensuite, elles sont devenues sociales et structurées...

Il existe un concept très utile pour comprendre ce type de choses. C'est la *simplexité*[1]. On peut la définir comme l'ensemble des propriétés qui font apparaître comme simple (éventuellement intelligible) ce qui est complexe. C'est ce qui fait émerger des propriétés simples et manipulables d'un magma indiscriminé et inintelligible. Ce n'est nullement la simplicité, c'est ce qui dégage de la simplicité à partir de la complexité. La simplexité en tant que telle est subjective et l'on ne peut en donner une description objective qu'au cas par cas. Le livre cité d'Alain Berthoz en donne bien des exemples et facettes. Le fait est qu'elle existe, et a permis de « faire démarrer »

---

1. Ce concept est proposé et élaboré dans A. Berthoz [2009], *La simplexité.*

les connaissances scientifiques – et bien d'autres choses en dehors de mon propos. La simplexité est éminemment polymorphe, et, assez paradoxalement, opère souvent par l'oubli de propriétés sans intérêt ou inutiles, dans le but de faire émerger des structures intelligibles de ce qui reste.

La structure sociale des sciences fait que nous, hommes du XXIe siècle, avons pratiquement oublié ce substrat matériel de nos connaissances les plus abstraites. Voyons un exemple extrêmement simple de logique. On peut considérer la logique comme la plus abstraite et générale des sciences, qui imprègne et conditionne toute pensée ou connaissance scientifique (*The laws of thought* de George Boole (1815-1864) est le titre d'un grand traité classique de logique systématique).

Considérons le syllogisme archiconnu : « Les hommes sont mortels, Socrate est homme, donc Socrate est mortel. » C'est certainement correct comme déduction, mais qu'est ce que cela veut dire, au juste ? Que Socrate soit un homme, je n'en doute pas, c'est historique. Que les hommes soient mortels, oui, sans doute, c'est ce qu'on dit, et c'est vrai, de toute évidence. D'où vient cette évidence ? Ce n'est pas mathématiquement démontré, ni logique ; ce n'est pas expérimental non plus, puisqu'il paraît qu'il y a dans le monde quelque six milliards d'hommes vivants ; qu'est-ce qui prouve qu'ils vont mourir ? Qu'on ne me dise pas que c'est parce que les hommes sont mortels, puisque c'est ce dont je cherche à connaître le pourquoi !

En fait, c'est parce qu'on n'a jamais vu un homme dépasser l'âge de 150 ans. « Les hommes sont mortels » signifie en fait « les hommes ne dépassent pas l'âge de 150 ans ». Et cela est un fait expérimental. Donc les deux prémisses sont vraies, l'une d'après l'histoire, l'autre expérimentalement, et on en déduit que Socrate n'a pas dépassé l'âge de 150 ans. C'est beaucoup moins abstrait que ce qu'on croyait, et à vrai dire, il n'y a pas beaucoup de logique là-dedans.

Un logicien vous dira que la logique se limite à la déduction de la conclusion, qui n'a rien à voir avec les raisons pour lesquelles les prémisses sont vraies. Soit, mais cela perd beaucoup de son intérêt. Et la déduction c'est quoi, au fait ? Elle est contenue dans le « est » de « Socrate est homme ». En effet, le « sont mortels » et la conclusion « est mortel » peuvent être remplacés par d'autres prédicats moins macabres, par exemple, « respirent l'air de l'atmosphère » et « respire l'air de l'atmosphère ». Mais le « est » de « Socrate est homme » ne peut être remplacé par « respire » ou toute autre chose. Dans le cas qui nous occupe, le peu de logique mise en œuvre se réduit pratiquement à cet « est » là, exprimant que Socrate est l'un des éléments de l'ensemble des entités qui jouissent (c'est une façon de parler, je vous avais dit que c'était macabre) de la propriété d'être mortels. Et ça, c'est quoi ? Une « règle de la pensée », en effet, et plus précisément, *une évidence qui vient de l'idée que nous nous faisons d'un ensemble et des entités qui le composent* (on dit « ses éléments »). En fin de compte, c'est expérimental !

L'exemple tout simple qui précède nous apprend aussi autre chose. Pourquoi ai-je mis 150 ans comme borne supérieure de l'âge que peut atteindre un être humain ? J'aurais pu aussi bien mettre 140, 160 ou 3 000. Les conséquences sur la structure du raisonnement et les conclusions auraient été les mêmes. L'introduction du concept « mortel » *évite de choisir un chiffre*, il suffit de savoir qu'il y en a un, et évite par exemple les désagréments produits par l'éventuelle découverte d'un homme âgé de 151 ans. Le remplacement de ces chiffres par le terme « mortel » est un exemple de simplexité. Mais il y a lieu de noter que cela a eu un coût : en prenant 150, 140 ou 160 ans, nous pouvons déduire que Socrate n'a jamais discuté avec Kant [2], renseignement fort intéressant, que l'on ne déduit nullement du choix 3 000 ni de l'introduction du concept « mortel ».

Si ces considérations vous semblent dérisoires et alambiquées, vous avez tout à fait raison ; elles ne sont pourtant pas inutiles, car elles permettent de comprendre sur un exemple très simple le vrai sens de la logique ; on a simplifié, au sens de la simplexité, dans ce but, pas dans celui d'apprendre des choses sur Socrate ou Kant.

2. Je considère naturellement que la connaissance historique de Socrate ne contient pas la date ni l'éventualité de sa mort, sans quoi le raisonnement est inutile.

II. LE SCHÉMA DES CONNAISSANCES SCIENTIFIQUES

Le monde en tant que tel (dont nous faisons partie) et son évolution nous sont largement inconnus. Nous en savons certaines choses, de plus en plus et de mieux en mieux. Il se trouve (c'est un fait expérimental) que certaines structures locales de ce monde, lorsqu'elles se présentent à peu près sous la même configuration, donnent lieu à des conséquences (évolutions) à peu près analogues, localement dans l'espace et le temps. Nous en dégageons des recettes, des règles, des lois extrêmement simplificatrices et donc utiles, puisqu'elles nous permettent d'appréhender de façon synthétique une immense diversité de situations en quelques mots (« en lâchant un corps, il tombe »). Mais surtout leur utilité vient de leur pouvoir prédictif : « je sais que si je lâche ce corps, il tombera. » Cet exemple n'est pas très précis, on peut facilement trouver des situations où la prédiction ne se réalisera pas, mais toute personne normalement conformée acceptera l'énoncé comme correct. Il en va de même avec des règles ou lois plus précises, quantitatives : leur pouvoir prédictif ne peut être vérifié qu'approximativement, suivant les possibilités des moyens de mesure[3].

On peut construire un schéma allégorique de ces situations (Figure 7). Si l'on schématise le monde réel (compliqué et inconnu) par la courbe *c*, en se limitant à un type de phénomènes ou situations, par exemple le point *A* et ceux qui lui sont proches, comme *B*, on peut construire une théorie scientifique adaptée à ce type de phénomènes. Ce sera la droite *d*. Elle est bien plus simple que la courbe *c* (qui de toute façon nous est inconnue) et remplacera la situation *B* par une *B'* en accord avec la théorie ; si, comme c'est le cas sur la figure, *B'* est proche de *B*, la théorie est correcte. Bien entendu, pour des situations telles que *F*, assez éloignées de *A*,

3. Il y a lieu de signaler que les conceptions générales sur la science qui précèdent sont très proches des celles que le psychologue George A. Kelly (1905-1967) attribue à l'activité cognitive en général (Voir Kelly [1955]).

l'utilisation de la théorie donne *F',* assez éloigné de *F* et est donc inutilisable.

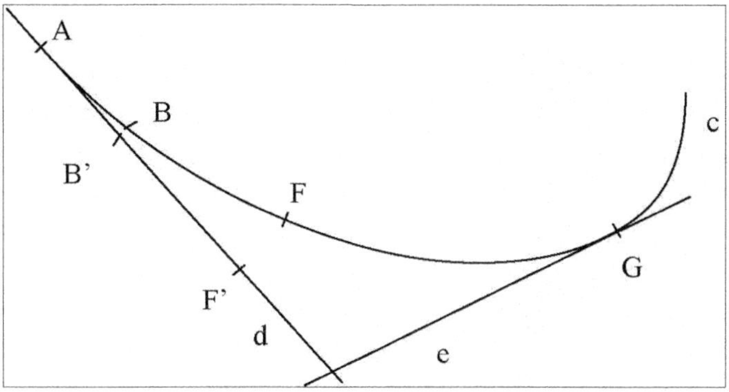

Fig. 7. Les théories d et e sont simples et compréhensibles (des droites) ; elles donnent des approximations valables de la réalité (la courbe c) près de A et G, mais sont inadaptées loin de A ou G.

Naturellement, il y a des théories différentes pour divers types de phénomènes (pour la plupart d'entre eux, il n'y a pas de théorie). Sur la figure, on a également représenté la théorie *e,* qui concerne les phénomènes proches de *G.* Par exemple (toujours au sens allégorique), on peut imaginer que A représente les phénomènes de mouvement des corps et *d* la mécanique, *G* la reproduction des animaux et *e* l'embryologie. Si l'on considère des phénomènes complexes faisant intervenir à la fois des corps en mouvement et de la reproduction, il se peut très bien qu'il y ait des conséquences inattendues imprévisibles avec les théories *d* et *e.* Les théories sont essentiellement simples et ont des domaines de validité restreints [4].

J'ai insisté sur le caractère allégorique de cette représentation. Il est clair que les théories elles-mêmes font partie du monde et leur évolution est sujet d'étude pour l'épistémologie. L'extraordinaire complexité du problème ne saurait se laisser représenter par quelques traits

4. Cette conception des sciences et théories est très proche (quoique la description en diffère beaucoup) de celle de Levins et Lewontin *The dialectical biologist,* p. 149-151.

d'encre sur un papier ; il n'en reste pas moins que cette allégorie me semble permettre d'engager une réflexion pertinente sur le statut des théories scientifiques. Il est donc utile de la perfectionner sous la forme suivante.

La courbe *c* représentative du monde (au sens de l'ensemble de tous les phénomènes) peut être avantageusement remplacée par une surface *S*, dessinée en pointillé (pour signaler qu'il nous est inconnu) (Figure 8). Les phénomènes d'un certain type (mettons par exemple les mouvements des corps solides) constituent une partie de *S*, la courbe *M*. Si le point *P* désigne les corps au repos (mouvement de vitesse nulle), on peut, par exemple, utiliser la mécanique newtonienne T_1 pour étudier *M*. Elle est « très simple » (une droite) mais donne des erreurs importantes dès qu'on s'éloigne de *P* le long de *M* (la mécanique newtonienne donne des erreurs d'autant plus grandes que les vitesses sont grandes). Une meilleure théorie pour étudier la même courbe *M* est la mécanique relativiste T_2 ; elle est plus compliquée (je l'ai représentée par une courbe), mais donne des résultats bien meilleurs que T_1 lorsqu'on s'éloigne de *P* le long de *M*. Rien ne prouve qu'elle soit exacte ; elle ne l'est probablement pas, c'est-à-dire que T_2 ne coïncide pas avec *M*. Il y a également des théories contenant la mécanique newtonienne du mouvement des corps comme un cas particulier. C'est le cas de la mécanique newtonienne des fluides, que j'ai représenté par le plan T_3. Celle-ci couvre un ensemble de situations bien plus grand, et contient T_1 comme cas particulier, alors qu'elle ne contient pas T_2 (elle n'est pas relativiste).

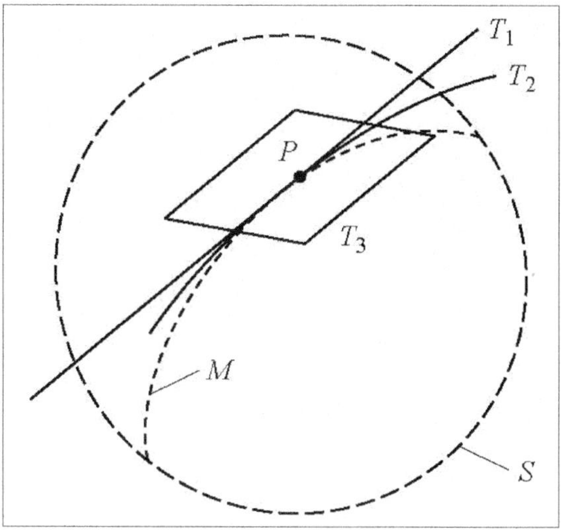

Fig. 8.
S = Tous les phénomènes (inconnus)
M = Corps solides en mouvement
P = Corps solides au repos
T1 = Mécanique newtonienne des corps solides
T2 = Mécanique relativiste des corps solides
T3 = Mécanique newtonienne des fluides

Il est clair que les éléments fondamentaux des schémas qui précèdent sont :
– *Le caractère partiel des domaines couverts par les théories scientifiques.*
– *Le caractère relativement simple des théories, de façon à pouvoir les maîtriser.*
– *Le caractère approché de la connaissance scientifique.*
– *La possibilité d'une multiplicité d'approches à un même problème.*

Nous donnerons dans ce livre quelques éléments sur l'évolution des connaissances, sur les changements de ces schémas. Mais une chose est d'ores et déjà claire : *il n'y a pas et il n'y aura pas de science « exacte » ni de science « du Tout ».* Ce serait un contresens ; *une copie conforme du monde serait inutile puisqu'aussi compliquée que le monde.*

En guise de commentaire, il y a lieu de signaler que les phénomènes complexes, souvent difficiles du point de vue scientifique, peuvent avoir des approches diverses suivant les situations. C'est un lieu commun lorsque, de notre point de vue, les diverses situations appartiennent à des domaines clairement disjoints : personne ne s'étonne qu'une voiture puisse être considérée des points de vue de la mécanique, de l'esthétique, ou de l'économie. C'est beaucoup moins évident lorsque les domaines sont proches. *La dualité onde/corpuscule de la mécanique quantique des particules élémentaires, qui a fait couler beaucoup d'encre, relève pourtant du même cadre épistémologique.* Suivant les situations, l'entité « particule élémentaire », qui nous est, en tant que telle, inconnue (du moins partiellement) se comporte, suivant les situations, soit comme corpuscule, soit comme onde, ce qui signifie très exactement que dans certaines situations, nous pouvons prévoir son mouvement de façon approchée en la considérant comme un point matériel jouissant de certaines propriétés, alors que dans d'autres, son comportement est mieux décrit (toujours de façon approchée) par un phénomène ondulatoire dans l'espace-temps. *L'incohérence apparente de ces deux descriptions vient de ce que les deux relèvent du grand domaine de la physique, qu'une approche naïve et erronée voudrait voir comme simple, cohérente et complète.* Or, la physique est une science vaste, et les petites particules ne se comportent pas comme les grandes.

III. LA GÉNÉRATION SPONTANÉE DE L'IDÉALISME PLATONICIEN DANS LES SCIENCES

Nous disposons à présent des éléments pour comprendre un phénomène tout à fait remarquable, qui touche probablement à des degrés divers toutes les sciences et tous les scientifiques : *la construction de mondes idéaux où les phénomènes suivent exactement les lois que nous-mêmes avons énoncées*[5]. Il convient de noter que cela concerne l'activité scientifique et non pas l'idéalisme philosophique.

---

5. Comme dit L. Sève (Sève [2005], p 159) : « … les scientifiques passent si couramment de l'incontestable succès d'une *méthode réductionniste* consciente de ses bornes à une *idéologie réductrice* persuadée de sa pertinence illimitée… »

En nous référant à la figure 8, nous avons insisté sur le fait que nous ne connaissons pas *S*, objet d'étude. Mais nous connaissons les théories, ou l'une d'elles, mettons T_1, qui est, en plus, « simple » (représentée par un segment de droite). Nous savons que T_1 donne de bons résultats près de *P*, c'est pourquoi sa bonne représentation est un (petit) segment de droite. Il n'est pas raisonnable d'utiliser la théorie T_1 loin de *P*, autrement dit, déconseillé de représenter T_1 par un long segment. C'est entendu, mais quelle est sa longueur raisonnable ?

Le fait est qu'il n'y a pas de réponse claire à cette question ; cela dépend du taux d'erreur que l'on est prêt à accepter. Et il n'y a pas que cela. Si l'on est très exigeant en ce qui concerne l'erreur mais que l'on a absolument besoin d'un résultat, que faire ? On peut penser, sur la base de la figure 8, que l'on doit dans ce cas utiliser la théorie T_2 au lieu de la T_1. Mais une telle théorie plus fine n'existe pas toujours, ou, si elle existe, est souvent bien plus difficile à mettre en œuvre. Finalement, le plus raisonnable est de laisser la longueur indéterminée, ce qui est parfaitement compatible avec la structure de la droite (segment indéterminé). *On livre la théorie T_1 sous la forme d'une droite indéfinie (au lieu d'un segment) avec un mode d'emploi* qui dit : « Si vous utilisez cette théorie loin de *P*, vous aurez des erreurs importantes. C'est à vous de vérifier quelles erreurs vous êtes disposé à accepter et si T_1 vous satisfait ou non. » Jusqu'ici, tout est parfaitement dans l'ordre.

Chacun sait qu'au bout d'un certain temps, on perd les modes d'emploi. Mais il n'y a pas que cela. Les fabricants de théories sont très occupés, souvent ils ne sont pas utilisateurs, donc le mode d'emploi, que j'ai donné ci-dessus, est toujours le même. Personne ne s'en soucie. D'autre part, j'ai bien insisté sur le caractère *simple* des théories (par rapport au monde réel, qui nous est inconnu), mais en plus, elles ont été construites grâce au fait qu'elles sont *intelligibles.* Les théories sont manipulables par les cerveaux des théoriciens. Les théoriciens avec leurs cerveaux manipulent les théories comme des objets. *Elles deviennent des objets* (j'ai déjà signalé que les théories font partie du monde et que les schémas que je donne sont allégoriques).

Le tour est joué, presque sans s'en apercevoir. *Les cerveaux des théoriciens contiennent des mondes fictifs (idéaux, aux dires de certains) qui se comportent exactement comme le dictent les théories.* Tel est le mécanisme de génération de l'idéalisme platonicien dans les sciences, dont nous aurons l'occasion de donner des exemples variés[6].

Il y a lieu de mentionner, arrivés à ce point, que la quête d'une « *science exacte* » ou d'une « *science du Tout* » (que nous avons récusée comme non scientifique à la fin de la section précédente) me semble possible à l'intérieur des « mondes fictifs » élaborés par l'idéalisme platonicien dans le cadre qui précède. D'autre part, la structure Tout juste décrite est probablement apparentée à la « recherche des sens », que nous traitons très sommairement plus tard (chapitre V, section V.III). Ces points mériteraient probablement un approfondissement.

Le phénomène d'idéalisation et construction de mondes fictifs que nous venons de décrire est en soi très général et connu de longue date. Il porte le nom très poétique de « *la rose de Fontenelle* », allusion à un conte philosophique (« Entretiens sur la pluralité des mondes », 1686) où une rose prétendait que *les jardiniers étaient immortels car « de mémoire de rose on n'avait jamais vu mourir un jardinier*[7] ».

IV. RUPTURES (RÉVOLUTIONS) ET AUTRES COMMENTAIRES (KUHN, BACHELARD, POPPER, LA TROÏKA DE PECKER)

Les considérations générales que nous venons d'exposer s'inscrivent naturellement dans une longue tradition rationaliste que nous ne ferons

6. Par exemple, au chapitre VI, section I.1 et I.2, à propos des modèles en dynamique des populations ; des exemples explicites en mathématiques (nombres entiers, géométrie non euclidienne) seront développés au chapitre X, sections I.2 et II.2 respectivement. Des considérations explicites sur l'approximation en mathématiques se trouvent au chapitre X, section I.3.

7. Nous avons vu un exemple d'application de ce type de raisonnement : la similitude entre les espèces actuelles et celles des momies rapportées d'Égypte a orienté Cuvier vers sa théorie de la fixité des espèces (chapitre I, section V).

ici que commenter très rapidement sans le moindre souci d'exhaustivité.

Déjà, mon point de départ sur le théâtre du monde, dont la science dégage des analogies approchées, est à associer à une description de M. Jouvet[8] :

> Dans le flux torrentueux des phénomènes, dans la réalité incessamment mouvante, le physicien discerne des permanences ; pour en donner une description, son esprit construit des géométries, des cinématiques, des modèles mécaniques, dont l'axiomatisation a pour but de préciser... ce que faute d'un meilleur terme nous appellerons encore la compréhension utile de divers concepts dont l'expérience ou l'observation ont suggéré la construction.

Les schémas ci-dessus des théories scientifiques doivent être compris dans un sens très large, proche du concept de *modèle* ou, suivant une terminologie largement acceptée, due à T.-S. Kuhn (1922-1996) de *paradigme.* D'après Kuhn[9], le paradigme est un « modèle ou schéma accepté », tout en n'ayant pas un caractère rigide ; il est destiné à être ajusté et précisé. Ces ajustements, précisions, applications, constituent ce que Kuhn appelle la « science normale », alors que le remplacement par des nouveaux paradigmes constitue les « révolutions scientifiques », car il est clair que les théories ou paradigmes sont changeants avec le temps, et que la recherche consiste largement à les faire évoluer, dans le but, soit de les raffiner, soit de couvrir des nouveaux domaines[10].

Le remplacement de certaines théories ou paradigmes par d'autres ne se fait pas sans combats ni déchirements. Combats des scientifiques les uns contre les autres ; il serait erroné de penser que dans

---

8. Jouvet, *La structure des nouvelles théories physiques*, 1933, p. 157. Cité dans Bachelard [1934], p. 35.

9. Kuhn [1983], p. 45.

10. « Dans les sciences, les époques de libre discussion sont exceptionnelles, la règle étant l'acceptation d'un paradigme. La plupart du temps, la science est une école de conformisme » Largeault [1992], page 39. Il ne peut en être autrement ; la définition cristallise les notions, c'est le revers de l'évolution historique des sciences.

ces combats, les scientifiques se trompent d'ennemi. C'est plausible, sans aucun doute, lorsque cela dégénère dans des querelles de chapelle, sans enjeu scientifique, mais ce n'est pas de cela qu'il s'agit ici, puisque ces querelles ne conduisent pas à des changements des schémas. Souvent, il s'agit de confrontations d'idées, de mises en évidence de carences, de points faibles d'une approche ou d'une argumentation, et elles font partie de la genèse de nouvelles théories ou méthodes.

La citation célèbre de K. Marx « *les contradictions sont le moteur de l'histoire* », que je me plais à paraphraser en ajoutant « *et de beaucoup de choses qui ne sont pas l'histoire* », s'applique ici pleinement [11]. Déchirements personnels, en abandonnant des convictions, des hypothèses que l'on croyait acquises et définitives, certes, mais beaucoup moins que l'on ne pense, car le remplacement des théories se fait plus souvent par celui des générations que par des bouleversements personnels [12]. Voyons ce que dit Kuhn à ce propos [13] :

> [...] un désaccord, même s'il est inexplicablement plus vaste que ceux que peuvent présenter d'autres applications de la théorie, ne provoque pas obligatoirement une réaction profonde [...] Très souvent, les scientifiques acceptent d'attendre, surtout si d'autres problèmes ouverts s'offrent à eux dans d'autres secteurs de leur domaine.

Ce qui précède marque une différence profonde avec les révolutions politiques, lesquelles, classiquement comportent un remplacement drastique et soudain des institutions ; les révolutions scientifiques permettent parfois la cohabitation des nouvelles théories avec les anciennes. *Le plus souvent, l'arrivée d'une nouvelle théorie ou méthode*

---

11. « Une proposition absurde ou auto-contradictoire peut représenter un état de pensée instable menant à une solution », citation de M. Gell-Mann dans « Le Quark et le jaguar » p. 298 (cité par Sève [1998], p. 223).

12. D'après Max Plank (1898-1957), une théorie ne triomphe jamais, ce sont ses adversaires qui finissent par mourir.

13. Kuhn [1983], p. 119.

plus puissante ou générale n'éradique pas la précédente, elle en délimite le domaine de validité.

Prenons, par exemple, l'archiconnue « révolution copernicienne ». Nous savons à présent que la Terre n'est pas fixe au centre de l'univers, mais nous continuons de dire qu'en lâchant un corps il tombe, alors qu'en bons coperniciens nous devrions dire qu'en lâchant un corps, celui-ci et le sol suivent des trajectoires qui se rapprochent. C'est abscons, inutile et rédhibitoire ; je ne vois pas comment on pourrait apprendre ce genre de choses aux enfants. De même, la révolution relativiste a permis des avancées prodigieuses dans notre connaissance de l'univers, mais est parfaitement inutile (voire même un fardeau encombrant) dans la plupart de questions d'ingénierie, y compris l'hydrodynamique et l'aérodynamique. Bien entendu, certaines théories disparaissent pour de bon, par exemple, celle du phlogistique pour expliquer la combustion, mais il y a lieu de se demander si c'était une théorie ou un exutoire en forme d'invocation (il en existe bien plus qu'on ne le pense, y compris de nos jours[14]). Pour en revenir à la figure 8, la mise en œuvre de la théorie ou méthode T_2 ne supprime pas toujours la T_1, qui, bien souvent, grâce à sa simplicité, conserve son avantage dans son domaine de validité, revu et corrigé par T_2.

Au vu de la différence marquée entre les révolutions politiques et scientifiques, il y a lieu de se demander si le terme moins tapageur de « *rupture épistémologique* », utilisé préalablement par G. Bachelard (1884-1962) pour désigner à peu près le même concept que révolution scientifique, n'est pas plus précis et descriptif.

Pour Gaston Bachelard, toute connaissance est approchée. Il a consacré à cette question sa remarquable thèse[15], et toute son œuvre en donne des exemples. On trouvera, par exemple, dans *Le nouvel esprit scientifique* un exposé fort instructif de la découverte de la loi de la gravitation universelle : Newton avait négligé certaines petites inexactitudes dans les mesures dont il disposait, ce qui en

14. C'est le cas de certains « dogmes » en biologie et surtout en économie.
15. Bachelard [1927].

a constitué un élément clé ; bien entendu, la précision des mesures aurait nui à la découverte [16]. Voici une autre citation concernant les phénomènes chimiques :

> [...] pour enseigner correctement le déterminisme il faut soigneusement garder les formes, trier les lois, purifier les corps, faute de quoi l'évolution du phénomène n'apprendra à l'observateur qu'émerveillement et fantaisie.

D'après Bachelard, la science progresse par des *ruptures épistémologiques* avec la science du passé. La connaissance se développe non pas en résolvant les problèmes contre lesquels elle butait, mais en surmontant les *obstacles épistémologiques* que sont les opinions, généralisations et certitudes du passé. *L'ignorance est un tissu d'erreurs positives, tenaces, solidaires ; les erreurs sont coordonnées* [17]. Pour vaincre ces résistances à la connaissance scientifique, on doit se livrer à une analyse de l'origine de nos illusions, mythes et erreurs [18]. Voici une citation sur la dialectique qui va un peu dans le même sens :

> on devrait donc toujours se méfier d'un concept qu'on n'a pas encore pu dialectiser [...] Nous souffrons d'une incapacité de mobiliser notre pensée. Pour que nous ayons quelque garantie d'être du même avis, sur une idée particulière, il faut, pour le moins, que nous n'ayons pas été du même avis. Deux hommes, s'ils veulent s'entendre vraiment, ont dû d'abord se contredire. La vérité est fille de la discussion, non pas fille de la sympathie.

Il me semble utile, avant de quitter Bachelard, de faire une citation concernant le lien entre l'empirisme et le rationalisme [19] :

16. Bachelard [1934], p. 101. La citation qui suit vient de pages 107-108.

17. Bachelard [1940], p. 8 de l'édition de 1966. Les deux citations de Bachelard qui suivent se trouvent aux pages 134-135 (dans l'ordre).

18. Qui constituent l'umwelt d'une théorie, voir la section suivante.

19. J'invite le lecteur à réfléchir à cette phrase en observant à nouveau les figures de la révolution de 1848 (figures 5 et 6 du chapitre I, section VIII ; le daguerréotype (sans figures humaines) ne peut être compris, alors qu'on peut légitimement se demander si le tableau de Vernet a quelque chose à voir avec la réalité.

L'un triomphe en donnant raison à l'autre : l'empirisme a besoin d'être compris ; le rationalisme a besoin d'être appliqué. Un empirisme sans lois claires, sans lois coordonnées, sans lois déductives ne peut être ni pensé ni enseigné ; un rationalisme sans preuves palpables, sans application à la réalité immédiate ne peut pleinement convaincre.

Karl R. Popper (1902-1994) a développé une définition de la science (ou plutôt du caractère scientifique) avec laquelle je suis en désaccord dans sa nature et dans la plupart de ses implications ; je m'attarderai néanmoins à la commenter car elle a fait florès et on la retrouve à la base de nombre d'interprétations biaisées. Popper part de l'idée, elle-même répandue mais inexacte, que la science est basée sur le principe d'induction [20].

D'après Popper, quel que soit le nombre de cas particuliers vérifiés expérimentalement, une théorie est toujours hasardeuse en ce qu'elle peut être infirmée par une nouvelle expérience. Il en déduit que le caractère scientifique ne réside pas dans la vérification, mais dans la possibilité de réfutation (en précisant « réfutable = vulnérable à l'expérience »). Pour se faire comprendre, il donne comme exemples de théories non scientifiques le marxisme et la psychanalyse [21], qui « sont hors de la science précisément en ce que et parce que, par nature, par la structure même de leurs théories, ils sont irréfutables ». Propos inattendus et pittoresques, notamment car cela semble curieux, pour définir ce qu'est que la science, de devoir connaître le marxisme et la psychanalyse. Cela conduit à la curieuse affirmation que la scientificité se confond avec la réfutabilité. Ce type de propos dénature les sciences et est souvent décrié à l'aide d'une phrase largement répandue parmi les scientifiques, attribuée à Robert Vallée (1922-2011) :

---

20. Popper [1982], p. 23.
21. Popper [1982] ; on m'a signalé qu'il est revenu sur ces affirmations depuis.

> La terre est plate est une affirmation scientifique, car elle peut être réfutée. La terre est approximativement sphérique n'est pas une affirmation scientifique, car elle ne peut pas être réfutée.

Popper (comme bien d'autres) est totalement étranger au caractère approché de la connaissance scientifique (Bien entendu, l'impossibilité de réfuter « La terre est approximativement sphérique » vient précisément du caractère *approximatif* de cette affirmation). L'induction et la vérification sont possibles dans les limites des marges d'erreur, connues ou non, des expériences. La science ne progresse pas par choix entre diverses possibilités sanctionnées par des expériences. Les expériences de ce type (le pendule de Foucault, l'expérience de Michelson, etc.) sont rares et sujettes elles-mêmes à des interprétations diverses et discussions, dues en partie au caractère *approché* des mesures. Mais bien entendu, *l'immense majorité des expériences ne sont pas destinées à faire des choix, mais à observer les résultats à la recherche d'une cohérence causale.* Voyons ce que dit Kuhn [22] à ce propos : « Les opérations et les mesures que l'homme de science entreprend dans son laboratoire ne sont pas *le donné* de l'expérience, mais plutôt *l'acquis-avec-difficulté.* » Voici aussi, dans le même ordre d'idées, une citation de F. Jacob (également reprise et commentée plus loin, au chapitre V, section VI)

> Contrairement à ce que j'avais pu croire, la démarche scientifique ne consistait pas simplement à observer, à accumuler des données expérimentales et à en tirer une théorie. Elle commençait par l'invention d'un monde possible, ou d'un fragment de monde possible, pour la confronter, par l'expérimentation, au monde extérieur. C'était ce dialogue sans fin entre l'imagination et l'expérience qui permettait de se former une représentation toujours plus fine de ce qu'on appelle *la réalité*.

---

22. Kuhn [1983], p. 176.

Finalement, c'est une méconnaissance de la vraie nature de la science et, en particulier, de son caractère approché qui conduit Popper à l'impossibilité de la « vérification » et au remplacement de celle-ci par le concept équivoque et souvent mal interprété de « réfutation ».

Je souhaite enfin mentionner, dans un tout autre cadre, les idées de Jean Claude Pecker (né en 1923), qui, dans un ouvrage sur l'astronomie et l'astrophysique[23] propose une vision intéressante non pas du *comment* de l'évolution des connaissances, mais des *motivations intellectuelles* des scientifiques. Il distingue trois grandes tendances des aspirations des chercheurs, qu'il associe, de façon symbolique aux noms de trois grands philosophes grecs :

– *Explication des phénomènes naturels (Aristote).*
– *Symbolisme et magie des nombres. Les nombres et leurs relations donnent la clé des mystères du monde, de son harmonie et de sa beauté (Pythagore).*
– *Il y a un monde idéal et parfait, œuvre d'un démiurge (macrocosme), dont nous ne percevons que de pâles reflets (microcosme). Recherche de perfection (Platon).*

Pecker développe, par des commentaires et exemples tout le long de son livre, le contenu changeant avec les époques de ces trois tendances et le rôle qu'elles ont joué, parfois de façon simultanée, sur divers scientifiques. Cette approche me semble donner un contenu relativement concret aux divers avatars, suivant les personnes et les situations, du concept bien plus général de *cohérence* qui me semble présider à la démarche scientifique[24]. Il m'apparaît néanmoins qu'il y a une autre composante, dont la description est peut-être moins élégante, qui est bien présente à côté de la troïka de Pecker : c'est tout simplement *l'utilisation des potentialités disponibles* par les connaissances ou les méthodes dont on est en possession. L'activité de recherche possède une dynamique propre, difficile à maîtriser

---

23. Pecker [2003].

24. Je propose au lecteur intéressé, lors des exemples qui sont traités le long de ce livre, de déceler les trois composantes des motivations lorsque celles-ci sont apparentes.

une fois qu'elle est enclenchée. Cette composante est assez prosaïque, mais bien réelle, et me semble faire partie des motivations intellectuelles. J'aurai l'occasion de traiter des exemples[25] où sa présence me semble évidente. Avant de clore ce paragraphe, il serait utile de signaler que les trois (ou quatre) composantes énumérées ne sont pas indépendantes. Une même situation peut certainement admettre plusieurs descriptions en termes de cette panoplie.

V. « MON UMWELT ÉTAIT FAIT D'ART ET D'AMOUR »

Je voudrais maintenant introduire le concept d'umwelt, l'environnement où l'on vit, qui peut prendre des formes variées suivant le contexte. C'est pourquoi je vais le présenter par un exemple non scientifique, de façon à bien montrer son caractère, sa nature et ses implications.

Un des airs les plus connus de la Tosca[26] (2e acte) est :

T_0 : « Vissi d'arte, vissi d'amore. »

Au hasard des textes, j'ai vu deux traductions en français de ce titre :

T_1 : « J'ai vécu de l'art, j'ai vécu de l'amour. »
T_2 : « J'ai vécu pour l'art, j'ai vécu pour l'amour. »

Le sens de ces deux traductions est assez différent. Je ne connais pas l'italien, mais je me risque à affirmer que T_1 est la traduction littérale et T_2 une plus exacte, basée sur l'interprétation de l'original dans son contexte. Je ne pense pas que ce soit T_1, qui pourrait être interprétée au sens de « profiter de », « vivre aux dépens de ». Mais tout compte fait, je ne pense pas non plus que Tosca voulait dire T_2, qui peut être interprété au sens de « être au service de », « se dévouer pour ». Peut-être que si, mais d'après le contexte, je pense plutôt que

25. Notamment les « faux problèmes », (chapitre VIII, section IV).
26. Opéra de Puccini (1858-1924), livret de Illica et Giacosa, créé à Rome en 1900.

Tosca voulait dire qu'elle était une cantatrice étrangère aux idées politiques, mais qu'elle aimait Mario et, surtout, que sa vie s'était effondrée devant l'atroce marché que lui proposait Scarpia (l'ignoble chef de police qui a fait torturer Mario) : ses faveurs contre la vie de Mario. S'il en est ainsi, on aurait pu adopter la traduction :

T_3 : « Ma vie était de l'art, ma vie était de l'amour. »

Cela a l'air mieux. Mais, la vie ? oui, au sens de *ce qui compte pour nous, ce qui nous rend heureux ou malheureux*, ce qui... bon, c'est un fait que dans la vie il y a beaucoup d'autres choses que celles que Tosca voulait évoquer... et puis, *il y a l'aspect familiarité, le chez-soi, là où l'on se retrouve, là où l'on se comprend,*... moi et ce qui m'entoure, ou Tosca et ce qui l'entourait ; ce n'est peut-être pas la vie, il faudrait trouver un terme...

Ce terme existe, c'est le Umwelt ; c'est un terme allemand (um = autour, Welt = monde ; le monde environnant) que l'on emploie dans bien d'autres langues. On peut utiliser « environnement », mais cela a aussi d'autres sens. Je préfère le terme francisé *umwelt* (pluriel umwelts, prononcer « oumvelte », surtout pas « umouël »). Ainsi donc, la bonne traduction serait :

T_4 : « Mon umwelt était fait d'art et d'amour. »

Précisons encore, avec l'exemple de Tosca, les implications de ce concept. Il est clair que Scarpia ne fait pas partie de l'umwelt de Tosca. Justement, dans son air, Tosca fait état de l'incompatibilité de son umwelt avec celui de Scarpia.

L'umwelt de Scarpia est bien différent : il y règne le pouvoir illimité, on y torture et l'on y pousse au suicide. C'est là où vit Scarpia, ainsi que son sbire Spoletta ; les deux se comprennent très bien, et utilisent un langage codé équivoque pour les autres (« une exécution simulée, comme avec Palmieri, as-tu compris ? – J'ai bien compris »). Tosca et Scarpia ne pouvaient se comprendre (« Vissi d'arte, vissi d'amore » n'est pas un duo).

Mais il y a bien plus que cela. L'umwelt de Tosca était bien adapté à sa vie précédente, mais il se révèle incapable de gérer l'atroce réalité. C'est pour cela que T_1, T_2, T_3 et T_4 sont écrits au passé. À présent Tosca est saisie par la réalité, elle est désemparée en dehors de son umwelt, qui ne l'avait pas préparée à cela : la très pieuse Tosca poignarde Scarpia (et se suicidera au dernier acte). L'umwelt de Scarpia est aussi dépassé par les événements ; le coup de poignard de Tosca fait voler en éclats le pouvoir illimité qui en était la clé de voûte ; à présent, Scarpia est lui aussi désemparé et implore de l'aide lors d'une agonie pitoyable. Tout a basculé en quelques secondes, le caractère dérisoire de l'umwelt de Scarpia est souligné par une réflexion de Tosca devant son cadavre : « et devant lui tremblait Rome entière… » Elle pense alors avoir gagné, mais elle est encore une fois rattrapée par la réalité : le sinistre Scarpia, même mort, continue d'assassiner et de pousser au suicide[27]…

Les umwelts de Tosca et de Scarpia constituent des paradigmes extrêmement intéressants. *L'umwelt est un cocon qui fonctionne dans certaines limites, qui engendre la sécurité et la routine, extrêmement utile pour prendre des décisions inconscientes et donner une fondation ferme à la pensée consciente*[28]. Dès que l'on sort de ces limites, il est *parfaitement inopérant et peut même être nuisible.* Mais la tragédie de Tosca nous apprend aussi quelque chose de très intéressant : *La contradiction des deux umwelts conduit à une situation explosive qui se résout par des événements qui ne sont nullement dans le cadre de l'un ou l'autre des umwelts. C'est le choc de deux umwelts incompatibles qui a eu des conséquences qui n'étaient dans les intentions ni de Tosca ni de Scarpia*[29].

---

27. Avec les moyens actuels de l'informatique il est très facile de lire ou relire cette histoire magnifique et poignante, sur le livret de l'opéra, ou, encore mieux, sur le texte plus complet de la pièce de Victorien Sardou dont il est tiré, l'un des rôles mythiques de Sarah Bernhardt. Nous aurons encore l'occasion de rencontrer Mario à propos de la pensée et des modèles mentaux (chapitre V, section IV).

28. On pourra se référer à Berthoz [2003]. Par ailleurs, les autistes, dont le umwelt est défectueux ou inexistant, vivent dans la peur (voir plus loin, chapitre V, section III).

29. Cette situation garde une relation avec la force créatrice de la contradiction (Voir plus tard chapitre VII, section VIII.3).

Le concept, très utile, d'umwelt peut naturellement s'appliquer dans des contextes très variés. Ce terme est apparu dans un cadre écologique, dont je donnerai un exemple classique plus tard. Le sens où je viens de l'utiliser à propos de Tosca est probablement assez restreint, mais plein de signification. Nous mentionnerons au chapitre X, section I.1 comment la diversité coordonnée de nos sensations nous permet précisément de construire notre idée du monde extérieur, de notre umwelt.

Revenant aux sciences après ce détour instructif, *l'umwelt d'une théorie scientifique est formé par son domaine de validité, les problèmes qui ont un sens dans son cadre, les scientifiques qui l'habitent, le type de publications considérées comme usuelles, le langage codé (comme celui de Scarpia et Spoletta) à l'intérieur de la théorie et toute autre qualité caractéristique*. Les umwelts de deux théories différentes peuvent énormément différer. Ainsi par exemple, les critères de démonstration ou d'acceptation d'un résultat en mathématiques ou en paléontologie sont extrêmement dissemblables.

Or, sans aller jusqu'à ces cas extrêmes, les méthodes de travail, l'exemple des modes opératoires de collègues influents, les contraintes sociologiques et économiques et bien d'autres facteurs introduisent des différences marquées, voire des incompatibilités, entre les umwelts de théories ou méthodes différents. Il peut y avoir de l'incompréhension entre les chercheurs d'une théorie et d'une autre ; cela concerne les jugements de valeur, les critères d'évaluation ou le type de résultats cherchés et acceptés. Il y a aussi des « écoles », groupes sociologiques essentiellement caractérisés par les habitudes de raisonnement, et les réseaux d'influence, qui sous-tendent souvent des rivalités peu objectives, nuisibles à la libre circulation des idées. L'umwelt est aussi une communauté de personnes qui s'occupent de quelque chose, liées par de la confiance et de la méfiance.

Bien entendu, un umwelt en tant que tel concerne la « science normale », pas les « révolutions » ou « ruptures épistémologiques ». Précisément, *un obstacle épistémologique dans une théorie est une question, un fait expérimental incompatible avec son umwelt*. La tragédie de Tosca peut être utilisée comme une belle allégorie de la *rupture épistémologique*. Une fois qu'on l'a surmontée (on peut appeler cela une révolution ou une rupture), l'état des choses ne ressemble pas à celui d'avant [30]. Bien entendu, les modalités et la structure générale de la rupture et de la situation qui s'ensuivent peuvent revêtir des aspects très divers (comme la Tosca est très différente de bien d'autres pièces où il y a aussi conflit d'umwelts) mais on arrive en général à une nouvelle théorie ayant son propre umwelt, distinct des précédents. Cela concerne la théorie elle-même, mais le plus souvent aussi des modifications des critères de véracité, de style de travail et des influences personnelles ; il y a, comme on dit, une nouvelle distribution des cartes.

Il convient aussi de signaler que la structuration en umwelts divers du dispositif de recherche scientifique est utile et probablement indispensable. Il permet le travail d'équipes soudées et efficaces, polarisées sur une activité et travaillant sans états d'âme. Mais c'est du contact de deux umwelts différents que viennent souvent les découvertes vraiment originales, contrastant avec les routines et génératrices à leur tour d'autres routines novatrices.

Je finirai ce paragraphe avec un commentaire par lequel j'aurai pu commencer. Le concept d'umwelt est dû à Jakob von Uexküll (1864-1944), biologiste dont les travaux portent sur le comportement des animaux (ce qu'on appelle de nos jours l'éthologie). Il s'agissait naturellement de l'umwelt des animaux, proche du concept actuel de niche écologique. Il s'est rendu célèbre pour son étude de la tique, dont la vie répond au schéma :

1. Une fois fécondée la femelle grimpe sur une branche et attend le passage d'un animal ; lorsqu'elle reçoit un stimulus olfactif approprié, elle se laisse tomber ; si elle ne tombe pas sur un animal, elle remonte sur une branche ;
2. Un stimulant tactile lui permet d'aller vers un emplacement de la peau dénué de poils ;

30. Voir aussi Prigogine et Stengers [1979], p. 199.

3. Elle s'enfonce jusqu'à la tête dans la peau de l'animal, se remplit de sang, se laisse tomber, pond ses œufs et meurt[31].

C'est plus qu'une anecdote, même si l'on ne s'intéresse pas à l'éthologie ; il y a des umwelts, des mondes environnants, vraiment très différents des nôtres, et pourtant parfaitement cohérents et complets[32]. Il y a aussi lieu de signaler qu'il y a une interaction de l'animal et de son umwelt, qui évoluent chacun en fonction de l'autre[33].

VI. L'ESPRIT DES LUMIÈRES

Qu'est ce que « les Lumières » ? De nos jours on tient habituellement les Lumières pour un mouvement culturel et philosophique européen du XVIIIe siècle, dont Kant avait donné la fameuse définition, précise et concise que voici :

> Le mouvement des Lumières est la sortie de l'homme hors de l'état de tutelle dont il est lui-même responsable. L'état de tutelle est l'incapacité de se servir de son entendement sans la conduite d'un autre. État de tutelle dont il est lui-même responsable, puisque la cause en réside non dans un défaut de l'entendement, mais dans un manque de décision et de courage de s'en servir sans la tutelle d'un autre. Sapere aude ! Aie le courage de te servir de ton propre entendement ! Voilà la devise des Lumières.

C'est une définition… et quelque chose de plus, il y a là une exhortation. Pour lui donner un peu de chair, la rendre vivante et en exhiber le caractère courageux[34], cohérent avec l'exhortation de Kant, on peut la rapprocher d'une description de Fontenelle :

---

31. Uexküll [1934].

32. On pourra consulter sur ce sujet Cyrulnik, Digard, Matignon, Pick [2000] et Prochiantz [1997].

33. Levins R. and Lewontin R. [1985], p. 245 et suivantes, et Lewontin [2003].

34. La plupart des philosophes des Lumières connurent l'exil, la prison ou la mise à l'index.

> Ceux qui avoient le goût des véritables sciences s'assembloient par des petits groupes, comme des espèces de rebelles qui conspiroient contre l'ignorance et les préjugés dominants [35].

Ce texte de Fontenelle concerne l'année 1672. Il est à la fois dépassé et actuel. L'aspect conspiration a peut-être disparu en Occident des sciences dites dures [36], mais pas des autres formes du savoir qui faisaient partie des activités des Lumières. De nos jours, pensée unique, politiquement correcte, principe de précaution, créationnisme, « dogmes » dont on parle souvent en biologie, modèles économiques en trompe-l'œil, citation index et tant d'autres chapes de plomb, *changent ceux qui ont le goût des véritables sciences en conspirateurs.*

Dans le même ordre d'idées, on peut observer que la définition de Kant (à la différence de la citation de Fontenelle, qui a un caractère historique), est largement intemporelle. Elle décrit bien davantage une attitude générale qu'un mouvement philosophique, encore moins quelque chose de localisé au XVIIIe siècle (en fait, je viens de l'illustrer par un texte du XVIIe). De même, des textes modernes mettent l'accent justement sur l'attitude générale [37], pas sur le caractère historique. Il s'agit d'un esprit de combat, mais pacifique, dont les armes sont la critique, la discussion, le débat public, la liberté de penser, de croire, de s'exprimer [38].

Ainsi donc, ce qu'il importe de prendre en compte est « l'esprit des Lumières », c'est une attitude, une façon de « conspirer ». Or, cela dure depuis au moins 1672 ; pour que ce soit attirant, pour pouvoir de nos jours « exhorter », comme faisait Kant, il faut quelque chose

---

35. Fontenelle, *Éloge de Nicolas Lémery*, tome VI des *Œuvres Complètes* de Fontenelle, Paris, Fayard, 7 vol., 1990-1996, citée dans Mazauric [2007], p. 116.

36. Sauf des préjugés d'école.

37. Voir par exemple M. Foucault [2004]. Il considère l'esprit des lumières proche de la modernité, qu'il distingue de la mode qui ne fait que suivre le cours du temps, alors que la modernité saisie ce qu'il y a d'héroïque dans le moment présent, tout en précisant que le terme « héroïque » est ironique, c'est l'opposé de l'esprit flâneur.

38. Hottois [1997].

d'autre, il faut croire que cela sert à quelque chose, il faut avoir foi dans l'avenir !

Une citation de Sénèque (qu'on n'a pas l'habitude de classer parmi les hommes des Lumières, j'en conviens, mais, au point où l'on en est...) très éclairante sur ce point :

> Un jour viendra où nos héritiers s'étonneront que nous ayons pu ignorer de telles évidences.

Naturellement, le sens de cette phrase dépend du contexte, que je ne connais pas. Or, je l'ai apprise en lisant qu'elle est l'épitaphe, gravée en plusieurs langues, d'un monument qui se trouve à Hiroshima, à la mémoire des victimes du bombardement atomique. Cela donne un contexte, assez solennel ; cela doit porter sur des choses importantes. Il faut alors bien observer que l'idée contenue dans cette phrase est, somme toute, assez banale ; sous une forme ou une autre, on l'utilise de temps en temps. Plus exactement, cette idée fait souvent partie de phrases qui sont le plus souvent écrites ou prononcées au passé ou au présent. *La force fantastique de la phrase de Sénèque vient de ce qu'elle est écrite au futur. Elle est une profession de foi inébranlable en le devenir des idées.* Pour moi, elle exprime *la conviction qu'un futur maître de lui-même saura reconnaître les évidences qu'aujourd'hui occulte notre ignorance.*

Je voudrais à présent proposer l'affirmation suivante : *l'esprit des Lumières est toujours d'actualité et doit présider à toute démarche intellectuelle. Il se définit comme l'avait fait Kant (exhortation comprise) agrémenté ou actualisé par la citation de Sénèque.*

III

Quelques commentaires sur la pratique de la recherche

Ce chapitre est constitué d'un certain nombre de considérations sur la pratique de la recherche, la structure de l'évolution des connaissances et le travail du chercheur. Diverses analogies avec d'autres domaines, plus connus, de l'activité humaine sont utilisées pour décrire les enjeux et le type d'activité de la cité scientifique.

I. LES PUBLICATIONS D'UNE NOUVELLE THÉORIE OU MÉTHODE

Pour comprendre le fonctionnement général de la recherche scientifique, il est utile de connaître la structure globale de la production des connaissances dans un nouveau domaine, disons une nouvelle théorie ou méthode.

La figure 9 représente la courbe typique décrivant le nombre de publications par unité de temps (année, par exemple) concernant une nouvelle théorie ou méthode. On y distingue des régions bien caractérisées, dont les propriétés spécifiques varient largement d'un cas à un autre, tout en conservant les traits qualitatifs représentés sur la figure 9 :

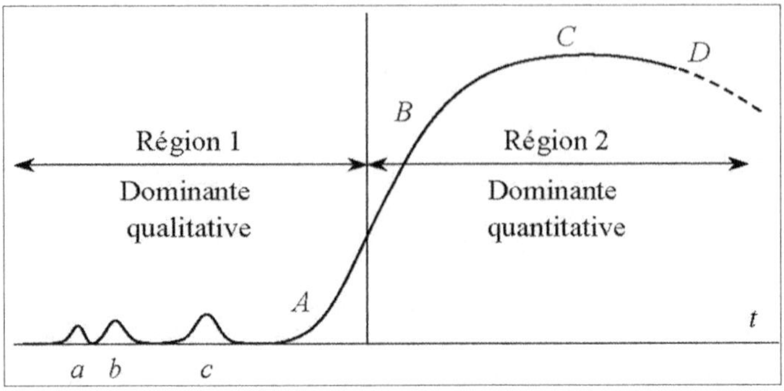

Fig. 9. Les publications d'une nouvelle théorie ou méthode :
a, b, c = avant-gardes.
A = articles fondateurs.
AB = montée en puissance
BCD = application exhaustive
D = Fusion dans les connaissances générales
Les régions 1 et 2 sont à dominante qualitative et quantitative, respectivement.

On y voit des articles sans lendemain où certaines idées de ce que deviendra la nouvelle théorie ou méthode apparaissent en filigrane ; ce sont les *avant-gardes, a, b, c.* Apparaît ensuite le vrai démarrage, *A*, constitué par les *articles fondateurs. Ils sont, par nature, incomplets, rustiques, comportant des imprécisions, et souvent des erreurs partielles. Mais ils sont porteurs, et c'est fondamental, d'idées nouvelles comparées à celles qui seraient issues du développement naturel des travaux précédents dans le domaine.* Il y a rupture par rapport à ce qui précède, si bien qu'ils ne disposent pas de la légitimité naturellement conférée par les travaux précédents. Ils sont difficilement compréhensibles, saugrenus et l'on ne voit pas facilement leur objectif. Mais, entre eux, la cohérence est patente (ce qui les distingue nettement des avant-gardes).

Il y a ensuite *la montée en puissance de la méthode ou théorie ;* c'est l'arc *AB.* Elle est étayée et précisée, apporte des solutions (soient-elles partielles) à des problèmes ou questions ouvertes. Elle acquiert sa légitimité et sa place dans les sciences, et le nombre de publications par an augmente rapidement. C'est, dans ce domaine, l'âge d'or des publications de qualité : elles sont précises, lisibles et didactiques, affichant de façon claire et convaincante les apports nouveaux et leur relation de filiation avec d'autres théories ou méthodes.

Ensuite, vient la période d'application exhaustive à tous les problèmes possibles. La méthode perd graduellement son originalité et se fond dans le panorama général des connaissances. Les articles sont de plus en plus techniques, apportant de moins en moins de résultats (la plupart desquels sont à ce stade prévisibles) proportionnellement au travail mis en œuvre. C'est l'arc *BCD*.

Nous voyons apparaître deux régions, notées « 1 » et « 2 » sur la figure, séparées par une ligne, ou plutôt une région de transition. *Le nombre d'articles, proportionnel à l'aire sous la courbe, concerne à l'évidence la région 2, alors que l'effort d'innovation, d'originalité et d'indépendance de critère se situe dans la région 1.* En ce qui concerne les apports objectifs aux connaissances, on peut estimer qu'ils se répartissent entre les deux régions avec poids comparables ; ils sont imprécis mais porteurs de potentialités dans la région 1 et ponctuels et précis dans la 2.

Les deux régions 1 et 2 sont à dominante *qualitative* et *quantitative,* respectivement.

Pour comprendre un peu mieux, pensez à une analogie avec une découverte (non scientifique, certes, mais ayant la même structure), celle de l'Amérique. Les avant-gardes sont les voyages des Vikings dans l'Atlantique nord, la montée en puissance est incarnée par Christophe Colomb et l'application exhaustive, les voyages des conquistadors et bien d'autres, dont Amerigo Vespucci qui a donné son nom à l'Amérique. On peut s'interroger sur l'utilité des voyages sans lendemain des Vikings. De leur temps, personne ne pouvait imaginer qu'il y ait une Amérique à découvrir ; l'idée même d'utiliser les voyages des Vikings pour découvrir quoi que ce soit était un non-sens ; L'utilité des voyages des Vikings dans l'Atlantique nord consistait en la création de colonies relativement indépendantes de la métropole. En particulier, Erik le Rouge, suite à un meurtre, fut banni des territoires scandinaves et fonda, avec ses enfants, diverses colonies, dont celle du Vinland, située selon toute probabilité en Terre-Neuve. *Il eut été absurde de prolonger ces explorations ; on était déjà allé trop loin dans des régions à environnement très hostile. Le fait que la colonie du Vinland n'ait duré qu'une dizaine d'années*[1] *en est la preuve.*

Les motivations de Colomb étaient différentes, mais ne visaient à aucune découverte. Les temps avaient changé, on savait que la Terre était ronde et on cherchait le chemin le plus court pour aller faire du commerce avec les Indes (Il est à noter que des calculs erronés, minimisant les dimensions de la Terre, laissaient supposer qu'en se dirigeant vers l'occident, on suivait le chemin le plus court pour aller aux Indes. À présent, nous savons que c'est faux). Pour des raisons économiques, il a découvert l'Amérique, mais il ne l'a jamais su car tout semble indiquer qu'il a été convaincu jusqu'à sa mort d'être allé aux Indes. Plus tard, d'autres explorateurs ont découvert son erreur. L'existence d'or et d'autres richesses, plus attirantes que le commerce avec les Indes, a suscité un intérêt avide et frénétique pour ce nouveau continent contrastant avec le désintérêt pour le Vinland quatre siècles auparavant.

Amerigo Vespucci fut, semble-t-il, le premier à comprendre que les terres découvertes n'étaient pas en Asie et qu'on avait découvert un nouveau continent, qui porte désormais son nom. Plus tard, le nom de Colombie a été donné à une terre où Colomb n'avait jamais mis les pieds[2]...

Curieux,... intéressant,... vous connaissiez probablement tout cela, c'est dans l'Histoire ! Permettez-moi de rappeler, une fois de plus, que *le présent est l'histoire du futur*.

Revenant aux publications d'une nouvelle théorie, elles répondent, sous des formes variées, au *schéma de la figure 9, qui, pour être interprétée correctement, doit être regardée en utilisant comme lunettes la découverte de l'Amérique*.

Les avant-gardes, *a, b, c,* méritent un commentaire supplémentaire. Parfois, elles n'existent pas, et le processus commence directement à *A*.

1. La vraie colonisation Viking se faisait vers le midi, notamment vers la Normandie. Pour ces questions on pourra consulter Diamond [2006].

2. Colomb n'a débarqué qu'aux îles. Dans son quatrième voyage, il a peut-être aperçu la côte du Panama qui, longtemps, a fait partie de la Colombie.

Apparemment, cela est même souhaitable, car *a, b, c* ont un caractère superflu, on pourrait dire que c'est du gaspillage. Commencer par *A* veut dire que, attentif aux nouvelles idées, on a travaillé dur et on a opéré comme il le fallait. *Mais cette vision des choses est un pur produit de l'imagination de ceux qui ne connaissent pas la Recherche (ni la découverte de l'Amérique), car elle ne correspond nullement aux mécanismes d'émergence des idées nouvelles.*

Lorsqu'une idée est embryonnaire, *personne ne sait à quoi elle peut servir*, elle est tout simplement un produit des élucubrations qui ont conduit à sa genèse. *Les avant-gardes n'ont souvent aucune idée d'en être.* Bien entendu, les petites bosses *a, b, c* de la figure 3.1 sont des avant-gardes de la théorie représentée sur la figure, *mais cela ne se voit que lorsque toute la figure est remplie.* Avant, ce sont des aboutissants d'autres théories (dans notre analogie, échapper à la Justice en navigant vers le ouest). Les avant-gardes, même sans lendemain, sont loin d'être inutiles ; *elles font partie du tissu dont sortira A, qui n'aurait pas existé sans elles* (à vous de trouver le tissu dont est sorti le premier voyage de Colomb).

En ce qui concerne la montée en puissance *AB,* les auteurs en sont en général conscients, mais pas nécessairement (c'était le cas de Colomb) ; *parfois il faut attendre un Vespucci vers la position B pour comprendre.*

Dans ce contexte, il est intéressant de noter que souvent, les découvertes se produisent presque simultanément et quasiment à l'identique. Un exemple, parmi ces innombrables cas[3], est la découverte de l'oxygène, attribuée à C.-W. Scheele (1771), P. Bayen (1774), J. Priestley (1774) et A.-L. Lavoisier (1774). Peut-on imaginer meilleure preuve expérimentale de la maturité (activité des avant-gardes) atteinte par les connaissances ?

Ce point a, me semble-t-il, été suffisamment commenté. Examinons le sort des publications elles-mêmes.

---

3. Nous en avons vu un bel exemple à propos de la découverte de Neptune (chapitre I, section I).

II. CE QUE NOUS APPRENNENT *RIGOLETTO* ET *CARMEN*

La communication scientifique « passe » de façon assez différente de celle qui est escomptée par l'auteur (assez souvent elle ne passe pas du tout). Cette façon de « passer » dépend d'une multitude de facteurs, dont la plupart échappent à l'auteur. Avant de développer directement ce point, établissons un parallèle avec les créations de *Rigoletto* et celle de *Carmen*, deux paradigmes des succès immédiats et tardifs, entrés dans la mythologie de l'Opéra.

Après le succès retentissant de *Nabucco* (1842) et de *Macbeth* (1847), le prestige de Verdi (1813-1901) est immense : une grande étoile est née dans l'art lyrique italien, il dépassera Donizetti et Bellini, sera le plus grand dans un domaine qui occupe une énorme place dans le cœur des Italiens, ce peuple en quête d'identité nationale, hanté par l'héritage de la Renaissance. Son nouvel opéra *La Maledizione*, inspiré de la nouvelle *Le roi s'amuse* de Victor Hugo, rencontre des difficultés avec la censure, doit plier à ses exigences et changer notamment de titre : ce sera *Rigoletto*. Ces vicissitudes ne font qu'accroître son emprise populaire. Lorsque sa création est affichée à La Fenice de Venise, les répétitions doivent avoir lieu dans le plus grand secret, sinon tout le monde connaîtrait ses airs avant la création. Elle a lieu le 11 mars 1851. Lors de l'entracte, des spectateurs enthousiastes sortent en fredonnant ses airs et, avant même la fin du spectacle, les gondoliers propagent sur le canal et la lagune que « la donna è mobile cual piuma al vento… » (Je vous avais prévenu, cela fait partie de la mythologie de l'Opéra). Ce succès n'a pas fléchi. *Rigoletto* est l'un des opéras les plus populaires en Italie comme ailleurs. Verdi a vécu 49 ans après cet événement et a connu, de son vivant, la plus grande gloire.

Tout autre est le cheminement de *Carmen*. Georges Bizet (1838-1875) était sans doute considéré comme un compositeur estimable, s'étant illustré dès l'âge de 18 ans avec sa « Symphonie en ut » (qui cependant ne sera publiée qu'en 1930) mais il était loin d'être une étoile. En 1863 et 1866, ses opéras *Les pêcheurs de perles* et *La jolie fille de Perth* sont des demi-échecs (peut-être le deuxième est-il un demi-succès). Sa vie a été dévorée par des travaux alimentaires pour les éditeurs et par des leçons de piano. « Je travaille à me crever... », « Je mène une existence insensée... », écrit-il dans ses lettres. En 1872, il compose une musique de scène pour *L'Arlésienne* de Daudet, qui est un échec. Bizet, persuadé de la valeur de sa partition, la transforme en suite orchestrale qui rencontre enfin le succès aux Concerts Pasdeloup. À l'âge de 36 ans, il compose *Carmen*, inspirée de la nouvelle de Mérimée, il se heurte à des difficultés, dues en premier lieu au scabreux du sujet, mais aussi parce que le chœur des cigarières, magnifique bagarre de femmes, est jugé inexécutable par des choristes habituées à chanter en regardant immobiles la baguette du directeur. Bizet parvient à faire représenter *Carmen* à l'Opéra-Comique de Paris le 3 mars 1875. Quelques applaudissements au premier et deuxième acte ne parviennent pas à éviter un échec. La critique s'acharne : sur le sujet « louve dans la bergerie », « rôle abominable »... mais également sur la partition « ... qui nous a paru froide, tourmentée, travaillée à l'excès, manquant d'inspiration vraie et suppléant par une recherche extrême à l'idée qui ne vient pas ». Bizet va-t-il encore transformer *Carmen* en suite orchestrale ? Trois mois après la création, il meurt subitement.

Les temps ont changé, *Carmen* est de nos jours l'opéra le plus populaire, le plus joué au monde, réalisant ainsi une prophétie de Tchaïkovsky[4]. *Carmen* est le premier chef-d'œuvre du réalisme à l'Opéra ; la musique flamboyante de Bizet hausse la nouvelle de Mérimée au niveau du mythe. *Carmen* est le portrait d'une femme qui porte une idée nouvelle à l'époque, le défi de la liberté[5]. Un incendie

4. « Dans dix ans, ce sera l'opéra le plus célèbre du monde. » Cela n'exprime aucune supériorité de *Carmen* sur *Rigoletto*, cela peut changer, mais aussi bien *Carmen* que *Rigoletto* sont des chefs-d'œuvre, et en tant que tels, uniques et non interchangeables.

5. Ces propos sont pris de l'introduction à une retransmission télévisée d'une représentation aux Chorégies d'Orange en 1998. (Voir aussi Saint Pulgent [2010] pour les citations des critiques). D'autre part, il n'est pas sans intérêt de rappeler que, pendant la dictature du général Franco, les thuriféraires du régime trouvaient insupportable que l'Espagnole la plus connue au Monde, fût-elle imaginaire, s'inscrive en faux dans l'idéologie officielle. Aussi firent-ils composer une chanson dont le refrain était : « Je suis la Carmen

a détruit l'Opéra-Comique en 1887. Dans le nouveau bâtiment (inauguré en 1898), l'escalier donnant accès à la salle principale (salle Favart) est orné de deux statues représentant Carmen et Manon œuvres de M. Guiraud-Rivière (1881-1967) et M. Mercié (1845-1916) respectivement. Bizet lui-même donne son nom à la petite salle pour concerts et colloques, qui abrite une sculpture, œuvre de A. Falguière (1831-1900), où une muse inspire le compositeur, cependant qu'une Carmen pétillante de grâce est assise à ses pieds.

Avant de revenir à Verdi et Bizet, j'en tirerai plusieurs idées forces :

– *La notoriété de l'auteur constitue un atout extrêmement puissant pour que la communication soit écoutée et prise en compte.*

Cela ne veut nullement dire qu'elle soit comprise ni assimilée mais tout simplement qu'il sera de notoriété publique qu'il y a eu dans ce domaine un travail sur lequel il faudra compter.

– *Une idée nouvelle ne peut, dans aucun cas, être comprise ni assimilée instantanément.*

Quel que soit l'accueil immédiat qu'on lui accorde, pour porter ses fruits, il lui faudra du temps, des activités complémentaires et une analyse critique sous plusieurs angles. Sans doute, un bon accueil constitue un atout important, mais même sans lui, *les idées pertinentes évoluent et font leur chemin. Elles ont la vie dure, pour une raison objective : leur naissance n'est pas fortuite, elles apparaissent dans un bouillon de culture propice et sont portées à maturité par le flot de l'activité humaine.* Il n'est pas impossible que certaines parmi elles n'arrivent pas à éclore et meurent, mais cette mort n'est qu'une péripétie passagère. Si elles sont vraiment pertinentes, elles renaîtront ailleurs, peut-être sous une forme différente. Et ce n'est que notre vision subjective qui nous portera peut-être à penser que leur premier avatar avait été inutile : en fait *elles sont polymorphes et peinent à se frayer un chemin jusqu'à la lumière du jour.*

Tout cela est peut-être vrai, mais reste très général et n'explique pas le pourquoi de chaque cas. Les uns vivent 49 ans après leur succès

---

d'Espagne, et pas celle de Mérimée. » Elle est désormais oubliée et *Carmen* de Mérimée et de Bizet est un paradigme universel de vivacité flamboyante et de beauté tragique.

et les autres 3 mois après leur échec, suite à des chefs-d'œuvre ! Pour cela, il faut aller un peu plus dans les détails.

En ce qui concerne la longévité des compositeurs, ou plutôt de tous les hommes au XIXe siècle, j'ai donné quelques explications au chapitre I, section III à propos de Semmelweis. J'ajouterai que Bizet était malade et déprimé (cela ne se voit pas dans sa musique !), et il n'est pas mort de l'échec de *Carmen*, il est « seulement » mort. Pour les gondoliers qui chantaient « La donna è mobile » avant la fin de la représentation, c'est bien entendu de la mythologie, mais néanmoins dans le domaine du possible. « La donna è mobile » est chantée au début du troisième et dernier acte de *Rigoletto*. Or, comme vous pouvez le vérifier sur l'affiche de la création reproduite ci-dessous (figure 10), on a joué *Faust* après, ce qui rend possible une propagation subite de l'information pendant l'entracte entre *Rigoletto* et *Faust*[6].

Fig. 10. Affiche de la création de *Rigoletto*.

6. Il s'agit d'un ballet de ce nom, à ne pas confondre avec le fameux opéra de Gounod, qui est postérieur (1859).

En abandonnant le terrain anecdotique pour entrer dans des choses plus générales, il n'est pas difficile d'expliquer de façon parfaitement rationnelle les succès et échec respectifs de *Rigoletto* et *Carmen*. En ce temps-là, les théâtres étaient certes fréquentés fondamentalement par la bourgeoisie, mais les airs des opéras faisaient partie de la culture populaire, surtout en Italie mais aussi en France, où « les modistes se levaient le matin en chantant Manon ou Werther[7] ». Par ailleurs, on n'allait pas à l'opéra comme de nos jours, pour la musique ou le chant mais également pour l'intrigue de la pièce, comme à tout autre théâtre. Bien entendu, à l'époque de la création de *Rigoletto*, et jusqu'en 1866, *la Vénétie faisait partie de l'Empire Austro-hongrois.* Le sentiment national italien exacerbe la rivalité avec l'Autriche dans tous les domaines, notamment musical, alors que le nom même de Verdi symbolise l'aspiration à l'indépendance et à l'unité italiennes (VERDI = Vittorio Emanuele Re D'Italia).

En ce qui concerne *Carmen*, il y a lieu de signaler qu'en 1875, la République française était tout sauf républicaine[8] ; c'était plutôt un gouvernement provisoire dans l'attente d'un roi ou d'un empereur. Il aurait été très surprenant qu'un opéra, où les coups de couteau jouent un rôle important et dont l'héroïne est une bohémienne qui clame avec conviction que « l'amour est enfant de Bohème, qui n'a jamais connu de loi », trouve grâce auprès d'une bourgeoisie faisant la cour au général Mac Mahon ou au Comte de Chambord. Il faut aussi remarquer (et c'est fondamental) que Carmen vit et meurt sans rien céder de ses opinions, ce qui la différencie d'autres héroïnes du répertoire telles Manon ou la Marguerite de Faust qui, plongées dans une atmosphère moralisante, sont, ô combien, acceptables par une idéologie bourgeoise.

Les bonnes publications scientifiques se situent quelque part dans un segment de droite dont les deux extrémités sont Rigoletto et Carmen. Lors de la publication, étant donné la structure des choses, *nous sommes*

7. Citation de Debussy en 1912, qui fait certes allusion à une époque postérieure.

8. Elle ne le deviendra que plus tard, à une époque que l'on peut situer, de façon un peu arbitraire, vers 1880, lors de l'amnistie de la Commune.

incapables de voir les Carmen dont la création a eu lieu mais dont le succès n'était pas au rendez-vous.

Nous n'avons pas les éléments pour comprendre ce qui est réellement novateur. Parmi les publications obscures, dans des revues à faible visibilité, parmi celles qu'on a publiées parce que le rapporteur n'a pas trouvé une bonne raison de les refuser, parmi celles dont seul l'auteur est capable de voir le sens, se trouvent les Carmen du futur. *Si vous avez, comme presque tout un chacun, la vague sensation que le présent est plus fade que le passé, que l'âge d'or appartient à un passé révolu à jamais, que seul un sursaut miraculeux peut nous sauver d'un déclin évident, j'ai une bonne nouvelle pour vous : les Carmen de l'avenir sont déjà là, mais nous ne les voyons pas, car ce sont des Carmen,* pas des Rigoletto. Nous avons devant nous un immense réservoir de bijoux scientifiques (et autres), principale demeure de l'innovation du futur, que nous ne sommes pas encore capables de voir.

Ces propos ne sont pas du conformisme, ni de l'acceptation indiscriminée du présent. Bien au contraire, *seule la poursuite du travail peut faire évoluer les connaissances et en particulier faire sortir les idées-Carmen de leur période d'hibernation.* Il s'agit, de bien réaliser que *les découvertes ne sont pas instantanées, et qu'elles ne nous apparaissent en tant que telles qu'a posteriori* ; il serait bien étonnant, et en tout cas en contradiction avec toute notre expérience du passé, qu'il n'y ait pas en ce moment des découvertes en gestation dont l'existence, ou du moins la portée, passent inaperçues.

III. LA MAL-MESURE DE LA SCIENCE

J'ai choisi ce titre pour paraphraser celui du livre *La mal-mesure de l'homme* de S.-J. Gould, dont il a été largement question à propos de Spelman et Burt (chapitre I, section VI). En effet, nous verrons qu'il y a beaucoup de points communs entre les deux sujets.

La science, nous l'avons vu à plusieurs reprises, est une entreprise collective, bien plus qu'on le pense, tant dans l'activité quotidienne que dans les choix et actions apparemment personnels et individuels. La Recherche est un tissu d'activité qui s'étale dans l'espace, mais aussi dans le temps. Inutile de répéter ici ce qui se dégage naturellement des « coups d'œil de l'histoire des sciences » ou des deux sections qui précèdent. *Comment dans ces conditions mesurer le progrès scientifique, les résultats de recherche ? Qu'est-ce que cela veut dire ? Nous avons vu qu'il y a des progrès, des régrès, des vérités inutiles, des erreurs fécondes et j'en passe... Mesure-t-on la peinture, la chorégraphie ? Connaissez-vous la mesure de Michel-Ange ou son rapport avec celle de Tolstoï ?* Sans doute il y a un marché de l'art, une industrie de l'édition littéraire, mais pas une mesure des œuvres d'art, comme il n'y en a pas de l'intelligence, nous l'avons vu à propos de Burt (chapitre I, section VI).

La valeur d'un résultat scientifique n'a rien d'intrinsèque, de propre à ce résultat. Il est vrai quel que soit le sens que l'on donne à « valeur d'un résultat » : difficulté pour l'obtenir ou utilité (pour obtenir d'autres résultats ou un profit quelconque, éventuellement économique). Il y a souvent des faits scientifiques, des méthodes, des résultats qui sont « équivalents » en ce sens que les conséquences (l'utilité qu'on peut en tirer) sont à peu près les mêmes ; doit-on en déduire que le second est inutile ? Il n'a certes pas le même caractère que le premier, mais il joue souvent un rôle de confirmation, utile au premier, et il est fréquent qu'à la longue il apparaisse comme plus aisé à utiliser.

Tout cela est connu, et largement accepté, sauf par ceux qui n'ont pas compris le fonctionnement de la science ou par ceux qui prétendent, d'une façon ou d'une autre, obtenir un profit (parfois de prestige ou de pouvoir voire même économique), des résultats de la Science. L'engrenage est le suivant. Les scientifiques demandent des moyens (salaires, postes de travail, équipements légers ou lourds comme dans le cas des télescopes ou tokamaks...) et font valoir les retombées, économiques, de santé et autres, de leurs travaux. Les instances concernées sont soit les pouvoirs publics, soit les industries (armement, pharmaceutique...), soucieux, sauf dans des cas exceptionnels, d'avantages ou profits immédiats (surtout à l'échelle de temps de la Recherche) ; Rapportez-vous aux aventures de Burt, Semmelweis, Poincaré, Geoffroy Saint-Hilaire (rappelées au chapitre I), aventures très diverses mais dont le dénominateur commun est la longue échelle de temps. *Un marché de dupes s'installe, très pernicieux pour la compréhension et le traitement lucide d'un dossier complexe.*

Les décideurs des crédits, budgets et contrats, ne sont pas (sauf exception) concernés par le long terme, et souhaitent vivement simplifier les données de dossiers épineux et protéiformes. Ce sont de grands demandeurs d'une mesure aussi simplifiée que possible d'évaluation des dossiers à traiter et de l'estimation des résultats escomptés. Qu'à cela ne tienne, on le leur en a fabriqué de toutes pièces : « citation index », « impact factor » et consorts (oui, il vaut mieux les écrire en anglais, cela sert à « épater le bourgeois »).

Le plus remarquable est que *l'utilisation de tels critères d'évaluation a eu lieu deux fois.* La première en Union Soviétique dans les années 1970. Les retombées industrielles de la science y ont conduit à la considérer comme « force productive directe », qui, comme telle devait entrer dans le plan d'État. Subtil glissement, c'était *la science,* et pas *ses applications* ou *retombées,* qui était force productive directe (sic, et pas *indirecte*). Cela a donné lieu à l'émergence de la « mesure de la Science » (*naukometrika ;* il n'était pas en usage d'utiliser des langues occidentales pour ce qui concernait le plan d'État). C'était une collection de recettes et algorithmes en trompe-l'œil conduisant à des propriétés telles que « la croissance exponentielle des connaissances » et d'autres merveilles capables de rivaliser avec le « gagner de l'argent en dormant » du capitalisme occidental (c'est à vous de trouver le glissement sémantique concernant le verbe *gagner*). *Cela fut cause de dégâts dans la science soviétique, désormais oubliés, surtout en occident.*

Hélas, ceux qui ne se souviennent pas du passé sont condamnés à le revivre[9] *; la naukometrika a été réinventée.* De nos jours, la *science metrics* fait florès dans la cité scientifique, portée aux nues par des *managers* qui ne savent pas que *science metrics* et *manager* sont

9. Citation commentée dans l'introduction.

des traductions littérales de *naukometrika* et *aparatchik* (ils ont d'autres préoccupations que traduire le russe ; en particulier, ils s'occupent de parer leurs activités de toutes les bénédictions de la société libérale). Parfois, la *science metrics* se déguise en *publimétrie.* C'est un fait que les publications scientifiques peuvent être mesurées, ce qui présente très peu d'intérêt, mais dans la pratique, il s'agit, par les motivations et par l'usage qu'on en fait, de *mesure de la science.* Le vrai but en est de donner *un chiffre décrivant la « valeur »* (d'un chercheur, d'une équipe ou d'un programme), permettant ainsi de le comparer *automatiquement* (mais on dit objectivement) à un autre. Bien des tentatives ont été faites, basées principalement sur le nombre de publications écrites ou citées par d'autres. Toutes, fortement contestées, ont donné naissance à de nouveaux critères : facteur d'impact, de pérennité, d'instantanéité... Toutes sont exploitées par des profiteurs (auteurs et éditeurs), puisque tous ces chiffres sont susceptibles d'être artificiellement gonflés par une gestion appropriée des publications.

Voici une citation de Levins et Lewontin ([1985] page 205), éclairant cette situation sous un angle légèrement différent :

> What is published now depends on the publisher's and editor's need to fill the journal and the author's need to be published in time for tenure review, a job hunt, or a raise. The question rarely arises, *is the publication necessary?* Therefore, a significant part of the much-cited information explosion is really a noise explosion.

Voici une autre citation bien plus récente [10] :

> Alors même que l'informatique facilitait la collaboration et les échanges d'information entre les chercheurs, l'évolution de la situation économique et politique en occident imposait au monde universitaire les critères du marché. Les sciences naturelles [...] se sont vues contraintes de s'adapter à une culture

10. Section sur « Informatique, édition et biotechnologie », p. 468 de Cornwell [2008].

de la comptabilité et d'évaluation selon la « productivité » en termes de publication. [...] Les éditeurs de maintes revues savantes sont devenus de plus en plus commerciaux, abandonnant la distribution d'exemplaires imprimés pour offrir aux bibliothèques universitaires des *on-line packages* à des tarifs exorbitants ; cette pratique a engendré à son tour une crise de l'édition des revues, qui n'est pas sans effet sur le besoin sans cesse croissant des chercheurs de publier afin de justifier leurs crédits, leurs places et leurs perspectives de promotion.

Que nous prépare l'avenir ? *Je fais confiance à la sagesse pour finir par l'emporter. Il y a un précédent, dans une situation très étroitement apparentée.* On l'a vu à propos justement de Spearman et Burt (chapitre I, section VI). Le « g » de Spearman, merveilleuse mesure de l'intelligence innée, de l'intelligence à l'état chimiquement pur, n'existe pas. Dans un premier temps, on l'a modifié, pluralisé, remplacé par un éventail de critères,... *puis abandonné.* Sans doute il y a des gens plus intelligents que d'autres, il y a des intuitifs, des logiques. Dans telle situation péremptoire et complexe un pragmatique intuitif aura l'idée idoine, alors qu'il échouera dans d'autres circonstances... et peut-être aussi dans une autre situation péremptoire et complexe...

Il aurait été très utile d'avoir une mesure de la Science et des chercheurs, mais elle n'existe pas. Il vaut mieux voir les choses comme elles sont, il ne faut pas avoir peur du vide, il faut avoir peur de la tricherie, de la manipulation, des leurres et des mirages, ceux des autres... et de soi-même.

IV. L'IMPOSSIBLE EXPERTISE

Je voudrais faire ici quelques commentaires sur les évaluations, principalement de travaux soumis à publication, mais ces idées générales s'appliquent également à l'évaluation des chercheurs ou des équipes. Bien entendu, *qu'une procédure soit mauvaise n'implique nullement qu'il y en ait une autre qui soit la bonne. Cela ne dispense pas de l'obligation d'être lucide et d'utiliser des raccourcis ou de faire jouer des contre-pouvoirs lorsque cela est utile, voire nécessaire.*

D'aucuns pensent que l'on peut évaluer un travail dont l'une des qualités reconnues est l'originalité. Entreprise essentiellement absurde : en règle générale, les scientifiques ne sont ni incompétents ni imbéciles et sont à peu près au courant des connaissances dans leur domaine. Un travail est d'autant plus original qu'il rompt avec ces connaissances, et d'autant plus utile qu'il donne la clé de phénomènes jusque-là incompris. Or, *cette rupture et cette clé se situent naturellement en dehors de la sphère de compréhension des idées en cours.* Du point de vue de la communauté scientifique elles sont tout simplement incongrues. Ce n'est qu'après un long processus de réflexion et de restructuration, comportant autant d'ouvertures à des idées nouvelles que d'abandon déchirant de connaissances bien ancrées, que les travaux originaux parviennent à s'imposer. En fait, ils ne pourront être compris et acceptés que lorsque des travaux complémentaires en montreront l'utilité et la cohérence, leur conférant une légitimité. On en arrive à la conclusion *qu'un travail original ne peut être accepté par la communauté scientifique que lorsqu'il a perdu son caractère original ; avant il est souvent indiscernable d'une rêverie ou d'une stupidité.*

Les procédures d'expertise des articles soumis pour publication aux revues scientifiques, en vue de leur acceptation ou rejet sont extrêmement intéressantes à étudier. Avec des variantes, la règle du jeu est la suivante : Un projet d'article est envoyé à la rédaction d'une revue. Le responsable choisit des rapporteurs (le terme usuel est *referees)* compétents dans le domaine de l'article. Ils sont choisis n'importe où dans la communauté scientifique, sans distinction de nationalité ou autre, sans aucun lien particulier avec la revue. Le ou les referees lisent le projet d'article et donnent, sous couvert d'anonymat, des avis : acceptation, rejet, ou demandes de modifications ou posent des questions complémentaires à l'auteur, dans une correspondance envoyée à la rédaction de la revue. La rédaction transmet en général les avis à l'auteur, mais plusieurs cas peuvent se présenter : acceptation ou rejet à ce stade ou, le plus souvent, demande de nouvelle version de l'article et de réponses aux questions posées. Lors de la réception par la revue d'une nouvelle version ou des réponses aux referees, le processus recommence, avec les mêmes referees (mais dans certains cas, la rédaction peut demander de nouveaux avis) en souhaitant, ce qui est le cas le plus courant, qu'il aboutisse le plus vite à une acceptation ou à un rejet. Mais rien ne s'oppose en théorie à ce que les discussions s'éternisent.

Cette procédure (qui admet des variantes) est assortie de règles de fonctionnement explicites ou implicites :

a) Le refus d'un article doit être accompagné d'un argumentaire. L'acceptation peut être pure et simple.
b) Pendant le processus d'expertise, le referee ne doit pas utiliser (pour son propre travail ou tout autre) le contenu de l'article expertisé.
c) La soumission d'un projet d'article à une revue implique l'engagement de l'auteur à ne pas l'envoyer à une autre revue. Si l'auteur souhaite soumettre son article à un autre journal, il doit préalablement le retirer du premier.

Les raisons de ces règles sont faciles à comprendre, comme l'est aussi le fait qu'elles laissent toute latitude à des dysfonctionnements qui peuvent aller du simple petit avantage donné à un collègue proche au blocage d'un rival gênant. Il est aussi très facile de transgresser ces règles et toute autre contrainte éthique dans une relative impunité. *Finalement, cela marche… assez mal.*

Même dans le cadre d'une éthique irréprochable, il est très fréquent que les referees manquent de modestie, faisant des rapports sans nuances, donnant des avis cassants (ou, pire, *exigeant* des modifications, voire des travaux complémentaires) qui pourraient passer pour des manifestations du haut niveau scientifique du rapporteur, mais dont la vanité, parfois le ridicule, sont souvent patents. Or, *le système d'expertise par des rapporteurs anonymes crée une dissymétrie entre l'auteur, demandeur d'acceptation, et le rapporteur, élevé à la dignité de juge et protégé par l'anonymat, propre à entretenir des situations où la dignité du travailleur honnête peut être facilement malmenée.*

Je vous propose un petit exercice d'histoire-fiction : imaginez un article envoyé par Semmelweis (chapitre I, section III) à une revue. Le responsable de la rédaction choisit deux rapporteurs dans le domaine : Hebra et Klein. Naturellement, ils donnent des avis opposés. Pour trancher, il choisit une haute personnalité scientifique, peut-être la plus grande dans la biologie mondiale : Virchow. L'article est rejeté. Il s'agit certes d'un cas extrême, traité de façon schématique ; heureusement Semmelweis est un cas extrême. Mais les exemples analogues foisonnent [11]. On peut facilement comprendre que *la procédure d'expertise est excellente pour Rigoletto et catastrophique pour Carmen* (au sens de la section II).

La cité scientifique est souvent décevante pour celui qui cherche à comprendre au lieu de faire carrière. On combat quand on est jeune, mais l'ardeur s'émousse souvent avec l'âge. Il est courant que cela conduise à un divorce progressif entre le travail pour comprendre et la publication. À mon sens, c'est là qu'il faut chercher la cause du fait apparemment surprenant que J. Bolyai (1802-1860), C.-F. Gauss (1777-1855) et N.-I. Lobatchevski (1793-1856) n'aient pas publié (ou presque) leurs travaux sur les géométries non-euclidiennes. Ces travaux, profonds et difficiles, étaient de toute évidence insuffisamment élaborés pour pouvoir concurrencer avec succès le degré de rigueur affiché par la géométrie euclidienne. Prévoyant la barrière d'incompréhension à laquelle ils allaient se heurter, qui aurait dévié l'activité vers la polémique au lieu du travail de fond, ils ont choisi de ne pas affronter la communauté. Je suis persuadé que là se trouve la clé de l'affaire, et pas, comme on l'avance parfois, une hypothétique misanthropie ou le mépris de la communauté scientifique, largement démentie par l'attitude préalable de ces chercheurs, surtout dans le cas de Gauss.

Mais il y a encore un aspect extrêmement important et subtil de la procédure d'expertise dont il faut être conscient. *La règle b (non utilisation des résultats contenus dans l'article expertisé) est souvent incompatible avec une expertise honnête et efficace.* Cela est assez paradoxal

11. Un exemple parmi bien d'autres se trouve dans le très intéressant livre *Hasard et Chaos* de David Ruelle, l'un des acteurs majeurs de l'émergence du chaos déterministe (Ruelle [1991]). Il est instructif d'y voir, à propos de la description des étapes innovantes de la nouvelle théorie, que le premier papier concernant chacune d'elles avait été refusé pour publication.

et concerne les mécanismes intellectuels du travail de recherche. En effet, pour que l'expertise soit efficace, le rapporteur doit travailler lui-même dans le domaine de l'auteur. Dans la mesure où une bonne partie de l'activité intellectuelle de recherche est *inconsciente* et concerne la manipulation, modification, recherche de possibilités, tentatives de structuration dans un espace des possibles [12], *le referee ne peut pas s'empêcher d'utiliser ce qu'il vient d'apprendre.* La recherche est une activité bien plus sociale qu'on ne le pense.

V. LE QUANTITATIF QUI TUE LE QUALITATIF

La mesure (quantification abusive et fictive) de la science et des publications scientifiques modifie le comportement des chercheurs et l'orientation de la recherche elle-même, c'est-à-dire, ses propriétés qualitatives. Même en des conditions normales, il n'est pas rare que des chercheurs adoptent des comportements fétichistes avec les publications, qui deviennent des buts ultimes et quasi exclusifs du travail, au détriment d'aspects plus essentiels [13]. D'une manière générale, il y a danger quand le moyen devient le but. Dans le cas qui nous occupe, cela porte sur le nombre d'articles ou sur le prestige affiché de la revue qui les accepte. Mais les dérives de la publimétrie donnent à ce type de comportements une base objective, en les liant à l'avancement des carrières, ce qui les développe et les déculpabilise.

Mais *le pire du point de vue du progrès de la Recherche est que ces dérives dénaturent les buts mêmes de celle-ci, privilégiant l'activité dans des domaines peu innovants.* En effet, celle-ci présente deux avantages non négligeables : d'une part, les résultats et donc la possibilité de publier sont moins incertains, d'autre part le grand nombre

---

12. Voir chapitre V, section VI « La pensée dans les sciences », et peut-être aussi la section VI du présent chapitre.

13. J'ai connu un cas absolument poignant. Un chercheur qui s'était pris lui-même au piège, vouant un culte fétichiste aux publications. Lorsque sa production annuelle a baissé de 5 à 3, il s'est suicidé.

de chercheurs dans le domaine assure un indice de citations élevé. Disons-le sans équivoque : *l'indice de citations est la plupart des fois un indice d'adéquation à la mode qui fait caisse de résonance aux Rigoletto (qui n'en ont pas besoin) et qui marginalise encore les Carmen* (au sens de la section II).

La quantification inconsidérée d'entités essentiellement qualitatives conduit souvent à les vider de leur substance et les dénaturer. Il s'agit là d'un phénomène très général dans les activités à forte composante sociologique, c'est pourquoi il me semble utile de donner ici des exemples sans rapport direct avec la recherche scientifique.

Dans nos sociétés, l'impôt sur le revenu est une participation générale aux frais communautaires. On peut être contre la répartition de son prélèvement ou l'utilisation qu'on en fait, mais on peut difficilement le rejeter en tant que tel, sous peine de se considérer asocial. Lorsque l'impôt est exigé, cela n'a strictement rien à voir avec une amende pour une infraction. Ce sont des choses essentiellement différentes, et en toute logique, payer l'impôt est une activité citoyenne normale, alors que payer une amende est une sanction comportant un élément culpabilisant. *Cela est la théorie. Dans la pratique quotidienne, il en va tout autrement, les choses sont bien différentes lorsque les instances responsables privilégient l'aspect quantitatif au détriment du qualitatif.* Voyons deux exemples.

1. La circulation automobile dans une ville est trop importante et la Mairie se propose de la réduire. Deux possibilités se présentent : Améliorer l'offre des transports publics (financée par une augmentation des impôts locaux) ou réduire les places de stationnement pour décourager les automobilistes (ce qui s'accompagne d'une augmentation des infractions et donc des amendes). Dans les deux cas, le but (réduction de la circulation automobile) sera vraisemblablement atteint, mais, si la Mairie adopte la deuxième possibilité, il est probable que nombre de travailleurs, obligés de toute façon de se rendre à leur travail en voiture, payeront souvent des amendes, *qu'ils interpréteront comme une sorte d'impôt, dépourvu de toute connotation culpabilisante.* Bien au contraire, il est fort vraisemblable que ces usagers accuseront la Mairie de ne pas

s'attaquer aux vrais problèmes, d'instaurer de facto un impôt sur les travailleurs et d'utiliser des méthodes répressives. Or, cette deuxième solution, probablement la moins onéreuse, est souvent préférée par certaines Mairies pour des raisons idéologiques et opportunistes, sous prétexte d'économie.

2. En France (et probablement dans d'autres pays), toutes les communes sont obligées par la loi, sous peine d'amende clairement tarifiée, de faire construire et gérer un certain pourcentage de logements à loyer modéré, dits « sociaux ». Or, la proche présence du chômage, de la misère et d'éléments halogènes incommode une certaine tranche de la population. Il en résulte que *certaines communes cossues préfèrent payer l'amende, parfaitement intégrée dans le budget, à l'application de la loi.* Elles sont probablement nostalgiques du Second Empire, une époque où le terme « République » était peu usité ; on lui préférait « Marianne » ou « La Gueuse », suivant le côté de la barricade où on se trouvait.

Une situation de même nature, dans un cadre probablement plus important et plus général peut être construite autour de *« on veut de l'argent pour faire des choses ou des choses pour faire de l'argent ».* Si le but est de faire des choses, on se pose immédiatement la question, essentiellement qualitative, de quelles choses et dans quel but. En revanche, si l'on érige l'argent en but principal « on verra ensuite ce qu'on fait avec » sa *quantification introduit automatiquement un critère quantitatif de choix (le plus est évidemment le mieux), alors même que les différences qualitatives sont gommées* (on sait pourtant que seules des entités homogènes peuvent être comptabilisées ensemble ; *il s'agit bel et bien d'une escroquerie que d'amalgamer des choses disparates, comme le fait le capitalisme financier avec la soi-disant logique du profit maximal)* [14].

Ces exemples, assez divers, montrent *comment une évaluation quantitative malencontreuse peut vider de leur substance des entités*

---

14. Cette problématique rejoint celle du chapitre I, section VII.

qualitatives (le caractère culpabilisant de l'amende, l'application de la loi, le but du travail).

VI. CHERCHEURS ET GÉNIES

Cette section est embryonnaire et mériterait de bien plus longs développements : elle garde un rapport étroit avec « La pensée dans les sciences » (chapitre V, section VI), où l'on aborde, de façon également très embryonnaire, le travail intellectuel de recherche proprement dit. D'autres facettes du travail des chercheurs sont abordées, naturellement, tout le long de ce livre. Par exemple, le choix des thèmes, déjà évoqué à propos de la « troïka de Pecker » (chapitre II section IV), concerne aussi le chapitre VIII, section III (les problèmes qui se posent et les problèmes qu'on se pose) et le chapitre IX, section IV (qui traite un exemple des bienfaits de la curiosité). Je me limiterai ici à quelques remarques.

Les scientifiques peuvent être classés, suivant une très pertinente remarque de Jean Monnet (1888-1979) (faisant référence à des types d'activité bien plus variés) en deux grands groupes : *« ceux qui veulent faire quelque chose »* et *« ceux qui veulent être quelqu'un »*. Bien entendu, en faisant une chose on devient l'auteur de la chose, et pour être quelqu'un, il faut faire quelque chose. Mais on voit très bien ce que cela signifie, cela concerne les motivations primaires.

Comment cela se passe dans le monde de la recherche ? De façon très complexe ; il n'est pas impossible d'être un chercheur de fécondité convenable en voulant être quelqu'un, comme il est possible de vouloir faire quelque chose et ne rien trouver de valeur. Mais, en général, la classification ci-dessus permet de comprendre des choses curieuses, des choses insolites et j'en passe, qui sont imputables aux motivations profondes des chercheurs et pas aux avatars de l'activité de recherche. Vous pouvez le vérifier en vous référant aux exemples du chapitre I « Quelques coups d'œil sur l'histoire des sciences ». Il n'y est pas difficile de déceler des personnages entrant clairement dans l'un ou l'autre des deux groupes ; pour d'autres c'est moins évident, on n'a pas d'éléments suffisants... Il y en a que je soupçonne fort d'avoir commencé leur carrière dans l'un des groupes et l'avoir terminée dans l'autre... Ce n'est pas interdit.

La classification de Jean Monnet jouit de la propriété remarquable que, quelle que soit la personne à qui vous demanderez dans lequel des groupes elle imagine se situer, vous obtiendrez toujours la même réponse. Je ne vous dirai pas laquelle, pour ne pas vous influencer. C'est pourquoi, je pense qu'il manque un mode d'emploi à cette classification. On peut utiliser à cette fin une citation de Margot Fonteyn[15] :

> Les grands artistes sont des gens qui trouvent le moyen d'être eux-mêmes dans leur art. Toute prétention induit médiocrité, en art comme dans la vie.

Cela concerne les artistes. Qu'est-ce qu'une danseuse peut savoir de la vie des chercheurs ? Eh bien, Margot Fonteyn ajoute « comme dans la vie », ce qui constitue une clause d'universalité. Et le monde de la recherche, que probablement Margot Fonteyn connaissait mal, présente bien plus d'analogies qu'on le pense avec celui de l'art.

Une des qualités (ou défauts ! disons plutôt traits) les plus répandues chez les bons chercheurs est l'insatisfaction. À l'époque où ils étaient étudiants, ils étaient insatisfaits de l'enseignement en général, cherchant dans des livres, conversations, ou simplement dans la réflexion, quelque chose d'indéfinissable, quelque chose de plus, mais surtout de *mieux*. Et ce trait est ineffaçable : étudiant ou chercheur, en toute situation, il voudra quelque chose de plus, mais surtout de *mieux*. C'est très différent de la fausse insatisfaction du dilettante, qui porte des jugements souvent péjoratifs sur toute chose sans la comprendre ni l'approfondir. Il y a lieu de se méfier des chercheurs qui sont admiratifs de leurs propres œuvres ; malheureusement, la tendance actuelle à la quantification de la recherche (largement évoquée aux sections précédentes) induit des comportements individualistes et

15. Danseuse étoile du Covent Garden (1919-1991).

carriéristes qui obligent à « savoir bien vendre sa marchandise », *au détriment d'un sain échange des... insatisfactions, qui constituent une condition nécessaire (quoi que non suffisante) d'une recherche dynamique et efficace.*

Il est largement connu que, parmi les professionnels des sciences, les meilleurs chercheurs (au sens de ceux qui « trouvent » le plus ou de plus grande valeur) ne sont pas nécessairement ceux qui font les meilleures carrières scientifiques, ni ne sont les meilleurs enseignants (ceux qui expliquent mieux les sciences aux étudiants), ni ceux qui ont été les meilleurs étudiants, ni les plus rapides à comprendre quelque chose de nouveau, ni ceux qui sont les plus ambitieux [16], ni ceux qui font le moins d'erreurs [17], ni ceux qui passent le plus de temps à faire la recherche, quoi que...

Je ne sais pas comment on peut mesurer le temps passé à faire de la recherche. Pour un chercheur débutant, c'est clair : avec une montre. Mais un chercheur chevronné travaillera alors qu'il donne l'impression de faire toute autre chose : manger, écouter un exposé d'un autre chercheur, voire dormir [18]. Mais cela ne signifie nullement qu'il fasse de la recherche simultanément. Ces autres choses sont imprégnées d'un « il est ailleurs » qui n'est pas l'absence, d'un « cela m'est égal » qui n'est pas la démission, d'un « je voudrais avoir la paix » qui n'est pas du mépris, des réactions agacées à toute immixtion de l'extérieur... Si vous êtes chercheur, vous devriez voir de quoi je parle ; si vous ne l'êtes pas, cela vous rappelle peut-être les amoureux.

Comment en arrive-t-il là ? Je ne sais pas trop... On commence naturellement comme débutant, on travaille dur, si l'on obtient de

---

16. Pour ne froisser personne, je préciserai que cela concerne aussi bien la « noble ambition » que l'ambition tout court.

17. Un bon chercheur fait des erreurs mais en prend conscience. Plus exactement, il « sent » que quelque chose ne va pas. Cela conduit, soit à corriger l'erreur, soit à contacter un collègue ou la bibliographie pour y voir plus clair. Ceux qui ne se rendent pas compte de leurs erreurs, même s'ils en font très peu, ne feront jamais de bonne recherche. Nous reviendrons sur cette importante propriété au chapitre V, section VI.

18. Voir aussi chapitre V, section VI.

petits résultats (un débutant les voit en général grands), il y a un phénomène d'addiction, on est pris dans un engrenage. Il y a aussi la vocation ; je ne sais pas la décrire. Au début on l'a ou on ne l'a pas, mais même si on l'a, elle est un peu fausse, car on ne sait pas ce qu'est la recherche. Ensuite cela prend corps ; qu'est-ce qui prend corps ? Je ne sais pas, c'est peut-être l'addiction qui fait le nécessaire pour se justifier...

Il y a des problèmes qui accrochent, d'autres pas. Le problème qui accroche n'est pas nécessairement celui que l'on comprend le mieux, ni celui pour lequel on est le mieux préparé. On ne peut pas imposer un problème à quelqu'un ; s'il n'accroche pas, cela ne marchera pas ; si on l'oblige, cela le dégoûtera de la recherche. Mais *s'il accroche, il y a une dynamique propre qui se déclenche, il arrivera probablement à faire quelque chose, petite ou grande.* L'accrochage dépend de la disposition d'esprit du chercheur, et peut parfaitement changer le long d'une carrière. Des questions qui ne présentaient aucun intérêt (aucun relief pour accrocher) à un moment, peuvent apparaître comme très accrochantes quelques années plus tard...

C'est étrange, difficile à comprendre, difficile à décrire si on ne le connaît pas, on dirait que cela ne ressemble à rien d'autre... Or, voici que cela se trouve dans les paroles de la Havanaise de Carmen (encore elle !) :

> L'amour est un oiseau rebelle
> Que nul ne peut apprivoiser
> Et c'est bien en vain qu'on l'appelle
> S'il lui convient de refuser
> Rien ne fait, menace ou prière
> L'un parle bien, l'autre se tait
> Et c'est l'autre que je préfère
> Il n'a rien dit mais il me plaît
> L'amour est loin, tu peux l'attendre
> Tu ne l'attends plus, il est là
> L'amour est enfant de Bohème

Il n'a jamais, jamais connu de loi
Si tu ne m'aimes pas, je t'aime
Mais si je t'aime, prends garde à toi !

Cela a l'air banal, mais la précision est frappante, surtout la fin : *« Si je t'aime, prends garde à toi ! » C'est exactement cela !* Comment deux phénomènes si différents peuvent-ils avoir la même description ? Je ne sais pas, mais si vous ne connaissez pas le rapport du chercheur à ses thèmes de recherche, la meilleure description que j'en connaisse est la Havanaise de *Carmen* [19].

Sans doute tous les chercheurs ne cherchent pas comme Carmen aimait, mais ce que je viens d'exposer est ce qu'il y a de plus caractéristique, de plus insolite dans la vie du chercheur. Le reste vous pouvez l'imaginer, mais rappelez-vous, il y a un peu de Carmen dans tout chercheur.

Qu'est-ce qu'un génie scientifique ? Cela dépend de ce qu'on appelle un génie. Justement, cela est très difficile à définir. Pour fixer les idées, disons que c'est le type de scientifique dont il n'y a pas plus de 3 ou 4 par siècle. Quelles sont les qualités d'un génie ? Je ne sais pas ; déjà les qualités d'un bon chercheur, et il y en a quand même beaucoup, sont très difficiles à définir... Un génie est-il comme un bon chercheur, mais à un degré très élevé ? Oui, sans doute, mais il y a quelque chose d'autre, quelque chose de qualitatif, quelque chose de... génial !

Une citation attribuée à Schopenhauer (1788-1860) affirme que :

---

19. Cette analogie mériterait une analyse bien plus profonde. Il arrive parfois, mais pas toujours, qu'un chercheur se désintéresse d'un sujet en apprenant qu'il est aussi abordé avec des méthodes analogues par d'autres chercheurs. Il y a peut-être un désintérêt en estimant que le fruit du travail peut être perdu, mais je pense plutôt que le charme est brisé lorsque l'intimité du chercheur avec son sujet réifié est violée. La situation contraire se présente aussi, surtout lorsque le travail piétine : le chercheur essaie de s'attacher le concours d'autres collègues ; mais dans ce cas le caractère agressif de la rivalité n'est pas présent.

> Le talent, c'est l'archer qui atteint la cible que les autres n'arrivent pas à atteindre. Le génie, c'est celui qui atteint la cible que les autres n'ont pas encore vue.

Oui, ce n'est pas mal, il y a de cela. Cela est à rapprocher des avant-gardes qui réussissent aussi à faire la montée en puissance, pour suivre le cadre introduit au début du chapitre. Mais cela est, au plus, une description d'un résultat génial, pas la description de ce qu'est un génie... qui est l'auteur d'un résultat génial... Tant qu'on ne verra pas pourquoi et comment les autres ne voient pas la cible et lui si, on tournera en rond. Et tout compte fait, si un génie est si puissant (s'il a une telle acuité visuelle), comment se fait-il qu'un génie ne fasse, en général, qu'une chose géniale dans la vie au lieu d'en faire continûment ? Ce point est très important, et nous verrons qu'il touche la clé du problème.

Il y a beaucoup d'études sur les génies, scientifiques ou autres. La plupart son biographiques, on n'y voit pas « pourquoi », tout au plus « comment » on fait une chose géniale. Certains de ces livres sont passionnants, mais je n'y ai jamais trouvé de réponse satisfaisante à la question « Qu'est ce qu'un génie ? [20] ».

J'ai compris quelque chose de bien plus satisfaisant en regardant un jour une émission de télévision [21] sur le maréchal G. K. Joukov (1896-1974). Un historien britannique brossait le portrait de Joukov et faisait une description dithyrambique de ses qualités de stratège (ainsi qu'humaines). Il faisait une comparaison entre Joukov d'une part et Alexandre le Grand ou Napoléon d'une autre. D'après lui, les performances stratégiques étaient équivalentes, mais la comparaison tournait à l'avantage de Joukov, qui, étant sous le contrôle direct de l'autorité politique de Staline, lequel imposait des directives et

20. Parmi les livres récents, Menger [2009], qui analyse Beethoven dans son contexte sociologique.

21. Il m'est impossible de trouver la référence. Il s'agissait d'un de ces excellents reportages historiques produits par la BBC britannique, avec profusion d'interviews de témoins et d'historiens.

contraintes, manquait de marges de manœuvre alors qu'Alexandre ou Napoléon pouvaient prendre des décisions militaires en toute liberté. Cette conclusion m'a fait bondir, car pour moi, il est clair que *la stratégie de Joukov était une conséquence directe des contraintes imposées par Staline.*

Le fait d'armes emblématique de Joukov est la conception, avec M.-A. Vassilevski (1895-1977), de la stratégie à mettre en œuvre lors de la bataille de Stalingrad (décembre 1942-février 1943). Or il est connu qu'elle était destinée à conduire à la défaite. C'est Staline qui a imposé une double contrainte : que la ville ne pouvait pas tomber et que les moyens militaires alloués étaient limités. Alors Joukov et Vassilevski ont eu l'idée géniale d'encercler les forces assaillantes. *C'est cette double contrainte qui a obligé Joukov et Vassilevski à se surpasser en tant que stratèges.*

Quels sont les faits ?

Joukov avait été l'artisan de la bataille de Moscou l'année précédente (décembre 1941) ; cela avait été un combat de titans, engageant des moyens colossaux des deux côtés, qui s'était soldé par l'arrêt de l'avance allemande et la stabilisation du front devant Moscou. Elle peut être comparée à la bataille de la Marne en 1914 [22]. En décembre 1942, l'enjeu pour la ville-symbole de Stalingrad, dangereusement investie par l'armée allemande, et héroïquement défendue par la garnison commandée par V. Tchouïkov (1900-1982) est surtout de nature morale et idéologique pour les Soviétiques, mais aussi pour les nazis.

On peut penser que, lorsque Staline a chargé Joukov et Vassilevski de concevoir une opération défensive efficace, ceux-ci avaient prévu une nouvelle édition de la bataille de Moscou. Toujours est-il [23] qu'ils ont fait état du besoin de moyens énormes en hommes, blindés et

22. Ce parallèle peut être poussé jusqu'à l'anecdote : le général Gallieni, instigateur des « taxis de la Marne », avait reçu le titre de « Sauveur de Paris ». Vingt-sept ans plus tard, Joukov recevait celui de « Spasitel » (le sauveur). Il est également utile de rappeler que Gallieni ou Joffre n'ont jamais été classés comme véritables génies de la stratégie.

23. Beevor [1999], page 223 et suivantes.

aviation, au-delà de ce que les réserves permettaient. Devant l'impasse, ils ont commencé à chercher une autre solution, Staline les a renvoyés en leur demandant de mettre au point pour le lendemain un plan viable. Ce qui fût fait : en les recevant le lendemain soir, Staline a demandé qui voulait parler le premier, et Vassilevski a répondu « N'importe lequel, car nous sommes d'accord ». Ils ont alors exposé le plan audacieux de l'encerclement de la 6e armée allemande sans porter directement secours aux défenseurs de Stalingrad. Staline, d'abord réticent, s'est laissé convaincre et a donné son accord. Telle est la genèse du grand tournant de la deuxième guerre mondiale, probablement l'un des événements les plus importants du XXe siècle.

Il est très utile pour notre propos de compléter ce qui précède par deux autres remarques. La première est que les choix stratégiques mis en œuvre par Joukov après Stalingrad (par exemple, lors des batailles de Koursk ou de Berlin), tout en étant excellents, ne revêtaient pas un caractère génial (ils ressemblaient plus à la bataille de Moscou qu'à celle de Stalingrad). La deuxième est que l'opération Uranus (nom de code de l'encerclement des assaillants de Stalingrad) était accompagnée d'une autre opération, dite Saturne, qui consistait en de puissantes attaques de l'Armée Rouge un peu plus au Nord sur la ligne de front. Nombre de commentateurs s'accordent à considérer Stalingrad comme une victoire indiscutable et l'opération Saturne comme un demi-échec. Ce qui est absurde puisque les deux sont liées. Saturne était une opération de diversion d'Uranus, qui a servi notamment à empêcher le commandement allemand de porter un secours massif à la 6e armée encerclée.

Une fois le génie de Joukov décortiqué, voyons-en la structure. Ses qualités étaient excellentes, pas géniales, en ce sens qu'on trouve bien plus de 3 ou 4 personnes par siècle ayant les mêmes capacités. Mais Joukov dans son travail a trouvé un obstacle… comment dire ?… stratégique ?… politique ?… pas épistémologique en tout cas ! Et pourtant c'est tout comme ! Il a trouvé, ou plutôt s'est trouvé confronté à l'équivalent d'un obstacle épistémologique, une incompatibilité entre deux umwelts, l'umwelt militaire et l'umwelt politique, et il a été capable de la surmonter ! Que se serait-il passé si Joukov ne s'était pas trouvé confronté à cet obstacle ? Nous l'ignorons, mais tout laisse à penser qu'il aurait opposé une défense classique, qui se serait soldée par une défaite ou par une victoire à la Pyrrhus.

Le génie et le fait génial sont dans un rapport dialectique. Il n'y a pas un type de personnes qui soient des génies. Parmi les personnes très douées pour les sciences (ou la stratégie, ou tout autre), certains, dans le flot des événements, sont pris dans des situations cruciales relevant le plus souvent de la contradiction (obstacle épistémologique)[24]. *S'ils sont capables (de par la structure explicite de la situation et de leurs capacités) de la surmonter, un événement génial a lieu et l'auteur devient un génie.* Mais il n'est pas pour autant plus génial qu'avant ou après, et il ne fera pas des découvertes géniales quotidiennement.

D'un autre coté, une analyse sérieuse des résultats géniaux les rend souvent bien moins insolites qu'on le pense, comme la victoire de Stalingrad perd un peu de son éclat au vu de son inséparable opération Saturne.

---

24. L. Sève dans « Sciences et dialectiques de la nature » [2005], p 231, dit « Car en somme, nombre de grandes avancées des sciences n'ont-elles pas consisté à *prendre au sérieux* de manifestes *contradictions dans les termes,* du nombre irrationnel à l'homme-machine, des lois du hasard à la matière vivante, au lieu de s'en défaire au plus vite afin que la logique soit sauve ? ».

IV

Quelques remarques sur causalité et finalisme

Ce chapitre ne contient que quelques réflexions disparates propres à recentrer les idées et à les aborder de façon cohérente. Nous montrons comment des situations équivalentes en ce qui concerne leur manipulation effective peuvent être entièrement différentes au point de vue causal. Le caractère non finaliste de la plupart des phénomènes naturels (à l'exception de ceux mettant en œuvre une activité cognitive, en particulier les modèles mentaux de l'avenir) est exposé. À propos de l'ADN, nous montrons comment la façon de présenter certaines propriétés change de façon drastique notre vision de leurs propriétés causales. La relation entre causalité et finalisme sera aussi abordée, sous une forme entièrement différente (celle de nos modèles mentaux de l'avenir) à la fin du chapitre VII (section X). À la section IV, nous montrons, à l'aide d'une analogie non scientifique, la nature de la pensée magique et son contraste avec la pensée scientifique.

I. L'ACTIVITÉ SCIENTIFIQUE TEND À TRANSFORMER LES EXPLICATIONS FINALISTES EN TERMES DE CAUSALITÉ

Pendant l'Occupation, à un groupe d'Allemands qui se plaignait de la tristesse de Paris, une Parisienne répondit : « Vous auriez dû venir quand vous n'étiez pas là. » Cette phrase constitue un véritable bijou d'ambiguïté [1], où se télescopent injonction, reproche, analyse

1. Je ne sais même pas si elle est authentique. Je l'ai vue au hasard dans un album de photos de l'Occupation.

de finalité, conséquence d'un état de fait et absurdité logique. Elle est pleine de sens, mais j'ignore l'intention de la dame : probablement un reproche, mais n'avait-elle pas prévu qu'il est absurde de supposer qu'on peut changer une parcelle dans un tout imprégné de causalité sans modifier le reste ? Voilà ce qui arrive de façon tout à fait naturelle dans cette pièce où acteurs et spectateurs sont les mêmes, et qui, de surcroît, n'est jouée qu'une fois [2].

La pensée de l'enfant plonge dans l'égocentrisme (pas nécessairement dans l'égoïsme) ; nous y sommes habitués et les raisons en sont évidentes. Comment pourrait-il en être autrement, alors que l'enfant et d'abord le bébé explorent et maîtrise le monde à partir de ses expériences, construisant son umwelt (qui d'ailleurs évolue avec le temps) par son activité ? Petit à petit, il arrive à comprendre que son biberon est fait pour qu'il le boive (ce qui est vrai) mais que d'autres biberons sont faits pour être bus par d'autres enfants, et bien plus tard, que la fabrication de biberons peut obéir à des finalités complexes et variées, alors que d'autres choses, à l'exemple de la faim, n'ont pas de finalité. Cela est difficile. On peut imaginer que la sensation de faim est faite pour ne pas se laisser mourir… de faim, mais la faim elle-même…

La connaissance du monde par les hommes, scientifique ou autre, procède à peu près de la même façon. La pensée primitive est anthropo-centrée. Toutes les mythologies tournent autour d'êtres… comment dire… humains en mieux ! Les motivations sont très terre à terre, et l'on a des explications pour tout. Ce qui frappe le plus est que les explications sont finalistes, le monde a été fait dans un but, tout a été fait pour en arriver à notre monde actuel, qui se justifie de lui-même : il est naturel. Voyons, par exemple, le chœur des gardes polovtsiens après la journée, dans l'opéra *Le prince Igor* censé raconter des événements en 1185 dans l'actuelle Ukraine [3] :

Le soleil va se coucher derrière les montagnes

2. Allusion au chapitre II, section I.

3. Bien entendu, cet exemple n'est pas historique, mais parfaitement vraisemblable et utile pour mon propos. Nous reviendrons sur cet opéra remarquable dans la coda de ce livre.

Et emporter la lumière avec lui.
Le ciel nous envoie la Lune
Qui, pendant toute la nuit,
Se déplace dans les cieux pour protéger le ciel,
Pour éclairer la Terre et pour nous protéger.

Ce n'est pas une explication scientifique, on est bien d'accord, mais pouvait-elle l'être ? En 1185, les explications scientifiques de ce type de phénomènes étaient basées sur le modèle ptoléméen, avec la Terre au centre du Système solaire ; la Terre est pratiquement la moitié de l'Univers (le monde sublunaire), l'autre moitié est très peu connue, on l'imagine régie par d'autres lois, qui échapperont probablement pour toujours à notre connaissance...

Je ne m'appesantirai pas sur l'histoire archiconnue de la « révolution copernicienne », ni celle, trop complexe pour mon propos, de la « révolution relativiste ». Il est utile, en revanche, de rappeler les réticences (c'est peu dire) rencontrées par l'adoption du système copernicien, où la terre était renvoyée au rang d'une planète comme les autres, le Soleil occupant la place centrale. Il importe, en arrivant à ce point, de bien réaliser que ces réticences venaient souvent des scientifiques eux-mêmes. Ainsi, le Danois Tycho Brahé (1546-1601) avait conçu un système extrêmement complexe, où la Terre se trouvait au centre, la Lune et le Soleil tournaient autour d'elle, alors que les planètes tournaient autour du Soleil.

Ce système conservait le rang central de la Terre, tout en incorporant des éléments compatibles avec les observations relativement précises de l'époque. Il a été vite abandonné, à cause de son incapacité à effectuer des calculs prédictifs, ainsi d'ailleurs que de son incroyable complexité ; nous savons qu'une description, pour être utile, doit être plus simple que la chose décrite.

Bien entendu, plusieurs types de descriptions d'un phénomène ou type de phénomènes peuvent coexister, mais le propre de l'évolution des sciences est de faire progressivement basculer les explications finalistes (comme celles des enfants ou des gardes polovtsiens) en des explications plus objectives.

L'objectivité consiste justement à *nous regarder comme d'autres* (à tout point de vue) ; la pluralité des situations permet alors de dégager des lois, prédictives dans les cas les plus réussis. Le mot n'est pas neutre : pré-dictives et non pas post-dictives. La flèche du temps va des causes (cause efficiente, si l'on veut préciser) vers les conséquences ; les causes dites finales (dans le but d'obtenir un résultat) apparaissent seulement par utilisation des potentialités qu'ouvrent les lois de la nature à l'aide des projections mentales que nous faisons sur le futur (nos modèles mentaux) [4]. *En tout ce qui n'est pas concerné par des modèles mentaux, les explications scientifiques basculent progressivement de finalistes (ou préscientifiques) en causales, sur le modèle des exemples évoqués ci-dessus.*

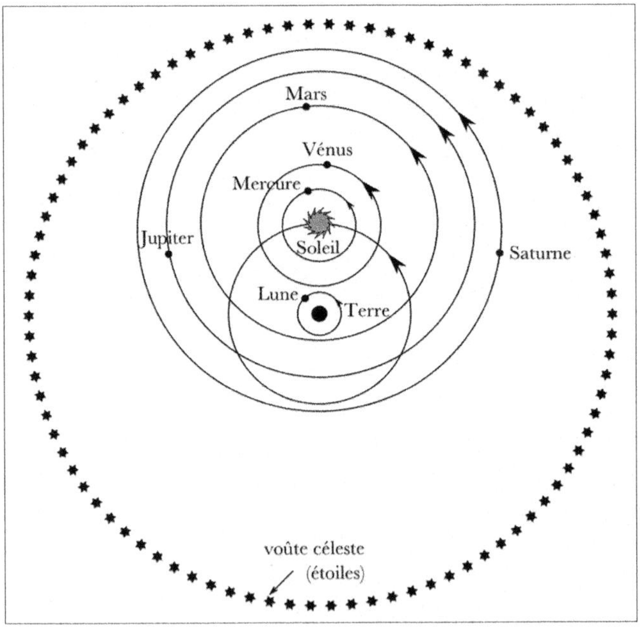

Fig. 11. Le système solaire d'après Tycho Brahé. La Lune et le Soleil tournent autour d'une Terre fixe, alors que les planètes sont des satellites du Soleil.

4. Ce point sera traité au chapitre V, section IV.

Nous verrons dans les sections qui suivent comment des problèmes apparemment analogues peuvent relever en fait d'interprétations causales très différentes, et comment la façon de décrire un objet peut évoquer soit finalisme, soit causalité.

II. VRAIS ET FAUX PROBLÈMES DE MINIMISATION. PRINCIPE DE HAMILTON

Considérons le problème du comportement d'un surveillant de plage S_p qui aperçoit un nageur en détresse N_d et se porte à son secours suivant une trajectoire choisie de façon à minimiser le temps pour l'atteindre. Sur la figure 12, qui schématise le plan des lieux, B est le bord de l'eau, la plage de sable occupe le demi-plan supérieur et la mer le demi-plan inférieur. Le sauveteur court à une vitesse V_1 sur la plage et nage à une vitesse V_2. Ces deux vitesses sont connues, et généralement on aura $V_1 > V_2$. Il est clair qu'afin de minimiser le temps nécessaire pour rejoindre le nageur, le surveillant suivra des lignes droites sur la plage et dans la mer, mais la trajectoire totale ne sera pas la droite reliant S_p à N_d. Il a intérêt à rallonger un peu le tronçon sur la plage où il court vite pour réduire celui dans l'eau où il nage lentement. Un petit calcul qui ne sera pas fait ici montre que pour minimiser le temps de parcours les sinus des angles φ et θ doivent être inversement proportionnels aux vitesses dans les milieux correspondants :

$$\text{Sin } \theta / \sin \varphi = V_2 / V_1,$$

ce qui détermine de façon unique la trajectoire du sauveteur lorsque les positions S_p et N_d sont connues. Si vous avez oublié ou n'avez jamais eu les connaissances de mathématiques servant à retrouver ce résultat, cela n'a aucune importance, on comprend facilement qu'il y a une position bien déterminée du point O, où le sauveteur se jette à l'eau, qui assure le parcours en temps minimum.

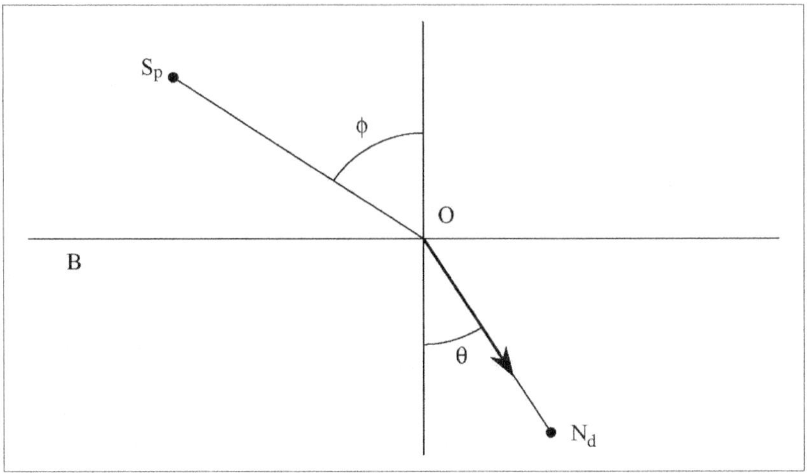

Fig. 12. Parcours d'un sauveteur de plage (qui court plus vite qu'il ne nage) pour rejoindre un nageur en détresse en un temps minimum. (B est le bord de la plage.)

Un autre problème, dont la solution mathématique est exactement la même, est celui de la trajectoire des rayons lumineux avec réfraction à la traversée de l'interface de deux milieux. La figure 13. est la même qui précède avec quelques changements des notations. L'axe horizontal s'appelle I, car il n'est plus la ligne de la plage, mais l'interface de deux milieux transparents qui remplissent les demi-espaces supérieur et inférieur. Les vitesses de propagation de la lumière dans les deux milieux sont V_1 et V_2, comme avant, avec $V_1 > V_2$ (de l'air et de l'eau, par exemple), S_p est devenu S_l (comme « source lumineuse ») et N_d, un œil (très beau, pris du traité d'anatomie de Léonard de Vinci) respectivement. L'œil voit la source lumineuse parce qu'il y a un rayon de lumière allant de S_l à l'œil. Il ne suit une ligne droite que dans chacun des deux milieux, mais se réfracte à la traversée de l'interface en accord avec la « loi de Snell », qui est précisément Sin θ /sin $\varphi = V_2 / V_1$, comme avant.

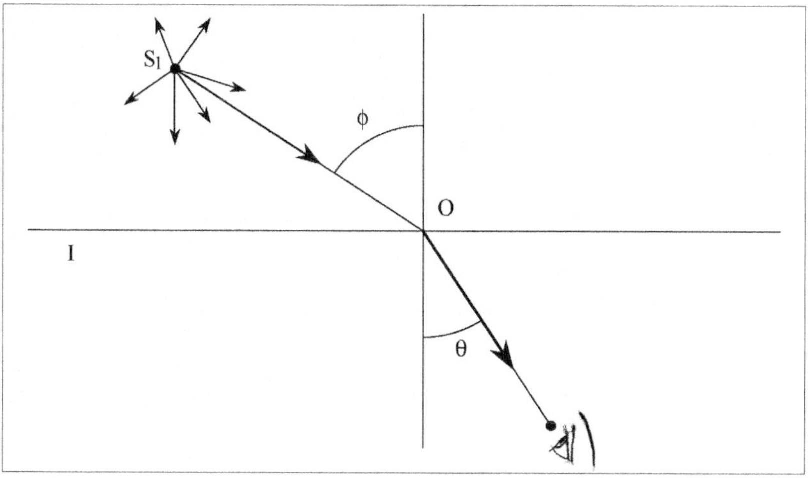

Fig. 13. Trajectoire d'un rayon de lumière entre une source lumineuse et un œil, réfractée à une interface de deux milieux.
La trajectoire est la même que dans le problème du surveillant de plage, mais le rayon ne cherche pas à minimiser le temps de parcours : les rayons partent dans toutes les directions, mais un seul est vu.

Il résulte de ce qui précède que le rayon lumineux qui relie S_1 à l'œil est, parmi tous les chemins possibles entre ces deux points, celui qui met le moins de temps à être parcouru par la lumière. Ceci est une propriété des rayons réfractés, très intéressante et utile en pratique, permettant, par exemple, de trouver la trajectoire des rayons, de deviner en quel sens elle va changer si l'on modifie l'un des milieux, et bien d'autres choses.

Mais *il est entièrement faux que les rayons lumineux (ou la nature) cherchent à minimiser le temps de parcours.* Pourquoi ? N'avait-on pas dit que la solution était la même que celle du problème du surveillant de la plage, qui, manifestement voulait arriver le plus vite possible ?... Il devrait en être de même du rayon lumineux ! C'est vrai que les rayons lumineux n'ont pas l'air de réfléchir beaucoup, mais, après tout, le surveillant de plage non plus, peut-être applique-t-il une consigne et suit-il une trajectoire qu'on lui a apprise... et, au point où l'on en est, ce n'est pas très différent d'un prédateur, qui suit d'instinct la trajectoire de temps minimal... Pourquoi les rayons lumineux n'auraient-ils pas une sorte d'instinct (issu, par exemple, des équations des Maxwell de la propagation des oscillations électromagnétiques, dont fait partie lumière ?) leur commandant de minimiser leur temps de parcours ? Eh bien non. Inutile de se fourvoyer dans des hypothèses plus ou moins hasardeuses : *il y a une raison beaucoup plus simple et contondante* : *Il est faux que le rayon lumineux aille de S_l à l'œil* ; *en fait, il y a des rayons partant de S_l dans tous les sens (je les ai dessinés sur la figure), dont un arrive à l'œil, les autres étant invisibles pour cet œil, mais existant bel et bien (on peut le vérifier en mettant les yeux aux endroits appropriés).*

Là est la différence (et elle est de taille) entre, d'une part, le surveillant de plage (ou le prédateur) et d'autre part, l'essaim de rayons issus de S_l. Non, les rayons lumineux n'ont pas d'instinct, et ne minimisent pas le temps de parcours pour arriver à l'œil. Et *cela n'est pas incompatible avec la propriété (vraie) que le rayon qui est arrivé à l'œil a suivi la trajectoire correspondant au minimum de temps parmi tous les chemins* géométriquement possibles reli*ant la source lumineuse et l'œil.*

On l'a échappé belle ! *On a été à deux doigts de penser que l'optique géométrique relevait du finalisme et que la nature (dans le domaine qui nous occupe) accomplit des desseins* !

Bien entendu, la propriété mentionnée des rayons est précieuse, car elle nous permet de simplifier énormément de problèmes, de dessiner lentilles et jumelles et de *deviner* ce que vont faire les rayons. J'avais déjà utilisé auparavant ce verbe (suspect en science) : je le fais à bon escient, car cela exprime que, dans ce domaine, cette propriété nous permet de faire de la science prédictive, c'est-à-dire, une science très... scientifique (bien plus que la paléontologie, par exemple, qui n'est pas prédictive, ou pas de la même façon). Et *dans la pratique de son travail (dans le domaine de validité de cette propriété), peu importe que le scientifique croie ou non au finalisme, qu'il pense ou non que les rayons cherchent d'instinct le chemin le plus court.* Il peut même arriver que certains raisonnements soient facilités par une telle croyance, ou qu'elle donne au chercheur des idées à explorer en ce qui concerne la conception (finaliste !) de tel instrument optique. *Mais ce serait une grave erreur épistémologique de penser que la cause naturelle de ces phénomènes est la tendance à la minimisation du temps de parcours.*

Le reste de cette section est consacré à des *considérations de même nature pour une classe (assez large) de problèmes de mécanique* ; vous pouvez donc le sauter si vous n'êtes pas particulièrement intéressé.

Il s'agit de la mécanique des systèmes dits holonomes (qu'il me semble inutile de décrire ici). Une erreur épistémologique extrêmement répandue consiste à déduire la mécanique du principe de moindre action (ou de Hamilton [5]). Comme nous allons le voir, elle relève précisément de l'oubli des conditions initiales déterminant le mouvement, d'une façon tout à fait analogue à celle de l'exemple ci-dessus où, en oubliant que les rayons lumineux partent dans tous les sens, on peut imaginer qu'ils cherchent d'instinct le chemin le plus court.

Si vous lancez une pierre, son mouvement est déterminé par la position et la vitesse (en tant que vecteur, avec sa direction) à l'instant où vous l'abandonnez. Une fois qu'elle est partie, vous ne pouvez plus rien, elle suit sa trajectoire sous l'action de la pesanteur et de la résistance que l'air lui oppose. Vous vouliez, par exemple, frapper un tronc d'arbre, et j'espère que la position et la vitesse initiales (ainsi appelle-t-on celles du moment où vous l'abandonnez) ont été adéquates pour frapper l'arbre, ou tout au moins ne pas briser la fenêtre qui se trouve à quelques mètres de l'arbre. Bien entendu, si malheureusement il n'en est pas ainsi, vous serez responsable des dégâts produits. Comme je ne veux pas vous faire un procès d'intention, imaginons par la suite que vous ayez effectivement atteint le tronc d'arbre avec la pierre. Le mouvement de la pierre n'était évidemment pas déterminé par les positions de votre main et du tronc d'arbre, mais par la position de votre main et la vitesse avec laquelle vous l'avez abandonnée. Autre chose est que, en imaginant

5. Il y a plusieurs versions de ce principe, initialement dû à Pierre de Maupertuis (1698-1759). La plus usuelle est celle de William Hamilton (1805-1865).

le mouvement[6] de la pierre, vous l'ayez lancée d'un endroit et avec une vitesse que *vous pensiez* approprié pour atteindre l'arbre. Il en va de même pour un tireur au fusil ; un tireur d'élite sait très bien prévoir le mouvement de la balle pour atteindre la cible, mais celui-ci n'est pas déterminé par les positions du tireur et de la cible, mais par la position du tireur et la direction dans laquelle il vise (direction de la vitesse initiale, le module de cette vitesse étant donné par les propriétés de la cartouche) ; si le mouvement était déterminé par les positions du tireur et de la cible, il n'y aurait pas de tireurs d'élite, ou, plus exactement, tout le monde serait tireur d'élite, ce qui revient au même.

Pourquoi ai-je insisté tellement sur ces trivialités ? C'est qu'il faut les avoir bien présentes à l'esprit pour comprendre la vraie nature de la causalité en mécanique (du point de vue des systèmes holonomes).

La position (ou configuration) du système est déterminée par n nombres appelés paramètres de configuration. Par exemple, pour un point en mouvement sur un plan, on a n = 2, les paramètres étant les deux coordonnées du point. Le mouvement est défini par ces paramètres, qui sont des fonctions du temps ; cela signifie de façon précise que lorsque celles-ci sont connues, les paramètres prennent des valeurs connues à chaque instant et la configuration est connue à chaque instant. Étudier le mouvement consiste à trouver ces fonctions.

L'état de mouvement du système à un certain instant est déterminé par les positions et les vitesses des éléments du système, en fait, par les valeurs à cet instant des paramètres et de leurs dérivées par rapport au temps. Pour exprimer cela, on construit traditionnellement « l'espace des phases », de dimension 2n, dont les coordonnées sont les paramètres et leurs dérivées du premier ordre. Pour étudier le mouvement, on utilise les « équations du mouvement » ; elles peuvent être écrites sous des formes diverses, le plus souvent ce sont les « équations de Lagrange », qui forment un système

6. Les modèles mentaux sont commentés au chapitre V, section IV.

de n équations différentielles du second ordre (cela signifie qu'elles contiennent les paramètres et leurs dérivées du premier et deuxième ordre). Elles déterminent de façon unique le mouvement du système mécanique lorsque les positions et vitesses initiales sont données.

Ce point est très important : Les équations de Lagrange tiennent compte de la structure du système et des actions (forces) exercées sur lui, mais pour déterminer le mouvement, il faut (et il suffit de) connaître à l'instant initial (ou un autre équivalent) les positions et les vitesses des points du système (c'est-à-dire, les valeurs des paramètres et leurs dérivées, ou encore la position dans l'espace des phases du système). Vous pouvez vous reporter aux exemples du lancer de pierre ou du tir au fusil en tant qu'exemples.

Le mouvement ainsi déterminé jouit d'une remarquable propriété, le « Principe de Hamilton ». Si en partant de la position P_0 à l'instant t_0, il arrive à la position P_1 à l'instant t_1, la trajectoire suivie (paramètres comme fonctions du temps) réalise le minimum d'une certaine intégrale entre t_0 et t_1 dite « action » ou « intégrale d'action » parmi toutes les trajectoires possibles reliant P_0 à l'instant t_0 et P_1 à l'instant t_1. C'est tout à fait analogue au rayon lumineux qui minimise le temps de parcours entre la source lumineuse et l'œil.

Cette propriété est extrêmement utile : on peut, par exemple, trouver la trajectoire (il y a des exceptions) une fois P_0 et P_1 connus. On peut également trouver les équations de Lagrange à partir du principe de Hamilton. Ce dernier point est extrêmement commode dans la pratique, car il permet de déduire les équations du mouvement d'un principe simple et faisant intervenir une seule fonction (le lagrangien) contenant uniquement des dérivées premières. Cette propriété s'appelle d'ailleurs « principe » pour cette raison. C'est l'exact analogue du fait que, dans le problème des rayons lumineux, chaque tronçon de rayon est un segment de droite (la droite étant le plus court chemin entre deux points, donc de temps minimal, tant qu'il est parcouru avec une vitesse constante).

Mais il est absurde de penser que la mécanique puisse être réduite au principe de Hamilton et à ses conséquences, ou que la nature cherche à minimiser l'action entre les positions initiale et finale du système.

Penser cela équivaut à oublier le rôle des vitesses initiales, qui, nous l'avons vu, déterminent, avec les positions initiales, le mouvement. Autrement dit, parmi les conditions déterminant le mouvement (positions et vitesses initiales), la prise en considération exclusive du principe de Hamilton opère un remplacement illégitime des vitesses initiales par les positions finales.

Pourquoi ce remplacement est-il illégitime ? Pour plusieurs raisons. Sur le plan épistémologique, en se référant à l'exemple du jet de pierre, penser que le mouvement est déterminé par votre position et celle du tronc d'arbre, au lieu de par votre position et la vitesse et direction du lancer, est saugrenu. Bien entendu, au cas (que je ne vous souhaite pas) où vous rateriez l'arbre et casseriez une fenêtre, vous seriez sanctionné pour avoir jeté la pierre dans cette direction-là (et non pas la fenêtre pour avoir été la position finale de la trajectoire de la pierre).

Bien entendu, sur le plan strictement physique, vouloir tout déduire du principe de Hamilton est également absurde, car il y a bien des cas (les exceptions près mentionnées plus haut) où le mouvement n'est pas déterminé par les positions initiale et finale. Un exemple en est le mouvement d'un point matériel sans frottement sur une sphère et sans forces extérieures appliquées, qui suit (d'après le principe de Hamilton) une trajectoire donnée par la courbe de longueur minimum (cercle maximum) entre les positions de départ et d'arrivée. Si ces deux points sont diamétralement opposés (comme les pôles Nord et Sud), cette propriété ne détermine pas la solution (il y a tous les demi-méridiens).

Il va sans dire que, *comme dans le cas des rayons lumineux, rien n'empêche de se servir de la propriété de minimisation donnée par le principe de Hamilton pour obtenir les équations du mouvement et bien d'autres propriétés, mais il faut être conscient que la causalité physique du mouvement n'est pas donnée par ce principe.*

III. L'ADN. STABILITÉ ET RÉPLICATION

Tout le monde connaît l'ADN, le support de l'hérédité, l'une des pièces fondamentales du vivant, avec sa structure en double hélice, inattendue et élégante. C'est la fabuleuse découverte de F. Crick (1916-2004) et J.-D. Watson (né en 1928) en 1953. Elle possède des propriétés fabuleuses, comme la capacité de réparation de ses propres défauts, et, surtout, la possibilité de se reproduire à l'identique pour toutes les cellules d'un même organisme à partir d'une cellule initiale. Cela ne ressemble à rien. On dirait que la double hélice est elle-même presque vivante. Si l'on a une vision transcendante du vivant, voilà de quoi être comblé. C'est quelque chose d'insolite, d'unique, constituant l'une des pièces-clés (sinon la pièce-clé) de la vie.

Je vais m'employer ci-dessous à vous montrer comment *ces propriétés sont tout à fait naturelles, découlant de caractéristiques extrêmement simples et de raisonnements facilement compréhensibles.* Je compte faire cela, rassurez-vous, sans chimie, sans biologie, juste avec quelques propriétés très simples (chimiques, certes !) des composants en jeu. Non que je prétende que ces propriétés ne soient pas fabuleuses, elles le sont. Ce que je voudrais montrer est que *cela découle le plus naturellement du monde de la chimie, qu'il n'y a pas lieu de dire que la double hélice « est elle-même presque vivante »*, ni qu'elle co*ntienne « plus de transcendance »* que n'importe quelle autre molécule. Mais vous avez, comme moi d'ailleurs, toute latitude de vous émerveiller : *c'est le propre des sciences de faire comprendre, d'enchâsser les causalités, pas de supprimer les émotions.*

« Insolite et unique » disais-je ? *Insolite, peut-être* ; *unique, certainement pas !* La double hélice, l'ADN, s'écrivent au singulier, il n'y a pas d'inconvénient si l'on sait de quoi l'on parle, mais justement, il y en a beaucoup. C'est comme lorsqu'on dit « le rectangle », dont il y en a beaucoup, allongés, presque carrés et même exactement carrés. *Des molécules d'ADN, il en existe une* énorme *diversité*, une pour chaque être vivant, non pas pour chaque espèce, mais bel et bien pour chaque individu, une pour Crick et une autre pour Watson, et ensuite, toutes celles de Crick et toutes celles de Watson sont exactement égales entre elles. Pourquoi expliquer cela, que tout le monde sait ? Justement c'est cela qu'on utilise pour effectuer les expertises génétiques dont on parle tous les jours à la télé. Eh bien, il est utile de bien se rendre compte que *l'ADN n'a rien d'unique, il y en a énormément.* Ce n'est pas comme l'eau, avec sa formule unique H_2O, c'est plutôt comme les hydrocarbures, dont il y a une grande variété, si bien que, lorsqu'on en parle, on les écrit au pluriel (pourquoi on ne dit pas « les ADN » et « l'hydrocarbure » ?). C'est un premier point pour comprendre que *les propriétés de l'ADN (des ADN) sont génériques, partagées par beaucoup de molécules différentes* ; *raisonnablement, on peut imaginer qu'elles découlent de raisons compréhensibles et accessibles à l'expérimentation.*

Pour continuer, il est nécessaire de décrire un peu l'ADN (les ADN) et certaines propriétés de ses (leurs) composants. Il y a bien quelques noms compliqués, mais on peut comprendre sans savoir exactement ce que c'est. L'ADN est une molécule extrêmement longue, formée de deux brins dont chacun est une chaîne de polynucléotides enroulée en spirale. La composition de chaque chaîne est extrêmement variée, et c'est en cela qu'elle contient l'information.

Chaque nucléotide se compose d'un pentose-phosphate et d'une base azotée. Les deux squelettes des brins sont formés de pentose-phosphate et les bases azotées se font face à l'intérieur de l'hélice. Ces bases azotées, une de chaque brin, sont appariées par deux liaisons hydrogène. Ce type de liaison chimique est extrêmement faible et consiste en l'appariement par excès/carence (excès d'un atome d'hydrogène d'un côté, manque de l'autre). La conséquence immédiate est que les deux brins sont très faiblement attachés l'un à l'autre, et donc facilement séparables. Mais quand un brin est isolé, toutes ses bases azotées ont des atomes d'hydrogène en moins ou en trop, et sont avides de faire une petite réaction chimique pour combler les trous ou évacuer les excès (« sont avides » est peut-être un peu excessif, puisque les liaisons hydrogène sont faibles, disons plutôt « sont prêtes à »).

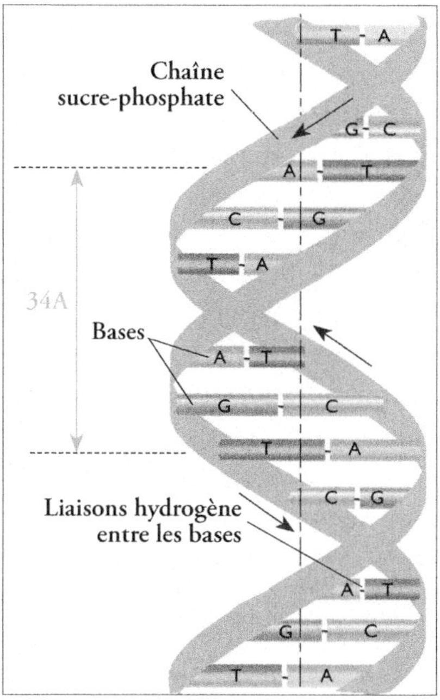

Fig. 14. Molécule d'ADN.
L'information y est contenue deux fois, chacun des brins est différent de l'autre mais porte, par complémentarité, la même information.
Si l'on supprime un brin (ou une partie), des réactions chimiques déclenchées par excès ou carence d'ions le reproduisent.

Un point très important est qu'il y a quatre types de ces bases azotées, que l'on désigne par les noms, peu évocateurs pour les profanes, d'adénine (A), cytosine (C), guanine (G) et thymine (T). Un examen de la structure de leurs molécules montre que la complémentarité entre elles a lieu seulement entre A et T et entre C et G. Il en résulte que, si l'on a un des brins, on connaît automatiquement l'autre. Non seulement une molécule d'ADN porte de l'information, mais elle la porte deux fois, le « message informatique » étant chiffré sous deux formes différentes mais équivalentes (on peut passer de l'une à l'autre de façon automatique). Sur la figure, le message est donné par la suite T, C, T, G, A, A, G… de l'un des brins, qui se transcrit automatiquement, d'après la règle de complémentarité ci-dessus, en A, G, A, C, T, T, C… pour l'autre brin, comme vous pouvez le vérifier sur la figure.

Cela ressemble-t-il à quelque chose de connu ? À ma connaissance, cela ressemble à quelque chose de pas très connu, mais qui peut se faire aisément. Si l'on a un objet de grande valeur mais fragile, mettons une statuette, on peut la reproduire à l'aide d'un moule. Avec la statuette on fabrique un moule, et avec le moule on peut refaire la statuette. Vous pouvez laisser la statuette à la maison, partir en voyage avec le moule et, arrivé à destination, reproduire fidèlement la statuette. Mais si le moule est détérioré pendant le voyage, vous fabriquerez à l'arrivée une statuette détériorée. Tout n'est pas perdu, vous avez toujours l'original intact à la maison, mais vous avez raté votre coup, exhiber la statuette à des amis éloignés, par exemple.

On peut aussi fabriquer un moule et emporter en voyage la statuette et son moule. Les avantages ne sont pas négligeables. Bien entendu, vous pouvez être victime d'un accident important qui réduise en poussière et la statuette et son moule (il est clair qu'on n'est jamais à l'abri d'une vraie catastrophe). Mais pour ce qu'on pourrait appeler des détériorations de routine (y compris les cas où tous les deux sont cassés, mais à des endroits différents), vous êtes à couvert. Si, pendant le voyage, la statuette ou le moule sont détériorés (ou même les deux, à des endroits différents), vous les réparerez facilement à l'aide de la pièce intacte. Qui plus est, en arrivant, vous pouvez donner à vos amis indifféremment la statuette ou le moule et chacun peut reproduire la pièce qui lui manque ; ensuite, chacun se trouvera dans votre situation initiale, possesseur d'une statuette et d'un moule, et vous pouvez, l'un et l'autre, recommencer, propageant les couples statuette/moule à vos amis et connaissances.

C'est exactement ainsi que fonctionne l'ADN. Les deux brins de l'hélice se comportent, l'un comme la statuette, l'autre comme son moule. Quand l'un des brins se trouve tout seul, il fabrique automatiquement l'autre dès que les matériaux sont à sa disposition : je vous avais dit que les bases azotées séparées de leurs partenaires étaient « avides de » ou plutôt « prêtes à » s'apparier dès que possible. *Chez l'ADN, la statuette et son moule n'ont pas besoin de vous, ils fabriquent chacun son partenaire dès que les matériaux chimiques se trouvent à proximité.* Naturellement, il en va de même pour la réparation des défauts, sauf s'ils se produisent au même endroit des deux brins (la vraie catastrophe).

Voilà comment les propriétés d'autoréparation et de réplication à l'identique de l'ADN, apparemment presque intentionnelles (je dirais que la double hélice est elle-même presque vivante), résultent de propriétés chimiques très simples, n'impliquant *pas plus de finalisme qu'une combustion.*

On pourra objecter que tout cela n'est possible que grâce à la structure extrêmement complexe et particulière de la molécule d'ADN, et que, en fait, c'est dans la construction de cette structure que se cache le finalisme, ou peut-être même le « principe vital ». Il apparaît néanmoins que *cela relève de propriétés thermodynamiques (et encore chimiques) très générales.* Bien entendu, c'est cette généralité qui permet l'existence des multiples ADN, un pour chaque spécimen vivant, et cela n'épuise pas les possibilités (il est peu probable que lors de la prochaine génération humaine on ait un bébé avec le même ADN que, mettons, Cléopâtre). À ce propos, je me limiterai ici à reproduire quelques lignes du biologiste Antoine Danchin [7] dans une préface au livre d'Erwin Schrödinger (1887-1961) « Qu'est-ce que la vie ? [8] » :

> En fait, on sait aujourd'hui que c'est grâce au deuxième principe de la thermodynamique, qui impose une augmentation spontanée de l'entropie de tout système matériel, que se créent bien des formes majeures des macromolécules qui définissent la vie. La double hélice, par exemple, prend cette forme désormais symbolique, parce que la chaîne moléculaire qui la constitue est contrainte par le deuxième principe. En effet, dans l'eau, où se font sentir des interactions entre molécules jusque sur de très longues distances, la présence de molécules étrangères tend à restreindre le nombre des états possibles que peuvent prendre de nombreuses molécules d'eau, ce qui est contraire au deuxième principe. L'augmentation d'entropie du mélange tend à donner le plus de place possible aux molécules d'eau, en imposant une conformation particulière aux molécules étrangères.

Il y a aussi lieu de signaler que cette constitution de la double hélice, résultant comme nous venons de le voir de propriétés

7. On lira aussi avec profit un article du même auteur, où il passe en revue une diversité d'hypothèses sur l'origine de la vie : Danchin [1998].

8. Schrödinger [1944], p. 23-24 de l'édition Christian Bourgois 1986.

thermodynamiques, s'inscrit tout naturellement dans le cadre de l'un des principes généraux de la dialectique, celui qui stipule que « la contradiction est une force créatrice » (voir chapitre VII, section VIII.3) ». En effet, « contradiction » doit se comprendre au sens de « tendances antagoniques » ; dans le cas de la double hélice, l'avidité de chaque base azotée à former un couple avec sa partenaire n'est nullement symétrique. Si, d'un côté, il y a un atome d'hydrogène en trop, la tendance est à entrer en réaction chimique avec une base ayant un atome d'hydrogène en moins, et vice-versa. C'est pour cela que les deux brins n'ont pas la même structure, ils ne sont pas égaux mais complémentaires, comme une statuette et son moule. Cette complémentarité engendre les propriétés d'autoréparation et de réplication qui font des molécules d'ADN des objets aussi remarquables. À ce point de vue, la double hélice s'apparente d'autres objets cités dans ce livre, à savoir la lampe triode et les ondes électromagnétiques[9]. Dans ces deux exemples, le temps jouait un rôle majeur, les « tendances antagoniques » se soldant par une évolution temporelle qui constituait la nouvelle entité. Rien d'analogue ici ; s'il y a quelque chose qui ressemble au temps, c'est l'axe de l'hélice, entité spatiale.

Avant d'abandonner ce sujet, je voudrais faire deux petites remarques. La première, c'est de rappeler que la réplication (à l'identique) d'une molécule d'ADN intervient en particulier lors de la multiplication des cellules à partir de l'œuf fécondé (mitose) ; elle est distincte de la reproduction (par exemple sexuée) conduisant à l'œuf fécondé, où, bien entendu, les molécules d'ADN jouent un rôle très important, mettant en œuvre d'autres propriétés (méiose). *Le propre des sciences consiste en ce que, quoi qu'on ait compris, il reste toujours des choses à comprendre, en particulier les relations et les implications de ce que l'on vient de comprendre.* La deuxième remarque, c'est qu'il n'y a rien à regretter à « comprendre » un phénomène merveilleux, fabuleux voire insolite. Comprendre ne fait qu'ajouter de la beauté et de l'émotion à travers les relations avec d'autres phénomènes.

---

9. Chapitre VI, section II.2. et chapitre I, section II, respectivement.

IV. PENSÉE SCIENTIFIQUE ET PENSÉE MAGIQUE. NAPOLÉON A-T-IL POSSÉDÉ LA BOUTEILLE DIABOLIQUE ?

La Bouteille diabolique est un très amusant petit roman de Stevenson, en fait une variante du mythe de Faust. Il y avait une bouteille, impossible à ouvrir, qui jouissait de la merveilleuse propriété d'exaucer les vœux de son possesseur. Elle ne pouvait être offerte ni héritée, seulement vendue, le prix de chaque vente devant être inférieur à celui de la précédente. Si quelqu'un mourait en possession de la bouteille, il irait en enfer pour l'éternité. Certains assuraient qu'en regardant la bouteille avec un fort éclairage derrière, on pouvait apercevoir à l'intérieur une minuscule forme diabolique, ce qui rendait tout à fait vraisemblable le sinistre présage…

Dans le passé, le prix de la bouteille avait été astronomique, à la mesure de ses merveilleux dons. Au temps du récit de Stevenson (l'action a lieu au XIXe siècle, dans les Antilles britanniques), ce prix était à la portée de toutes les bourses, et même dérisoire : le principal souci des acheteurs potentiels consistait à s'assurer de la possibilité d'une vente après l'obtention des bienfaits souhaités ; mais la plus petite pièce, le penny, était indivisible… La bouteille émigre alors aux Antilles françaises, où le sou avait moins de valeur que le penny… Finalement, cela finit très bien : la bouteille est achetée pour un sou par un truand fort clairvoyant, préalablement assuré d'une confortable retraite en enfer…

Il est remarquable que Stevenson, en bon romancier, a fourni certains détails rendant plausible et même vraisemblable le récit. Il nous dit, par exemple, que la bouteille avait appartenu à César et à Napoléon. Je me suis demandé si une telle hypothèse était compatible avec la réalité et rendait l'histoire plus compréhensible.

J'ai d'abord cherché à quels moments Napoléon aurait pu acquérir et revendre la bouteille. Il m'a semblé évident que l'Empereur ne la possédait plus lors de la retraite de Russie. Le moment de l'achat ne m'apparaissait pas clairement, tant les événements positifs se sont échelonnés dans la vie romanesque de Bonaparte. En me basant sur ses victoires militaires, il m'a semblé naturel de situer l'acquisition de la bouteille lors de la campagne d'Italie. Voici quelques éléments qui cadrent bien avec cette hypothèse : une suite de victoires militaires fulgurantes entraînant une irrésistible ascension politique. En y regardant de plus près, j'ai estimé que l'achat a dû intervenir bien avant Rivoli, probablement à Lodi ou Arcole, victoires relativement modestes mais inattendues qui ont été le détonateur du mythe de Bonaparte. Et en y réfléchissant, une idée s'est imposée comme une évidence : Bonaparte a acquis la bouteille juste avant la bataille d'Arcole (15 novembre 1796), où une balle autrichienne qui lui était manifestement destinée a tué Jean-Baptiste Muiron, qui s'était interposé pour protéger son général. Cet événement ne porte-t-il pas le sceau sans équivoque d'une intervention transcendante ? Une fraction de seconde, quelques centimètres de plus ou de moins et il n'y aurait pas eu d'Empereur, ni d'Austerlitz, ni de retraite de Russie !

Ce point étant acquis, j'ai aussi voulu situer avec autant de précision le moment de la vente de la bouteille. L'estimation la plus vraisemblable était après la bataille de la Moskova (7 spetembre 1812) et avant le passage de la Bérézina (26 novembre 1812). Cela cadre bien avec le déroulement des événements, après la dernière grande victoire et avant le premier grand désastre.

Quoique... la dernière grande victoire ? Ce n'est pas si sûr. La bataille de la Moskova est considérée en France comme une victoire, alors qu'en Russie, elle s'appelle bataille de Borodino et elle est considérée comme une victoire... russe. À y regarder de plus près, on voit qu'elle est une victoire ou une défaite suivant les critères utilisés pour l'évaluer. Avec les critères classiques, c'est indiscutablement une victoire française. L'armée russe y a eu deux fois plus de pertes que l'armée française, et celle-ci a conservé sa liberté de mouvement, sans plus être inquiétée par la présence d'une menace crédible. Mais la campagne de Russie n'était pas une campagne classique. Cette victoire n'a pas conduit à un traité de paix (un de plus) entre Napoléon et Alexandre, et l'armée française ne savait que faire de sa liberté de mouvement, car la victoire était purement militaire. Moscou a été incendié pour ne pas se soumettre, vidant la conquête de sa substance. Il ne restait plus qu'à plier bagages.

C'est alors qu'est apparu le vrai sens de la bataille de Borodino. Les Russes s'y sont fait tuer sur place, ne se retirant qu'après avoir infligé à la Grande Armée des pertes telles que, loin de ses bases, elle n'était pas en mesure de les combler. L'armée française devient une masse de blessés, éclopés et affamés qui bat pitoyablement en retraite sur la steppe immense pour sa survie. Nul besoin d'une puissante armée russe pour la battre. L'approche de l'hiver et le harcèlement des partisans suffisent largement. Le passage de la Bérézina sous le feu de ceux-ci n'est que l'image paradigmatique d'un désastre monumental déclenché bien avant.

Alors, quand Napoléon a-t-il vendu la bouteille diabolique ? Après ou avant la bataille de la Moskova ? Et à qui ? Au tsar Alexandre, ou peut-être au maréchal Koutousov ?... Impossible, Napoléon était tout sauf un fou suicidaire. Mais il y a d'autres possibilités. Par exemple, il aurait pu la vendre à un quelconque riche marchand qui, ayant rapidement obtenu l'avantage escompté de sa possession (un renversement d'attitude dans quelque histoire d'amour), l'aurait vendu à son tour à Koutousov. Cela expliquerait l'immense gloire de celui-ci après une suite ininterrompue de défaites. Koutousov avait toujours maintenu, contre l'opinion générale, que Borodino était une victoire. Quelques mois après, la retraite des Français lui donnait raison.

Cela s'explique facilement dans l'hypothèse d'une acquisition de la bouteille par Koutousov juste avant la bataille : en possession du talisman, Koutousov *savait*, contre toute évidence, que Borodino était une victoire. Et puis, une défaite qui devient une victoire, ne porte-t-elle, pas l'empreinte de la transcendance ?

Il est donc clair qu'un certain nombre de faits surprenants deviennent parfaitement vraisemblables dans l'hypothèse de la possession par Napoléon de la bouteille diabolique depuis la bataille d'Arcole (comprise) jusqu'à celle de la Moskova (non comprise). Voyons si le schéma que nous venons de brosser est perfectible.

Non, tout compte fait, c'est purement spéculatif. Comment Napoléon, qui n'était certainement pas idiot, aurait-il vendu la bouteille après maint danger, à un moment où le succès politique n'était pas acquis ? On peut argumenter qu'il devait bien s'en débarrasser à un moment ou à un autre, mais il y a des incohérences bien plus sérieuses : s'il était en possession de la bouteille, pourquoi ne lui a-t-il pas demandé le fils légitime qu'il souhaitait tant, au lieu d'enclencher, en désespoir de cause, un divorce et un nouveau mariage ? Ou, en restant sur le terrain militaire, pourquoi n'a-t-il pas envahi l'Angleterre en 1804, alors que tout était prêt ? Il aurait pu demander à la bouteille un petit dysfonctionnement dans les renseignements de la Royal Navy afin de débarquer sans problème ; il a eu à la place la tempête sur la Manche du 20 juillet 1804, qui a ruiné ses rêves de l'emporter sur son véritable ennemi, la Grande-Bretagne.

La bouteille diabolique est une nouvelle très amusante, pas un outil pour interpréter l'histoire. *Le propre des interprétations scientifiques est de s'incliner devant les faits nouveaux et la cohérence logique. Elles sont évolutives et perfectibles, parfois malheureusement tout simplement fausses. Ce sont justement leurs imperfections qui engendrent l'esprit de recherche, l'esprit des Lumières. Les interprétations magiques, mythologiques et holistiques peuvent être séduisantes, complètes et achevées, pas perfectibles.*

L'exercice de fiction causale auquel je viens de me livrer à propos de Napoléon montre qu'il est souvent possible, à partir de certains faits, d'en construire une explication causale *ad hoc*, *parfaitement cohérente avec ces faits*. Le caractère arbitraire et subjectif de ces explications n'apparaît qu'à *l'épreuve objective d'autres faits*, qui mettent en évidence leur manque de généralité et surtout de pouvoir prédictif. Parfois, malheureusement, des dogmatismes entachent l'activité scientifique, la détournant de sa vraie nature, qui est critique et autocritique : *ce sont les imperfections de la science d'aujourd'hui qui constituent sa vitalité en nous donnant l'assurance d'une évolution fructueuse.*

V

Cerveau et pensée

Ce chapitre a un caractère descriptif, relevant principalement de la vulgarisation, mais les parties sur la pensée dans les sciences et ses rapports avec la psychologie de la forme (*Gestalt*) peuvent présenter une certaine originalité. Il est consacré à une description de nos connaissances, issues des sciences cognitives, du fonctionnement du cerveau humain. L'accent est mis sur le caractère inconscient de la plupart de nos activités mentales et sur le problème du sens, mis en rapport avec la psychologie de la forme. Le chapitre se termine par une description de l'activité cognitive dans la recherche scientifique.

I. LE CERVEAU ET L'ORDINATEUR

Dans les années 1950, lors de la période héroïque des premiers ordinateurs, on les comparait volontiers à un cerveau ; dans l'euphorie du nouveau champ ouvert aux techniques, on les nommait parfois des « cerveaux électroniques ». On savait bien qu'ils ne pensaient pas, mais certains imaginaient que la construction de « robots pensants » était tout à fait possible, et des prophètes imprudents prédisaient leur arrivée dans une quinzaine d'années.

Le moment venu, les chercheurs ont sagement oublié ces prophéties, ils avaient mieux à faire, engagés dans ce qu'on appelait « l'intelligence artificielle ». C'était un peu plus modeste, mais le contenu était d'une naïveté qui nous étonne aujourd'hui. Cela se réduisait à élaborer des banques de données avec les outils informatiques permettant leur gestion, qui mettaient en œuvre des opérateurs logiques du type « si oui, alors A, si non, alors B ». Il y eut ensuite le temps de la « conception assistée par ordinateur » : voilà que l'ordinateur redevenait, dans le langage courant, un « assistant » du concepteur. On ne parle plus de robots pensants ; mais on commence à nous faire miroiter des « robots émotifs » pour les années 2030.

Que s'est-il passé ? Nous a-t-on bernés pour faire valoir la puissance de la science informatique et l'utilité d'obtenir des moyens financiers pour son développement ? C'est certain, mais c'était prévisible ; on sait bien que le bon prophète est celui qui ne révèle pas la date d'accomplissement de sa prophétie. Par ailleurs, la poudre aux yeux est l'une des armes les plus banales de la politique, scientifique ou pas. Mais il n'y a pas que cela.

Chaque fois que nous avons voulu copier quelque chose qui existait dans la nature, nous avons fait, au mieux, des caricatures, au pire, de véritables monstres. Au début du XXe siècle, ce fut le tour des oiseaux ; on a fait des avions. Seules les lois de l'aérodynamique sont les mêmes pour les oiseaux et les avions. Pour le reste, les oiseaux sont des enfants ou des petits-enfants de la cellule, et les avions des enfants ou petits-enfants de la roue. De nos jours, nous exigeons de nos avions qu'ils nous transportent en sécurité sur de longues distances, mais nous ne leur demandons pas d'en faire d'autres en pondant des œufs, ni de migrer. Nous ne cherchons plus à copier les oiseaux.

Il est donc normal que les ordinateurs et logiciels ne soient qu'au mieux, des caricatures, au pire, de véritables monstres par rapport au cerveau. Oui, sans doute, mais il n'y a pas que cela. Dans les années 1950, il était très naïf de vouloir faire des cerveaux électroniques ou des robots pensants tout simplement parce qu'on ne savait pas du tout ce qu'était un cerveau ou une pensée. Cette affirmation est toujours valable, mais nous avons fait des avancées formidables, grâce aux progrès de la biologie, des instruments de mesure et… de l'informatique. On a progressé dans la manipulation de la logique formelle et des banques de données ; pour ce qui touche à la véritable intelligence, on a compris que c'était autre chose. Admettez quand même qu'on pourrait dire à peu près la même chose des oiseaux, ne serait-ce que parce que les oiseaux ont… un cerveau.

Oui, lorsqu'on dit « cerveau », la plupart d'entre nous pensons à un cerveau humain, certainement bien plus compliqué que celui d'un oiseau, mais même celui-ci nous est largement inconnu. Nous savons toutefois que le cerveau (ou plus largement le système nerveux) de l'oiseau lui sert… à voler. En effet, ne pensez surtout pas que l'oiseau vole grâce à ses plumes, ses ailes et les muscles qui les actionnent ; tout cela doit être coordonné, et actionné au bon moment, ce qui implique d'apprendre à le coordonner et actionner, et surtout, *au bon moment,* pour faire un nid, échapper aux prédateurs, se nourrir,… Les avions ne font pas cela, et nous en savons très peu là-dessus. Encore moins du cerveau humain, sauf qu'il ressemble, en plus complexe, à celui des autres animaux. Notamment le cerveau des singes supérieurs est très semblable au nôtre, et en un certain sens, nous le connaissons mieux, car certaines expériences pratiquées sur des singes, ne sont pas admissibles chez l'homme.

Le débat historique sur « l'inné » et « l'acquis » est toujours d'actualité, mais dans un cadre entièrement différent du traditionnel. Sous sa forme historique, il relève d'une interprétation du cerveau analogue justement à celle d'un ordinateur. Lorsqu'on achète un ordinateur, on a la carcasse matérielle (*hardware*), on peut y mettre divers logiciels (*software*), en fonction desquels l'ordinateur pourra effectuer certaines tâches ou d'autres. L'ordinateur est l'inné et les logiciels l'acquis [1]. Or, *cela ne correspond nullement à nos connaissances actuelles sur le cerveau.*

Le cerveau humain est formé de quelque cent milliards de neurones. Chacun est connecté avec un grand nombre d'autres neurones, à l'aide de ses quelque 30 000 synapses, ce qui donne un nombre absolument astronomique de connexions dont dépend, bien entendu, l'identité du cerveau.

Or, il est impossible de définir ces connexions à partir des instructions génétiques contenues dans la séquence ADN de l'individu. Autrement dit, *une fois l'individu génétiquement défini (lors*

1. Le fait que dans la pratique, un certain nombre de logiciels soient vendus automatiquement avec l'ordinateur ne change rien au fond, puisqu'ils sont amovibles.

de sa conception), son cerveau, en tant que tel, n'est pas défini. Les connexions neuronales et la structure arborescente du réseau neuronal se mettent en place depuis (et même avant) la naissance, pendant deux ans environ, puis plus lentement, jusqu'à vingt ans, et même toute la vie. Et il n'y a pas que les connexions, les neurones eux-mêmes se renouvellent[2]. Cela signifie que *le réseau se met en place en même temps que les fonctions cognitives.* On peut dire que l'usine se construit alors qu'elle fonctionne déjà. Le plus important est qu'elle ne fonctionne pas avec la partie déjà faite, mais que *le fonctionnement contribue de façon essentielle à la construction de l'usine.*

Cela concerne (parmi d'autres) le phénomène de *l'imprégnation*[3]. Sous sa forme la plus simple et caractéristique, il s'agit d'une extraordinaire susceptibilité des canetons pendant un moment précis de leur développement, entre la treizième et la seizième heure après la sortie de l'œuf. Pendant ce temps, ils s'attachent à tout objet mouvant présent dans leur champ visuel, généralement leur mère, mais il arrive que ce soit un autre animal, ou un tracteur. L'objet en question devient une entité sécurisante qui permet pour longtemps la poursuite des développements aussi bien biologiques que comportementaux, alors que l'absence de cette présence inhibe les nouvelles acquisitions et provoque des troubles biologiques. La période d'imprégnation se caractérise par un pic de sécrétion d'acétylcholine, un neuromédiateur de la mémoire.

Sous des formes plus complexes, l'imprégnation est présente partout dans le monde vivant. Chez les insectes et poissons, l'attirance préférentielle peut se porter vers une odeur, une couleur ou une forme géométrique. Chez les mammifères, l'objet qui s'imprègne

2. Ce point, parfaitement établi et admis de nos jours, ne s'est pas imposé facilement. Pendant longtemps, il y a eu un « dogme » bien ancré dans les mentalités, celui de la constance du nombre de neurones chez l'adulte. L'histoire du déboulonnage de ce « dogme » est remarquable : sa première mise en défaut (dans les années 1960-1980 chez le rat) avait suscité très peu d'intérêt et était considérée comme une anomalie marginale. Plus tard, c'est au cours de recherches sur le chant d'oiseaux qu'il a été définitivement aboli. On pourra lire à ce propos Le Douarin [2007], p. 231-244.

3. Voir, par exemple, Cyrulnik [2006], p. 104-105.

laisse une trace polysensorielle dans la mémoire intime. *En présence de cet objet, le monde est source d'explorations excitantes, alors qu'en son absence, il est perçu comme dangereux, ce qui entraîne angoisse et inhibition de l'apprentissage.* L'objet d'imprégnation constitue une base sécurisante pour prendre son propre élan. Ce schéma est général, seule la mise en œuvre dépend des espèces. Dans tous les cas, le phénomène d'empreinte (parmi d'autres) fait partie de la construction du modèle mental du monde extérieur, construction emboîtée et ordonnancée dans le temps [4].

Il importe de savoir que, *plus les animaux sont évolués, plus la partie non génétique (épigénétique) est importante par rapport à la partie génétique* dans la définition de chaque individu. Tout le monde sait que, à la naissance, un bébé humain est bien plus dépendant de ses parents que ne le sont les bébés animaux. La conséquence en est que les animaux dits inférieurs sont beaucoup plus programmés génétiquement que les animaux évolués et, surtout, que l'homme. Chez nous, la génétique ne détermine nullement les capacités intellectuelles. On sait bien que les « enfants loups », élevés dans la nature et intégrés plus tard dans la société, n'arrivent jamais à parler ; en effet, les cas d'adoption d'enfants par des louves ont été nombreux, en particulier en Inde. Le plus fameux est Mowgli, personnage du *Livre de la jungle* (1894) de Rudyard Kipling (1865-1936), dont l'histoire est enjolivée, mais basée sur des faits réels [5].

La *plasticité cérébrale* est la capacité du cerveau à remodeler ses connexions synaptiques entre neurones. Il s'agit de modifications structurelles et non des états de fonctionnement du cerveau. La plasticité résulte de l'apprentissage et de la mémoire, mais également de l'adaptation à la suite de lésions cérébrales. Tout le monde sait que l'apprentissage d'une langue ou d'un instrument de musique est bien plus aisé pendant l'enfance, lors de la mise en place de

---

4. Berthoz, *La simplexité*, Odile Jacob, 2009, p. 85.

5. Il y a aussi une légende d'un empereur chinois (ou autre) qui avait fait élever des enfants sans leur adresser la parole, pour voir quelle langue ils parleraient de façon naturelle. Ils n'ont jamais parlé.

la structure, quand celle-ci est malléable ; plus tard, l'apprentissage et le remodelage sont toujours possibles, mais moins faciles. D'autre part, à la suite de lésions accidentelles (cécité, par exemple), l'aire du cortex normalement consacrée à la vision est réaffectée à d'autres fonctions, notamment auditives et somato-sensorielles. Bien entendu, cela ne signifie nullement que les diverses parties du cerveau soient équivalentes et interchangeables ; il y a de véritables organes à fonctionnalité parfaitement définie, ainsi que des sortes d'autoroutes neuronales acheminant des informations et les mettant en rapport avec des organes. Mais la plupart des connexions sont contingentes et peuvent même être réaffectées tout le long de la vie. La plasticité se traduit donc par des modifications de « l'homunculus cortical[6] » : celui d'un aveugle n'aura pas des yeux, celui d'un pianiste aura des doigts hypertrophiés.

Aussi, pratiquement *tout le long de la* vie *de l'individu, il y a des modifications épigénétiques de l'architecture même du cerveau. Il y a formation, destruction, reconstruction et restructuration de neurones et connexions, guidées par l'activité même du cerveau.* Ce processus est distinct (quoique concomitant) de l'acquisition du savoir par apprentissage proprement dit. La différence avec l'ordinateur, ses logiciels et ses données, est patente[7]. On peut donc réviser l'analogie avec l'ordinateur et son matériel logiciel (*hardware* et *software*) : dans le cerveau, les deux sont indissociables et enchevêtrés. Il y a lieu aussi de signaler que, à la différence de l'ordinateur, *le cerveau ne s'arrête jamais.* L'analogie avec le cœur est tentante, mais les fonctions du cerveau sont largement plus complexes, diversifiées et changeantes que celles du cœur.

6. La surface du lobe pariétal du cortex cérébral correspond à celle du corps, mais très déformée : une portion de la surface du cortex correspond à une région du corps d'autant plus étendue que la sensibilité y est fine. On a une sorte de carte très déformée du corps appelée homonculus.

7. On pourra aussi consulter sur ces questions Singer [2008] et F. Ansermet et P. Magistretti [2004].

II. PERCEPTION ET DÉCISION

Nous en savons certainement très peu sur le fonctionnement du système nerveux. Mais ce que nous savons est loin des idées naïves.

La cellule de Mauthner est un neurone qui, chez les poissons et les batraciens, est chargé de décider de prendre la fuite en cas de danger (parfois aussi de réagir pour capturer une proie). Il s'agit d'une *cellule unique*, géante (elle peut atteindre 0,5 mm de longueur) qui réagit en un temps très bref, de l'ordre de 1 ou 2 centièmes de seconde, à la présence d'un prédateur (et autres dangers inconnus) localisé, donnant des instructions pour fuir « dans la bonne direction » et arrêtant les activités en cours qui pourraient gêner la fuite. Elle reconfigure les circuits moteurs et sensoriels qui contrôlent le mouvement de l'animal. À cet effet, *ce neurone est siège d'intégrations multisensorielles d'une extraordinaire complexité*. Tout cela est automatique, on est très loin d'une reconnaissance (au sens d'une connaissance suivie d'une re-connaissance) d'un individu d'une espèce dangereuse et d'un choix délibéré de l'éviter. Comment cela fonctionne-t-il ?

La cellule de Mauthner a parfois été comparée à un système nerveux miniature ; affirmation hasardeuse, puisque nous sommes loin de tout comprendre de son fonctionnement, encore plus de celui du système nerveux. Ce neurone est un système très fortement non-linéaire : il réagit à des stimuli acoustiques, visuels et autres (ou plutôt à leur combinaison) qui apparaissent de façon soudaine, tout en étant insensibles aux stimuli de base (mouvement de l'eau, influences gravitationnelles, etc.). La réaction est une décharge électrique très rapide vers un ensemble de neurones-moteurs qui déclenchent le mouvement de fuite.

Mais, à la vérité, comment fonctionne cette cellule de Mauthner, si active, utile et autonome ? Nous ne le savons pas. Comme tous les neurones, dont il y a une immense variété, elle a des dendrites, et un axone. Divers types de signaux y circulent, les principaux sont des signaux électriques qui se propagent le long de l'axone par « tout ou rien » (on dit que le neurone « décharge »). Mais il y a aussi de la chimie, notamment dans le passage entre neurones, qui ne sont pas « électriquement connectés » ; ces passages se font par des « neurotransmetteurs » chimiques. Mais les processus électrochimiques à l'intérieur de la cellule sont loin d'être compris, quoique faisant l'objet de recherches très actives. Il y aurait dans son fonctionnement des états de type « foyer attractif », « orbite périodique » et « chaos déterministe » que nous mentionnerons dans l'étude des systèmes dynamiques (cf. chapitre VI).

Tout merveilleux que cela semble paraître, c'est en fait assez rudimentaire : comment un tel système peut-il reconnaître le prédateur ? En fait, il ne reconnaît pas le prédateur, c'est nous qui décrivons de cette façon le processus : *ce neurone réagit d'une certaine façon à un certain type de stimuli.* En termes d' « échapper aux prédateurs », cela échoue souvent ; nombre de ventres de prédateurs bien remplis en témoignent.

Il est certain que le poisson est inconscient et ne délibère pas, il réagit aux stimuli sortant de sa cellule de Mauthner. Plus intéressant encore est que *chez des espèces bien plus évoluées que les poissons, la décision de fuite est également prise à un niveau inconscient.* Un cheval fuit un serpent même s'il n'en a jamais vu. Il en va de même pour nous : tout cela a peu à voir avec notre conscience de nous-mêmes et nos décisions mûrement réfléchies. Nous faisons énormément de choses simultanément, alors que nous ne sommes conscients que d'une chose à la fois. *L'immense majorité de nos activités, y compris des décisions, sont parfaitement inconscientes.*

Il convient de signaler, pour éviter des malentendus, que « inconscient » est utilisé ici (et partout dans ce livre) en un sens très différent de celui de la psychanalyse. Nous utilisons « inconscient [8] » au sens littéral de non-conscient, qui échappe à notre perception de nos propres activités. L'inconscient de la psychanalyse comporte tout un corps de doctrines sur l'origine, l'évolution et les influences de pulsions, de désirs et de phobies qui se trouvent hors de notre propos.

---

8. On dit parfois « inconscient cognitif ».

Contrairement à ce qu'on pourrait imaginer (nous sommes tous persuadés que la pensée précède l'action), *les choses ne se passent pas de façon fondamentalement différente chez l'homme. En général, la sensation de prendre la décision d'agir vient après le début de l'action* correspondante. C'est la fameuse expérience de B. Libet à San Francisco en 1983[9]. Il demandait à des sujets d'indiquer avec précision l'instant où ils décidaient de bouger un doigt, pendant qu'il enregistrait l'activité électrique des aires prémotrices de leurs cerveaux. Cette activité intervenait environ un tiers de seconde *avant* la prétendue prise de décision. Tout semble indiquer que, en ce qui concerne l'activité motrice, il y en a une dans la région fronto-pariétale du cerveau qui élabore et contrôle les plans moteurs de façon autonome, nous communicant ensuite son intention. Notre volonté pourrait ensuite intervenir de façon inhibitrice.

Tout étrange que puisse nous paraître une telle procédure, elle est plutôt rassurante. Lorsque nous nous levons pour aller chercher un café, nous ne pourrions nullement « décider délibérément » quelle jambe actionner la première, de faire des grandes enjambées ou des petits pas, et tout le reste. Simplement, nous allons chercher le café. Cela peut se faire de beaucoup de façons (discrète, avide, élégante...) *à notre insu* ; parfois une remarque de quelqu'un de notre entourage nous rappelle l'existence de ces automatismes[10].

De même, le mouvement d'avancement d'une chenille, dont les segments ont quelque 70 muscles, chacun actionné par un seul nerf, pourrait émerger de règles relativement simples. Des recherches très actives dans ce domaine font apparaître des comportements de ce type dans des robots[11]. Les segments sont des tubes souples et creux et les « muscles » des ressorts faits d'alliages à mémoire de forme. Des contractions sont provoquées par des courants électriques, faisant apparaître des mouvements de reptation. Mon intention n'était pas

---

9. Feldmeyer [2006], p. 73-75.

10. En fait, le cerveau ne contrôle pas chaque muscle séparément, il contrôle des groupes de muscles grâce à des co-activations, des synergies (Berthoz [2009], p. 114).

11. Schwartz [2007].

de vous comparer à une chenille. Je voulais plutôt dire que, grâce à des automatismes analogues à ceux de la chenille, votre capacité de décision est disponible pour des activités plus nobles.

Et pourtant… Il y aurait beaucoup à dire sur la « noblesse » des fonctions cognitives. Voici une citation de Singer[12] :

> Nous pouvons expliquer le comportement d'organismes peu complexes, comme par exemple les mollusques ou les vers, en enregistrant l'activité de leurs neurones et en établissant des relations causales entre les motifs spatiotemporels de cette activité et le comportement correspondant. Nous n'avons, présentement, aucune raison de postuler l'existence de quelconques forces, lois ou modes d'interactions additionnels et jusqu'ici inconnus pour expliquer leur comportement. De plus, les interactions neuronales qui se produisent dans les cerveaux plus évolués sont simplement devenues plus complexes, mais continuent d'obéir aux mêmes principes. Bien entendu, nous devons tenir compte que nos cerveaux sont le produit, non seulement des gènes mais aussi des influences épigénétiques de l'environnement socioculturel, mais cela ne concerne pas les principes fonctionnels.

Les neurones, on l'aura compris, sont loin d'être de simples pièces ou vis d'un meccano. Il y en a beaucoup de sortes ; comment coopèrent-ils pour voir ? La vision est la plus développée de nos sens, celle qui nous met le plus en rapport avec le monde extérieur, ou plutôt qui nous aide le plus à construire notre idée du monde extérieur. Comment cela se passe-t-il ?

On a maintes fois comparé l'œil à un appareil photo ; l'œil est extrêmement exact et précis, la rétine étant sa plaque photographique, avec beaucoup de pixels, ou leur équivalent biologique. Or, on ne voit pas avec l'œil, on voit avec les yeux. Tout le monde sait que cela sert à voir en relief, à percevoir la profondeur, à voir le monde comme il est, en trois dimensions. Cela signifie que ce que nous voyons n'est pas ce qui nous est transmis par notre (très performant)

12. Singer [2008], p. 122.

œil gauche, ni par notre (non moins performant) œil droit ; *ce que nous voyons est une construction mentale élaborée par notre cerveau à partir de ce qui nous est transmis par nos deux yeux.* On peut estimer qu'il s'agit d'une nuance mineure. Mais, comme il arrive souvent dans les sciences, elle ouvre la boîte de Pandore de bien d'autres choses.

En fait, la perception exige un jugement de la part du cerveau. Cela concerne la perception visuelle et toute autre. C'est tout à fait général, cela dépasse largement l'exemple des deux yeux dont la différence nous permet d'apercevoir (de concevoir) la profondeur [13].

Les données fournies par les yeux sont éclatées en formes, couleurs, mouvements, ensuite traitées séparément dans des aires cérébrales (visuelles) diverses. En ce qui concerne les formes, il y a des cellules dans le cortex visuel primaire qui produisent une impulsion nerveuse (on dit qu'elles déchargent) lorsque le stimulus est dans une direction particulière. Cela sert, fondamentalement à repérer les contours [14]. Après ce traitement, l' « image photographique » ressemble plutôt à une esquisse de caricaturiste (Feldmeyer [2006], page 28). D'autres neurones sont sensibles au sens du mouvement, nous permettant de mettre en évidence les objets qui bougent par rapport aux autres. Il est remarquable que cela fonctionne indépendamment de nos saccades oculaires, dont l'impact est banalisé.

Ensuite, il y a l'étape de synthèse. Non seulement il faut faire quelque chose avec les composantes éclatées et élaborées, mais encore combiner celles provenant d'une suite d'instants successifs, de façon à construire une individualité en mouvement à partir d'une série d'images d'un même corps en mouvement. Cette étape fait aussi intervenir la mémoire. Citons l'excellente description donnée par Feldmeyer ([2006], page 30) :

---

13. Il est utile de signaler ici que cette construction de notre idée du monde extérieur garde une similitude remarquable avec la façon de définir en mathématiques les objets géométriques. Nous reviendrons sur ce point au chapitre X, section I.1.

14. Une explication plausible de leur fonctionnement pourrait être donnée par la comparaison des excitations de plusieurs cellules aux centres alignés.

> Il y a une transformation graduelle des données concrètes des cellules rétiniennes en des représentations abstraites, de plus en plus liées à l'expérience subjective de l'action (habitudes, désirs, croyances, intentions), qui en assure la croyance et lui donne un sens [...] permettant une véritable reconstruction d'une image asynchrone, d'où sont éliminés les éléments jugés inopportuns par notre cerveau visuel dans sa quête de l'essentiel.

Deux personnes différentes (en ce qui concerne, par exemple, la culture, le sexe, les intérêts) ne voient pas de la même façon l'image qui est devant leurs yeux. Bien entendu, la vision des diverses espèces animales est différente [15]. Les oiseaux composent les nuances de couleurs à partir de quatre couleurs de base, alors que nous en avons trois. La vision des prédateurs privilégie largement le mouvement par rapport à la perception de cibles statiques (l'immobilisation permet parfois d'échapper aux prédateurs). Vous rappelez-vous la différence entre un daguerréotype et une photo moderne (chapitre I, section VIII) ? Le daguerréotype ignore les objets en mouvement (qui n'ont pas posé pendant environ dix minutes). La vision d'un prédateur est en quelque sorte le contraire : elle ignore (pas complètement, certes) les objets au repos.

Signalons, pour terminer nos considérations sur la vision, que l'étape de reconstruction synthétique des perceptions fait largement appel à des phénomènes relevant de la Gestalt *(psychologie de la forme)* [16], d'après laquelle, un tout (configuration) ayant une signification est perçu avant ses composantes (supposées sans signification propre). Cela concerne la construction de contours illusoires d'objets partiellement cachés et bien d'autres ; nous renvoyons, par exemple à A. Berthoz ([2003], pages 184-197) pour une description de ces questions et des structures neurales qui en sont le support. Il est utile

---

15. Chez les mammifères. Par ailleurs, il y a au moins trois types d'yeux dans le règne animal.

16. Dont nous donnerons quelques indications sommaires plus loin (chapitre V, section V.3).

ici de signaler, en passant, que nombre d'autres activités cognitives, y compris les non-sensorielles, suivent des schémas généraux analogues. C'est le cas de la *mémoire à long terme, qui est largement une reconstitution à partir de bribes conservées probablement sous forme chimique.*

III. COMMUNICATION

De nos jours, le terme « communication » évoque le téléphone ou l'internet. Comment faisait-on avant pour communiquer ? Dans les années 1960, le téléphone existait, mais tout le monde ne l'avait pas. On communiquait surtout par écrit, il y avait des lettres (bien plus qu'aujourd'hui) et des « petits mots » pour proposer de se voir, accepter un rendez-vous… assortis d'un service de poste bien plus performant que l'actuel, avec deux distributions de courrier par jour. Et avant les années 1960 ? À vrai dire, je l'ignore, j'ai lu quelque part qu'à la fin du XIXe siècle il y a eu en France une grande grève des facteurs, qui demandaient de ne faire le dimanche que trois distributions de courrier au lieu de quatre. Le courrier marchait assez bien. Si vous lisez la (très intéressante) correspondance entre les mathématiciens Henri Poincaré et Gösta Mittag-Leffler [17], vous verrez que dans les années 1880 les lettres mettaient entre Paris (ou Caen) et Stockholm (ou Uppsala) deux ou trois jours. C'est mieux que les cinq jours entre Paris et Berlin de la lettre de Le Verrier à Galle en 1846 [18], quand il n'y avait pas de chemin de fer…

La communication est quelque chose de bien plus complexe que ce qu'on vient d'évoquer. Avant de savoir écrire, les hommes parlaient et la tradition orale faisait des merveilles. Mais on n'a pas toujours parlé et on communiquait quand même. Les animaux communiquent, ils ont souvent une vie sociale plus intense que bien des humains. Il y a tout un système de gestes, d'attitudes et de mimiques qui permet de communiquer ; c'est loin d'être une communication embryonnaire, elle est souvent plus nuancée et efficace que la parole.

---

17. Dont il a été question au chapitre I, section IV.
18. Chapitre I, section I.

Tout le monde connaît la parade nuptiale des animaux et, chez les humains, le regard qui tue et le jeu de la séduction.

Il s'agit de bien plus que de situations isolées. Il y a une communication sans paroles ; le regard est un véhicule privilégié de messages, qui sont probablement à l'origine des sentiments d'empathie [19]. Dans ce langage gestuel plus ou moins codifié, des éléments sont plutôt primaires, d'autres plutôt appris. Mais en fait, tout cela va un peu ensemble : c'est une affaire des activités cognitives en contiguïté avec des situations qui leur donnent un sens.

Prenons, en exemple, un chien. Il a appris avec sa mère, sa fratrie et d'autres congénères, que montrer les dents est un signe d'agressivité. C'est pourquoi, il n'est pas conseillé aux humains de sourire aux chiens, mais nombre d'humains, dans leur ignorance, transgressent cette règle avec une insouciance irresponsable, ce qui est source de regrettables malentendus. Néanmoins, la plupart des chiens que l'on rencontre dans nos villes savent que les humains montrent souvent les dents sans que ce signe d'hostilité soit suivi ni accompagné d'autres manifestations agressives, et savent réagir à cette attitude incongrue avec une indulgence qui les honore.

Il est très significatif que ce type de communication s'établisse même dans des cas où il n'y a pas volonté expresse d'envoyer un message ; il s'agit souvent d'une *extériorisation de la pensée ou des sentiments* qui est perçue par autrui. Voyons à ce propos une description fort intéressante des chiens racistes [20] :

> Si un propriétaire est raciste, il va émettre des signaux, une tension du corps dès qu'il s'approche d'un homme d'origine étrangère. Le chien va être réceptif à ces signaux et se mettre à gronder lorsqu'il verra un étranger. Les chiens se sont adaptés à nos discours.

19. On pourra lire à ce propos le chapitre 3, « Regard et empathie» de Berthoz [2009].
20. Cyrulnic B., Digard J.-P., Picq P., Marignon K.-L. [2000], p. 232.

Cette description est surtout remarquable parce qu'elle montre comment *une contagion d'hostilité vide de toute ossature est possible même entre espèces différentes.*

Mais d'autre part, il est utile de bien réaliser que l'extériorisation des sentiments à notre insu est un fait largement connu. Précisément, le prince Hamlet le met à profit en faisant jouer une pantomime de l'assassinat de son père devant l'assassin présumé, de façon à « lire sa pensée ». Nous voyons, sur cette illustration des œuvres de Shakespeare, Hamlet au centre observant le roi pendant que celui-ci est visiblement troublé par la pantomime.

Fig. 15. Hamlet lit la pensée du roi, suscitée par une pantomime jouée dans ce but. Illustration par Daniel Maclise (1806-1870) des Works of Shakespeare, Imperial Edition, NY 1875-1876.

Un autre exemple remarquable se trouve dans le ballet *La Bayadère*, où la scène de la mort de Nikiya est littéralement dansée avec des regards qui véhiculent des interrogations, des hésitations et des préférences amoureuses qui font basculer une tentative d'assassinat en suicide[21].

21. On trouvera une description de cette remarquable situation au chapitre IX, section VIII.

Voici une citation de M. Jannerod ([2009], page 124) qui me semble pertinente :

> L'action n'est en réalité pas une fin en elle-même. Si elle est l'aboutissement du processus interne qui la détermine, elle est en même temps, du fait de son impact sur l'environnement, le début d'un processus interactif. L'action modifie, transforme, influence les événements du monde extérieur. Lorsqu'elle devient visible, elle véhicule des signaux qui peuvent être accessibles à d'autres individus et ainsi entrer dans le cycle d'une relation entre sujets. L'action exécutée par un agent devient une action représentée pour un observateur, de telle sorte que l'on passe d'une représentation à une autre, de celle de l'agent à celle de l'observateur. [...] De nouveaux domaines se sont ouverts [...] : imitation et apprentissage par observation, reconnaissance de ses propres actions, attribution d'une opération à son agent, compréhension et interprétation des actions des autres...

L'effet placebo et surtout sa mise en œuvre méritent d'être mentionnés dans ce contexte. L'effet placebo relève naturellement de l'autosuggestion du patient. Il consiste dans l'action bénéfique pour la santé d'un patient d'une substance intrinsèquement neutre mais que le patient croit efficace. Il a beaucoup de variantes suivant le contexte et la mise en œuvre. Bien entendu, l'agent neutre n'est pas nécessairement un médicament, il peut s'agir d'une opération chirurgicale factice ou toute autre chose.

Le mode opératoire de l'effet est psychophysiologique et semble lié à la sécrétion de neurotransmetteurs, notamment la dopamine. Il y a aussi un effet analogue quand un sujet est soumis à une influence intrinsèquement neutre mais dont il est convaincu de la nocivité ; on parle alors d'effet *nocebo*. Il convient de réaliser que l'effet placebo est également présent lors de l'administration d'un médicament actif ; une partie de son action est due à l'espoir de guérison, et disparaît si le médicament est administré à l'insu du patient.

L'aspect protocolaire est fondamental dans l'effet placebo. L'entretien entre le patient et le médecin est un moment privilégié de communication : plus le médecin affiche de l'optimisme et plus est convaincante son argumentation, plus le placebo sera efficace. Or, *le pouvoir persuasif du médecin (et donc l'effet placebo) est plus grand s'il croit lui-même en l'efficacité du produit.* Dans les conditions habituelles, ce n'est pas le cas ; c'est justement le médecin qui administre le placebo en connaissance de cause. Mais on a fait des expériences (assez complexes, des médecins étant à leur tour manipulés par d'autres), qui mettent en évidence *le rôle de la conviction intime des médecins sur l'effet placebo de leurs patients.*

C'est la raison des *protocoles en double aveugle* normalement utilisés lors des études sur l'efficacité d'un nouveau médicament. Deux groupes de malades reçoivent, l'un le produit testé, l'autre (groupe témoin) un produit neutre. *Aussi bien les malades que le personnel en contact avec eux doivent ignorer à quel groupe appartient chaque malade.*

Sous des formes diverses, ce phénomène est assez général. *Médecins, professeurs, hommes politiques et bien d'autres ne persuadent pas s'ils ne croient pas eux-mêmes. Persuader n'est pas tout à fait la même chose que convaincre. « Convaincre » repose sur une argumentation ; les argumentations, à leur tour, ne sont presque jamais complètes, elles laissent une marge… à la persuasion. Or, la persuasion est parfaitement irrationnelle, elle suit des voies affectives et émotionnelles.*

Le domaine de validité de ces propriétés est très vaste, et comprend la communication scientifique. Saint-Exupéry, dans *Le petit prince*[22], nous raconte la découverte de l'astéroïde B 612, la patrie du petit prince.

> Cet astéroïde n'a été aperçu qu'une fois au télescope, en 1909, par un astronome turc. Il avait fait alors une grande démonstration de sa découverte à un congrès international d'astronomie. Mais personne ne l'avait cru à cause de son costume. Les grandes personnes sont comme ça.
> Heureusement pour la réputation de l'astéroïde B 612, un dictateur turc imposa à son peuple, sous peine de mort, de s'habiller à l'européenne.

22. Chapitre VI.

L'astronome refit sa démonstration en 1920, dans un habit très élégant. Et cette fois-ci tout le monde fut de son avis.

Oui, *les grandes personnes sont comme ça.* Je n'ai jamais connu d'astronome turc, mais j'ai vu beaucoup de communications scientifiques, et je peux assurer que nombre d'entre elles sont véhiculées par des forces dont l'objectivité ne le cède en rien à celle de l'histoire qui précède.

Il y a lieu de signaler le rôle fondamental dans la communication des *neurones miroir.* Découverts chez le macaque dans les années 1990 par G. Rizzolatti et son équipe de l'université de Parme, ils ont été retrouvés chez les autres primates et il est normalement admis qu'ils existent chez l'homme. On les tient pour l'une des clés de la compréhension de phénomènes mystérieux ou paradoxaux des comportements sociaux.

Il s'agit de neurones situés dans le cortex préfrontal qui *réagissent de la même façon lorsqu'on exécute une action* (prendre de la nourriture, par exemple) *et lorsqu'on observe un autre sujet en train de la réaliser.* Ce comportement remarquable sous-tend nombre de facettes à connotation largement synthétique. Par exemple, parmi les neurones miroir, il y a des *neurones audio-visuels,* qui s'activent aussi bien lorsque le singe *voit* l'expérimentateur effectuer une action qui produit du bruit, que quand il *écoute* le bruit produit par cette action [23].

Le système miroir est naturellement considéré comme une pièce maîtresse de l'*apprentissage par imitation,* et l'une des composantes des comportements de *reconnaissance des intentions d'autrui et d'empathie* (faculté de s'identifier à quelqu'un, de ressentir ce qu'il ressent). Plus généralement, c'est un agent d'interprétation du monde, fondamental pour que l'individu ait un rapport cohérent avec son extérieur. Les *autistes,* qui présentent des troubles sévères

23. Rizzolatti et Sinigaglia, [2008], p. 117 et 120.

de l'interprétation du monde, *vivent dans la confusion et la terreur.* Voici une citation de U. Frith[24] :

> Le thème récurrent de tous les souvenirs de Jerry [un autiste] était d'avoir vécu dans un monde terrifiant, rempli de stimuli douloureux qu'il lui était impossible de maîtriser [...] Rien ne lui semblait stable : tout lui était imprévisible et étrange [...] il s'agit de l'absence de cohérence centrale. Que se passerait-il si, au lieu d'avoir une perception cohérente du monde, nous percevions celui-ci sous une forme fragmentée ?

J'avoue que j'ai de la peine à imaginer un tel type de perception. C'est tellement naturel pour nous que le monde soit cohérent et (dans certaines limites) prévisible. J'ai commencé à comprendre cela, il y a quelques jours, à propos d'une aventure (bien moins poignante que celles de Jerry) arrivée à mon chat. J'avais posé mon rasoir électrique sur le bord du lit avec le fil pendant ; mon chat a tiré dessus, entraînant la chute du rasoir, ce à quoi il ne s'attendait certainement pas, et qui a produit chez lui une frayeur soudaine. Pourtant, il aime bien mon rasoir, qui fait ronron presque comme lui-même et ne lui a jamais fait de mal. J'aime bien mon chat, mais je ne lui ai pas appris suffisamment de mécanique ; la mécanique pour lui doit être de la magie.

La construction d'une image mentale cohérente du monde extérieur et de son évolution prévisible constitue l'une des fonctions fondamentales de notre cerveau.

IV. MODÈLES MENTAUX ET PENSÉE

Dans le premier acte de la *Tosca* de Puccini, le peintre Mario Cavaradossi peint dans une église une fresque de la Madonna qu'on lui a commandée. Mario n'est pas très croyant, et le sujet abstrait ne l'inspire pas suffisamment. Il donnerait bien à la Madonna les traits

24. Frith [1992], p. 171 et 173. Cité dans Berthoz A. [1997], p 104.

de Floria Tosca, la chanteuse dont il est amoureux, mais elle n'est pas là. Mario aperçoit une belle femme qui prie à proximité, l'Attavanti, sœur d'un prisonnier politique évadé, et l'utilise comme modèle sans qu'elle s'en aperçoive. Mais en peignant, il pense à Tosca et chante son fameux air :

> Recondita armonia
> di bellezze diverse [...]
> l'arte nel suo mistero
> le diverse bellezze insiem confonde
> ma, nel ritar costei
> il mio solo pensiero,
> ah! il mio sol pensier sei tu,
> Tosca, sei tu ![25]

La fidélité de Mario ne fait aucun doute, mais Tosca, qui arrive dans ces entrefaites, n'est pas de cet avis et fait une scène de jalousie à Mario, l'obligeant à changer la couleur des yeux de la Madonna.

C'est pittoresque et beau, encore plus avec la musique de Puccini. Essayons d'y voir de plus près. « Harmonie cachée de beautés dissemblables » ; bien sûr qu'il y a une harmonie, les diverses belles femmes ont en commun... la beauté ! Plus précisément, *« la beauté (féminine) » est ce qu'ont en commun les diverses belles femmes*. Plus loin : « L'art, dans son mystère, fond ensemble les diverses beautés. » Oui... non, pas vraiment, il n'y a pas que l'art, *toute abstraction procède par « fusion »*, nous tous, comme Mario Cavaradossi, en faisons tout le temps, cela ne fait aucun... « mystère » ! Ensuite : « Mais, en peignant celle-ci,/ma seule pensée,/ah ! Ma seule pensée,/ Tosca, c'est toi ! » : là oui, tout à fait ! *L'analogie et l'évocation* constituent des activités cognitives extrêmement importantes ; Mario est amoureux et tout

25. Harmonie cachée/de beautés dissemblables [...]/L'art, dans son mystère,/ fond ensemble les diverses beautés/mais, en peignant celle-ci,/ma seule pensée,/ ah ! ma seule pensée,/Tosca, c'est toi !

lui rappelle sa bien aimée ; des diverses beautés, il ne retient que l'analogie avec Tosca, qui l'obsède.

Continuons : Tosca aime Mario, tout devrait aller donc pour le mieux dans le meilleur des mondes... Hélas ! Aimer n'est pas posséder, Tosca craint de perdre l'amour de Mario (et probablement Mario craint de perdre l'amour de Tosca) ; des belles femmes, Tosca ne perçoit pas la beauté (elle est une femme !), bien au contraire, elle les divise en deux groupes : elle-même et l'ensemble de ses rivales potentielles. D'où la scène de jalousie. *Les concepts, tels que celui de « belle femme », comportent une composante culturelle et émotionnelle, qui n'est pas forcément comprise en dehors de leur contexte.*

Oui, *les émotions* jouent un rôle fondamental dans nombre de fonctions cognitives, y compris celles réputées austères. C'est une découverte relativement récente[26], qui ruine le dernier espoir de comprendre le cerveau comme un ordinateur mais qui permet aussi d'espérer comprendre et maîtriser ce qu'on aime. En fin de compte, on gagne au change !

Nous construisons des *modèles mentaux* de la réalité extérieure. C'est difficile à décrire, du moins pour moi, qui ne suis pas spécialiste de ces questions. La difficulté vient probablement de ce que nos modèles mentaux ne ressemblent à rien de ce qui existe en dehors de nous-mêmes et qu'on puisse exhiber. C'est là une difficulté de taille, nous avons souvent tendance à penser que les autres « voient les choses comme nous » et lorsque ce n'est pas le cas, nous éprouvons une grande difficulté à « imaginer comment les autres les voient ».

Les modèles mentaux sont des représentations simplifiées et schématiques de la réalité extérieure, telle que nous l'appréhendons. C'est assez tautologique comme définition, j'en conviens ; très franchement, le mieux que je puisse faire en guise de définition est de m'en remettre à des exemples : l'idée que vous avez d'un parent proche, ou de la rame de métro de 8 h 16 que vous prenez tous les matins. *Ces modèles sont simplifiés, approchés, parfaitement distincts*

26. Voir, par exemple, Damasio [1994].

d'une personne ou d'une rame de métro, et privilégient la relation de l'objet avec le sujet pensant.

Les modèles mentaux ne concernent pas seulement des représentations de ce que les choses sont d'après nous, mais aussi la façon dont ces choses évoluent, agissent, réagissent et interagissent[27]. Naturellement, ces modèles sont toujours partiaux et partiels, parfois carrément faux. Ils ne sont pas figés, ils évoluent avec le temps, au gré de nos expériences et de l'utilisation que nous en faisons. Comme nous venons de le dire, *ils permettent de faire des projections sur le futur,* d'où leur véritable utilité. *L'avenir ainsi imaginé n'est pas nécessairement unique et net, le plus souvent il est flou et pluriel (multivoque).* Il ne faudrait surtout pas confondre les modèles mentaux avec des représentations simplifiées de la réalité ; les modèles mentaux nous appartiennent, c'est nous qui prétendons copier la réalité, passée, présente ou future. Pour bien comprendre ce point, il est utile d'admettre que des personnes différentes construisent en général des modèles mentaux différents d'une même réalité. Nous aurons l'occasion (au chapitre VII, section X) de comparer les modèles mentaux de Macbeth et de Lady Macbeth ; ils sont différents entre eux et différents de la réalité.

Il faut bien réaliser que *penser consiste précisément à faire et manipuler des modèles mentaux, et que cela n'est pas nécessairement conscient.* L'idée qui consiste à croire que les modèles sont des représentations simplifiées nous permettant de réfléchir est fausse, car elle ne fait que déplacer le problème (que serait-ce alors, réfléchir ?). Il peut effectivement arriver que des modèles simplifiés soient utilisés pour leur appliquer les lois de la logique ou autres ; cela concerne souvent la réflexion consciente, mais en fait, il s'agit de mettre en œuvre nos modèles mentaux des lois de la logique ou autres.

---

27. On pourra se référer à A. Berthoz [2009], chapitre 5, « Le cerveau émulateur et créateur de mondes ». Aussi page 95, où il est expliqué que la modélisation peut contenir même des lois physiques assez élaborées, telles que celles de la mécanique de Newton.

Je vous propose un petit jeu destiné à montrer non pas comment l'on raisonne, mais plutôt comment *l'on ne raisonne pas, mais que l'on pense, et que cela dépend fortement du sujet :*

Deux amis qui ne s'étaient pas vus depuis longtemps se rencontrent. Pour simplifier, je les appellerai A et B. Après les effusions d'usage, la conversation suivante a lieu :

A. : Est-ce que tu as eu des enfants ?
B. : Oui, j'ai une fille.
A. : Bravo ! Comment s'appelle-t-elle ?
B. : Comme sa mère.
A. : Ah, très bien ! Et quel âge a-t-elle, la petite Natacha ?

Le jeu consiste à trouver comment A a découvert le prénom de la fille de B. C'est très facile, mais la plupart des gens, (y compris des gens tout à fait intelligents et habitués à raisonner correctement) ne trouvent pas la solution ou éprouvent des difficultés énormes à la trouver. D'autres, pas nécessairement plus intelligents, la trouvent immédiatement.

Comment avez-vous attaqué le problème ? Moi, j'imagine vaguement deux amis qui marchent l'un vers l'autre sur un trottoir. Pourquoi sur un trottoir ? Ils peuvent se trouver à un arrêt d'autobus ou ailleurs, mais cela n'a aucune importance, mon modèle mental est correct puisque manifestement la solution ne dépend pas de cela. Et qui sont-ils ? Peu importe, leurs figures sont diffuses, ce sont n'importe qui,… deux amis ! C'est clairement un problème de logique, qui plus est, on les appelle A et B, cela n'a aucune importance ! Ensuite, j'imagine la conversation entre les deux amis, elle est assez banale, non, je ne trouve pas !

La plupart des sujets (hommes et femmes) construisent un modèle mental où les deux amis sont deux hommes. Dans la langue française et plus largement dans nos civilisations[28], le genre masculin

28. Le problème ci-dessus est pris de Platonov [1968] (p. 237), traduit du russe.

domine le féminin ; l'exemple représentatif du concept « ami » (qui comprend « amie ») est un être humain mâle. Le problème a été posé en des termes « logiques », qui font penser que le sexe des amis ne joue aucun rôle ; en particulier, le fait de les appeler A et B renforce cette opinion. Aussi le sujet construit-il un modèle avec deux hommes et il croit que le modèle est général, alors qu'il ne l'est pas sur un point essentiel.

Bien entendu, il y a des sujets, surtout des femmes, qui construisent des modèles beaucoup plus neutres et objectifs, où chacun des amis est explicitement homme ou femme. Dans ce cas, la réponse « comme sa mère » a deux significations entièrement différentes suivant le sexe de B, et la solution est trouvée immédiatement.

Il y a aussi une autre façon de raisonner correctement, consistant à construire plusieurs modèles (ou « cas de figure » comme on dit souvent) avec toutes les combinaisons possibles homme/femme : A et B hommes, A homme et B femme, A femme et B homme [29]. Mais *je ne crois pas des gens raisonnent de cette façon, sauf s'ils se doutent que le sexe y est pour quelque chose.* Dans des conditions neutres, rien ne prouve que les trois possibilités donnent un système complet de modèles ; on devrait aussi construire des modèles où les amis se rencontrent sur un trottoir, à un arrêt d'autobus ou tout autre endroit. Cela nous conduirait immédiatement à une infinité de modèles, impossible à traiter. Ce point est bien plus important qu'il n'en a l'air. *Les modèles mentaux n'ont pas vocation à être complets, ils doivent être suffisamment simples pour pouvoir les manipuler efficacement, tout en gardant les traits essentiels de la question à traiter.*

Cela nous conduit tout naturellement à la différence entre les modes de fonctionnement du cerveau et de l'ordinateur. Comme nous venons de le voir, un modèle mental doit « garder les traits qui sont essentiels dans le but poursuivi » de la chose modélisée. *Cela suppose un certain type de connaissance de la chose en question et*

---

29. La possibilité A et B femmes est impossible, puisque l'énoncé porte sur « deux amis » (noter que si le problème est posé oralement, ce cas est admissible et donne une nouvelle possibilité).

de son fonctionnement. Un ordinateur est incapable de cela, il manipule de la logique aveugle ; en revanche, il peut traiter des milliers, voire des millions ou milliards de cas possibles.

Il y a lieu de signaler que les modèles mentaux tels que nous venons de les décrire, issus de nos connaissances actuelles en sciences cognitives, sont très proches des « construits » de George A. Kelly (1905-1967), dont les conceptions générales sur la science sont aussi proches des nôtres, comme nous avons signalé au chapitre II, section II.

Nous désignerons parfois les modèles mentaux que nous venons d'évoquer par *« modèles mentaux analogiques »* ou *« analogiques cognitifs »*, pour éviter la confusion avec les modèles mentaux de Johnson-Laird, théorie très en vogue dans les années 1980[30], qui sont très différents des analogiques. Cette théorie se voulait générale, mais portait principalement sur la résolution de problèmes concrets de logique. Elle consistait fondamentalement en la résolution de problèmes par l'utilisation de divers schémas logiques (modèles mentaux) pour couvrir tous les « cas de figure » du problème, ce qui s'apparente à un mode opératoire proche de celui de l'ordinateur. Un exemple en a été donné à propos du problème de « A, B et la fille de B », lorsqu'on a mentionné la possibilité de construire des modèles divers avec toutes les possibilités homme/femme possibles.

Cette théorie fournissait des explications plausibles à certains faits expérimentaux, par exemple que les problèmes contenant des prémisses négatives conduisent à des temps de résolution et des taux d'erreurs bien supérieurs à ceux portant sur des prémisses affirmatives. La raison invoquée était le plus grand nombre de modèles mentaux devant être mis en œuvre. Il est bien possible que ce mode de raisonnement soit utilisé, parmi d'autres dans la pensée réfléchie (nous y reviendrons à propos du raisonnement dans les sciences, section VI de ce chapitre), mais il semble clair de nos jours que, pour les raisons invoquées ci-dessus, ce sont les modèles

30. Johnson-Laird [1983]. On pourra consulter aussi Ehrlich, Tardieu et Cavazza [1993].

mentaux de type cognitif qui interviennent dans la pensée ordinaire (et qui, bien entendu, permettent aussi d'expliquer les difficultés associées aux prémisses négatives). Notons que Johnson-Laird, dans son dernier ouvrage[31] adopte un point de vue bien plus nuancé. Nous reviendrons sur ce point dans des exemples cités à la fin de la section VI.

Nous en savons très peu sur la façon dont les modèles mentaux (analogiques) sont construits et traités. Il est clair que nous en construisons sur la base de nos expériences vécues, mais certains sont inscrits dans les instincts, et il est clair aussi qu'ils évoluent au long de notre vie. Une chose est certaine : *ils sont efficaces pour prendre des décisions rapides.* Cela rappelle précisément la cellule de Mauthner (décrite au chapitre V, section II), machine élémentaire à prendre des décisions, qui fonctionne en accord avec des *modèles* identifiés à des dangers (parfois aussi à des proies).

Il est certain que nous, hommes modernes, avons divers modes de penser et réfléchir. Mais *le mode habituel et le plus répandu consiste en l'utilisation d'un modèle mental et d'un seul pour chaque situation-problème qui se présente.* Lors d'une conversation, par exemple, il faut saisir de façon instantanée le sens de ce que l'autre a dit, l'évaluer, prévoir où cela conduit et réagir en conséquence. Dans la vie courante, les problèmes du type « A, B et la fille de B » et presque toutes les questions posées dans des tests, sont *très rares.*

D'autre part, dans la pratique, *il faut donner suite rapidement. C'est pourquoi, dans des situations qui exigeraient du point de vue logique plusieurs modèles mentaux pour couvrir toutes les possibilités, nous en utilisons un seul.* Lequel ? Cela dépend de notre état d'esprit (on est agacé, détendu, sur la défensive,...) et de bien d'autres choses. Une conversation utilise comme brique élémentaire le « procès d'intention », que j'entends ici au sens logique et donc neutre, alors que le sens habituel implique des intentions égoïstes ou malhonnêtes. Cela signifie de façon très précise que, parmi les diverses possibilités

31. Johnson-Laird [2006].

qu'ouvre la phrase que vient de prononcer notre interlocuteur, nous en choisissons *une* et les implications correspondantes (nous construisons *un* modèle mental et son évolution).

Pourquoi fonctionnons-nous de cette façon ? C'est, selon toute vraisemblance, pour des raisons issues de l'évolution. Nous provenons des hommes primitifs, et ceux-ci de leurs ancêtres, et ceux-ci de l'ancêtre commun à tous les animaux. Cela a fonctionné longtemps avec la cellule de Mauthner et ses systèmes dérivés,... dont fait partie notre cerveau.

La possibilité de *prendre des décisions rapides et efficaces* pour éviter un danger ou réussir à la chasse a probablement constitué un *avantage décisif pratiquement tout le long de l'évolution* [32]. On énonce souvent cela en disant que « le cerveau a été fait pour prendre des décisions et non pas pour réfléchir ».

Vous vous êtes probablement déjà aperçu que je n'aime pas les explications finalistes en ce qui concerne les processus naturels ; dans le même ordre d'idées, nous verrons au chapitre IX que je considère les explications darwiniennes comme pratiquement tautologiques. Le cas qui nous occupe est cependant assez spécial. Il me semble clair qu'ici, l'avantage conféré par l'aptitude à prendre des décisions rapides est décisif et constant, et qu'une fois prouvée la réussite de la cellule de Mauthner, son évolution naturelle devrait s'orienter bien plus vers des fonctionnements comme celui que l'on vient de décrire que vers des machines à faire de la logique.

Ainsi donc nous pensons tous comme nous le faisons pour des raisons qui découlent de l'évolution ; celle-ci sera analysée au chapitre IX, mais il est utile de savoir que, d'après François Jacob (né en 1920) [33], l'évolution consiste fondamentalement à *faire du neuf avec du vieux, comme un bricoleur.* Il devrait pourtant y avoir des exceptions : D'après la mythologie grecque, le cas d'Aphrodite ne relève pas de l'évolution, puisqu'elle est sortie directement de la mer (Égée, je suppose) sans préparation aucune et en toute beauté,

32. Voir par exemple Berthoz [2003], p. 178 et suivantes.

33. Voir plus loin, chapitre IX, section VI.

dans la gracieuse attitude où l'a représentée A. Bouguereau (1825-1905) en 1879.

Fig. 16. La naissance d'Aphrodite, par Bouguereau, 1879.

Et pourtant... en fouillant dans les tableaux de Bouguereau, j'ai trouvé la figure de gauche de ses « Nymphes » de 1878, qui avait un certain air de déjà-vu :

Fig. 17. « Nymphes », Bouguereau 1878.

Pas de doute, la figure est la même, y compris la position assez caractérisée de sa main gauche ! Très intrigué, je ne vois que deux explications possibles :

a- La naissance d'Aphrodite sortant de la mer est une supercherie. Aphrodite était une nymphe née comme tout le monde, qui, pour accéder à la dignité de déesse, a forgé le mythe de sa création *ex nihilo*.

b- Bouguereau (comme l'évolution et comme presque tout le monde) faisait parfois du neuf avec du vieux.

Sachant que les desseins des dieux et déesses dépassent largement nos idées sur la causalité, je ne saurais me prononcer sur la possibilité *a*. La *b* me semble fort vraisemblable. Quel est votre avis ?

V. LE SENS

1. Honneur et misère du métier de bouffon

Si vous utilisez un ordinateur pour écrire, communiquer, consulter la Toile, vous avez probablement observé qu'il ne se distingue pas par son sens de l'humour. Des farces, on en trouve parfois, mais ce sont des gens qui les ont préparées ; l'ordinateur ne fait que les servir ou les véhiculer. De lui-même, le maximum qu'il arrive à faire en matière de farce, c'est de se bloquer ou se mettre dans une configuration invraisemblable d'où vous ne savez pas sortir sans perdre le travail effectué les deux heures précédentes. Il fait souvent cela au moment où vous êtes le plus pressé ; certains disent que c'est justement parce que l'utilisateur est énervé qu'il provoque lui-même les farces. Je veux bien le croire, mais le résultat final est qu'il fait souvent défaut quand on a le plus besoin de lui. Ce n'est pas toujours facile de vivre avec un ordinateur.

Remarquez, avec les humains, ce n'est pas mieux. Lorsque quelqu'un émet une affirmation, la première chose à savoir pour pouvoir l'interpréter est s'il est en train de plaisanter ou non. En général, cela se déduit du contexte, notamment de la situation qui précède ou de la personnalité du locuteur. Opération hasardeuse. On sait qu'un sujet de Sa Gracieuse Majesté mettra un point d'honneur à plaisanter sans sourire, alors qu'il s'accordera le droit de sourire en faisant une affirmation ordinaire. Le risque de ridicule pour l'interlocuteur n'est pas négligeable. On n'a certainement pas ce genre de problèmes avec un Allemand ou un Américain, dont l'éclat de rire au moment opportun dictera notre conduite. Nous autres, Français, avons un type de comportement plus nuancé, selon les circonstances ; le sourire, ainsi d'ailleurs que toute mimique, faisant partie de ce jeu de l'esprit qu'est la conversation, toujours gage de supériorité intellectuelle (tiens... avez-vous deviné qui plaisante ?).

Croyez-vous qu'une fois identifiée avec succès une situation comme relevant ou non de la plaisanterie on peut l'interpréter correctement ? Non pas ! *La plaisanterie est le domaine par excellence de l'équivoque, servant à amuser, à s'amuser ou à dire l'indicible.* Eh oui ! Le fou du roi, dont le métier était d'amuser, jouissait grâce à cette ambiguïté du rare privilège de pouvoir dire la vérité sans risquer sa tête. Étant en général intelligent et lucide, il en usait volontiers, faisant passer les vérités qui dérangent pour des plaisanteries. C'est d'ailleurs la cause profonde du comportement paradoxal des Anglais évoqué ci-dessus, puisqu'ils sont, comme chacun sait, fous... de leur reine ! Non, je plaisante !

2. Communicabilité et incommunicabilité du sens. Le secret du renard

Je ne crois pas qu'il soit aisé de définir le sens. J'ai trouvé comme définition quelque part : « Le sens est un tissu de relations. » Je dirais plutôt « un tissu d'analogies ». Mais je ne crois pas que ce soit une bonne définition non plus. Il me semble qu'*on peut dire qu'une chose a un sens lorsqu'elle déclenche par analogie partielle (dans un contexte culturel ou idéologique) une autre idée.* Ce n'est pas très clair, c'est souvent ainsi avec les choses importantes ; *le sens est très important.*

Même dans des cas où le sens fait consensus, il dépend aussi du temps et de la région culturelle. Par exemple, la croix gammée est un élément ornemental qui a disparu en tant que tel en Europe après la deuxième guerre mondiale à cause de son pouvoir évocateur. À Paris, vous pouvez la voir sur certaines mosaïques à l'opéra Garnier (1875), certainement pas à l'opéra Bastille (1989). En Inde, la croix gammée est un symbole qui évoque un vers du Véda (« une Vérité, plusieurs Chemins ») ; elle est souvent présente dans les temples et les maisons.

Souvent, lorsque nous racontons un fait important pour nous, c'est *son sens* qui nous semble important. *Nous racontons le fait, mais nous voulons véhiculer son sens.* Il arrive que, une fois la chose racontée, notre interlocuteur dise « et alors ? ». Le sens n'a pas été véhiculé. Il est très difficile dans ce cas de redresser la situation, car ce qui manque sûrement est le contexte culturel ou idéologique commun.

Il convient de bien comprendre qu'il y a des cas où *le sens émerge par simple évocation.* Considérons la phrase suivante : « Jean Valjeant ne se fait pas de la justice la même idée que *le président Bush.* »

Je suppose que vous avez compris l'idée véhiculée par cette phrase ; elle est assez banale et cela ne vaut pas la peine de l'expliciter ; je l'appellerai ci-après l'idée « A ». Je dis cela car, à mon avis, il y a dans le monde beaucoup plus de gens ne déduisent pas l'idée « A » de la lecture de cette phrase que de gens qui le font, mais, puisque vous me lisez, la probabilité est très grande que vous fassiez partie du deuxième groupe. Plus précisément, il est assez probable que vous compreniez « A », et que vous commentiez que Valjeant s'écrit Valjean, que des présidents Bush, il y en a eu deux et que vous ne voyez pas de raison pour écrire *le président Bush* en italiques. Fort bien, mais ces fautes mineures ou imperfections ne vous ont nullement empêché de comprendre « A ».

Qui plus est, pour tirer l'interprétation « A », il n'est même pas nécessaire de connaître les deux personnages « Jean Valjean » et « le président Bush » ; il suffit largement de connaître l'un des deux. Ce point est absolument remarquable, puisque l'idée porte précisément sur la différence entre les deux. Il faut croire que « A » est suffisamment claire et contondante pour supporter parfaitement un énoncé largement approximatif. D'ailleurs, « A » elle-même admet des variantes : elle a à peu près le même contenu si par *le président Bush* on entend George W. Bush (né en 1946) ou George H.-W. Bush (né en 1924) ; par ailleurs, puisque Jean Valjean est un mythe, il n'est pas interdit de penser que *le président Bush* fasse allusion à un personnage également mythique, quintessence d'une famille largement connue pour ses divers choix civils et militaires, ce qui expliquerait pourquoi j'ai écrit *le président Bush* en italiques.

Quoi qu'on fasse, on arrive à peu près à la même idée, « A ». Et si je vous expliquais maintenant que non, que Valjeant s'écrit bel et bien Valjeant, que Jean Valjeant est mon voisin de palier, qui, en montant avec moi dans l'ascenseur, vient de me raconter le dernier épisode de la saga de son entreprise, dont le PDG, Monsieur Buisson, est surnommé *le président Bush* par les employés en délicatesse avec lui.

Eh bien, je suis à peu près sûr que vous ne me croiriez pas, et cela pour plusieurs raisons. La première est que cela sent trop clairement le coup monté pour vous pousser dans vos derniers retranchements et vous faire réfléchir aux raisons pour lesquelles vous avez compris « A ». La deuxième est que, si j'avais vraiment voulu vous transmettre l'idée « B » (l'information sur mon voisin et son chef), je m'y serais pris autrement, en vous mettant préalablement au courant de l'identité de Jean Valjeant et du surnom de son patron. Je pourrais vous rétorquer que c'est exactement ce que je me proposait de faire ensuite, et que c'est pour cela que j'ai écrit *le président Bush* en italiques, et que… bon, franchement, je crois que j'aurais énormément de peine à vous faire croire que mon intention était de vous faire savoir « B ». Tout compte fait, pourquoi vous raconterais-je l'histoire « B », qui ne présente aucun intérêt pour vous ?... Sauf peut-être sa ressemblance avec « A », qui peut être motif d'amusement... Il est certain que cela fait une nouvelle interprétation que j'appellerai « C », mais... on ne s'était pas aperçu qu'on était en train de plaisanter.

Au point où l'on en est, il est utile de remarquer que, si l'on ne connaît aucun des deux personnages « Jean Valjean » et « le président Bush », on peut faire une lecture dépouillée, presque de logique formelle de la phrase (interprétation D), qui serait : « Il y a au moins deux personnes qui se font des idées différentes de la justice. » Mais cette lecture est fausse, car Jean Valjean n'est pas une personne, si bien que la phrase en question n'est pas incompatible avec la possibilité que toutes les personnes se fassent la même idée de la justice.

Fig. 18. « Jean Valjean et Cosette ».

Essayons de comprendre. « B » ne présente probablement aucun intérêt pour vous, ce n'est donc probablement pas ce que je voulais vous transmettre. Mais tout compte fait, pourquoi aurais-je voulu vous transmettre l'idée « A », que vous connaissiez, et si bien que je ne parviens pas à vous convaincre que ce n'est pas cela que j'avais voulu vous dire ? Quant à « C », je vous assure que je ne suis pas en train de plaisanter (ce qui ne m'empêche pas de m'amuser à ma façon).

La clé de l'énigme est *qu'il y a des idées, comme « A », qui sont transmises par simple évocation.* Il ne s'agit pas, à proprement parler, d'une transmission de l'information, mais, comme je viens de le dire, d'une *évocation.* Lorsqu'on est suffisamment préparé (j'entends par là que les deux interlocuteurs possèdent un fonds commun de connaissances préalables, une « culture » commune, ce qui ne constitue nullement un jugement de valeur, mais une description de la situation de départ) et, le plus souvent, à l'aide d'un contexte ou ambiance appropriés, certaines idées se transmettent par simple *évocation à l'aide de symboles,* de même que le nom évoque le concept.

Chose remarquable sans doute, cette évocation peut être suscitée par un *signal nouveau,* non utilisé auparavant (comme la phrase ci-dessus, que vous avez vue ici sans doute pour la première fois), alors que l'évocation d'un concept par son nom suppose au préalable la connaissance de ce nom par les interlocuteurs. Mais je soupçonne fort cette distinction d'être fausse : c'est probablement une interprétation de personnes adultes. Lorsqu'un enfant apprend un nouveau concept, tel que « table », personne ne lui en donne la définition, ni ne lui explique ce qu'est une table. *L'idée émerge (à l'insu de l'enfant) tout naturellement* lorsqu'il a entendu associer le mot « table » à deux ou peut-être trois tables différentes.

Le sens est donc une sorte d'évocation paradigmatique dans un contexte culturel. Nous avons insisté sur le caractère partagé de ce contexte en vue de sa communicabilité. Mais en fait, le sens est beaucoup plus. *Le sens est aussi hautement opérationnel en dehors de la communication et a une grande importance pour l'individu lui-même.* C'est *un tissu de rapports structurés entre éléments*, probablement l'une des facettes de la personnalité de l'individu. Celle-ci n'est pas un agrégat d'expériences, mais de signaux simplifiés et structurés. C'est pourquoi *le sens est aussi parfaitement opérationnel dans un contexte personnel, indépendant de toute communication.* Cela ne pose aucun problème, car cela concerne des choses qui ne sont pas faites pour être partagées et néanmoins extrêmement importantes. De quoi s'agit-il ? Peu de gens le savent, car c'est un secret, *le secret du renard* :

> Adieu, dit le renard. Voici mon secret. Il est très simple : on ne voit bien qu'avec le cœur. L'essentiel est invisible pour les yeux. [...] C'est le temps que tu as perdu pour ta rose qui fait ta rose si importante. [...] Les hommes ont oublié cette vérité, dit le renard. Mais tu ne dois pas l'oublier. Tu deviens responsable pour toujours de ce que tu as apprivoisé. Tu es responsable de ta rose...
> – Je suis responsable de ma rose..., répéta le petit prince, afin de se souvenir [34].

Il s'agit là l'un des textes les plus chargés de sens que j'aie jamais lus. J'aurais eu envie de dire qu'il se passe de commentaire ; cela aurait été une erreur, car *les hommes ont oublié cette vérité :*

La vraie vision, la vraie compréhension, est celle du sens, qui renvoie à notre propre histoire personnelle, à la trace de nos actions et à la configuration précise de notre système nerveux. Le sens nous permet parfois de communiquer, parfois tout simplement d'être nous-mêmes. Le sens est sans doute l'une des catégories cognitives les plus importantes mais les moins comprises.

3. Recherche de sens et *Gestalt*

Vous avez probablement observé que je n'ai pas vraiment défini le sens. Il n'est ni facile à définir, ni à manipuler. Mais il y a des formes élémentaires du sens, sur lesquelles on sait certaines choses. Par exemple, les lois de la *Gestalt*, ou psychologie de la forme, déjà mentionnée à la fin de la section II, une théorie développée principalement en Allemagne dans la première moitié du XXe siècle, qui visait à expliquer justement comment des figures synthétiques (le sens) émergeaient de données fragmentaires et disparates. Elle avait des lois bien définies, tombées en désuétude ou plutôt intégrées dans

34. Saint Exupéry [1944], *Le petit prince*, chap. XXI.

les modernes sciences cognitives. Il y a plusieurs exemples classiques de ces phénomènes, parmi lesquels le *triangle de Kanizsa,* qui apparaît sur la figure suivante. Il n'est qu'amorcé par les entailles des trois petits cercles centrés à ses sommets, mais *on voit le* triangle entier.

Fig. 19. Triangle de Kanizsa. Le triangle est réellement perceptible, alors que la figure ne fait que le suggérer.

Sur les figures 20, *on ne voit pas de triangle* ; on peut parfaitement imaginer le triangle, comme on peut imaginer la circonférence qui passe par les trois points, si l'on veut, alors que, sur la figure 19 le triangle se présente de lui-même.

Fig. 20. Faux triangles de Kanizsa. Les triangles ne sont pas perceptibles, on peut seulement les imaginer, avec un effort mental.

Il convient de bien réaliser que dans un (vrai) triangle de Kanizsa, le triangle (au sens ordinaire) n'est que suggéré, et pourtant bien perceptible. À mon avis, cela constitue un excellent modèle du phénomène du sens. *Lorsque les sommets ont les dimensions et l'orientation appropriées, leur relation est naturellement perceptible, exhibant implicitement une structure synthétique autre que les trois sommets : c'est le sens.*

En comparant les faux et vrais triangles de Kanizsa, on peut se faire une *idée allégorique* de ce qu'est la *recherche de sens.* Si l'on a le faux triangle (a) à gauche de la figure 20, on peut *développer* les éléments dont on dispose pour obtenir le vrai triangle de Kanizsa. De même, il suffit de *modifier l'orientation* des éléments du faux triangle de droite (b) pour en faire un vrai triangle de Kanizsa. En clair, *dans certaines situations, il suffit de changer un peu notre façon de voir certains éléments et éventuellement de les développer, pour qu'un sens reliant ces éléments émerge de façon quasi naturelle.* C'est une activité cognitive très courante, qui se présente, par exemple, lorsque nous nous demandons « Qu'a-t-il voulu dire avec ça ? » La solution de l'énigme, lorsqu'elle est trouvée, fait intervenir « ce qu'il a dit » et d'autres choses, détails ou circonstances passées inaperçues, qui, une fois manipulées convenablement, nous livrent le message. Nous reviendrons dans la prochaine section sur cette image allégorique, qui me semble constituer une bonne description de nombre de situations se présentant en recherche scientifique.

VI. LA PENSÉE DANS LES SCIENCES. L'INVENTION COMME RECHERCHE DE SENS

L'activité cérébrale des scientifiques dans l'exercice de leur profession ne diffère pas fondamentalement de celle du reste des humains. Il y a clairement des particularités, mais cela concerne toutes les professions ou types d'activité. Mis à part les éléments innés (avec toutes les nuances et subtilités entre inné et acquis que nous avons signalé à la section I), la plasticité cérébrale modifie, tout le long de la vie, l'architecture même du cerveau, faisant et défaisant, nous construisant et détruisant comme conséquence de notre activité mentale. Quand cela concerne une activité suivie, professionnelle, on dit parfois qu'on a une *déformation professionnelle.* Pourquoi déformation et non pas formation ou spécification ? Parce qu'en se spécialisant sans doute on perd quelque chose, la généralité, ce que l'on partage avec tout le monde, ceux qui ont une autre spécialité ou pas de spécialité du tout.

Mais cette appréciation est extrêmement subjective. Ce que nous appelons « comme tout le monde » dans la France de ce début du XXIe siècle a très peu à voir avec le contenu de cette notion pour un sujet du Roi Soleil ou un Indien amazonien actuel. Cela concerne bien entendu la façon de voir les choses, mais aussi ce qui en émane, *la logique.* Nous avons vu[35] que la croyance en une « intelligence générale innée » constituait l'erreur fondamentale de Spearman et Burt, qui doit raisonnablement être remplacée par une diversité de capacités et prédispositions dans la constitution de chacune desquelles inné et acquis s'enchevêtrent subtilement.

Naturellement, cela ne veut pas dire qu'un scientifique soit n'importe qui adéquatement déformé (ou formé). Le terme « déformation professionnelle » est probablement inapproprié, puisqu'avant d'être déformé par une profession, on l'a choisie, de façon plus ou moins heureuse, en fonction de causes complexes, parmi lesquelles on compte ou devrait compter les goûts, capacités et dispositions de l'intéressé. Le résultat final, que j'ai essayé de décrire au chapitre III, section VI « Chercheurs et génies », est assez varié, ce qui est très heureux, car c'est la diversité des capacités des chercheurs qui rend possible une science vivante, variée et fructueuse.

Il y a une grande diversité dans les sciences actuelles, et les « déformations professionnelles » qu'elles entraînent sont très diverses. Un mathématicien sera certainement plus enclin à formaliser des schémas qu'un biologiste, car il s'y trouvera à l'aise, mais il n'existe pas une façon de penser spécifiquement scientifique, ni une pensée associée à telle ou telle science. *La pensée des scientifiques est comme toute pensée, fortement analogique, émotionnelle et inconsciente.* Cette affirmation

35. Chapitre I, section VI ; voir aussi la section I du présent chapitre.

pourra choquer certains, y compris des scientifiques ; elle mérite d'être développée et expliquée, ce que nous essayerons de faire par la suite [36].

Il existe peu de travaux sérieux et fiables sur la façon dont les scientifiques réfléchissent pour faire avancer leur science. Les biographies ou autobiographies des scientifiques abondent, mais elles sont très opaques sur ce point. D'une part, rares sont les scientifiques, y compris les plus éminents, qui soient capables de décrire, sur un pied d'égalité, leurs échecs et leurs succès. Pas seulement par vanité ou manque de sincérité, mais parce que du point de vue de chacun, les échecs sont souvent des succès manqués, la plupart des erreurs ne le sont pas, ils ont au moins leur part de vérité et ce sont les contradicteurs (censés ne pas avoir compris) qui les prennent pour des échecs. On dit dans le milieu scientifique que *tout chercheur est meilleur que ce que pensent ses collègues et moins bon que ce qu'il pense de lui-même*. Il y a beaucoup de vrai dans cela ; si vous n'êtes pas scientifique, vous pourrez comprendre pourquoi en revenant aux « coups d'œil sur l'histoire » du chapitre I. Mais d'autre part, *de larges plages de l'activité de recherche, parmi les plus essentielles, sont inconscientes.*

Le mathématicien Jacques Hadamard (1865-1963), alors âgé de presque 80 ans, a écrit, pendant son exil aux États-Unis lors de l'Occupation, un ouvrage [37] absolument remarquable sur la psychologie de la recherche en mathématiques. Il n'a pas pris une ride en plus de soixante ans ; qui plus est, ses traits généraux dépassent largement le cadre de cette science, et sont en conformité avec les connaissances développées depuis par les sciences cognitives.

Hadamard insiste beaucoup sur les trois étapes de la réflexion menant à la résolution d'un problème (au sens large : il peut s'agir, suivant les cas, soit d'un problème bien précisé, soit de la recherche

---

36. Dans le cas des mathématiques, on consultera avec profit Byers [2007], *How mathematicians think. Using ambiguity, contradiction and paradox to create mathematics.*
37. Hadamard [1945].

de l'explication d'un phénomène, soit de la construction d'une « théorie » rendant cohérents des faits connus).

Une première phase, consiste à poser explicitement le problème et manipuler les connaissances préalables jugées pertinentes pour sa résolution ; cette étape est naturellement consciente ; sa durée et ses modalités sont très variables. Si la solution apparaît lors de cette phase, le problème est considéré comme facile du point de vue de la recherche, sinon, il est inutile de s'acharner indéfiniment dès que l'on ne constate pas de progrès. On peut avantageusement passer à autre chose, se détendre, lire des choses sans rapport évident avec la question traitée. *Si le travail de la première phase a été suffisamment engagé, il continuera sous forme inconsciente lors de cette deuxième phase.*

Parfois, en revenant à une étude explicite de la question, on ne la voit pas tout à fait de la même façon, on s'oriente plutôt vers un certain type d'explication au détriment d'autres[38]. Plus précisément, et ce point est crucial, *le moment où la solution apparaît en tant que telle (le « eurêka », ou « l'illumination ») n'intervient en général pas durant les phases de travail explicite, mais plutôt à des moments de relâchement intellectuel.* Il convient de signaler que le « eurêka » n'est pas la solution elle-même ; il faut en général un travail de *vérification et construction explicite,* naturellement conscient (c'est la troisième phase) pour résoudre le problème.

Il convient, au point où nous en sommes, d'expliquer un peu en quoi consiste la résolution d'un problème ou, plus généralement, une découverte (grande ou petite). Ce point est très important pour comprendre ce qu'est la recherche. Si vous n'êtes pas chercheur, le terme « problème » évoque probablement pour vous ces sortes d'exercices assez compliqués que des professeurs de mathématiques utilisent pour faire réfléchir, manipuler les connaissances et tester le niveau

38. C'est très général : on connaît bien le « consulter avec l'oreiller » pour prendre une décision importante. Suzanne Madelain (1911-2007), épouse du mathématicien André Lichnerowicz (1915-1998) aimait dire que « la chose qui ressemble le plus à un mathématicien qui travaille est un mathématicien qui dort ».

et les capacités des élèves. Or, rien n'est plus éloigné d'un véritable problème de recherche (en mathématiques ou en toute autre science).

Il y a, bien entendu, une différence de taille, de difficulté, mais là n'est pas, et de loin, l'essentiel. La différence fondamentale est que les problèmes destinés aux élèves ont une solution (et très souvent une seule), mettant en œuvre les connaissances acquises… à moins que le professeur qui les a préparés ne se soit trompé, ce qui arrive parfois. Au contraire, *dans un problème de recherche, surtout si c'est un vrai problème, on ne sait pas s'il y a une solution, ni quelles sont les connaissances à mettre en œuvre pour le résoudre, ni, le plus souvent, quel en est l'énoncé exact.*

Dans la recherche, il s'agit, sous une forme ou une autre, d'établir des relations entre un « fait nouveau » (on peut appeler cela un résultat) et les connaissances préalables. Ces relations peuvent être de nature très diverse, démonstration (dans les mathématiques), analogies ou toute autre, mais en tout cas, elles conduisent à *un réseau intelligible de cohérence avec d'autres faits. La découverte et l'invention s'inscrivent dans le cadre de la recherche de sens* que nous avons traitée dans la section précédente. Précisément, le processus de découverte peut être schématisé, y compris dans les trois étapes que l'on vient de décrire, en l'assimilant à la construction d'un triangle de Kanizsa.

Comprendre un fait nouveau consiste à l'intégrer dans le réseau des faits connus en l'y attachant par des relations acceptables dans le cadre de la science considérée. Les éléments connus peuvent être assimilés à un grand nombre de « sommets de triangles » existants. Le fait nouveau est un « nouveau sommet ». *A priori*, il est incongru avec les précédents ; il n'est nullement évident qu'il puisse « former triangle » avec certains d'entre eux.

La première phase du travail de recherche consiste à faire une prospection parmi les sommets des triangles existants en essayant de les modifier et adapter (ce que l'on peut schématiser par les faire tourner, les agrandir, etc.) en recherchant la possibilité de les faire former un triangle de Kanizsa avec le fait nouveau. Les possibilités sont nombreuses ; quand une tentative échoue, on en essaie d'autres, éventuellement éloignées des initiales. *Il est ici essentiel de comprendre que la possibilité de construction d'un triangle implique non seulement des modifications et des développements du nouvel élément que l'on essaie d'intégrer aux connaissances, mais aussi, le plus souvent, des modifications et des développements de ces connaissances préalables considérées (à tort) comme définitivement acquises*[39]. *Ce stade comporte essentiellement des modifications et restructurations des connaissances acquises. Cette phase comporte le plus souvent des parties inconscientes.*

Dans le cas où la recherche de sens a du succès, la fin du travail comprend deux phases. Dans un premier temps, on aperçoit un triangle de Kanizsa formé par le fait nouveau et deux autres sommets existants (mais modifiés). Cela signifie que l'*on aperçoit la possibilité réelle d'une structure causale à caractère synthétique*, dont les modalités effectives et les détails ne sont pas explicitement pris en compte. *C'est le « eurêka »*. Ensuite, le travail s'achève par la construction effective des côtés du triangle (les relations de causalité et les détails sont explicités) ; c'est l'étape de *vérification*, où le « triangle de Kanizsa » aperçu devient un vrai triangle avec des côtés complets.

39. Un exemple de cette situation est décrit dans Y. Jeannin [2009]. Lors de la découverte de l'argon au cours de recherches sur les propriétés de l'azote, il a fallu reconsidérer le tableau périodique des éléments, qui, sous sa forme préalable, n'avait pas de place pour un nouveau candidat avec les caractéristiques de l'argon.

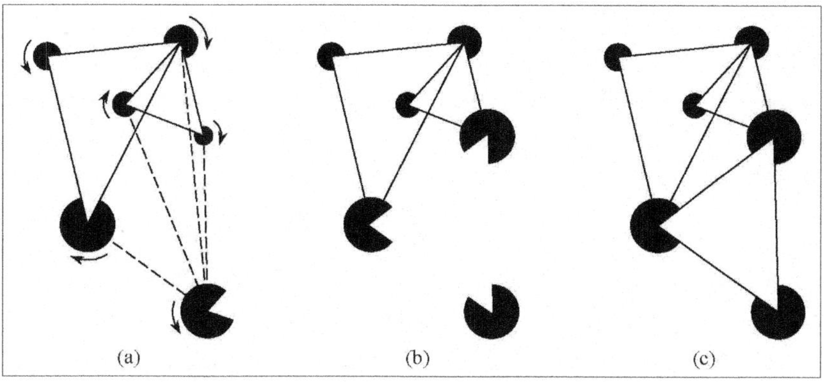

Fig. 21. Les étapes de la découverte.

a) Préparation. Il y a un élément non relié à d'autres (qui sont structurés entre eux). Les lignes en pointillé sont des tentatives de liaison. Les éléments sont développés et modifiés (flèches de rotation) à la recherche d'une structuration possible.

b) Eurêka. La possibilité d'un nouveau triangle reliant l'élément isolé aux autres apparaît (triangle de Kanizsa).

c) Vérification. Le triangle de Kanizsa (en cas de succès) devient triangle complet. On observe que la configuration des éléments précédents a été modifiée par rapport à la situation a.

Il va sans dire que la nature des relations constituant les « côtés des triangles » est celle acceptée dans le domaine scientifique en jeu. En mathématiques, ce seront des démonstrations, en paléontologie, des filiations plausibles de l'évolution des organismes. Mais dans tous les cas, un point est fondamental : *il ne faut pas confondre le « triangle de Kanizsa » et le triangle complet correspondant. Le premier constitue une vision synthétique de la structure liant les divers faits, qui survole les détails et les vérifications. Ces détails et vérifications sont la matière du vrai triangle, qui doit être analysé point par point, réifiant ainsi l'attachement des sommets, ce qui n'implique pas nécessairement la prise de conscience de la forme triangulaire elle-même.*

La distinction qui vient d'être signalée a une portée dépassant largement le cadre des deux phases distinctes du processus de découverte scientifique. C'est aussi *la différence entre une lecture ligne à ligne et la compréhension d'un texte.* Dans le domaine même des sciences et en particulier des mathématiques, *Hadamard insiste lourdement sur le fait que l'on peut suivre et vérifier tous les détails d'une démonstration (et donc se convaincre de sa véracité et même de sa force démonstrative) sans la comprendre comme un tout* et en restant donc loin de la pensée de l'auteur de la démonstration, encore plus de la possibilité de la reconstruire de façon autonome. C'est, bien entendu, le cas de certains étudiants, souvent rapides et brillants, qui manquent de profondeur et donc de capacités pour la recherche. Il est aussi notable à ce propos que les démonstrations faites par ordinateur (manipulation logique d'un nombre extrêmement élevé de cas) sont rejetées par maints mathématiciens sous prétexte qu'on ne voit pas « pourquoi » (voir par exemple Davies [2007], page 88). Il est clair qu'on exige d'une démonstration la cohérence logique avec d'autres vérités. On pourra aussi se référer à Berthoz ([2009] page 125) : un mathématicien peut expliquer une notion de géométrie d'un mouvement de la main mieux qu'une équation.

Pour en revenir au processus de découverte, la première phase, celle de recherche de « tentatives de construction de triangles de Kanizsa » comporte, de toute évidence, des comparaisons et des choix. Le passage à la phase suivante (l'eurêka) constitue précisément *un choix.* Hadamard est très explicite sur ce point, allant jusqu'à dire que *l'invention est un choix.* Il s'agit de savoir quel est le critère de ce ou ces choix. Ceci est très important, car nous avons vu que, en pratique, *certains de ces choix se font de manière inconsciente.* Pour Hadamard, du moins dans le cas des mathématiques, le critère du choix est la beauté. Autrement dit, seules sont retenues les belles combinaisons (les mathématiciens disent souvent « élégantes »).

Je ne suis pas sûr de suivre Hadamard sur ce point. *Je dirais plutôt « harmonie » ou « cohérence » que « beauté ».* Le choix de la beauté me semble constituer une dérive trop exclusivement pythagoricienne[40]. « Harmonie » ou, mieux encore, « cohérence » seraient des termes

40. Allusion aux trois éléments de la « troïka de Pecker » développée au chapitre II, section IV. Nous y avons vu précisément qu'il y a d'autres motivations possibles.

plus neutres laissant la place aux motivations variées du chercheur. *Je ne pense pas que tous les chercheurs fassent des choix sur le même critère ; et c'est très heureux, car c'est pour cela que des chercheurs ayant la même préparation, attaquant le même problème, obtiennent des résultats divers* (mais compatibles, bien entendu). Je crains néanmoins que « cohérence » ne soit dans ce cas purement tautologique (on retient ce qui a des chances d'aboutir...).

Un autre point de grand intérêt est la constatation que *le « eurêka » intervient souvent à des moments où l'attention est relâchée.* Cette propriété quelque peu paradoxale du travail créateur semble assez générale, dépassant largement l'activité scientifique. Le ténor Roberto Alagna[41] (né en 1963) explique comment il avait mis à profit ses insomnies pour préparer une première ébauche du livret d'un nouvel opéra, qui devait ensuite être développé par son frère. La soprano Régine Crespin (1927-2007) expliquait aussi comment la recherche acharnée du son juste hantait ses nuits : « D'ailleurs, si paradoxal que cela puisse paraître, mon meilleur travail a toujours été celui que je fais sans chanter, dans ma tête, dans mon imagination, dans mon âme, la nuit.[42] » Il est bien connu également que le relâchement de l'attention a une importante influence sur la sincérité (« in vino veritas »).

Voici une tentative d'explication de ce phénomène : Un processus inconscient ou semi-conscient a été enclenché par une préparation consciente fortement directive. *La conscience agirait comme un vecteur portant, en même temps que les données du problème, des consignes de résolution héritées de la connaissance de problèmes analogues. Ces dernières seraient donc inhibitrices, interdisant une réelle originalité. Le relâchement de l'attention autoriserait une liberté d'action débridée admettant de nouvelles combinaisons réellement novatrices, mais dépourvues d'ossature logique.* Autrement dit, dans un processus conscient, on cherche des vrais triangles, qui, nous l'avons vu, sont incompatibles stricto sensu avec les éléments connus préalablement.

41. Interview dans « Opéra magazine » n° 21, sept. 2007, p. 8-12, et plus précisément p. 10.

42. Crespin [2007], p. 192-193.

Un relâchement de l'attention permettrait une vision approchée de ces connaissances, autorisant des images floues compatibles avec l'existence de triangles de Kanizsa, (pas de triangles complets ; c'est pourquoi l'eurêka nécessiterait une phase ultérieure de vérification, de passage aux vrais triangles).

Une curieuse propriété de l'activité de recherche en mathématique (assez connue, et d'ailleurs signalée par Hadamard) semble liée à ce qui précède : *un bon mathématicien fait en général des erreurs dans ses raisonnements, mais il s'en aperçoit lui-même* (à la différence d'un mauvais mathématicien) ; *il sent que quelque chose ne va pas.* La raison en est certainement que, lors d'une erreur, l'enchaînement logique perd le contact avec le sens synthétique (qu'un bon mathématicien a toujours présent à l'esprit), alors qu'un mauvais mathématicien est polarisé sur un travail acharné de vérification analytique[43].

Une autre facette de cette question, proche de la précédente, est le phénomène très paradoxal souvent constaté que *trop de connaissances peuvent nuire à la découverte*[44]. À mon sens, il s'agit le plus souvent de *trop de connaissances rigides, dogmatiques, incapables de la nécessaire adaptation au phénomène nouveau, et non de connaissances souples, avides d'une évolution vivifiante. Mais dans certains cas, le manque de maîtrise d'une technique peut être un incitatif pour « s'y prendre autrement », pour développer une autre technique originale.* J'exposerai plus loin (chapitre VIII, au début de la section IV.2) une telle situation et les raisons qui y ont conduit.

---

43. Il y a un moyen de détecter les capacités pour la recherche d'un jeune élève (à utiliser avec modération, discernement et souplesse). Il consiste à demander à l'élève de démontrer une propriété fausse. Un mauvais élève démontrera rapidement que la propriété est vraie. Un bon reviendra quelques jours après avouant qu'il n'arrive pas à la démontrer, un très bon ajoutera qu'il a des doutes sur la véracité de la propriété, un excellent aura démontré qu'elle est fausse.

44. Un exemple parmi tant d'autres : Graham Bell disait que c'était son manque de connaissances d'électricité qui lui avait permis d'inventer le microphone (cité par Y. Jeannin [2009], p. 89).

Dans un ordre d'idées assez proche, il y a lieu de souligner le caractère opportuniste et la débrouillardise que revêt souvent la découverte. Citons ici Charles Nicolle (1866-1936)[45] :

> Le génie est ici distingué de l'intelligence. L'homme marqué de l'aptitude au génie a une mécanique intellectuelle moins bien disciplinée que les hommes d'intelligence bien ordonnée, mais il sait à l'occasion saisir ce qui échappe aux autres. Certes, il faut qu'il soit servi par le hasard ; mais ceux qui n'ont pas l'esprit de découverte laissent l'occasion se perdre ; la plupart de ceux qu'elle visite ne la voient pas.

Cette thématique donne un éclairage nouveau à la fameuse phrase de Pasteur concernant la recherche : « La chance ne sourit qu'aux esprits bien préparés. » Le « sourire de la chance » ne serait rien d'autre que le hasard saisi par le sujet, hasard qui se serait également présenté à d'autres, incapables de l'identifier comme un triangle de Kanizsa.

Je voudrais, avant d'abandonner ces intéressantes et litigieuses considérations[46], faire deux remarques. La première est que tout cela ne fournit aucune recette magique pour découvrir. Chaque découverte est unique, et, bien entendu, il serait naïf de penser que pour obtenir des eurêkas, le mieux est de prendre des vacances. La seconde est que seule la phase de vérification finale justifie le tout. *L'eurêka est très important, mais il se présente aussi (en fait, le plus souvent[47]) dans des cas conduisant à des échecs* ; ce sont des *eurêka-mirage*, incompatibles avec une vérification rigoureuse. Parfois la vérification est infructueuse, sans apparaître comme impossible. On en reste à l'eurêka

---

45. Nicolle [1932], p. 35.

46. Qu'il convient d'ailleurs de corréler avec les considérations, d'un autre ordre, du chapitre III, section VI, « Chercheurs et génies ».

47. Ce point a été traité explicitement dans Kœstler [1964], en particulier section 9 « L'étincelle et la flamme ». Il cite (page 213) une enquête auprès de chimistes où 83 % affirmaient avoir souvent des intuitions inconscientes, mais dont seulement 7 % disaient qu'elles étaient toujours correctes. Il cite aussi (page 214) Faraday, pour qui au plus 10 % des suggestions, espoirs, vœux, et conclusions préliminaires se réalisaient.

sans suite ; on ne parle alors pas d'un résultat, mais d'une *conjecture.* Certaines le restent longtemps, d'autres basculent par des travaux ultérieurs dans les catégories des échecs ou des résultats. Mais il est clair que *les eurêkas intuitifs font partie du mode de fonctionnement usuel de l'activité cognitive de recherche.*

Il y a lieu de signaler que probablement ce type de schémas s'applique également à des processus de création intellectuelle autres que la recherche scientifique (nous avons déjà cité des chanteurs). *Le travail de composition de Frédéric Chopin (1810-1849)*, que nous connaissons par le témoignage de George Sand (1804-1876) [48], *répondait exactement au même schéma.* Lors d'une promenade ou à autre moment de détente, parfois au piano, Chopin avait l'inspiration soudaine d'une mélodie, dont la transcription effective sous la forme d'une partition structurée lui demandait un pénible travail conscient, s'étendant parfois sur plusieurs mois, où il ne cessait de raturer, de corriger. C'est, avant la lettre, l'eurêka et la vérification de scientifiques transposés dans un autre domaine, qui suivent une incubation présente de toute évidence dans la vie d'un compositeur [49]. *La conception du sens semble toujours précéder et guider la construction effective.*

Nous avons traité jusqu'ici le processus de la découverte en tant qu'activité psychologique individuelle. Dans les cas, de plus en plus usuels, de *travail en équipe*, peuvent intervenir de nombreux cas de figure. Souvent, un ou deux meneurs conduisent les facettes comportant des choix, les autres chercheurs étant plutôt impliqués dans les travaux de préparation et vérification. Il se peut aussi que les discussions en groupe facilitent l'émergence d'idées nouvelles précisément en ce que les divers points de vue donnent une image

---

48. George Sand, *Histoire de ma vie.*

49. Le cas bien connu de Mozart semble faire exception. À la suite au coup d'inspiration, il écrivait directement la partition d'une symphonie.

moins figée des connaissances acquises, facilitant leur adaptation à des relations nouvelles [50].

Il y a pourtant un témoignage extrêmement intéressant d'un résultat du plus haut niveau (couronné du prix Nobel de physiologie et médecine en 1965) dont la genèse répond au *schéma ci-dessus, tout en étant une collaboration très imbriquée.* François Jacob (né en 1920) raconte dans « La Statue intérieure » (Jacob [1987] p 331-343) l'illumination soudaine qu'il a eue un dimanche de juillet 1958 pendant une séance de cinéma. Quand il a essayé de communiquer sa conjecture à Jacques Monod (1910-1976) (un partenaire plus chevronné), il s'est heurté d'abord à un mur de scepticisme et convictions, qui céda la place le lendemain à un intérêt très actif et impliqué. Ils ont discuté d'arrache-pied et réfléchi ensemble plusieurs jours durant. Il est apparu au cours de ces discussions que le schéma initial de Jacob n'était pas totalement correct, il fallut le corriger et, bien entendu, le vérifier, dans la collaboration la plus étroite.

Dans ce témoignage de F. Jacob, on trouve également une *description magistrale de la démarche du chercheur*, qui éclaire sous un autre angle les considérations qui précèdent (Jacob [1987], p. 250 -251) :

> Contrairement à ce que j'avais pu croire, la démarche scientifique ne consistait pas simplement à observer, à accumuler des données expérimentales et à en tirer une théorie. Elle commençait par l'invention d'un monde possible, ou d'un fragment de monde possible, pour la confronter, par l'expérimentation, au monde extérieur. C'était ce dialogue sans fin entre l'imagination et l'expérience qui permettait de se former une représentation toujours plus fine de ce qu'on appelle la réalité.

Dans le même ordre d'idées, F. Jacob a élaboré aussi les concepts très pertinents et éclairants de *« science de jour et science de nuit »*. Je cite (Jacob [1987], p. 329-331) :

---

50. Voir, par exemple, à ce propos M. Carrier [2009], en particulier p. 109-110 et ses références.

> La science en voie de se faire, elle, a deux aspects. Ce qu'on pourrait appeler science de jour et science de nuit. La science de jour met en jeu des raisonnements qui s'articulent comme des engrenages, des résultats qui ont la force de la certitude. [...] Consciente de sa démarche, fière de son passé, sûre de son avenir, la science de jour avance dans la lumière et la gloire. La science de nuit, au contraire, erre à l'aveugle. Elle hésite, trébuche, recule, transpire, se réveille en sursaut. Doutant de tout, elle se cherche, s'interroge, se reprend sans cesse. C'est une sorte d'atelier du possible où s'élabore ce qui deviendra le matériau de la science. Où les hypothèses restent sous forme de pressentiments vagues, de sensations brumeuses. [...] Où la pensée chemine à travers des voies sinueuses, des ruelles tortueuses, le plus souvent sans issue. [...] Sans s'arrêter, il [l'esprit] passe de l'espoir à la déconvenue, de l'exaltation à la mélancolie. Rien ne permet de dire que la science de nuit passera jamais au stade de jour. [...] Dans l'interminable dialogue intérieur, parmi les innombrables suppositions, rapprochements, combinaisons, associations qui sans cesse traversent l'esprit, un trait de feu parfois déchire l'obscurité. [...] Après le premier choc commence un dur combat avec les habitudes de pensée. [...] Rien encore n'autorise à dire si l'hypothèse nouvelle dépassera sa forme première d'ébauche grossière pour s'affiner, se perfectionner. Si elle soutiendra l'épreuve de la logique. Si elle sera admise dans la science de jour.

La longue citation qui précède constitue la plus magistrale description que je connaisse de la démarche du chercheur. On peut y voir aussi une description (un peu allégorique, faute de mieux) des modèles mentaux en œuvre dans la science de nuit. En se référant à la section IV, il est clair qu'il s'agit fondamentalement de modèles mentaux de type analogique, loin des modèles mentaux complets (Johnson-Laird) qui manifestement ne sont utilisés que de façon occasionnelle dans la science de nuit.

La science de jour est bien plus tributaire des lois en vigueur dans le domaine scientifique considéré. Lois de la logique, modèles mentaux de Johnson-Laird et autres instruments « rigoureux » seront sans doute à l'œuvre en mathématique, alors que les sciences naturelles chercheront plutôt leur légitimité dans l'expérience. La science se fait comme on peut ; la science de nuit n'a pas, de par sa nature même, de règles ; chaque chercheur travaille à sa façon, ce qui constitue un formidable atout de possibilités. « *Pour résoudre un même problème, chacun de nous a sa propre façon d'activer ses neurones et d'organiser son raisonnement.* [51] »

Pour clore cette section, il me semble utile de donner une liste des découvertes importantes que je connais dont la genèse relève de l'illumination soudaine. Elles concernent les mathématiques, la physique et la biologie :

– Archimède (287-212 av. J.-C.) (mathématiques ou physique). Loi de la flottabilité des corps, dont le fameux « eurêka » est de nos jours synonyme d'illumination soudaine.
– I. Newton (1643-1727) (mathématiques ou physique). Loi de la gravitation.
– H. Poincaré (1854-1912) (mathématicien). Découverte des fonctions fuchsiennes. C'est le plus classique et explicite des exemples. Poincaré a donné une description très détaillée d'une sorte de rêve éveillé qu'il a eu pendant la nuit (Hadamard, [1945]).
– L. Schwartz (1915-2002) (mathématicien). Découverte des distributions. « La plus belle nuit de ma vie » dans « Un mathématicien aux prises avec le siècle » (Voir Schwartz, [1997]).
– W.-R. Hamilton (1805-1865) (mathématicien). Découverte des propriétés fondamentales des quaternions (le 16 octobre1843). Cité par Davies [2007], page 56.
– F. Jacob (né en 1920) (biologiste). Mécanismes génétiques des bactéries et bactériophages (Commenté ci-dessus). Jacob [1987], p. 331-343.

51. Vidal [2008], p. 20.

– C. Nicolle (1866-1936)[52] : (biologiste). Identification du pou comme agent propagateur du typhus[53].

Il est utile de signaler que l'un des exemples le plus cité d'eurêka semble être une supercherie. Il s'agit de A. Kékulé (1829-1896) (chimiste). Structure cyclique de la molécule de benzène. Il prétendait avoir eu l'idée à la suite d'un rêve, un peu analogue à celui de Poincaré. En fait, il avait lu le résultat dans un livre publié quelques années avant par un obscur collègue (voir Di Trocchio [1995], p. 280-282). On trouvera dans le livre « Comment l'esprit vient aux savants » (Brezinski [2007]) un grand nombre de témoignages de chercheurs sur les divers points évoqués dans cette section.

52. Nicolle [1932], p. 35.

53. Il prétendait que cette illumination ne faisait pas suite à un travail inconscient de préparation. Les idées de Nicolle sur la recherche sont assez insolites et méritent d'être interprétées à la lumière de nos connaissances actuelles des processus cognitifs. On pourra consulter C Nicolle [1932], et l'article Fagot-Largeault [2009].

VI

Interaction, causalité non instantanée et systèmes dynamiques

Nous traitons dans ce chapitre de formes de causalité faisant intervenir explicitement le temps : les conséquences ne suivent pas immédiatement les causes, en fait les causes impliquent des modifications de l'état du système, dont l'effet cumulatif donne l'évolution temporelle, *toujours marquée par l'état initial*. Ces systèmes impliquent en général des *agents divers en interaction*. Nous traitons principalement le cas de deux agents. Nous développons, en tant que modèles, les systèmes linéaires prédateur/proie, et de coopération (symbiose) ainsi que le système non linéaire de l'émetteur à lampe triode. Lorsqu'il y a au moins trois éléments en interaction et que leurs relations sont non linéaires (effets non proportionnels aux causes), l'évolution du système dans l'avenir lointain, tout en étant déterminée, peut ne pas être complètement prévisible à partir d'une connaissance approchée de l'état présent (*chaos déterministe*). Ce chapitre s'articule naturellement avec le suivant sur la dialectique, à laquelle il fournit des exemples, des analogies et une base scientifique.

I. LES FORMES ÉLÉMENTAIRES DE L'INTERACTION DYNAMIQUE

Cette section est consacrée à la description des briques élémentaires de l'interaction : le système est linéaire (proportionnalité des effets et des causes) et se compose de deux parties dont chacune agit sur l'autre (et pas sur elle-même) ; suivant la nature symétrique ou anti-symétrique de ces interactions, on a des évolutions de type coopération ou prédateur/proie.

1. Système prédateur-proie 1. La vie aventureuse des Felix adorabilis et des Mus mickeïus

Nous allons étudier et expliquer l'évolution d'un type très simple de systèmes prédateur-proie[1]. Nous allons, en fait, construire un « modèle » du système. Un modèle est une définition simplifiée du comportement du système, que l'on étudie, grâce à sa simplicité, de façon plus ou moins complète. Si le modèle est convenablement défini, son évolution décrit (de façon à peu près fidèle et dans certaines limites) celle du système réel. S'il apparaît par la suite que l'évolution du système réel diffère substantiellement de celle du modèle, on considérera le modèle comme trop grossier, ou inadapté au type de phénomènes envisagés.

Considérons deux populations de mammifères, les uns prédateurs carnassiers, les autres proies, rongeurs, par exemple. Nous leur donnerons des noms, mais, pour bien marquer qu'il s'agit d'un modèle et non pas des populations d'animaux réels, nous inventerons des noms fictifs pour les désigner, tout en respectant, pour « faire vrai » les règles habituelles, dont l'invention remonte à C. Linné (1707-1778), de deux noms latins, le premier (avec une majuscule) désignant le genre et le deuxième l'espèce. Prenons pour les prédateurs « Felix adorabilis » et pour les proies « Mus mickeïus ». Vous trouverez peut-être ceci artificieux, pédant et inutile : pourquoi ne pas dire « chat » et « souris » comme tout le monde, ou, à la rigueur, « Felix silvestris » et « Mus musculus » comme les biologistes ? Eh bien, non.

---

1. Il s'agit ici d'un système linéaire extrêmement simple. Une théorie non linéaire bien plus raffinée est celle du système de Lotka-Volterra (voir par exemple Hirsch and Smale [1974], chapitre 12, section 2) ; notre système est précisément la linéarisation de celui de Lotka-Volterra au voisinage de la position d'équilibre. Il convient aussi de signaler que le système que nous présentons ici (dit de « l'oscillateur linéaire ») est équivalent à celui du mouvement du pendule en termes de position et vitesse.

L'une des fautes déontologiques les plus répandues chez les scientifiques consiste à identifier les modèles avec la réalité objective (c'est l'une des formes de la génération de l'idéalisme dans les sciences, que nous avons commentée au chapitre II, section III). Je tiens absolument à signaler que les « Felix adorabilis » et les « Mus mickeïus » ne sont rien d'autre que les acteurs de la fiction (le modèle) que l'on va présenter, quelque chose que l'on peut apparenter à des sirènes et à des centaures ; faute de réalité objective, ils sont fort sympathiques, car ils se plient de bonne grâce à la volonté de celui qui décrit leur comportement.

Dans une île vivent deux populations stables de Felix adorabilis et de Mus mickeïus. Chacune a ses habitudes alimentaires, de reproduction et autres. Bien entendu, les « Felix adorabilis » mangent de temps en temps des « Mus mickeïus », mais cela ne constitue pas un obstacle à la coexistence de deux espèces (il n'en va pas de même pour certains individus de Mus mickeïus) car une foule de complexes raisons écologiques s'en mêlent. *Notre hypothèse de départ est que les deux populations sont depuis longtemps stables sur l'île* ; *elles sont en état d'équilibre.*

Imaginons maintenant qu'à un certain moment (qu'on appellera l'instant 0, à partir duquel on commencera à compter le temps), on modifie les populations par une intervention externe. Par exemple, on ajoute ou l'on prélève un certain nombre significatif de Felix adorabilis ou de Mus mickeïus, ou les deux à la fois. Il est clair que l'équilibre va disparaître, du moins pendant un certain temps d'adaptation ; après… on ne voit pas très clair… Construisons justement un modèle plausible des événements.

Désignons par x et y, les excès de populations (nombre d'individus de Felix adorabilis et de Mus mickeïus respectivement) par rapport aux populations lors de l'équilibre. Naturellement, un déficit est un excès négatif. Ces nombres (assez grands, pour permettre raisonnablement de globaliser les phénomènes) dépendront du temps. De façon plus précise, à chaque instant t, les excès du nombre d'individus seront désignés par x(t) et y(t). Cela se lit « x de t » et « y de t ». On appelle cela deux fonctions du temps. Ce sont les inconnues du problème ;

nous connaissons seulement les quantités x(0) et y(0), qui sont naturellement les excès des deux populations immédiatement après l'intervention perturbatrice de l'équilibre.

Comment va évoluer y(t) ? Il est clair que lorsque x(t) est positif, cela va augmenter le taux de mortalité des Mus mickeïus, et le contraire naturellement lorsque x(t) est négatif. La variation de y(t) par unité de temps (ou « dérivée par rapport au temps » de y(t), comme on dit en mathématiques, ce qui revient au même, pourvu que cette unité soit petite) sera proportionnelle à x(t), étant entendu que la dérivée sera négative pour x(t) positif. En désignant par y'(t) la dérivée de y(t), il y aura un coefficient négatif c tel que y'(t) = cx(t). Ce coefficient négatif c sera supposé constante (c'est cela la proportionnalité). La valeur même de ce nombre n'est pas absolument nécessaire pour l'étude qualitative du problème ; par contre, il est essentiel qu'elle soit *négative*.

Et comment va évoluer x(t) ? Eh bien, lorsque y(t) est positif (c'est-à-dire, quand il y a un excès de Mus mickeïus par rapport à la population d'équilibre) les chats sont mieux nourris ; toutes les fonctions vitales sont améliorées et le taux de natalité augmente. On a une équation analogue à la précédente, à cela près que cette fois-ci, le coefficient de proportionnalité est positif : x'(t) = by(t), avec b positif. Finalement, nous avons le système de deux équations différentielles pour les deux inconnues x(t) et y(t) :

$$\begin{cases} x'(t) = by(t) \\ y'(t) = cx(t) \end{cases}$$

avec les coefficients *b positif et c négatif.* Avant d'aller plus loin, pour simplifier, nous prendrons 1 et -1 comme valeurs de b et de c. Notons que cela peut toujours être obtenu en prenant une unité appropriée pour l'une des deux espèces et pour le temps (cela revient à quelque chose comme mesurer la population des Mus mickeïus en douzaines au lieu d'en individus, et le temps en semaines au lieu de mois, ou quelque chose de ce genre). On a alors le système simplifié :

$$\begin{cases} x'(t) = y(t) \\ y'(t) = -x(t) \end{cases}$$

Un tel système de deux équations différentielles avec deux inconnues a une solution bien déterminée lorsque les valeurs des inconnues à l'instant initial, x(0) et y(0), sont connues. Cette solution est

$$\begin{cases} x(t) = x(0)cost + y(0)sint \\ y(t) = y(0)\ cost - x(0)sint \end{cases}$$

Ces solutions s'obtiennent facilement quand on connaît un peu de théorie d'équations différentielles. Si tel n'est pas votre cas, cela n'a aucune importance, car je vais vous montrer par une méthode graphique comment on obtient la solution et ses propriétés. Pour l'instant, j'appelle votre attention sur le fait que ces solutions sont périodiques du temps. *Le système évolue périodiquement, comme un pendule, sans revenir à l'état d'équilibre.* Essayons de comprendre comment et pourquoi il en est ainsi.

À cette fin, faisons une interprétation graphique du système d'équations. Cela nous permettra de comprendre ce que veut dire le système d'équations et nous verrons immédiatement quelle en est la solution. Commençons par écrire à nouveau le système sous la forme simplifiée suivante, sans expliciter que x et y dépendent de t :

$$\begin{cases} x' = y \\ y' = -x \end{cases}$$

Considérons le plan des variables x, y (figure 22). L'origine des coordonnées, E sur la figure, représente la position d'équilibre du système. Considérons les seconds membres des équations du système comme une fonction vectorielle (ou, si l'on veut, comme un couple de deux fonctions) définie sur le plan. Autrement dit, à chaque point de coordonnées (x, y) du plan, attachons le vecteur dont les composantes sont les seconds membres des équations, c'est-à-dire, y et - x, que l'on dessinera sur le plan. Il est facile de voir que cela équivaut à attacher à chaque point le vecteur de composantes (x, y) tourné de 90° dans le sens des aiguilles d'une montre. Comme la figure aurait été un peu confuse, j'ai dessiné sur la figure 22 des vecteurs de longueur égale à un quart de ce que je viens de dire. Nous verrons que cela n'a pas d'importance par la suite. Concrètement, à chaque point (A, B, C, D...) du plan, j'ai attaché une flèche qui est à peu près un quart de la flèche allant de l'origine E au point en question, tournée de 90°. J'ai ainsi construit ce qu'on appelle un champ de vecteurs. Dans le cas qui nous occupe, il est clair que ces vecteurs ont des longueurs proportionnelles à la distance de E à leur point d'attache, et qu'ils y sont tangents au cercle qui passe par ce point et dont le centre est E.

Revenons au système d'équations et observons les premiers membres, x' et y'. On se rappelle que la dérivée d'une fonction de t en un point est le facteur qui, en le multipliant par un petit accroissement de t, donne l'accroissement correspondant de la fonction. Ainsi, le système d'équations dit que, s'il y a une solution qui à l'instant t est le point (x, y), le point représentatif se trouvera un peu après déplacé d'une petite longueur le long du vecteur du champ attaché au point (x, y). Ici, « petit » et « un petit peu » doivent être entendus au sens des limites : « infiniment peu ». On passe ainsi de la position représentative à l'instant t à celle d'un instant infiniment peu postérieur. En observant bien la construction, on s'aperçoit que le long du temps, le point représentatif de la solution se déplace le long du cercle centré à l'origine qui passe par la position initiale. Un petit travail supplémentaire permet de calculer la vitesse de déplacement du point représentatif. On voit que le point fait un tour en 2π unités de temps.

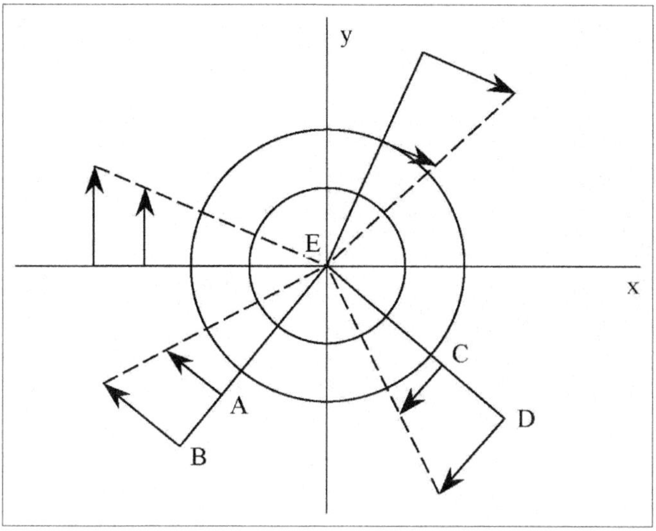

Fig. 22. Le point représentatif de l'évolution temporelle du système décrit le cercle qui passe par la position initiale et a pour centre le point d'équilibre E.

Nous venons de *résoudre de façon graphique le système d'équations*. C'est exactement équivalent à la déduction de la solution avec sinus et cosinus que j'avais écrite ci-dessus sans dire comment elle était obtenue. Concrètement, pour trouver la solution du système correspondant à des valeurs initiales x(0) et y(0) données, il suffit de tracer le cercle de centre E qui passe par le point de coordonnées x(0), y(0) ; c'est la trajectoire du point représentatif, qui se déplace sur le cercle à la vitesse d'un tour en 2π unités de temps.

La propriété fondamentale de ces solutions est la périodicité. C'est remarquable s'agissant d'un système prédateur-proie. On se serait plutôt attendu à une transition revenant à terme à la position d'équilibre E, ou à un essor progressif des prédateurs aux dépens des proies. On sait bien que c'est un modèle simplifié, mais, tout de même, on *aimerait comprendre pourquoi* les solutions sont comme ça.

Les raisons principales conduisant à ce résultat un peu inattendu sont :

a) Les coefficients b et c dans les seconds membres des équations sont de signes contraires. Il y a « contradiction entre les intérêts des prédateurs et ceux des proies ») ;

b) Les équations sont différentielles. Les effets ne suivent pas instantanément les causes : le système a une sorte d'inertie. Le fait de se nourrir mieux n'implique pas une augmentation instantanée de la population des prédateurs, mais une augmentation de leur taux de natalité, dont les effets se feront sentir plus tard ;

c) Les oscillations périodiques apparaissent lorsque l'état initial est différent de la position d'équilibre. Plus l'écart entre la position initiale et celle d'équilibre est grand, plus sont grandes les oscillations périodiques. Bien entendu, si la position initiale est celle d'équilibre, la solution est l'équilibre à tout instant. En revanche, la période des oscillations dépend seulement des équations (et non des valeurs initiales).

Voyons maintenant de plus près comment se construit une solution et pourquoi elle revient à la position initiale. Prenons, par exemple, le cas où l'on part, à l'instant initial, d'un excès de Felix adorabilis, soit $x(0) > 0$, $y(0) = 0$; la position initiale est le point P (figure 23). Les Mus mickeiüs sont mangés par unité de temps en quantité supérieure à celle de l'état d'équilibre, ce qui fait diminuer leur population (le point se déplace vers le bas). Mais la raréfaction des proies implique, un certain temps après, une moins bonne alimentation des prédateurs, dont la population commence à son tour à diminuer : nous sommes au point Q, cela va de plus en plus mal pour tout le monde (le point se déplace vers le bas et la gauche). En arrivant à R, la population des Felix adorabilis a perdu complètement son excès initial et se trouve au niveau d'équilibre ; mais il n'y a pas d'équilibre, parce que les Mus mickeiüs sont bien moins nombreux que ce qu'il fallait pour l'équilibre (R est au-dessous de E). Les prédateurs ont un déficit d'alimentation par rapport à celle d'équilibre, leur taux de natalité est réduit et leur population diminue, ce qui est excellent pour les proies, qui commencent enfin à récupérer un peu de la population perdue : on est à S. Mais maintenant, il y a déficit de prédateurs et les proies prospèrent (on dirait qu'il a une justice immanente !), ce qui conduit à T.

Après ces aventures, on se retrouve exactement dans la situation opposée à celle de départ : en T, il y a un déficit de prédateurs (au lieu d'un excès en P), avec une population de proies égale à celle d'équilibre. Cependant, les choses ne s'arrêtent pas là. On peut continuer, mais c'est inutile : tout va se passer à partir de là comme à partir de P, mais en changeant les signes (multiplier par -1) de toutes les valeurs de x et y. C'est à peu près évident, et mathématiquement exact, car le système est linéaire, ce qui permet de multiplier les données et les solutions par -1 et de les translater dans le temps [2].

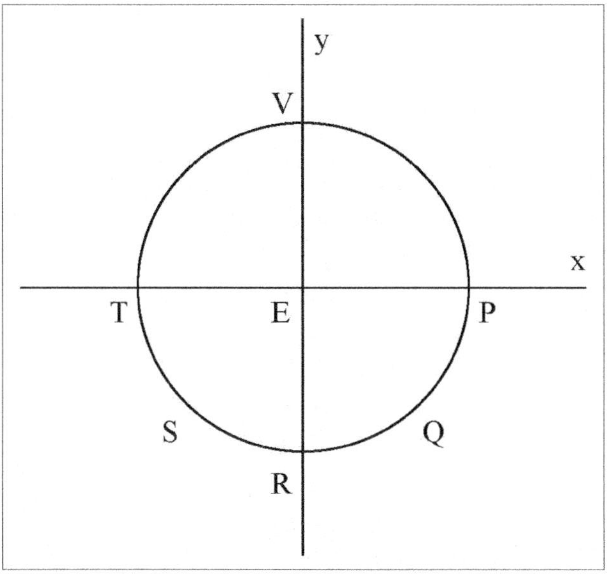

Fig. 23. On peut faire un suivi qualitatif de l'évolution du système (voir texte).

2. Cette dernière opération est possible car les coefficients des équations sont indépendants du temps. La loi de variation elle-même est indépendante du temps ; on dit que le système est autonome.

2. Système prédateur-proie 2. Commentaires. Plusieurs épilogues possibles

La structure des solutions du système prédateur-proie tel que nous l'avons défini et étudié dans la section précédente laisse probablement une certaine sensation d'insatisfaction, voire de scepticisme. Ces choses-là ont l'air d'être vraies puisque les raisonnements sont plausibles, mais il n'en reste pas moins que l'on voudrait voir quelque part un réel avantage des prédateurs sur les proies, ainsi que, du moins sous certaines conditions, une extinction des proies. Après tout, il est bien possible que le modèle soit mal défini, et que cela ait très peu à voir avec le comportement réel des populations. Avant d'aller plus loin, je vous rappelle que, effectivement, j'avais bien précisé que c'était l'évolution des populations des Felix adorabilis et des Mus mickeïus qui était décrite par ces équations, et non pas celle des prédateurs et proies réels. Cela étant, il n'en reste pas moins que *les résultats obtenus sont essentiellement vrais, et qu'il s'agit, d'une part, de comprendre quel est leur domaine d'utilisation, et, d'autre part, de modifier et d'améliorer le modèle pour le rendre plus proche de la réalité.*

Une première remarque est que l'étude que nous avons faite est essentiellement qualitative, car nous n'avons pas précisé les valeurs des coefficients b et c ; c'est probablement impossible, puisque cela exigerait une connaissance très précise de l'influence de l'alimentation sur la reproduction et autres. On s'est tiré d'affaire en disant que, moyennant des changements dans les unités de mesure du temps et de l'une des populations, on pouvait considérer ces coefficients égaux à 1 et -1. Une conséquence en est que nous ignorons quelle est la période réelle des oscillations des populations. Si, dans un cas précis, elle est très longue, il est clair que, à l'échelle d'une ou plusieurs générations (des proies ou des prédateurs), les résultats seront totalement inutiles. Par exemple, en revenant à la figure 23, pour les générations qui vivent au temps où le point se trouve vers la position S, il sera évident que l'introduction par le passé d'un excès de prédateurs a été une très mauvaise affaire pour tout le monde (prédateurs et proies), tandis que, pendant un temps, lorsque le point se trouve près de V, les proies seront d'avis que, tout compte fait, l'introduction de Felix adorabilis en surnombre a tourné à l'avantage des proies (notons en passant que « a tourné » n'a jamais été aussi bien utilisé). Tout cela ne remet nullement en cause les résultats obtenus.

Un autre point qui mérite attention est que nous avons admis, en construisant le modèle, que la loi simple exprimée par les équations en termes d'excès (ou déficit) de population par rapport aux quantités d'équilibre est inopérante pour des déficits suffisamment grands, puisque la population totale (non pas l'excès) de toute espèce est positive ou nulle, mais pas négative. Or, on peut facilement adapter le modèle pour en tenir compte. L'une des conséquences en est que *les considérations qui vont suivre sur les extinctions des proies ou des prédateurs doivent être prises à titre indicatif.*

En désignant par α et β les deux (vraies) populations dans l'état d'équilibre, les populations réelles de prédateurs et proies seront $X(t) = \alpha + x(t)$ et $Y(t) = \beta + y(t)$ respectivement. Sur la figure 24 nous avons représenté les axes X et Y aussi bien que le x et y. Naturellement, dans les axes X, Y, les coordonnées du point d'équilibre E sont α, β.

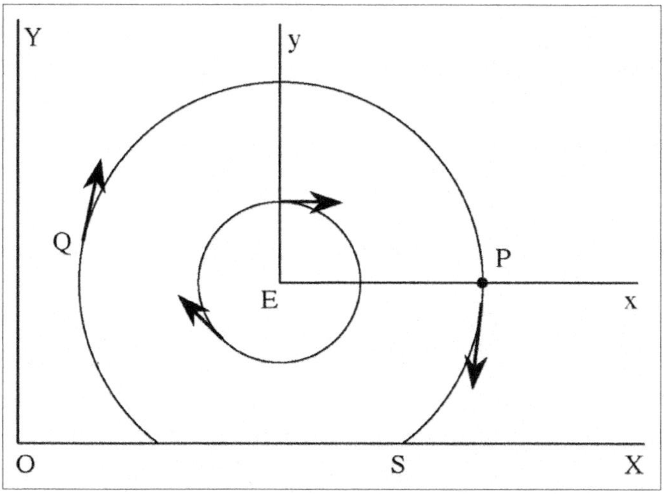

Fig. 24. En partant d'une position éloignée de celle d'équilibre, il peut se produire une extinction de l'une des espèces (ici, des proies, en S).

Il est clair que, tant que l'écart initial par rapport à E est suffisamment petit, tout se passera comme prévu, puisque le long de la trajectoire correspondante, les deux populations sont toujours positives. Par contre, pour des perturbations initiales suffisamment grandes (par exemple, si la position initiale est Q, sur la figure 24), la trajectoire heurtera l'un des axes X ou Y avant de faire un tour complet (au point S). Il y aura extinction de l'une des espèces (celle des proies Y dans le cas de la figure 24). À partir de ce moment, le système d'équations n'a pas de sens ; les solutions et les propriétés établies sont valables, mais seulement dans l'intervalle de temps correspondant à l'arc de Q à S. *L'aventure s'est terminée par l'extinction des proies,* et ce qui se passe ensuite n'est pas du ressort du modèle considéré.

Il n'est pas inutile d'observer que *le cas d'extinction des prédateurs est parfaitement possible.* Sur la figure 25, on a représenté un cas où la perturbation initiale (point P) consiste en un excès de proies, et le processus se termine par l'extinction des prédateurs. Les divers cas dépendent naturellement des valeurs de b, c, α, β, et l'étude qualitative qui précède ne permet pas de les départager.

Un exemple quelque peu paradoxal (mais nous connaissons maintenant les raisons de ces phénomènes) est représenté sur la même figure 25. En partant de Q, on finit dans S : un excès de prédateurs à l'instant initial se solde par leur extinction ! Cela a beau être logique, le résultat surprend un peu. Je voudrais vous raconter les suites de cet événement singulier. Cela n'a rien à voir avec le système prédateur-proie, mais avec le fait *qu'une interprétation erronée mais plausible du passé peut être à l'origine de l'émergence d'une idéologie.* De nos jours, la colonie de Mus mickeius sur l'île est devenue un peuple industrieux et prospère. Sa culture est peuplée de légendes moralisatrices, dont la plus populaire fait état de la présence, dans un temps reculé, d'une race de redoutables dragons qui ravageaient les villages laborieux. Aveuglés par leur succès criminel, les dragons firent venir sur l'île de nombreux congénères, mais une justice de nature manifestement transcendante les décima progressivement jusqu'à leur extinction totale et définitive.

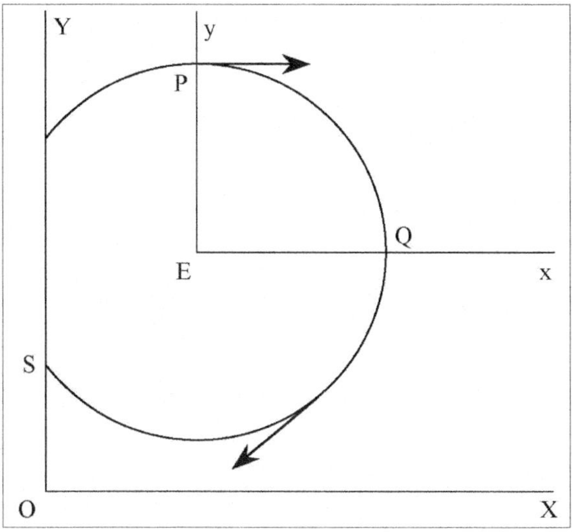

Fig. 25. Exemple. En partant de P (excès de proies) ou de Q (excès de prédateurs), l'aventure se termine en S (extinction des prédateurs).

3. Le système de coopération (symbiose)

Comme nous l'avons vu, le système prédateur-proie est caractérisé par l'asymétrie de la relation entre les deux espèces (la « contradiction des intérêts »), matérialisée par le fait que les coefficients b et c avaient des signes opposés. On peut considérer des systèmes tout à fait analogues mais avec les deux coefficients positifs. On les appellera « de coopération », ou, si l'on veut continuer avec les images (très schématisées !) de démographie des espèces, « de symbiose ». Chacune des « espèces » profite de la présence de l'autre, non pas en en mangeant quelques individus, mais d'une autre façon quelconque (en général différente pour les deux espèces) qui améliore la qualité de sa vie et son taux de natalité. Il est désormais inutile de donner des noms latins aux deux espèces ; nous nous intéressons seulement à leurs populations (plus exactement *excès de population par rapport à celle d'une situation d'équilibre*), que nous désignerons toujours par x(t) et y(t). L'important est que le système d'équations sera toujours celui de la section précédente avec, cette fois-ci, b > 0 et $c > 0$. En faisant des changements d'unités comme dans le cas précédent, on peut écrire le système sous la forme

$$\begin{cases} x'(t) = y(t) \\ y'(t) = x(t) \end{cases}$$

Dont les solutions sont

$$\begin{cases} x(t) = \dfrac{x(0) + y(0)}{2} e^{t} + \dfrac{x(0) - y(0)}{2} e^{-t} \\ y(t) = \dfrac{x(0) + y(0)}{2} e^{t} + \dfrac{x(0) - y(0)}{2} e^{-t} \end{cases}$$

qui font intervenir des fonctions exponentielles au lieu de sinus et cosinus. Si vous avez oublié (ou jamais su) ce que c'est qu'une *fonction exponentielle*, je vous dirai que vous en avez certainement entendu parler, sous une forme ou une autre. Ce sont ces fonctions très rapidement croissantes dont la valeur est multipliée par une constante chaque fois que la variable t (ou -t) augmente d'une constante. Si demain, elle vaut le double qu'aujourd'hui, après-demain, elle vaudra le double que demain, c'est-à-dire, le quadruple qu'aujourd'hui. Cela n'a l'air de rien, mais c'est terriblement envahissant, et on se laisse déborder très vite. Le meilleur moyen pour bien le comprendre est de réfléchir à une devinette que vous connaissez probablement :

Dans un beau jardin, il y a un étang idyllique. Le jardinier y installe un jour un petit lotus qui s'y plaît bien et prolifère à merveille : la surface couverte de lotus est chaque jour le double de celle de la veille. Au bout d'un mois (de trente jours), l'étang est couvert de lotus. Quel jour l'étang était-il à moitié couvert ?

– Le vingt-neuvième, ce n'est vraiment pas difficile ! Mais réalisez bien ce que cela signifie : le vingt-huitième jour un quart de la surface est couvert par les lotus, et le jardinier, initialement très heureux de la réussite de son implantation, commence à s'interroger sur la suite des événements ; le vingt-neuvième, il cherche une parade ; le trentième, il apprend que l'aventure de l'apprenti sorcier peut arriver à tout le monde.

J'ai fait un petit calcul pour voir si ce conte était réaliste. Il l'est, et bien plus qu'on ne le pense, ce qui mérite une explication. Si l'on considère que la surface occupée par le lotus le premier jour a les dimensions d'une feuille de papier, l'étang, pour se remplir précisément le trentième jour, devrait avoir quelque chose comme 10 km par 10 km. Si je prends plutôt 30 par 30 mètres, ce qui revient à des dimensions appropriées à un étang idyllique (qui n'est certainement pas carré ; j'entends par là que sa surface est à peu près celle d'un carré de 30 par 30 mètres), la surface couverte le premier jour serait d'un millimètre carré, donc bien plus petite que celle du lotus original. Dans les conditions numériques du problème, plutôt que de lotus, il s'agirait d'une pollution par une bactérie ou larve quelconque.

Oui, cette aventure peut arriver à tout le monde, et en bien pire : à titre de comparaison, la mouche drosophile, largement utilisée dans les expériences de génétique, peut dupliquer sa population plusieurs fois en quelques heures, pourvu que les conditions soient appropriées pour sa (fulgurante) reproduction. Ce dernier point est extrêmement important. Dans les conditions de croissance exponentielle, on arrive *inéluctablement* (et souvent très vite) à des situations intenables par excès de population (ou de la chose dont on parle ; cela peut beaucoup varier). *Au-delà d'un certain seuil, les conditions changent et le modèle n'est plus utilisable.* Les raisons et modalités dépendent des cas : par exemple, il n'y a plus de place dans l'étang, ou de nourriture pour assurer la reproduction, etc.[3].

Revenons à notre système d'équations. Nous voyons que la solution se compose de deux parties, l'une avec l'exponentielle en t dont on vient de parler, l'autre avec une exponentielle en -t, analogue, mais décroissante lorsque t augmente, au lieu de croissante. Les facteurs sont la demi-somme et la demi-différence des valeurs initiales des inconnues. Naturellement, dès que t est suffisamment grand, la deuxième partie est négligeable, et on a approximativement :

---

3. Nous verrons des situations apparentées à celle-ci dans le cadre de l'évolution biologique au chapitre IX, section VII.

$$\begin{cases} x(t) \approx \dfrac{x(0) + y(0)}{2} e^t \\ y(t) \approx \dfrac{x(0) + y(0)}{2} e^t \end{cases}$$

qui nous dit que, après un certain temps d'évolution, les valeurs initiales n'interviennent que par leur demi-somme, et que leurs valeurs croissent exponentiellement. En plus, les valeurs des deux inconnues x et y sont les mêmes ; mais cette dernière propriété doit s'interpréter au sens de « les deux inconnues sont proportionnelles », ou encore « varient de conserve », car il ne faut pas oublier que nous avons changé les unités de l'une des inconnues et du temps. C'est intéressant : *au-delà d'un certain temps, la coopération fonctionne tellement bien que les deux inconnues s'emballent solidairement.*

Il convient à ce moment de bien réaliser que c'est pour le mieux... ou pour le pire. En effet, la demi-somme des valeurs initiales peut être positive ou négative. Si elle est négative, les deux excès de population (ou de ce qu'on étudie) vont croître de plus en plus avec des valeurs négatives, et les populations elles-mêmes diminuer de plus en plus. Si ce sont effectivement des populations, elles arriveront à l'extinction. Nous le savions déjà, à propos des exponentielles qui (par des valeurs positives ou négatives) arrivent toujours à sortir du domaine de validité des hypothèses. Il n'en reste pas moins qu'*il peut surprendre un peu qu'une coopération puisse conduire à la débâcle.* Il convient alors de se rappeler que les inconnues x(t) et y(t) que nous manipulons sont les excès (ou déficits) de population (ou autre) par rapport à une population d'équilibre dont nous avons admis l'existence. *Il est donc normal qu'un déficit d'aide (puisqu'il s'agit de coopération), par rapport à ce qu'il faut pour maintenir l'équilibre, conduise à une dégradation progressive de la situation.*

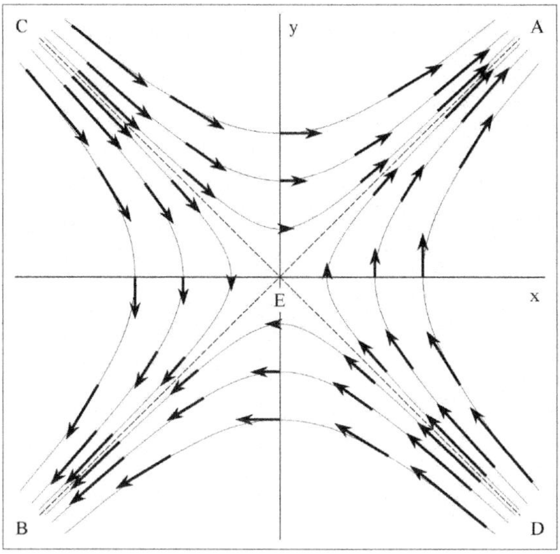

Fig. 26. Système de symbiose. Le point représentatif s'éloigne de la position d'équilibre E dans les directions A ou B suivant que la position initiale soit dans les demi-plans Nord-Est ou Sud-Ouest respectivement.

Ces propriétés peuvent aussi se déduire de considérations graphiques analogues à celles du système prédateur-proie, mais à présent, les trajectoires ne sont pas des cercles, mais des hyperboles, ce à quoi on est peut-être un peu moins habitué. Sur la figure 26, on a représenté le champ de vecteurs de composantes y, x ; qui est donc l'analogue de la figure 22. Comme avant, pour avoir l'évolution du système, il suffit de partir de la position représentative de la perturbation initiale et de déplacer le point par des petits segments dans la direction du champ. On voit immédiatement que si la position initiale est dans le demi-plan Nord-Est (vous voyez ce que cela veut dire ; par ailleurs, c'est le demi-plan où la demi-somme de x et y est positive), l'évolution conduit à l'éloignement dans la direction A. Par contre, en partant d'une position initiale dans le demi-plan Sud-Ouest, on s'en va dans la direction de B.

Il y a aussi une variante de ce système lorsque, au lieu de s'aider, les deux espèces se nuisent mutuellement. Il s'agit naturellement du même système, avec b et c tous deux négatifs. On s'aperçoit sans difficulté que le système d'équations est le même qu'avant en changeant t par - t. Pour t grand positif, c'est-à-dire, dans le futur éloigné, on a une expression analogue à celle du cas précédent, mais avec pour facteurs les demi-différences des valeurs initiales. Il s'ensuit que, si à l'instant initial on avait $x > y$ (ce qui signifie que le point représentatif était dans le demi-plan Sud-Est, la tendance du point est de s'éloigner dans la direction vers D, et, bien entendu, si initialement on avait $x < y$, dans la direction C. Cela se comprend facilement. Si l'une des espèces est plus nombreuse que l'autre initialement, comme elles se nuisent mutuellement, la différence ne fait qu'augmenter, toujours de conserve, mais l'une en croissant et l'autre en décroissant.

II. SYSTÈMES DYNAMIQUES EN DIMENSION 2

Nous considérons ici des systèmes un peu plus compliqués en ce qui concerne les expressions des dérivées en fonction du point, faisant toujours intervenir deux fonctions inconnues.

1. Les systèmes linéaires

Nous avons vu dans les sections qui précèdent le comportement des systèmes linéaires [4] où le second membre de chaque équation ne faisait intervenir que la variable opposée, ou, si l'on veut, la dérivée de chacune des deux variables dépendait seulement de la valeur à l'instant considéré de l'autre variable : c'était de l'*interaction à l'état pur*. Les systèmes linéaires les plus généraux (avec position d'équilibre à l'origine) sont de la forme

$$\begin{cases} x(t) = ax(t) + by(t) \\ y(t) = cy(t) + dy(t) \end{cases}$$

4. La définition de « linéaire » sera donnée au début de la section suivante, II.2.

qui font aussi intervenir les valeurs de chacune des variables sur la dérivée correspondante. Les termes b et c sont, comme avant, les termes d'interaction. Les termes a et d expriment le fait que la croissance de chacune des variables est aussi influencée par sa propre « population » (ou accroissement de population par rapport à celle d'équilibre, ou la chose sur laquelle porte le modèle). C'est en général le cas : plus une population est grande, plus ses variations le sont.

Le comportement des solutions dépend fondamentalement de si la quantité Δ

$$\Delta = (a - d)^2 + 4bc$$

appelée « discriminant », est positive ou négative.

Le cas le plus intéressant est celui où $\Delta < 0$. On observe que cela implique nécessairement que les coefficients b et c sont des signes opposés (du type « prédateur-proie ») et que la différence entre les deux nouveaux a et d n'est pas trop grande. *Dans ce cas, le point représentatif de coordonnées x(t), y(t) tourne autour de l'origine, mais décrivant non pas des cercles, mais des spirales. Ces spirales sont décrites lorsque le temps augmente dans le sens de l'éloignement vers l'infini ou de la convergence vers l'origine suivant que la quantité* μ

$$\mu = \frac{a + d}{2}$$

soit > 0 ou < 0. L'interprétation est claire : les choses se passent comme pour le système prédateur-proie mais corrigées par une croissance mesurée par la demi-somme des coefficients a et d (décroissance si cette demi-somme est négative). Dans la figure 27, on a représenté (de façon schématique) le champ de vecteurs dans le cas $\mu < 0$ (le cas $\mu > 0$ est analogue, mais la spirale se dilate dans le sens de t croissant). Elle ressemble à la figure 22, mais avec des spirales (et plus précisément des spirales logarithmiques) au lieu de cercles.

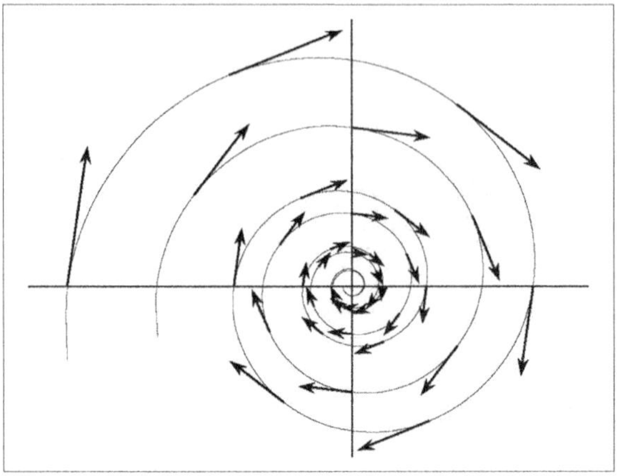

Fig. 27. Évolution d'un système du type prédateur-proie avec termes supplémentaires a et d tels que $\Delta < 0$ et $\mu < 0$. Le point tourne en spirale s'approchant de la position d'équilibre (foyer attractif ou stable).

Dans le cas $\Delta > 0$, les solutions ne tournent pas autour de l'origine. La description des solutions fait intervenir deux fonctions exponentielles, comme dans le système « symbiose ». Au lieu des exposants t et -t, on a à présent λt avec deux valeurs de λ donnés par

$$\lambda = \frac{1}{2}\left[(a + d) \pm \Delta^{1/2}\right]$$

où le symbole ± indique que l'on doit prendre + et -, donnant ainsi deux valeurs de λ. Lorsque les valeurs de λ ainsi obtenues sont de signes opposés, l'allure des solutions (après un éventuel changement des axes) est exactement comme celle de la figure 26. Dans le cas où les deux valeurs de λ ont même signe, les solutions décrivent des courbes reliant l'origine à l'infini sans tourner autour du point d'équilibre (origine). Elles sont décrites dans le sens vers l'infini ou vers l'origine lorsqu'elles sont > 0 ou < 0 respectivement.

2. Systèmes non linéaires. L'émetteur à lampe triode

Les systèmes étudiés jusqu'à maintenant étaient très élémentaires en ce sens que les seconds membres des équations avaient en chaque point (x, y) des valeurs proportionnelles à la distance à l'origine (tout simplement une somme de coefficients multipliés par x ou y) ; on dit que le système est linéaire. Mais toutes les propriétés du déterminisme des solutions par leurs valeurs à l'instant t = 0 et leur construction (approchée) par des petits segments dans la direction des vecteurs du champ restent valables dans des cas bien plus généraux. Il suffit de définir un champ de vecteurs sur le plan (x, y), autrement dit, de définir deux fonctions f(x, y) et g(x, y) sur le plan. On les suppose avec une certaine régularité, mais elles ne sont pas nécessairement des expressions analytiques : on va voir justement un exemple où ces fonctions sont définies à l'aide d'une courbe dessinée par des valeurs expérimentales. Le système d'équations différentielles est

$$\begin{cases} x'(t) = f[x(t), y(t)] \\ y'(t) = g\,[x(t), y(t)] \end{cases}$$

Comme je viens de l'indiquer, en traçant sur le plan le vecteur de composantes f(x, y) et g(x, y) à chaque point (x, y), on peut dessiner les trajectoires décrites par le point représentatif de la solution et même la vitesse avec laquelle elles sont parcourues. Naturellement, ces courbes ne sont plus des cercles, hyperboles, spirales, mais des courbes « quelconques ». J'ai mis ce terme entre guillemets parce que cela cache des choses subtiles (et profondes ; on en verra plus tard d'importantes conséquences). Une des courbes peut être vraiment quelconque (avec f et g appropriées), mais pas toutes, car *deux courbes ne se coupent jamais.* En effet, puisque les trajectoires sont tangentes aux vecteurs du champ, il est évident que deux trajectoires ne peuvent se couper de façon transversale ; un raisonnement plus difficile, utilisant le caractère unique des solutions passant par un point, montre que le croisement tangentiel est aussi impossible.

Dans le cas linéaire, l'origine était le (seul) point d'équilibre. Ici, les positions d'équilibre sont les couples (x, y) solution du système

$$\begin{cases} f(x, y) = 0 \\ g(x, y) = 0 \end{cases}$$

De façon générique, il s'agit de points isolés, mais dans des cas exceptionnels, il peut y avoir une courbe de points d'équilibre (et même tout le plan, si f et g sont les fonctions égales à 0 partout, mais cela n'a pas d'intérêt). Il se peut aussi qu'il n'y ait pas de points d'équilibre, par exemple si la fonction f est $x^2 + 1$, qui ne s'annule jamais. Autour des points d'équilibre, l'allure des courbes rappelle tout à fait celle des systèmes linéaires. Cela se comprend, car, pourvu que les fonctions f et g aient une certaine régularité, on peut toujours trouver (en faisant ce qu'on appelle un développement de Taylor) des expressions ax+by et cx+dy qui prennent, près du point d'équilibre (pris comme origine), des valeurs approximativement égales à celles de f et g, l'approximation étant d'autant meilleure qu'on est plus près du point d'équilibre considéré. Ainsi, *près de chaque position d'équilibre, tout se passe à peu près comme dans un certain système linéaire* (il y a quand même des cas exceptionnels, lorsque a, b, c, et d sont tous nuls).

Les considérations précédentes peuvent vous sembler un peu confuses : on a dit ce qui peut arriver (et il y a même des exceptions) et non pas ce qui arrive. À quoi cela sert-il ? Il n'y a pas de réponse globale à cette question, car cela dépend de quelles sont les fonctions f et g ; pour aller plus loin, il faut prendre un exemple et le travailler, autant que possible jusqu'au bout.

J'ai choisi le *système* émetteur à lampe triode[5]. C'était la pièce élémentaire d'une station émettrice de radio, à une époque où elles fonctionnaient justement avec des lampes triodes, au lieu des transistors actuels. Cela peut vous sembler un peu désuet, mais tout compte fait, cela transmettait les chansons d'amour de nos parents ou grands-parents, les messages de la Résistance et bien d'autres choses, et c'est excellent pour voir comment un système d'équations non linéaire permet d'expliquer parfaitement pourquoi et comment

5. L'étude qui suit est largement inspirée de Pontriaguine [1969], section 29. D'autres exemples analogues en électricité et écologie se trouvent dans le livre déjà cité (Hirsch et Smale [1974], chapitres 10 et 12). Ce type de phénomènes joue un rôle très important dans les rythmes biologiques : voir Goldbeter [2010].

l'électricité se met à parcourir un circuit de façon périodique, avec une fréquence et une intensité parfaitement définies et stables. Je m'explique : un pendule (une barre suspendue d'un point en haut) est un système (dans certaines limites) linéaire : ses oscillations ont une fréquence déterminée, mais l'amplitude est n'importe laquelle, suivant la position initiale. Exactement comme le système prédateur-proie, qui décrivait des cercles précisément en 2π unités de temps, mais le cercle choisi dépendait des conditions initiales. *L'émetteur à lampe triode, grâce aux propriétés non linéaires, choisit automatiquement une trajectoire périodique et y reste, quelles que soient les conditions initiales.* Ensuite, on peut la moduler à volonté pour transmettre ce que l'on veut.

En fait, je n'exposerai pas tous les détails de l'émetteur ; juste ce qu'il faut pour en comprendre le fonctionnement et pourquoi ce n'est pas de la magie. Ce dernier point est important : lorsqu'on ne comprend pas, on se fait des idées extravagantes qui empêchent souvent d'avoir une relation cohérente et lucide avec les choses et les phénomènes[6]. Il ne s'agit pas de savoir tout sur tout, mais de comprendre un peu de quoi cela retourne ; c'est loin d'être inutile. *Considérons donc l'émetteur à lampe triode.*

En résumé, il s'agit d'une sorte de « moteur », qui démarre tout seul et se met à osciller avec un mouvement périodique parfaitement déterminé. L'idée de la construction de ce « moteur » est la suivante. On connaît bien le circuit oscillant électrique formé par un condensateur et une bobine de self-induction. L'énergie électrique bascule périodiquement entre les deux, tout à fait comme dans un système prédateur-proie. C'est une sorte de pendule qui, une fois mis en mouvement, oscille indéfiniment. Malheureusement, il y a toujours des pertes par résistance électrique (comme sur un pendule mécanique par frottement), en pratique, les oscillations décroisent régulièrement en amplitude. Ce serait tellement intéressant d'avoir une résistance négative, qui permettrait de lancer un tout petit mouvement qui

6. Nous en avons vu un petit exemple à propos de la figure 25. Plus loin (chapitre IX, section VIII), on développera ce point en rapport avec les mythes et les idéologies.

s'amplifierait progressivement. Et mieux encore si, à un certain moment, cela s'arrêtait de prospérer, faute de quoi on serait pris dans le fameux piège de l'apprenti sorcier. N'étant pas des magiciens, pour avoir une chance de réussite, on serait obligé de fournir de l'énergie d'une source extérieure, mais cela en vaudrait la peine. Eh bien, tout cela est possible, avec la lampe triode, invention de Lee De Forest (1873-1961) en 1906. Grâce à l'apport extérieur d'énergie, pour les petites amplitudes, la grille fonctionne comme une résistance négative, alors que pour les grandes amplitudes, la saturation de son courant la rend pratiquement inexistante par rapport au circuit oscillant auquel elle est couplée.

Le fait est que, suivant les régimes de fonctionnement, on voit, comme nous venons de le faire que, en négligeant des petites quantités, on se retrouve dans des situations essentiellement différentes, de croissance et décroissance. Ensuite, *le « choc »* entre ces deux tendances produit quelque chose de nouveau, une trajectoire périodique stable, *un véritable bijou tout à fait disparate avec les ingrédients mis en œuvre !*

Voyons maintenant plus en détail ce merveilleux moteur. Commençons par la lampe triode. C'est une sorte de robinet électronique. Si l'on a un robinet sur un tuyau, s'il est ouvert, il laisse passer l'eau dans le tuyau (mais ce n'est pas lui qui envoie l'eau). S'il est fermé, il empêche le passage de l'eau. S'il est partiellement fermé, il empêche le passage d'une partie du débit total. Le robinet électronique[7] laisse passer un certain courant électrique i_3 qui dépend de

7. La lampe est fabriquée de la façon suivante. Dans une ampoule où on a fait le vide, il y a une anode et une cathode : ce sont deux bornes métalliques maintenues par une batterie extérieure à une différence de potentiel importante : des électrons émis par la cathode ont envie d'aller à l'anode (et d'établir ainsi un courant électrique), mais ils ont un saut à faire dans le vide : une partie seulement des électrons émis réussissent. On met alors une grille (le robinet) faisant une sorte d'écran poreux sur le chemin des électrons. Elle est inopérante si l'on n'impose aucune tension à la grille. Si l'on impose une tension négative très importante, la grille repousse les électrons émis par la cathode ; ils n'arrivent pas à la dépasser, donc ils n'arrivent pas à l'anode et il n'y a pas de courant (le robinet est fermé). Si l'on impose une tension positive, la grille attire les électrons émis par la cathode,

la tension électrique v imposée à une grille (l'ouverture du robinet), si bien que i_3 = h(v).

Ces propriétés sont quantitativement définies par une courbe, appelée caractéristique de la lampe, qui a l'allure de celle de la figure 28 (où h(v) = f(v) + h(0), la fonction f(v) jouant un rôle par la suite). Deux propriétés sont à retenir : La première, la fonction h(v) n'est pas linéaire (la courbe n'est pas une droite). La deuxième, dans une petite région tout près du point O, la courbe peut être remplacée par la droite tangente en O ; la pente de cette courbe étant à peu près 2, nous prendrons comme approximation h(v) = 2 v + h(0), ou, ce qui est équivalent (voir la figure 28 et sa légende), f(v) = 2v pour v petit (développement de Taylor).

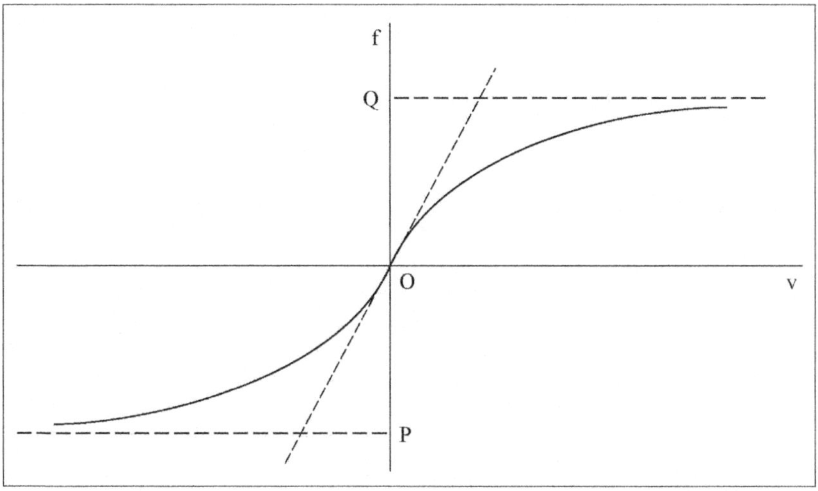

Fig. 28. Caractéristique de la lampe triode. Graphe de la fonction f(v). La fonction caractéristique de la lampe est h(v) = f(v) + h(0), dont le graphe est le même, avec l'origine en P. La caractéristique h(v) s'annule en v = - ∞ et est croissante, arrivant à une certaine valeur positive pour v = + ∞.

et les fait parvenir à l'anode ; le courant passe, mais, quelle que soit la tension de la grille, le débit ne peut dépasser la quantité d'électrons produits par la cathode (courant maximal).

La lampe est installée dans un circuit construit d'une façon telle [8] que la variable u définissant l'état du système satisfasse à l'équation (du type Van der Pol) :

$$u'' + u' + 2u - f(u') = 0$$

Le but principal de ce montage est d'utiliser la non-linéarité de la fonction f sorte que, pour les valeurs petites de u, le « robinet » se comporte comme une « résistance électrique négative ». On transforme facilement cette équation en un système de deux équations du premier ordre (un système dynamique sur le plan, dont nous avons à présent quelques connaissances) en prenant comme inconnues x et y, définies par x = u et y = u' respectivement, ce qui donne :

$$\begin{cases} x' = y \\ y' = -2x - y + f(y) \end{cases}$$

8. Le circuit électrique est fait de la façon suivante. Deux points P et Q sont reliés entre eux par trois câbles (notés par les indices 1, 2, 3), le câble 1 contenant un condensateur de capacité C, et le 2 une bobine de self-induction L et une résistance R en série (l'une après l'autre). L'ensemble de ces deux câbles constitue un circuit oscillant ordinaire. Le troisième est constitué par une lampe triode, la cathode et l'anode étant reliées à P et Q respectivement (nous verrons plus tard comment la grille est alimentée). En désignant par i_1, i_2 et i_3 les intensités de courant dans les trois câbles (dans le sens de P vers Q), et par E la différence de potentiel entre les points P et Q, (et en désignent par ' et " les dérivées première et seconde), on aura, en considérant successivement les deux premiers câbles, $E' = i_1/C$ et $E' = Ri_2' + Li_2''$. On en tire $Li_2'' + Ri_2' = i_1/C$. En désignant par v la tension de la grille (on prend par commodité la tension de P égale à zéro), l'intensité de courant dans le troisième câble sera $i_3 = -h(v)$ (on note que ce courant est négatif, puisque constitué par un jet d'électrons de la cathode vers l'anode). En tirant i_1 et i_3 des deux dernières expressions et les remplaçant dans $i_1 + i_2 + i_3 = 0$ (qui exprime que le total des courants entrant et sortant dans P ou Q doit être nul) on a $CLi_2'' + CRi_2' + i_2 - h(v) = 0$. En ce qui concerne la grille, on la branche au point P, en intercalant une bobine d'induction excitée par L, si bien que la tension de grille v sera le produit d'une certaine constante M (l'induction mutuelle) par i_2' (dérivée de l'intensité i_2 qui circule par L). En remplaçant $v = Mi_2'$ dans l'équation précédente, on obtient $CLi_2'' + CRi_2' + i_2 - h(Mi_2') = 0$. C'est une équation différentielle du second ordre avec la seule inconnue i_2. En faisant le changement d'inconnue $i_2 = u + h(0)$ et en prenant des valeurs des constantes de façon à simplifier l'écriture, on arrive à l'équation équivalente indiquée dans le texte principal.

Comme nous l'avons signalé plus haut, pour construire les solutions de ce système différentiel, il suffit, en principe, de considérer le champ de vecteurs dont les composantes sont les seconds membres des deux équations. On voit d'abord *que l'origine est un point d'équilibre* (c'est pour cela qu'on avait fait les changements de variables et passé de h à f, ce qui simplifie les calculs). Il est facile de se rendre compte *de l'allure des vecteurs (et donc des trajectoires) près de l'origine et à grande distance (près de l'infini), ce qui nous donnera des renseignements qualitatifs précieux.*

Commençons par traiter de façon approchée le système dans une petite région située près de O. Nous avions noté que, pour u petit, la fonction f(u) pouvait être remplacée par 2u. Il en résulte que, *près de l'origine, nous pouvons considérer le système approché*

$$\begin{cases} x' = y \\ y' = -2x + y \end{cases}$$

Ce système est linéaire, et constitue un cas particulier de ce qui avait été traité à la section précédente sur les systèmes linéaires, avec les coefficients a = 0, b = 1, c = –2 et d = 1. Cela donne le discriminant Δ = - 1, qui est négatif, si bien que les trajectoires vont tourner autour de l'origine. Le coefficient μ vaut ½, qui est positif, ce qui montre que, *près de l'origine, les trajectoires sont des spirales s'éloignant de l'origine lorsque le temps augmente.*

Considérons maintenant x et y grands. Comme la fonction caractéristique f(u) prend partout des valeurs (positives ou négatives) qui restent inférieures à une certaine constante, il est clair que f(u) pourra être négligée dans cette région, ce qui donne le système approché

$$\begin{cases} x' = y \\ y' = -2x - y \end{cases}$$

analogue au précédent avec, cette fois-ci a = 0, b = 1, c = - 2 et d = - 1. Cela donne le discriminant Δ = - 1, négatif, et μ = –½, négatif aussi. Il en résulte que, *dans les régions éloignées, les trajectoires tournent en spirale contractante lorsque t augmente.*

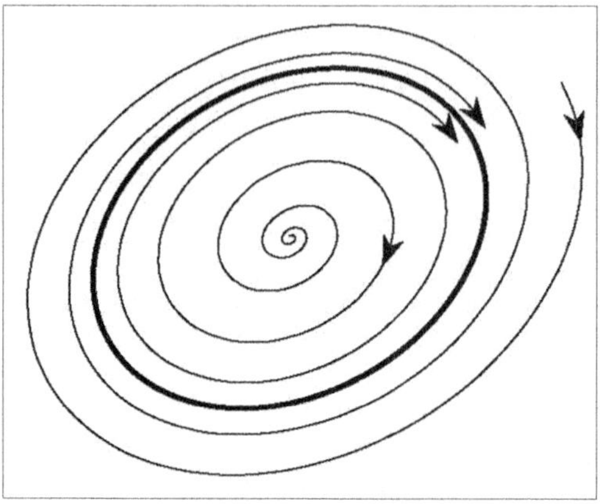

Fig. 29. Émetteur à lampe triode. Les trajectoires sont de type spirale ; lorsque t augmente, elles se dilatent près de l'origine et se contractent loin de celle-ci. En fait, les spirales s'enroulent autour d'une courbe fermée (cycle limite).

Nous connaissons donc ce qui se passe à grande distance et tout près de l'origine. Il s'agit à présent de voir ce qui se passe dans la région intermédiaire. Bien entendu, nous pouvons toujours faire un dessin très précis du champ de vecteurs, mais en fait, cela n'est en général ni très facile ni très efficace. La configuration de la figure 29 est tout à fait plausible : il y a une courbe fermée entourant l'origine qui constituerait une trajectoire fermée (donc périodique, ressemblant à l'un des cercles du système prédateur-proie).

Mais cela n'est pas évident. En fait, il existe un théorème général, dit de Poincaré-Bendixson, qui donne ce résultat, ainsi que certains renseignements sur l'allure des trajectoires.

Le résultat de l'utilisation de ce théorème est que, effectivement, *ce à quoi on s'attendait est bien vrai*. Dans le cas particulier qui nous occupe, il est même possible d'en donner une démonstration élémentaire[9].

---

9. Voici, pour être complet, cette démonstration, sous forme d'exercice guidé. On construit une « section de Poincaré » et l' « application de Poincaré » correspondante,

Il y a une courbe fermée tangente en tous points aux vecteurs du champ et donc un mouvement périodique séparant les régions intérieure et extérieure. Les spirales s'aplatissent près de l'orbite fermée (elles deviennent de plus en plus proches de cette courbe, en s'enroulant indéfiniment autour d'elle). *En partant de n'importe quelle position initiale, le point représentatif du mouvement approche donc de la trajectoire périodique* ; *au bout d'un certain temps (pendant lequel on dit que le mouvement est transitoire) le mouvement est pratiquement périodique.* Il y a des exceptions. Si l'état initial est représenté par un point de la courbe fermée, le mouvement est exactement périodique dès le début.

Un autre cas particulier, qui a une importance fondamentale, est ce qui se passe en partant du « repos », dont le point représentatif est l'origine. C'est un point d'équilibre, si bien *que théoriquement, le système y reste indéfiniment. Dans la pratique, il n'en est rien :* comme

---

et l'on montre qu'elle a un point fixe en vertu du théorème de Brower en dimension 1 (qui est élémentaire). On procède de la façon suivante. Dans le plan des phases (x, y) on considère le demi-axe x positif et deux points x = a et x = b. On considère dans le plan les deux cercles centrés à l'origine de rayons a et b. On choisit a suffisamment petit pour être sûr que sur ce cercle, les vecteurs du champ pointent vers l'extérieur du cercle (c'est facile). De même, b est grand pour que sur le cercle de rayon b les vecteurs pointent vers l'intérieur. Le segment [a, b] de l'axe x (complet, avec les deux extrémités) est une « section de Poincaré ». On vérifie que les vecteurs du champ « tournent » partout autour de l'origine (on y arrive ; si vous avez des difficultés, prenez le cas particulier où la fonction f est partout petite, tout en ayant les dites propriétés). Alors on établit sans difficulté que la trajectoire issue de chaque point x de la section de Poincaré fait nécessairement le tour autour de l'origine (entre les deux cercles) et à un certain moment arrive à nouveau à un certain point de la section de Poincaré. On désigne par F(x) l'abscisse du « point d'impact ». F est une application continue de la section de Poincaré sur elle-même (ou, bien entendu, une partie d'elle-même) ; c'est l' « application de Poincaré ». On voit alors que l'existence d'une trajectoire périodique équivaut à l'existence d'un point fixe de l'application F, c'est-à-dire, d'une valeur c telle que F(c) = c. Or, précisément, le théorème de point fixe de Brower dit qu'une application continue d'une boule fermée en elle-même a nécessairement un point fixe (au moins). Ne vous inquiétez pas si cela vous semble un peu barbare : ici on l'utilise seulement en dimension 1 et la boule est le segment [a, b]. Dans ce cas particulier, le théorème de Brower est élémentaire. Pour le démontrer, il suffit de considérer la fonction continue F(x)-x, qui est continue sur [a, b] et prend des valeurs supérieure ou égale à 0 en a et plus petite ou égale à 0 en b, si bien qu'elle doit s'annuler en au moins un point c de [a, b]. La démonstration est finie.

nous venons de le voir, ce point est instable, tout à fait analogue à une longue baguette placée verticalement sur une surface plane, qui tombera sous l'action de la moindre petite perturbation (et il y en a toujours, sans oublier que le fait même de la placer exactement verticale excède les capacités de n'importe qui, etc.). Il en va de même avec le circuit électrique : il y a toujours des champs électromagnétiques minuscules, si bien que, *inéluctablement, il se mettra à exécuter son processus périodique.*

Il convient de bien réaliser ce que c'est le circuit émetteur. Comme nous venons de voir, *cela ressemble tout à fait à un pendule (électrique, pas mécanique) qui se mettrait spontanément à osciller avec une amplitude bien déterminée, et de façon parfaitement stable.* Dit comme cela, on a l'air d'en appeler à la magie ; il n'en est rien. Pour que cela marche, il faut chauffer la cathode de façon continue, à une température très élevée, pour qu'elle émette des électrons, dont une bonne partie ne contribue pas au courant dans la lampe. *En fait, c'est un moteur qui démarre tout seul et se met* à un régime parfaitement stable *en consommant de l'énergie qu'on lui fournit sous forme thermique.* Si cela vous déçoit un peu, rappelez-vous que, jusqu'à preuve du contraire, nous sommes en train de parler de sciences et pas de magie.

Mais je considère ce dispositif comme *un moteur merveilleux* : *il y a eu véritable création dans le sens d'obtention de quelque chose de qualitativement très différent des ingrédients.* De tels exemples ne manquent pas dans les sciences [10] : le papillon qui sort de la chenille, ou l'eau de l'hydrogène et de l'oxygène, mais ici, c'est assez simple et on comprend pourquoi et comment. *Et cette chose qualitativement nouvelle est un mouvement périodique, dont la description exige de faire appel au temps. C'est quelque chose qui vit (ou du moins palpite) dans l'espace-temps, et non plus dans l'espace.*

10. Nous reviendrons sur ce point très important à propos des principes de la dialectique (chapitre VII, section VIII).

3. Systèmes différentiels sur une variété (dimension 2)

Nous venons de voir les effets de non-linéarité, qui permettent de « localiser » des phénomènes dans certaines régions du plan des phases. De toute évidence, cela montre la possibilité de traiter des situations où les paramètres définissant la configuration du système x, y ne prennent pas des valeurs dans tout le plan, mais dans des régions du plan que l'on peut éventuellement recoller entre elles pour donner lieu à des structures géométriques plus complexes et variées que le plan. Nous en avons déjà eu un petit échantillon lorsque l'on a considéré que les populations de Felix adorabilis et Mus mickeiüs étaient nécessairement positives : à l'heure de vérité, on était dans un quart du plan au lieu de sur le plan entier. Et nous avons vu que cela pouvait conduire à des phénomènes d'extinction et autres, absents dans le cadre initial où l'on travaillait sur tout le plan. Mais il y a beaucoup d'autres possibilités, qui permettent de faire intervenir des propriétés parfois inattendues du plus grand intérêt et aux conséquences spectaculaires. C'est la prise en considération des « variétés différenciables [11] ».

En dimension 2, cela concerne des structures géométriques qui ressemblent localement (cela signifie en les découpant en morceaux) à des morceaux de plan, éventuellement déformés, que l'on recolle les uns aux autres de façons variées, par exemple, « en se mordant la queue ». Le choix des modalités de recollage fait partie de la définition de la variété en question. On peut parfois assimiler les variétés en dimension 2 à des surfaces plongées dans notre bon vieil espace euclidien de dimension 3. En fait, une variété est parfaitement autonome et n'a pas à être plongée dans un espace euclidien, mais alors elle est très abstraite et difficile à imaginer lorsqu'on n'en a pas l'habitude. C'est pourquoi, dans la suite, nous considérerons que les variétés de dimension 2 sont des surfaces de notre espace habituel. Je me limiterai maintenant à vous parler d'une surface qu'on appelle tore, et à vous montrer une propriété « spectaculaire » (je l'avais promis)

---

11. Les variétés différenciables seront aussi mentionnées au chapitre X, section II.2 sous un autre point de vue.

de solutions d'une équation différentielle extrêmement simple sur le tore. Par exemple, la possibilité de se mordre la queue permet de construire une courbe régulière (sans aucun angle et sans se croiser elle-même), qui passe aussi près que l'on veut de tout point de la variété. On dit que la courbe est dense dans la variété ; son dessin se confondant presque avec la variété entière. C'est quelque chose comme une ligne de chemin de fer qui, tout en allant tout droit, desservirait (au prix d'un long parcours) toutes les villes et villages d'un pays.

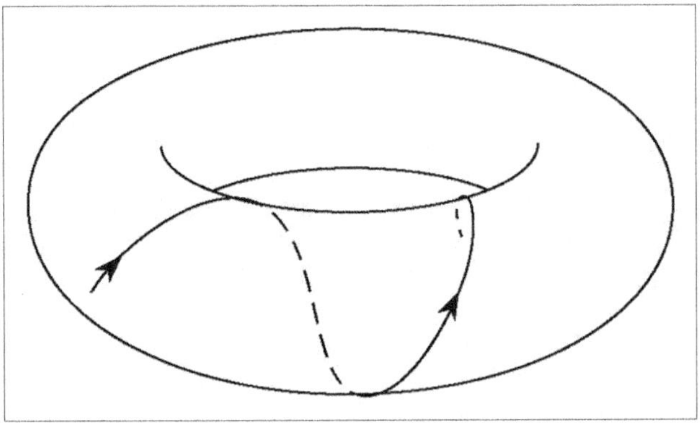

Fig. 30. Un tore (surface d'un pneu) et une courbe dessinée sur lui.

Le tore est une sorte de « pneu ». C'est la surface engendrée par la rotation d'un cercle autour d'une droite de son plan qui ne le coupe pas. Elle est représentée sur la figure 30. Pour repérer ses points, il y a beaucoup de possibilités. La plus simple consiste à définir des « coordonnées curvilignes » du type « longitude et latitude » comme sur la Terre. L'axe vertical du pneu joue le rôle de ligne des pôles ; on considère l'éventail de plans passant par l'axe (les plans méridiens) qui coupent le pneu par des cercles. Ce sont les méridiens. La longitude θ est l'angle qui définit la position (angulaire) du plan méridien voulu par rapport à un certain pris comme origine. La latitude φ est l'angle le long du méridien, mesuré à partir de l' « équateur ». Pour avoir le tore entier, θ et φ doivent varier entre 0 et 360° (ou entre 0 et 2π radians, comme disent les matheux). C'est exactement comme sur la Terre, à cela près que sur la Terre, on fait varier φ seulement entre - 90° et 90°, car si on fait le tour complet, on obtient deux fois la surface de la Terre. Ici, c'est même plus simple : un tour entier en θ, un tour entier en φ et c'est tout. Naturellement (et ceci est fondamental), on doit « recoller les morceaux » ; en fait, ici, il y a un seul morceau, il s'agit de recoller les bords. De même que sur la Terre dire « 180° de longitude est » et « 180° de longitude ouest » est la même chose (les deux représentent le méridien opposé à celui de Greenwich), sur le tore, θ égal à 0 ou 360° est la même chose, et aussi φ égal à 0 ou 360°. Somme toute, on peut représenter le tore par les points d'un carré du plan de coordonnées de côtés 360° (ou 2π radians).

Le tore est dessiné sur la figure 31, où les abscisses et ordonnées sont θ et φ respectivement. Et il est surtout entendu que les points représentés par les deux côtés horizontaux sont les mêmes, et d'ailleurs il en va de même pour les deux côtés verticaux. Plus précisément, sur la figure 31, les points 9 et 9' représentent le même point du tore, et la même chose est vraie pour les 3 et 3' et pour les couples analogues. On dit que le tore résulte du carré par identification des deux côtés horizontaux et des deux côtés verticaux. Le tore est un carré qui « se mord la queue » de haut en bas et de droite à gauche. Naturellement, pour avoir les points de la surface du pneu il faut se reporter à elle et tenir compte de ce que θ et φ sont les angles de longitude et latitude, mais pour la plupart des calculs, dessins et autres, ce n'est pas la peine, on peut en rester sur le carré, en tenant compte de l'identification des côtés opposés, et l'on sait que tout point, courbe ou dessin sur le rectangle est l'image d'un point, courbe ou dessin bien déterminé sur la surface du pneu. Notez bien que l'affirmation qui précède semble triviale ; en fait elle l'est seulement pour les « petits dessins qui n'arrivent pas jusqu'aux bords du carré », pour les autres, elle est une conséquence non triviale de l'identification des côtés opposés.

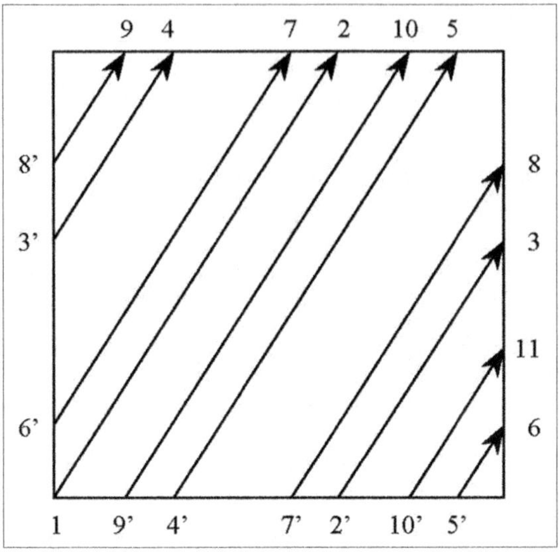

Fig. 31. Le carré représentatif du tore et une droite (dans les variables θ et φ). En « faisant le tour », la « droite » se faufile entre ses propres segments. Pourvu que sa pente (dθ/dφ) soit irrationnelle, elle se faufile une infinité de fois, tissant un filet qui arrive aussi près que l'on veut de tout point du tore.

Considérons maintenant sur le tore un système d'équations différentielles extrêmement simple

$$\begin{cases} \alpha' = a \\ \varphi' = b \end{cases}$$

où a et b sont des constantes données. Il exprime simplement que, en partant d'un point du tore, on se déplace en avançant par unité de temps de a radians en longitude et de b radians en latitude. Si l'on considère seulement un petit intervalle de temps à partir de l'instant initial, le point représentatif décrit un petit segment de droite dans le plan du carré θ, φ, et un arc de la courbe image sur la surface du pneu. C'est très facile à imaginer.

Les choses se compliquent si l'on considère des temps longs, permettant au point représentatif d'arriver sur les bords du rectangle, mettant en œuvre l'identification qui se mord la queue. Prenons, par exemple, des coefficients a > 0 et b = 0. Dans le carré plan du θ, φ, le point se déplace (à partir d'une position initiale quelconque) « vers la droite » en décrivant un « parallèle », mais, en arrivant au bord de droite, comme il est identifié avec celui de gauche, il continue « en venant de gauche », et revient au point de départ après avoir fait le tour du « parallèle ». Rien de plus normal ; de toute façon, on a bien en tête que le carré n'est rien d'autre que l'image de ce qui se passe sur la surface du pneu, et l'on sait bien que, en partant vers la droite, on en fait le tour et on en revient de gauche. C'est la même chose sur la sphère, on le sait bien : Colomb, connaisseur de cette propriété de la sphère, entreprit d'aller aux Indes par l'ouest (et trouva l'Amérique, qu'il ne connaissait pas).

Plus modestement, en faisant de même sur le tore, nous allons découvrir une « propriété topologique ». Ah, les mathématiciens et leurs grands mots ! En fait, la topologie est ce qui reste de la géométrie lorsqu'on fait abstraction de la grandeur ou de la petitesse des distances : il ne reste que les relations de position ; « se mordre la queue » est une propriété topologique. Eh bien, la propriété topologique du tore, que nous allons découvrir, consiste en ceci : un parallèle ne divise pas le tore en deux parties disjointes ; ce qu'il y a au nord et au sud du parallèle est le même morceau. C'est très important pour la vie de tous les jours sur un tore : sur la Terre, si vous êtes dans l'hémisphère nord, vous ne pouvez pas aller à l'hémisphère sud sans traverser l'Équateur (ainsi d'ailleurs que tous les parallèles intermédiaires), mais sur le tore si, il suffit de passer par le trou intérieur si le parallèle est du « côté extérieur » ou vice versa. Tout cela est bien trivial, mais dans certains cas, les possibilités offertes par ces trivialités sont inattendues.

Revenons à notre système d'équations différentielles et voyons le cas où a et b prennent des valeurs non nulles, par exemple, les deux positives et b > a. Partant d'une position initiale sur le carré de la figure 31. (j'ai pris la position marquée « 1 »), le point se déplace de façon rectiligne vers la droite et le haut. Comme la vitesse verticale a été prise plus grande que l'horizontale, on arrive au bord supérieur, à une position que j'ai nommée « 2 », qui, par identification, est la même que « 2' ». Sur la surface du pneu de la figure 30, cela veut dire que le point représentatif suit une sorte de courbe hélicoïdale et a fait un tour de méridien mais pas encore un tour de parallèle (la courbe trajectoire est dessinée sur la figure 30, le tronçon correspondant étant à peu près celui entre les deux flèches). Naturellement, on continue à partir de « 2' » comme si de rien n'était, et l'on arrive à « 3 » (qui, pour les valeurs de a et b que j'ai prises, se trouve sur le bord de droite, mais cela aurait pu être encore celui du haut), qui est le même que « 3' » ; on continue jusqu'à « 4 » (il se trouve que l'on revient de la gauche de « 1 et 2 », alors qu'on était parti vers la droite, mais cela ne nous surprend plus) et l'on continue : « 4 = 4' », « 5 », etc. C'est très facile à suivre sur la surface du pneu. Mais... comment cela finit-il ?

Eh bien, il y a deux possibilités très différentes. Si le quotient a/b est un nombre rationnel = p/q avec p et q entiers, il est clair que lorsque le point aura fait p tours de parallèle, il aura fait exactement q tours de méridien, et l'on sera revenu au point de départ. Par contre, si a/b est irrationnel, on ne reviendra jamais au point de départ, car lorsqu'on aura fait un nombre entier de tours de parallèle, celui de tours de méridien ne sera pas entier. On démontre facilement (mais je ne le ferai pas ici) que, dans ce cas, la trajectoire est dense sur le tore, c'est-à-dire que, en se donnant un point d'observation et une (petite) « distance de tolérance » quelconque, si l'on attend suffisamment, le point en mouvement repassera nécessairement à moins de la distance de tolérance du point d'observation. On peut également dire que, dans la figure 31, il n'y a aucune bande qui reste vierge de la trajectoire du point en mouvement, ou que, en se donnant une distance de tolérance arbitraire (petite), le point en mouvement visitera, à la distance de tolérance près, tout le tore.

Le plus intéressant est de comprendre comment cela se passe. On commence, comme on l'a dit, par « 1 → 2 », « 2' → 3 », « 3' → 4 », ce qui fait des traits en laissant des bandes vierges intermédiaires. Or, ensuite (voir figure 31), le trait « 4' → 5 » s'est faufilé entre les « 1 → 2 » et « 2' → 3 ». *Cela a été possible grâce à la propriété de se mordre la queue.* Plus précisément, se faufiler entre deux traits précédents n'est pas un exploit sur le tore, car ces traits ne divisent pas le tore en parties séparées ; il suffit de faire le tour par derrière. Et c'est ainsi que cela marche : *la courbe se faufile successivement dans toutes les bandes qui restaient vierges dans les tours précédents, en balayant tout.*

Il convient de bien réaliser que cette trajectoire, qui va aussi près que l'on veut de tout point, est une droite (du moins dans le plan θ, φ) et ne fait donc aucune contorsion pour aller partout, et en plus, elle ne se coupe jamais elle-même (ce point est fondamental, nous savons que c'est une propriété générale des trajectoires-solutions des systèmes différentiels, qui donnent précisément la direction de la tangente en chaque point). En fait, c'est la variété tore qui se prête à cela, elle se laisse hacher partout par une droite. Cela n'arrive pas sur une portion du plan (j'entends un vrai plan, sans les identifications). Il y a bien des courbes qui sont denses dans un rectangle, mais elles font des contorsions invraisemblables pour y arriver [12].

Avant de terminer cette section, je voudrais faire certains commentaires très instructifs. Le premier est que les remarquables propriétés des trajectoires concernent seulement le cas où a/b est irrationnel. Quand ce rapport est rationnel, on a vu que la trajectoire revient sur elle-même au bout d'un certain nombre de tours et que le mouvement est périodique. On sait bien que les irrationnels sont « infiniment plus nombreux que les rationnels [13] », donc ces propriétés remarquables se présenteront probablement en se donnant les constantes a et b au hasard. On dit que ces propriétés sont *génériques.* Mais dans la pratique, comment cela marche-t-il ?

Si je considère a/b égal à un irrationnel, par exemple la racine carrée de 2, dans la pratique, pour faire des calculs, ou voir sur un dessin l'allure de cette fameuse courbe qui va partout, j'utiliserai

---

12. Il y en a plusieurs, la plus connue est la courbe de Peano (1858-1932), tellement tarabiscotée qu'elle n'a de tangente en aucun point. Une autre, dite de Lebesgue (1875-1941) (ou z-curve en anglais), a une tangente partout sauf dans des points exceptionnels, mais ceux-ci sont denses sur le carré ; il y en a finalement beaucoup. Ces courbes ne sont pas des solutions de systèmes d'équations, toujours pour la même raison : le système définit précisément la tangente en chaque point.

13. Ce point sera traité plus en détail au chapitre VII, sections I et II.

une approximation, par exemple, $2^{1/2} = 1{,}41$ ou $2^{1/2} = 1{,}4142$. Mais ces valeurs approchées sont des rationnels (1,41 = 141/100). La belle affaire ! Pour avoir un exemple de cette fameuse propriété, je prends une approximation qui n'a pas cette propriété ! Bon... rigoureusement parlant, oui, dans la pratique, comme nous allons le voir, non.

Si l'on prend 141/100, on aura effectivement une trajectoire périodique, mais qui ne se ferme sur elle-même qu'après avoir fait 141 tours du méridien et 100 tours du parallèle. Représentée sur une figure qui tienne sur une feuille de papier, cette collection de traits (comme dans la figure 31) sera extrêmement serrée, en moyenne, on aura une séparation entre deux traits de moins d'un millimètre. En prenant 1,414 = 1414/1000 = 707/500, la séparation moyenne sera d'un dixième de millimètre environ, si bien que, en la dessinant avec un crayon, même de mine très fine, on aura tout le carré couvert par les traits. *En fait, avec une tolérance donnée par l'épaisseur de la mine du crayon, la propriété sera vraie non seulement pour les irrationnels, mais encore pour les rationnels qui s'expriment par une fraction irréductible entre deux nombres assez élevés.*

Un autre commentaire concerne les idées générales à tirer de ce qui précède. Après tout, est-ce que l'on rencontre dans la pratique des situations décrites par un système d'équations dont l'espace des phases (plutôt la variété des phases, ou de configuration) est un tore ? La réponse est oui. En fait, cette situation ou des situations analogues interviennent souvent, soit en tant que telles, soit comme composantes de situations plus complexes. D'autre part, les propriétés topologiques sont invariantes par une transformation régulière (on parle de difféomorphisme), si bien que l'équation peut être autre, et les droites des courbes régulières. *Ce qui est à retenir, c'est le panorama des propriétés potentiellement ouvertes par la possibilité de se mordre la queue, ou, plus* généralement, la possibilité *(quelle que soit sa nature) de contourner des barrières apparentes.*

III. SYSTÈMES DYNAMIQUES EN DIMENSION SUPÉRIEURE OU ÉGALE À TROIS. INDICATIONS SUR LE CHAOS DÉTERMINISTE (SENSIBILITÉ AUX CONDITIONS INITIALES)

On peut naturellement considérer des systèmes différentiels d'un nombre quelconque (n) d'inconnues et d'équations, dans leurs diverses facettes (linéaires, non linéaires, sur une variété...). On dit que l'espace de configuration (ou des phases, ou la variété...) est de dimension n, ou que l'on a affaire à un système dynamique de dimension n ou en dimension n. Les propriétés qualitatives locales sont analogues, quoiqu'un peu plus compliquées que celles de la dimension 2. On peut les imaginer assez facilement, surtout si n est pair : il s'agit de la présence simultanée dans des sous-espaces appropriés des phénomènes de dimension 2 (structure prédateur-proie, symbiose, spirale vers l'extérieur ou vers l'intérieur, panachages de...). Dans le cas de n impair, c'est la même chose, mais une des composantes ne forme pas couple, elle suit une exponentielle dans le temps, croissante ou décroissante. Pour l'instant, rien de vraiment nouveau, mais un peu plus complexe.

Précisément, le système de l'électromagnétisme de Maxwell (déjà rencontré au chapitre I, section II) est un système dynamique linéaire en dimension... infinie. Il est pourtant relativement simple ; dans la plupart des cas, avec un système de représentation adéquat (description de l'état avec une infinité appropriée de coordonnées), il se décompose en une infinité de systèmes prédateur-proie élémentaires, chacun parfaitement autonome.

Mais en passant aux cas non-linéaires, la structure des solutions est assez différente de celle de la dimension 2, pour une raison très importante et facilement compréhensible : nous savons que les trajectoires ne peuvent se couper, si bien que dans le plan, une trajectoire constitue une barrière infranchissable, alors que dans l'espace (de dimension trois ou plus), une courbe n'est pas une barrière, elle se laisse contourner le plus naturellement du monde. Or, nous avons vu, à propos du tore (section précédente), qu'une possibilité de contournement peut avoir des conséquences drastiques sur l'allure générale du flot des solutions et de chacune d'elles. Bien entendu, on a comme possibilités les combinaisons de celles de dimension 2, mais, et ceci est très important, il y a en outre la possibilité d'un nouveau type de structure qualitativement différente de celles qui précèdent, concernant les fameux s.c.i. (= *sensibilité aux conditions initiales*) ou c. d. (= *chaos déterministe*). Ce phénomène, qui peut intervenir pour des raisons topologiques (possibilité pour les trajectoires de s'imbriquer les unes dans les autres ou pas...), exige au moins la dimension 3 pour pouvoir se produire.

La description de ce type de comportement est extrêmement compliquée, et même un dessin de l'une des trajectoires est pratiquement impossible ; c'est précisément le type de courbe à propos de laquelle Poincaré avait commis sa fameuse erreur et dont plus tard il a affirmé : « On sera frappé par la complexité de cette figure, que je ne cherche même pas à tracer. [14] » C'est vraiment très compliqué et je n'essayerai pas de faire mieux que Poincaré, mais je vais quand même essayer d'expliquer un peu en quoi cela consiste. Mais surtout, ne croyez pas qu'ici « chaos » doive être compris au sens de désordre général, absence de lois ou magma indifférencié que ce terme évoque souvent. De fausses idées ont été véhiculées à l'aide de l'image très (trop) populaire de « l'effet papillon », qui, faute d'explications complémentaires, fait souvent penser à une faillite générale des relations de causalité dans la nature ou de la science prédictive. Moins tapageuse et plus appropriée est l'évocation d'un « attracteur étrange », figure très complexe dont les trajectoires tendent à s'approcher lorsque le temps passe. Avant d'essayer de donner une description (très grossière et approximative) de cette difficile question, je commencerai par une allégorie susceptible de nous éclairer.

14. Chapitre I, section IV.

Allégorie de la s.c.i.(= sensibilité aux conditions initiales) ou c. d. (= chaos déterministe)

Vous connaissez sans doute (sinon, il suffit que je l'évoque ici) la diffusion d'un solvant (ou toute autre substance diffusive) dans un liquide. Imaginez une bassine d'eau bien propre et transparente. Vous y versez une goutte d'encre bleue foncée, par exemple. Que se passe-t-il ? La goutte en tant que telle disparaît presque immédiatement, donnant lieu à une sorte de filet bleu (moins foncé), qui évolue avec le temps de façon difficilement prévisible (comme la fumée d'une cigarette, qui relève à peu près du même type de phénomène). On dirait que ses mouvements tiennent à peu de chose, un petit courant dans la bassine, une petite oscillation de celle-ci, la position par rapport au bord de l'endroit où la goutte est tombée... Quoi qu'il en soit, le filet bleu « diffuse », c'est-à-dire il s'élargit, devient de moins en moins foncé, se replie sur lui-même en se dilatant et en se scindant ; la position initiale de l'impact de la goutte devient vite difficilement reconnaissable et, peu après, le filet (ou les filets, ou la forme que cela aurait pris) disparaît à son tour, cédant la place à une vague zone teintée, qui disparaît ensuite à son tour. Au bout d'un certain temps, on se retrouve avec de l'eau, un peu moins limpide qu'au début, mais apparemment sans encre.

Les diverses phases de ce processus prennent d'ailleurs une allure très différente si d'autres influences interviennent, par exemple, s'il y a un petit mouvement de l'eau. Et bien entendu, si vous agitez un peu l'eau avec la main, ces dernières phases disparaissent, ou plus exactement, sont tellement accélérées que l'on arrive immédiatement à l'état final. C'est particulièrement connu dans le cas de la cigarette, où, en agitant avec la main on arrive rapidement à faire disparaître la fumée, mais pas l'odeur, qui, justement a diffusé partout. En revenant à l'encre dans la bassine, si, au lieu d'une goutte, vous en faites tomber deux à des positions légèrement écartées, après un temps assez bref, les deux filets (ou nuages) se seront interpénétrés, rendant pratiquement impossible l'identification de la goutte dont provient une certaine particule bleue.

Ceci étant, imaginez maintenant qu'au lieu d'une cuvette d'eau, vous avez un petit lac d'eau limpide entouré de montagnes, et qu'il fasse une pluie d'encre (je conviens que ce phénomène n'est pas très courant, mais je vous ai dit « imaginez », et, justement, vous avez tout ce qu'il faut pour l'imaginer) ; que va-t-il se passer ? D'abord, quelque chose de parfaitement clair et contondant : les gouttes d'encre qui tombent sur les flancs des montagnes du bassin ruisselleront en descendant vers le lac. Certains ruisseaux feront jonction avec d'autres, en formant de plus gros, d'autres iront directement au lac. Bien entendu, une partie de l'encre sera absorbée par la terre, mais cela n'a pas une grande importance et, si l'on veut, on peut imaginer que le sol est fait de roches imperméables. Une autre partie des gouttes d'encre tomberont directement sur la surface du lac.

Tout cela est assez banal et indépendant du fait qu'il s'agisse d'encre ou d'eau. Ensuite, il se passe quelque chose de bien différent. Les gouttes qui tombent directement sur la surface du lac se comportent à peu près comme on l'a dit ci-dessus pour une ou deux gouttes dans une bassine. Celles qui arrivent au lac sous forme de ruisseau auront l'effet de jets d'encre au lieu de gouttes. C'est un peu analogue mais plus grossier, et il y a fort à parier que ces jets engendreront dans le petit lac des courants qui accéléreront le processus de diffusion de l'encre (tout comme les mouvements de la bassine d'eau ou ceux de la main pour écarter la fumée).

Somme toute, nous nous retrouvons avec un processus formé de deux phases successives. La première est très classique et « stable » (on dit parfois « robuste ») ou « à causalité forte » (à savoir que des petites modifications des données ne produisent que des petites modifications du processus) ; voilà tout ce qui se passe avant l'arrivée des gouttes au lac. Ensuite, il y a une phase à « causalité faible », en ce sens que la configuration effective des trajectoires des particules d'encre lors de leur diffusion dans l'eau peut énormément varier pour de toutes petites modifications des données (positions initiales des gouttes, géométrie des montagnes...). Avant de clore cette digression, *il est essentiel de bien réaliser que la causalité faible de la deuxième phase n'a lieu que dans les limites permises par la première : concrètement, les particules d'encre auront des mouvements erratiques à l'intérieur de la masse d'eau du lac seulement, et pas partout* (elles ne remonteront pas les montagnes ni l'atmosphère). *(Fin de l'allégorie de la s. c. i.)*

Description sommaire de la s. c. i.

L'image précédente, que l'on doit interpréter au niveau allégorique et non comme vrai modèle, se retrouve dans le chaos déterministe et peut aider à le comprendre et l'interpréter correctement. En revenant au système dynamique en dimension 3 (ou, de façon analogue, n > 3), la situation générale dans le cas d'un attracteur étrange peut être imaginée comme suit.

Dans l'espace des phases de dimension 3 (ou une partie de l'espace, ou d'une variété de dimension 3), il y a un certain ensemble de points (l'attracteur) qui ressemble vaguement à une « surface plus ou moins compliquée, poreuse ou plutôt fibreuse et ayant une certaine épaisseur ».

Développons cette description assez énigmatique. On sait à peu près ce qu'est une surface : imaginez-la matérialisée, comme si elle était construite effectivement avec un matériau solide quelconque ; elle aura forcément une certaine épaisseur ; vous pouvez imaginer cette épaisseur plus ou moins grande, de toute façon les attracteurs sont assez différents les uns des autres. En ce qui concerne le matériau constituant cette surface, imaginez que, tout en étant solide et rigide, il soit très poreux, laissant beaucoup de creux, bien plus que la partie effectivement occupée par le solide. Imaginez aussi que la partie solide autour des pores soit organisée par nappes superposées, chaque nappe étant d'ailleurs formée de fibres allongées, un peu comme de la laine de verre. Plus précisément, ces fibres sont très allongées, tellement qu'elles n'ont pas d'extrémités coupées : les fibres forment en réalité un écheveau continu, sans extrémités.

On peut maintenant se demander si cela ressemble à une surface ou à une portion de l'espace avec un certain volume : en fait, c'est un ensemble de dimension intermédiaire entre 2 et 3. Il y a plusieurs façons de définir des dimensions non entières, assez artificielles, donnant des valeurs différentes (suivant la définition) de la dimension d'un certain ensemble, mais adaptées à l'usage que l'on va en faire. On peut se contenter de dire que c'est un drôle d'objet, intermédiaire entre une surface géométrique et un corps solide, et cela pour deux raisons : la première, parce qu'il est fait de nappes aplaties, la deuxième, parce qu'il a beaucoup de vide à l'intérieur.

La « surface extérieure » de ces objets n'existe pas ; c'est un peu comme l'atmosphère, où plus vous montez, moins il y a d'air ; à un certain moment il n'y a pratiquement pas d'air, on est dans l'espace, ce qui n'empêche pas de rencontrer des particules d'air ou de ses composants. Ici, plus on s'écarte de la partie centrale de la « surface », moins il y a de « fibres » (déjà qu'il n'y en avait pas beaucoup près de la « surface » !).

En ce qui concerne les formes globales de ces objets, elles peuvent, suivant les cas, être très variées. Là, vous pouvez donner libre cours à votre imagination, penser à des disques, ellipses ou des morceaux de disques, déformés et en nombre arbitraire, un, deux ou dix-neuf, analogues ou disparates, recollés les uns aux autres (ceci n'est pas absolument obligatoire, ils peuvent être séparés les uns des autres), mais les jonctions n'étant jamais du type arête nette (par ailleurs, c'est difficilement imaginable, puisque les surfaces ne sont pas nettes), mais arrondies, formées justement de fibres qui passent continûment de l'un des morceaux à l'autre. La, raison de ces transitions « sans arêtes » est que les « fibres » de l'attracteur sont, en chaque point, tangentes au champ de vecteurs définissant le système dynamique, ce qui exclut la possibilité de vraies arêtes.

Le comportement des solutions (trajectoires) du système est le suivant. En prenant, pour fixer les idées, le cas de dimension trois, le système d'équations en lui-même est analogue à celui du cas de dimension deux : il définit un champ de vecteurs (un vecteur tridimensionnel dans chaque point de l'espace) et le point représentatif de l'état du système se déplace en partant d'une position initiale avec une vitesse qui est égale au vecteur du champ par lequel il passe. En partant d'une position initiale donnée arbitrairement, le point représentatif se déplace (toujours de façon parfaitement déterminée par le système de vecteurs, et donc en direction tangente à ceux-ci) en s'approchant de l'attracteur. Celui-ci joue un rôle tout à fait analogue à celui de la trajectoire périodique du système « lampe triode » de la section II.2 de ce chapitre, mais à présent il n'est pas une courbe simple, mais un attracteur étrange (en particulier, il n'est plus lui-même une trajectoire). L'approche des trajectoires à l'attracteur se fait tangentiellement ; comme la frontière de l'attracteur n'est pas nettement définie, en fait, *la trajectoire s'imbrique dans le système de fibres de l'attracteur, et l'on peut dire que, pratiquement, la trajectoire se confond avec l'une des fibres.* La suite du mouvement du point s'effectue naturellement « dans l'attracteur » (plus précisément, tout près de ses fibres) sans plus le quitter. *La trajectoire suit alors un mouvement du type « erratique », visitant le long du temps pratiquement tout l'attracteur.* Cela fait que, dans la pratique, si l'on n'entre pas dans les détails de la position exacte à chaque instant, chaque trajectoire (après la phase d'approche) se confond avec l'attracteur *(Fin de la description sommaire de la s. c. i.).*

À titre d'exemple, je vous donne une vue du célébrissime « attracteur de Lorenz » dont il a été question au chapitre I, section IV. En observant bien, vous verrez qu'il s'agit d'une trajectoire, dont on voit parfaitement le point de départ en bas de la partie centrale (position initiale), alors qu'elle est présentée souvent sur les sites internet comme « l'attracteur » ; celui-ci est, en effet, extrêmement difficile à représenter, mais comme les trajectoires s'en approchent, elles en donnent une bonne idée. Cet attracteur est constitué de deux « oreilles » vaguement planes reliées entre elles par une zone où la trajectoire bascule de temps en temps de l'une à l'autre. En changeant légèrement la position initiale, l'allure générale serait la même, mais pas les détails, en particulier le nombre de tours (voir la suite) effectués autour de chacune des « oreilles » avant de basculer dans l'autre.

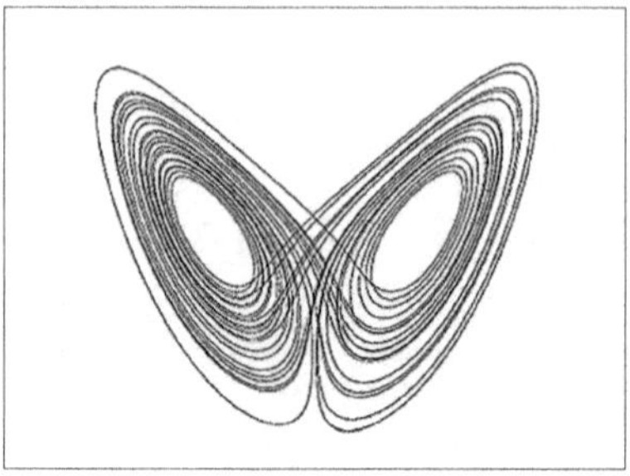

Fig. 32. L'attracteur de Lorenz dans l'espace tridimensionnel.
Une trajectoire arbitraire converge de façon stable sur l'attracteur étrange, dont elle ne s'écarte plus.
Le mouvement ultérieur consiste en des basculements imprévisibles en pratique, entre des orbites vaguement périodiques.

En quoi consiste ce mouvement « erratique » vers (ou tout près de) l'attracteur ? Revenons à la figure 31 du générateur à lampe, qui, bien entendu, concernait le cas de dimension 2, alors que maintenant, nous sommes en dimension 3, c'est-à-dire « dans l'espace » au lieu de « dans le plan ». *Au lieu de converger vers une fibre unique qui se ferme sur elle-même, les trajectoires convergent à présent de tout l'espace vers une « nappe de fibres » constituée par les « sortes d'oreilles » ; chacune de ces nappes ne se ferme en général pas sur elle-même.*

Mais, à présent, on est dans le cas d'instabilité, ce qui signifie que des points initialement proches, au cours du mouvement, se séparent. Comme ils se rapprochent dans la direction perpendiculaire à la nappe, ils doivent nécessairement s'écarter tangentiellement à celle-ci (sinon, il y aurait stabilité) ; *cela conduit à une situation topologique (concernant les positions) assez complexe en ce qui concerne l'allure des fibres de la nappe, car elles doivent s'écarter sans pour autant sortir de la nappe* ; *cela implique qu'elles doivent se replier sans faire des angles ni se toucher. C'est pourquoi elles doivent trouver le moyen de se faufiler, et c'est pour cela qu'elles forment une « nappe fibreuse » au lieu d'une surface nette : elles reviennent presque à la même position, d'une fois à l'autre, d'une façon qui ressemble à celle que nous avons vue sur la variété tore* (section précédente). En trouvant des voies détournées (faire le tour quelque part) elles arrivent à tisser cette sorte de surface (ou plutôt écheveau) qu'est l'attracteur étrange.

Dans le cas de l'attracteur de Lorenz, ce comportement erratique consiste en ce que la trajectoire bascule de temps en temps (inopinément, ou plus exactement de façon difficilement prédictible) d'une sorte de mouvement vaguement périodique autour de l'une des deux « oreilles » de l'attracteur à l'autre.

Nous voyons à présent l'analogie avec l'allégorie de la pluie d'encre sur le lac, et même (un peu...) ses raisons. *Deux points initialement proches convergent dans une première phase, de façon à peu près stable ou « robuste », vers deux points proches entre eux et proches de l'attracteur. Ensuite, tout en restant indéfiniment très proches de cette sorte de surface qu'est l'attracteur, ils s'écartent l'un de l'autre, tissant tous les deux, chacun à son allure et son chemin, la totalité ou presque de l'attracteur. Il est surtout clair que la sensibilité aux valeurs initiales et le caractère imprédictible en pratique de la position à un instant donné ne concernent que la position à l'intérieur (ou dans un étroit voisinage) de l'attracteur, alors que la convergence vers celui-ci est pour ainsi dire stable (ou robuste).*

Nous voyons que *l'attracteur apparaît ainsi comme une « zone de non-droit » pour la « loi » définie par le champ de vecteurs* ; cette loi est quand même tout à fait effective (robuste et prédictive) en dehors de l'attracteur. C'est quand même entièrement différent de pas de loi du tout. C'est comme dans notre analogie : tout se passe de façon à peu près classique en ce qui concerne l'écoulement vers le lac ; celui-ci joue le rôle de l'attracteur, mais à l'intérieur du lac il y a diffusion de l'encre et il est pratiquement impossible de suivre l'évolution des particules.

Le caractère surprenant ou frustrant de la s. c. i. et du c. d. vient probablement de ce qu'il apparaît seulement lorsque l'espace de configuration est de dimension au moins 3, et de ce que l'un de ses ingrédients est la non-linéarité. Or justement, avant l'apparition de l'ordinateur, les rares exemples d'équations différentielles non-linéaires dont les solutions étaient bien connues correspondaient à des espaces de phases de dimension un ou deux.

Comme nous l'avons signalé (chapitre I, section IV), ce type de phénomènes a été découvert une première fois par Poincaré, sans que soient vraiment saisies leur portée et leur généralité. Presque oubliés par la suite, ou relégués au rang des curiosités insolites de la recherche théorique, ce n'est que l'arrivée de l'ordinateur, avec ses énormes capacités pour fournir des exemples de solutions approchées des équations différentielles, qui a permis de les redécouvrir (Lorenz, Ruelle, Takens...), sous des formes diverses, dans les années 1960 ou plutôt 1970, en montrant les diverses facettes des phénomènes et leur caractère général.

À titre d'exemple, sur la figure 33, on a représenté l'une des coordonnées, x(t), de la solution du système de Lorenz en fonction du temps. En fait, il y a sur la même figure deux courbes, l'une en trait fin, l'autre en trais gras correspondant à deux positions initiales très proches mais différentes ; les deux courbes sont pratiquement confondues pendant un certain temps, se séparant par la suite de façon évidente. Il est néanmoins parfaitement clair que chacune des deux consiste en un certain nombre de cycles à allure vaguement périodique autour de l'une des deux « oreilles » de l'attracteur, basculant de temps en temps à l'autre « oreille » :

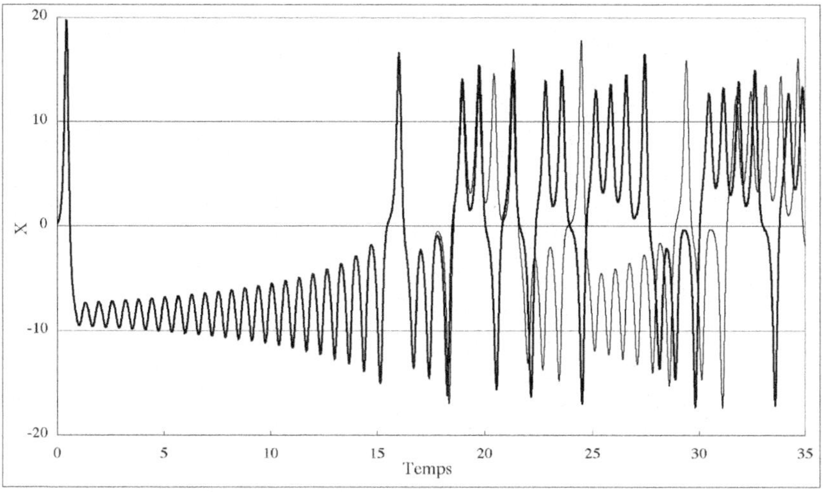

Fig. 33. L'une des composantes, x(t), du système de Lorenz en fonction du temps pour deux valeurs initiales très proches (courbes en trait fin et gros). Elles s'écartent substantiellement au bout d'un certain temps, tout en gardant la même allure : oscillations vaguement périodiques autour de deux centres différents.

Il apparaît clairement sur cette figure qu'on est très loin d'une indétermination générale. Il y a des éléments parfaitement stables, puisque des portions de courbe ressemblent à des « sinusoïdes dilatantes » (correspondant aux « spirales dilatantes » de l'espace des phases ; on s'y attendait, puisque les « centres des oreilles » sont des points d'équilibre instables). Seul l'enchaînement de ces portions (basculement d'une oreille à une autre) est soumis à une « causalité faible », très sensible aux petites variations de la position initiale.

VII

Pragmatique et dialectique

Le but de ce chapitre est de donner une description de la dialectique au sens d'Engels, canevas général où s'inscrivent les processus évolutifs de la nature.

Dans une première partie (sections I à VII), nous présentons quelques situations pratiques propres à montrer le statut de la logique formelle dans son articulation avec le monde réel, ce qui constitue la pragmatique. Certaines des questions traitées gardent un rapport avec le sens, que nous avons traité d'un autre point de vue au chapitre V. La lecture de cette partie n'est pas absolument nécessaire pour la suite.

Dans la section VI, nous montrons comment certaines relations de causalité font intervenir naturellement un temps embryonnaire, caractérisé par une relation d'antériorité et de postériorité qui s'articule difficilement avec la logique classique, ouvrant la voie à l'étude de la dialectique. *Les processus d'évolution dans le temps ont peu à voir avec la logique (et surtout avec le principe du tiers exclu), mais ils doivent avoir une cohérence causale.*

Les sections VII à X contiennent une description des principes de la dialectique. Des propriétés élémentaires de la théorie des systèmes dynamiques (traités au chapitre VI) permettent à la fois de la comprendre au travers d'exemples (tels que le système de l'électromagnétisme de Maxwell, les idées actuelles sur les cellules à noyau ou l'évolution en général) ou d'analogies facilement intelligibles et de donner un fondement scientifique (ne serait-ce que par analogie) à ces principes. Ces analogies et nos connaissances actuelles sur les systèmes dynamiques complexes (comprenant les phénomènes de chaos déterministe), inconnus au XIXe siècle, nous permettent d'énoncer dans ce cadre un nouveau principe de la dialectique.

I. UTILISONS LA LOGIQUE

Nous avons déjà rencontré et commenté (chapitre II, section I) un premier petit exemple de logique, l'archiconnu « Les hommes sont mortels, Socrate est un homme, donc Socrate est mortel » et constaté qu'un approfondissement raisonnable de son vrai contenu renvoyait à notre connaissance du monde et de son histoire. Nous allons voir dans ce chapitre comment une utilisation raisonnable de la logique nous éjecte de celle-ci, préparant la voie à un cadre plus large, celui de la dialectique, qui fait l'objet de la suite de ce chapitre.

En fait, qu'est-ce que la logique ? Des règles générales de la cohérence et de la compatibilité ou les règles de la pensée. En fait, la logique est le minimum vital pour pouvoir raisonner, ce dont on ne peut douter sous peine de ne rien comprendre. Ce sont, effectivement, des choses du genre de la phrase ci-dessus sur Socrate, que l'on peut écrire d'une façon très abstraite, qui s'appelle le modus ponens : « Si A, alors B. On a A, donc B » (= « Si une entité est homme, elle est mortelle. Socrate est homme, donc il est mortel »).

Bien entendu, il y a des choses bien plus subtiles que le modus ponens, par exemple, le modus tollens, qui s'énonce : « Si A, alors B. Non B, donc non A. » Ah, cela a l'air plus intéressant. Effectivement, si on n'a pas B, on ne peut pas avoir A, parce que si on l'avait, on aurait B, ce qui est faux, et une chose ne peut pas être vraie et fausse à la fois (c'est le principe du tiers exclu, autre loi de la logique...). C'est un fait que, en combinant astucieusement de choses de ce genre, on peut arriver à des conclusions pas évidentes du tout, et dont on ne peut pas douter. Les mathématiques, par exemple, reviennent à peu près à cela, tout au moins sous leur forme la plus rigoureuse (on dit alors plutôt « la mathématique ») ; en partant de postulats simples que l'on admet, on en déduit des conséquences logiques et l'on se retrouve avec une foule de propriétés non triviales qui sont vraies, aussi vraies que la logique et les postulats admis.

Bien entendu, la logique sert à beaucoup de choses autres que les mathématiques. Le modus tollens est universel ; ce qu'il donne est automatiquement vrai. « Si A, alors B. Non B, donc non A. » Vous pouvez mettre ce que vous voulez à la place de A et B. Voyons un exemple qui ne soit pas de mathématiques. Je prends pour A « je suis en Grèce » et pour B, « je ne visite pas l'Acropole » (si bien que « non B » est « je visite l'Acropole »). À partir de « Si A, alors B » (Si je suis en Grèce, je ne visite pas l'Acropole) et de « non B » (Je visite l'Acropole), le modus tollens me donne la nouvelle vérité automatique : « donc non A » (donc je ne suis pas en Grèce). Quoi ? Que s'est-il passé ? La logique ne serait-elle pas valable en Grèce, berceau de notre civilisation, patrie de Socrate ? Il semble bien que tel soit le cas, parce que, si à la place de « Grèce » je mets « Italie », on voit que, à partir de « Si je suis en Italie, je ne visite pas l'Acropole » et « Je visite l'Acropole », le modus tollens me donne (automatiquement) « donc je ne suis pas en Italie », qui est parfaitement vrai. N'avait-on pas dit que le résultat était automatiquement vrai quel que soit ce qu'on met à la place de A et B ? Comment se fait-il que le résultat soit manifestement vrai pour A = Italie et manifestement faux pour A = Grèce ?

Reprenons calmement. On dirait que « Si A, alors B. Non B, donc non A » est effectivement vrai en général (on peut difficilement le mettre en doute), mais qu'il y a des exceptions, et que, contrairement à ce qu'on a dit, on ne peut mettre n'importe quoi à la place de A et B. Pourquoi ? Eh bien, la conclusion est « non A », qui découle des prémisses (« données du problème ») « Si A, alors B » et « non B ». Pour que la suite ait une chance de bien marcher, la moindre des choses est que les deux prémisses soient compatibles, que l'ensemble des deux ne soit pas contradictoire. Cette condition était violée dans l'exemple de la Grèce. Comme l'Acropole est en Grèce, « Si je suis en Grèce, je ne visite pas l'Acropole » implique que je ne visiterai jamais l'Acropole, ce qui est incompatible avec la deuxième prémisse « Je visite l'Acropole ». Les deux prémisses étaient incompatibles, voilà pourquoi la conclusion était absurde. C'est comme si l'on partait de « on a un triangle carré » ; on a beau faire ensuite des raisonnements très rigoureux, on n'arrive à rien de valable. En fait, le modus tollens fonctionne bien tant que les prémisses sont compatibles. Il en va certainement de même du modus ponens et de tout le reste. Voilà que les choses ont l'air de rentrer dans l'ordre. Il n'en reste pas moins que la logique a perdu une partie de son charme : elle ne produit pas de vérités de façon si automatique que cela, il y a des vérifications à faire avant de l'utiliser…

II. PRAGMATIQUE ET LOGIQUE

La pragmatique peut être définie comme l'étude de la manière dont les termes sont utilisés dans le langage courant, de la manière dont le contexte donne un cadre permettant de dire beaucoup avec peu de mots. On peut donc la considérer comme l'étude de la pratique du langage. Il s'agit souvent du langage écrit, mais elle prend une dimension beaucoup plus vaste dans le langage parlé, qui s'accompagne souvent des intonations de la voix et d'une gestuelle très significatives. Je voudrais montrer dans ce qui suit que la pragmatique est en fait beaucoup plus, c'est le substrat originel dont émerge la logique, et ceci à des points de vue divers.

D'une part, au point de vue historique, la logique est apparue dans la Grèce classique comme une théorisation du langage (*logos*), dont les règles objectives, permettant les échanges d'idées (bien au-delà des ordres ou de simples informations), ont permis d'étudier les règles de la pensée elle-même. Une semblable démarche se retrouve, comprimée à l'échelle de quelques années, dans l'évolution du psychisme chez l'enfant. Bien entendu, une certaine « activité logique » se trouve dans les psychismes du jeune enfant ou des animaux, mais la pratique de la logique en tant que telle (nous aurons l'occasion par la suite de préciser ce que nous entendons par là), de façon consciente ou non, n'intervient qu'à « l'âge de raison », lorsque l'enfant dispose d'exemples variés de déductions, implications et autres, véhiculés, voire élaborées par la pratique d'un langage structuré et opérationnel.

Je m'efforcerai aussi de montrer comment la pragmatique est une sorte d'interface nécessaire de la logique (en tant que science) et du monde, cette pièce de théâtre qui ne se joue qu'une fois, à laquelle je fais très souvent allusion.

Avant d'aller plus loin, je voudrais signaler que *la pragmatique donne la clé de nombre de prétendues fautes de logique courantes ou même systématiques.* La logique est une science ; comme toutes les autres, elle a élaboré des concepts et une terminologie précise qui la rendent parfois assez ésotérique. Mais bien entendu, la plupart d'entre nous raisonnons couramment sans nous soucier explicitement de la logique. À ce propos, je voudrais vous raconter une anecdote (comme c'est souvent le cas, personne ne sait si elle est vraie ou non, mais certainement vraisemblable) montrant *comment un excès de logique nuit à la compréhension d'un texte, et comment la logique rigoureuse ne concerne qu'une parcelle réduite de la diversité des situations de la vie de tous les jours.*

Pendant une absence du grand logicien K. Gödel (1906-1978) de son université de Princeton, un professeur visiteur (je le désignerai par V) fut logé dans son bureau. À la fin de son séjour, V, qui ne connaissait pas personnellement Gödel, lui laissa un petit mot de remerciements, qu'il termina par une phrase pas très réussie : « En souhaitant faire prochainement connaissance avec vous de façon plus intime ». À son retour, Gödel renvoya la lettre à V avec la mention : « Qu'entendez-vous par là ? »

Les choses se compliquent encore lorsque des psychologues étudient à l'aide de tests les modes de raisonnement et plus généralement les mécanismes de la pensée humaine. Il est alors fréquent qu'ils commettent l'erreur d'interprétation (on dit le « biais ») suivante. Tout le monde sait que bien énoncer ou poser un problème équivaut déjà à donner, sinon la solution, du moins une bonne piste pour la trouver. Il en résulte que, par souci d'objectivité (ne pas influencer la pensée que l'on essaie d'étudier), on n'explicite pas suffisamment le sens précis de la question posée. En conséquence la question posée en termes de logique (et comportant donc des éléments « ésotériques ») est interprétée par le sujet soumis au test de façon entièrement différente (au sens « usuel ») ; celui-ci donne une réponse, souvent correcte telle que la question a été comprise, mais qui est interprétée comme une erreur de logique par l'expérimentateur. En fait la faute a lieu du côté du psychologue expérimentateur, qui sait trop de logique et pas assez de pragmatique ; le résultat est biaisé. Naturellement, cela ne veut pas dire que les gens raisonnent très bien à l'insu des psychologues. Les vraies fautes sont, hélas, fréquentes, mais il faut faire la part des choses. On est des imbéciles, certes, mais pas tant que cela... montrez-moi des non-imbéciles !

Je conseille vivement aux personnes qui s'intéressent à ces affaires de lire l'excellent traité *Le raisonnement humain* (collectif, sous la direction de Guy Politzer, Hermès, Paris, 2002). Une partie des idées et certains exemples que j'expose ici sont tirés de cet ouvrage, et plus particulièrement des articles d'Ira Noveck et de J.-B. Van Der Henst.

III. TU MANGES OU TU JOUES !

Tout le monde sait que dans chaque langue, beaucoup de mots ont plusieurs acceptions, leur signification précise ne pouvant se révéler que d'après le contexte. En général, ce n'est pas très difficile, les méprises sont rares et cela marche assez bien. Parfois, c'est même très utile pour faire des jeux de mots, tels que « avoir le cœur à gauche et le portefeuille à droite ». La plupart des fois, il s'agit de noms ou de verbes ; si méprise il y a, cela concerne la sémantique, pas la logique proprement dite de la phrase.

Il y a pourtant une exception importante, à propos de la conjonction « ou ». Elle peut être interprétée aux sens inclusif ou exclusif, très différents au point de vue logique, parfois presque opposés. Au risque d'être trop explicite, je préciserai que « A ou B » au sens inclusif signifie « A, B, ou les deux », et au sens exclusif « A, B, mais pas les deux ». Si la question est cruciale, et il y a un risque réel d'interprétation erronée, on pourra faire de longues phrases du type « remplissant au moins une des deux conditions A et B » ou « remplissant l'une des deux conditions A ou B à l'exclusion de l'autre » ; c'est lourd, lent et laid, on préfère l'éviter autant que possible. Fort heureusement, *le plus souvent, le sens de « ou » découle naturellement du contexte.* Ainsi, par exemple, en lisant une offre d'emploi exigeant « Diplôme D ou deux ans d'expérience requis », on comprendra sans hésitation que « ou » est utilisé au sens inclusif. De même, si dans un bistrot on vous propose un menu dont le prix est libellé de la façon suivante : « Plat du jour et dessert ou café, 10 €. Plat du jour, dessert et café, 12 € », il est clair que le « ou » est exclusif.

Tout cela est assez banal ; j'ai même écrit « sans hésitation » et « il est clair que ». Parce que je suppose que vous êtes une personne adulte, connaissant à peu près la langue française et les usages de notre société. Mais on ne naît pas en parlant français et en connaissant notre société. Comment en arrive-t-on là ? Cela n'a rien de trivial, cela coûte aux enfants pas mal d'années, remplies d'exemples, d'analogies, de malentendus, de pleurs, de satisfactions, de questions, de réponses... ensuite, c'est banal ! Tellement banal que bien des adultes ne s'aperçoivent même pas des deux sens possibles de « ou ». Pourtant, le plus probable est qu'ils ont d'abord appris le sens de « ou » exclusif à propos de l'injonction « tu manges ou tu joues ! », répétée par des parents exaspérés dans des circonstances évoquant clairement l'interdiction de faire les deux choses à la fois. Plus tard, ils ont peut-être appris le sens inclusif de « ou » à propos de la fête anniversaire d'une copine de l'école, dont la maman leur a proposé de manger des gâteaux, ou jouer, ou regarder un DVD ; ils ont fait les trois choses, à coup sûr simultanément, sans se voir opposer la moindre interdiction. Ensuite, ils ont tout oublié, et sont arrivés à l'âge adulte en sachant lire une offre d'emploi et un menu de bistrot, sans que personne leur ait expliqué les deux sens de « ou ».

Or, cette belle réussite se complique de façon très malencontreuse lorsqu'on y met de la logique, c'est-à-dire, paradoxalement, un peu de rigueur et de précision. Naturellement, en logique, « ou » a un seul sens ; *les logiciens ont choisi le sens inclusif.* Lorsqu'ils veulent exprimer le sens exclusif, ils le font explicitement, « A ou B, mais pas les deux ». Cela donne des implications correctes et trivialement vraies, par exemple :

a) « A, donc A ou B. »
b) « A ou B mais pas les deux, et A, donc non B. »

Voyons des exemples de cela :

a bis) « Les chiens sont de animaux, donc les chiens sont des animaux ou Paris est dans l'hémisphère nord. »
b bis) « Les chiens sont de animaux, ou Paris est dans l'hémisphère sud, mais pas les deux, et les chiens sont des animaux, donc Paris n'est pas dans l'hémisphère sud. »

Qu'en pensez-vous ? Je ne sais pas si vous êtes logicien ; je ne le suis pas, et je trouve ces exemples *inutiles et déstabilisants*. Tout cela est vrai, mais il me faut faire un effort pour le comprendre. Plus exactement, je pense que a bis) et b bis) sont vrais car je sais que les chiens sont des animaux et que Paris est dans l'hémisphère nord ; ensuite, je vois que ce sont des exemples de a) et b). Il est surtout intéressant de bien réaliser que j'ai compris que a bis) est vrai parce qu'on avait préalablement précisé que c'était de la logique et qu'en logique, le « ou » est inclusif. Mais si l'on interprète « ou » au sens exclusif, a bis) est faux.

Bien entendu, la logique est une science tout à fait sérieuse et utile. Les exemples que j'ai donnés sont tirés par les cheveux, et ont pour objectif de montrer *qu'il est absolument nécessaire de bien préciser de quoi l'on parle si l'on veut faire des tests de logique significatifs à des non-logiciens*. Mais ce n'est pas tout : les tests contiennent souvent des questions inutiles ; or une question inutile renvoie au contexte : « Pourquoi me pose-t-on une question inutile ? C'est parce qu'on me prend pour un imbécile, parce que celui qui la pose est un imbécile ou parce que la question a un sens caché et alors elle n'est pas inutile ? C'est cela déstabiliser. La personne déstabilisée sera sur la défensive ; au moins, elle perdra du temps, au plus, elle fera des vraies fautes de logique qu'elle ne ferait pas dans des conditions normales. Tous éléments conduisant à biaiser les résultats d'un test. Bien entendu, si, au bistrot dont le menu a été évoqué ci-dessus, vous demandez à la serveuse si « ou » doit être compris au sens exclusif ou inclusif, il se peut bien qu'elle ne comprenne pas, ou qu'elle aille chercher le patron en lui annonçant qu'un plaisantant lui cherche querelle, ou veut avoir un dessert gratuit en faisant valoir que le menu n'est pas convenablement rédigé.

IV. SI, ALORS

Nous avons déjà mentionné que l'une des relations logiques les plus simples et classiques est le « modus ponens », qui suit le schéma « si A, alors B ». Il équivaut au « modus tollens », de schéma « si non B, alors non A ». Vous pouvez, par des opérations logiques élémentaires, vous convaincre de la stricte équivalence des deux. Naturellement, rien n'est dit en ce qui concerne « B et non A », qui peut avoir lieu ou non. Est-ce si vrai et évident dans des exemples concrets ?

Avant d'aller plus loin, je voudrais signaler que dans le langage courant, le « alors » est souvent supprimé ; le fait de l'ajouter alourdit parfois la phrase sans en modifier le sens. Une forme équivalente est donc : « A, donc B » et « non B, donc non A ».

Le sens logique de « si A, alors B » se retrouve dans les situations pratiques où « A » est nécessairement accompagné de « B » sans en être la cause. Les cas où A est la cause de B impliquent souvent le contexte d'une façon telle que la prise en considération du seul sens logique les appauvrit considérablement.

Voyons un exemple non causal.

D'après le règlement des visites d'une grotte, les enfants doivent être tenus par la main. Il s'ensuit que :

1 MP : « S'il y a des enfants, alors il y a des adultes » (Modus ponens).

2 MT : « S'il n'y a pas d'adulte, alors il n'y a pas d'enfant » (Modus tollens).

Naturellement, rien n'empêche « B » sans « A », ce qui est parfaitement clair dans l'exemple : rien n'est dit en ce qui concerne la présence d'adultes sans enfant. Avant de continuer, il convient de bien réaliser que la cause de 1 MP est le règlement des visites de la grotte et non la présence d'un enfant. Il n'est pas impossible que l'adulte qui accompagne l'enfant soit venu pour que celui-ci visite la grotte, mais nous n'en savons rien.

Voyons maintenant un exemple où A est la cause de B.

Monsieur X reçoit son neveu pour le week-end et lui dit :

2 MP : « Si tu tonds la pelouse, je te donnerai 10 € » (Modus ponens).

La première surprise est qu'il est extrêmement difficile de la mettre « automatiquement » sous la forme modus tollens, qui donnerait : « Si je ne te donnerai pas 10 €, tu ne tonds pas la pelouse. » Le moins qu'on puisse dire de cette phrase est qu'elle est grammaticalement très incorrecte. Pour la formuler correctement, il faut bien comprendre l'idée à exprimer et construire la phrase correspondante. Il y a plusieurs possibilités à peu près équivalentes. Je choisis :

2 MT : « Si à la fin du week-end je ne t'ai pas donné 10 €, c'est que tu n'auras pas tondu la pelouse » (Modus tollens).

Le sens logique est celui-là : vous pouvez passer également de 2 MT à 2 MP, mais, imaginez-vous Monsieur X disant 2 MT à son neveu ? Analysons de façon plus précise la phrase initiale 2 MP. Il est clair qu'elle véhicule bien plus que son sens logique. Monsieur X propose de donner 10 € dans le but explicite d'inciter son neveu à tondre la pelouse. Cela implique, même si cela n'est pas dit explicitement, que si son neveu ne tond pas la pelouse, il ne lui donnera pas 10 €. Entendons-nous : puisque cela n'a pas été dit, au cas où le neveu ne tondrait pas la pelouse, rien n'empêche Monsieur X de lui donner quand même 10 €, encore moins Madame X de glisser, à l'insu de son mari, 10 € dans la poche de son neveu à la fin du week-end. En fin de compte, la phrase 2 MP prononcée par Monsieur X exprime deux idées : la première, claire et explicite, est l'idée logique que la tonte de la pelouse est condition suffisante mais pas nécessaire pour avoir les 10 € (qui laisse la possibilité de donner 10 € sans autre condition) et, d'une façon implicite, que la tonte de la pelouse est condition nécessaire et suffisante. Ce sens implicite est très important, puisque c'est lui qui véhicule l'incitation que, de toute évidence, veut exprimer Monsieur X. Elle disparaît complètement dans la forme 2 MT, qui n'est donc pas équivalente à la 2 MP. En ce qui concerne la façon dont le neveu comprend 2 MP, le plus probable est qu'il saisisse bien la partie implicite, mais cela dépend de bien de choses, en particulier de l'historique des précédents week-ends passées chez son oncle.

Considérons maintenant un exemple plus complexe.

X et Y discutent aujourd'hui de ce qu'ils vont faire ensemble demain soir. Trois possibilités s'offrent : aller au théâtre, faire une promenade, ou regarder un DVD à la maison. La décision peut être prise aujourd'hui ou demain jusqu'au moment du départ (par exemple, elle peut être influencée par le temps qu'il fera demain matin). Alors, X dit à Y :

3 MP : « Si l'on veut aller au théâtre, il faut réserver aujourd'hui » (Modus ponens).

Nous allons voir que, conformément à ce que nous avons noté, cette phrase a la structure grammaticale d'un modus ponens, mais en fait ne l'est pas. Avant d'aller plus loin, il convient de bien réaliser que la négation de « il faut » est « il n'est pas nécessaire », car « il faut » est synonyme de « il est nécessaire ». D'autre part, dans le cas qui nous occupe, où on a le choix entre trois possibilités, la négation de « nous voulons aller au théâtre » est « nous voulons aller nous promener ou regarder un DVD ». Bien entendu, le « ou » est ici exclusif, car il est clair que l'on n'effectuera qu'une des trois options. Construisons maintenant automatiquement le modus tollens associé à 3 MP :

3 MT : « S'il n'est pas nécessaire de réserver aujourd'hui, alors nous voulons aller nous promener ou regarder un DVD » (Modus tollens).

Cette phrase n'est pas aisée à comprendre. Elle est pourtant parfaitement significative, mais elle n'a pas l'air équivalente à 3 MP. En essayant de comprendre ce qui se passe, nous réalisons deux points intéressants :

a) Il convient de savoir si le fait de réserver donne simplement la possibilité d'aller au théâtre (a_1) ou l'obligation (a_2) (par exemple, car il faut payer à l'avance, ou verser une caution, ou par politesse envers la personne qui fait la réservation).
b) S'agit-il vraiment de laisser jusqu'à demain la possibilité de faire le choix tripartite (b_1), ou peut-on faire aujourd'hui un choix total (b_2) ou partiel (b_3) (consistant à laisser pour demain le choix

de faire une promenade ou regarder un DVD, en choisissant aujourd'hui de ne pas aller au théâtre).

On voit alors qu'il y a six combinaisons de situations possibles, donnant des sens divers à la phrase 3 MP. Par exemple, dans le cas où l'on a (a2) et (b1), la phrase 3 MP conduit simplement à une impasse : les données du problème sont incompatibles et il n'y a pas de solution. Le cas (a1) et (b1) admet des solutions, pourvu qu'on réserve aujourd'hui, le cas (a1) et (b2) a des solutions, et exige de réserver seulement si le choix se porte sur le théâtre. Je vous laisse le loisir d'étudier les autres cas, car mon propos n'est pas de vous apprendre à gérer des week-ends pluvieux, mais de bien réaliser que 3 MP peut avoir des sens variés ayant peu à voir avec le modus ponens. *Une simplification d'une question pour la faire entrer artificiellement dans le cadre de la logique formelle peut conduire à son appauvrissement.* C'est probablement ce qui était arrivé à K. Gödel lors de l'anecdote ci-dessus (section II).

V. SUITE

Les exemples des sections précédentes montrent *qu'une simplicité apparente peut cacher une difficulté ou une complexité des situations lorsque des relations de causalité relient entre eux les éléments en considération.* Comme nous le montrerons dans la suite du chapitre, les relations de causalité font intervenir de façon naturelle le temps, même sous une forme embryonnaire, de deux (ou plusieurs) instants où la causalité va du passé vers le futur. Dans le langage courant, la conjonction « et » a souvent une connotation causale et temporelle. Par exemple, on dira « X a 20 ans de service *et* une grande expérience », mais « X a une grande expérience *de* (plutôt que *et*) 20 ans de service ». En pratique, « A et B » n'est donc pas équivalent à « B et A », car l'ordre véhicule une information complémentaire.

Cela est banal et ne mériterait pas d'être mentionné si des travaux ne montraient pas que *l'appréciation des nuances contextuelles est infiniment mieux saisie par les adultes que par les enfants, qui peuvent avoir un comportement paradoxalement « plus logique »* (au sens de la logique

formelle). Voici un exemple tiré de Noveck [2002]. On raconte un fait divers et l'on propose les deux descriptions suivantes :
a) Laurent s'est cassé le poignet et est allé à l'hôpital.
b) Laurent est allé à l'hôpital et s'est cassé le poignet.

La tâche consiste à évaluer ces phrases comme vraies ou fausses. Lorsqu'on les a présentées à des enfants de sept ans, ils ont considéré comme vraies toutes les deux (90 % environ d'opinion « vrai », aussi bien pour a) que pour b). En revanche, les adultes ont considéré pratiquement à l'unanimité a) comme vraie mais 30 % d'entre eux seulement ont accepté b) comme vraie.

Cet exemple et ses conclusions sans équivoque montrent bien le véritable statut de la logique formelle dans le foisonnement des relations et de la gestion qu'en font les humains. La logique ne concerne que les relations les plus simples et dépourvues de nuances. Bien entendu, la logique formelle est la base naturelle des mathématiques et de l'informatique, qui en constituent en quelque sorte des développements grandioses. Mais *quelle que soit notre admiration pour les réalisations des sciences dites exactes, qui sont à proprement parler fantastiques à divers points de vue, il est du bon sens de ne les considérer que comme une tranche infime du foisonnement infiniment plus vaste des phénomènes du monde, de cette fameuse pièce qui n'est jouée qu'une fois. Ce qui est vraiment remarquable, c'est que de ce foisonnement, on puisse extraire des tranches admettant un traitement élémentaire et des propriétés prédictives. Les plus simples et abstraites d'elles constituent la logique.*

Inversement, un énoncé logique n'a un sens (n'est utilisable) que dans un cadre cohérent. Nous savions cela depuis longtemps ; on a oublié quand nous avons entendu la boutade (A) pour la première fois :
– Avez-vous l'heure ?
– Oui, je l'ai.

Naturellement, la vraie question n'est pas logiquement formulée, mais elle se comprend dans un contexte habituel. On peut noter en passant que la combinaison (B) :
– Avez-vous l'heure ?
– Non, je ne l'ai pas.

est cohérente dans un contexte bien plus large. *Dans ce cas, « non » n'est pas le contraire de « oui »*. On peut mesurer la difficulté à gérer ce genre de situations avec la logique formelle, voire avec l'informatique. Pourtant, un enfant comprend parfaitement les vrais sens de (A) et de (B), tout en étant probablement incapable de donner une explication satisfaisante du paradoxe. *Le sens est véhiculé par des messages incomplets qui ne peuvent être reconstitués que dans le cadre d'un contexte culturel*[1]. C'est tellement vrai qu'on traite d'idiot celui qui est incapable de faire cette reconstitution : « Lorsqu'on montre la lune, l'idiot regarde le bout du doigt. »

VI. LES LIMITATIONS DE LA LOGIQUE FORMELLE ET L'INTRODUCTION D'UN TEMPS EMBRYONNAIRE

La logique formelle, (et même la logique mathématique) est la logique de l'intemporalité ou de l'instantanéité. Elle est étroitement liée à notre interprétation du *verbe « être »*. Elle se veut détachée du contact du monde physique, ne concernant que des relations abstraites entre éléments formels auxquels, et en vue des applications, on peut donner des contenus (physiques ou autres) arbitraires. En fait, elle émane par abstraction d'un type de relations extrêmement répandues mais dont l'utilité est souvent limitée si elle ne plonge pas dans un contexte plus vaste. Elle sert en général (et est indispensable !) à créer des liaisons locales extrêmement rigoureuses, mais, sauf dans des cas exceptionnels, elle ne donne pas toute seule des raisonnements novateurs et éclairants. *Elle ne prend pas en considération le temps, et accepte le « principe du tiers exclu », qui s'énonce en disant qu'une affirmation est vraie ou fausse, toute troisième possibilité étant exclue.* C'est tout un programme, en ce sens qu'il *délimite un domaine d'application d'où le temps est exclu, et avec lui le devenir.*

La logique formelle n'est pas faite pour manipuler des idées du type « X est jeune, mais il/elle aura plus tard de l'expérience ».

1. Nous l'avons vu chapitre V, section V.

Ce n'est pas son affaire ; quelle est donc son affaire ? Ce sont les choses intemporelles, telles que « le tout est plus grand que les parties » et bien d'autres. C'est incontestable ; par définition de « tout » et « parties », cela n'a rien à voir avec le temps. Est-ce si sûr ? Essayez d'appliquer cette « vérité universelle » à une famille et ses composants. Que voit-on ? Que cela n'a rien d'intemporel, on ne peut faire de la logique rigoureuse qu'à un instant fixé. *C'est de la fausse intemporalité, c'est de l'instantanéité. Une fois qu'on a restreint le domaine d'étude à un instant, le temps a disparu, et on a l'impression de l'intemporalité et de l'universalité. C'est très réducteur, et c'est pour cela qu'on a de la logique partout, mais le plus souvent pas toute seule.*

Je disais que la logique formelle était liée à notre idée du verbe « être ». C'est une façon de parler, car pour le préciser, il faudrait avoir une définition précise du verbe être, ce qui me semble utopique. Mais il est clair que l'on admet sans peine que « être » et « ne pas être » s'excluent l'un l'autre, et ne laissent pas de troisième possibilité. C'est pratiquement le principe du tiers exclu, alors que des verbes tels que « devenir », « évoluer », « vieillir », ou « s'épanouir » se marient mal avec le tiers exclu, sans pour autant être nécessairement incompatibles avec lui. Je répète que c'est une façon de parler, un raccourci utile et rien d'autre. Il est utile en ce que cela attire notre attention sur le caractère restreint de son domaine d'application et les vastes régions qui en sont exclues.

De prétendues incompatibilités logiques ont fait couler beaucoup d'encre, alors qu'elles sont simplement dues à une réduction abusive à un instant de situations faisant intervenir au moins deux instants. Prenons, par exemple, une histoire qui se trouve dans Don Quichotte (partie 2, chapitre 51). Il y a une île à laquelle on n'a accès que par un pont la reliant au continent. Exaspéré que de nombreux voyageurs demandent à utiliser le pont en invoquant de motifs autres que leurs véritables intentions, le gouverneur de l'île décrète que, pour y avoir accès, on devra dire une vérité ; s'il apparaît par la suite que le voyageur a menti, il sera pendu. Arrive alors un marcheur qui, en passant le pont, déclare : « Vous allez me pendre. » Les fonctionnaires chargés de la gestion du pont et de la potence associée se trouvent devant un dilemme insurmontable : s'ils pendent le marcheur, il aura dit une vérité, alors que s'ils le laissent en vie il aura menti.

Il apparaît donc que la phrase prononcée par le voyageur n'est ni vraie ni fausse. En est-il bien ainsi ? Non pas. Tout simplement, elle n'a pas de sens instantané (autrement dit, dans le domaine de validité du principe du tiers exclu). Au moment où elle est prononcée, le test de vérité (sa conformité avec la réalité) est impossible car elle ne signifie rien (c'est du bla, bla, bla). Tout simplement, le marcheur n'a rien dit, et l'on n'est en mesure de tirer aucune conclusion concernant son éventuelle pendaison.

De toute évidence, la phrase prononcée fait intervenir deux instants distincts, reliés par une relation d'antériorité et postériorité. Or, la causalité ou flèche du temps allant toujours du passé vers l'avenir, l'avenir ne peut avoir aucune influence sur le passé. En prenant en considération deux instants, la phrase en question est incompatible avec toute réalité possible, si bien qu'en ce sens, elle est fausse (au lieu de ne rien signifier). Sa structure logique dans le temps ressemble à celle de certaines structures impossibles (dans l'espace), telles que « l'escalier de Penrose » (figure 34). Cette figure a l'air de correspondre à une situation possible dans notre monde, mais c'est faux ; de façon précise, elle n'entre pas dans l'éventail des possibilités que nous permet d'envisager notre idée du monde. Ce point est très important. En tant que dessin géométrique sur la feuille de papier, on n'a rien à lui reprocher. Son caractère singulier consiste dans le fait que l'idée qu'il évoque en nous (à l'aide de nos capacités optiques et intellectuelles), laquelle concerne une éventuelle parcelle de l'espace tridimensionnel, est en contradiction avec la structure que nous imaginons être celle de l'espace (toujours comme conséquence de nos capacités optiques et intellectuelles). C'est en ce sens qu'elle est fausse, ou, plus exactement, impossible. Il en va exactement de même de la phrase du marcheur : elle ne correspond à aucune situation compatible avec l'idée que nous nous faisons des relations de causalité entre événements à deux instants différents. En ce sens, elle ne signifie rien, comme l'escalier de Penrose ne correspond à aucune figure de l'espace.

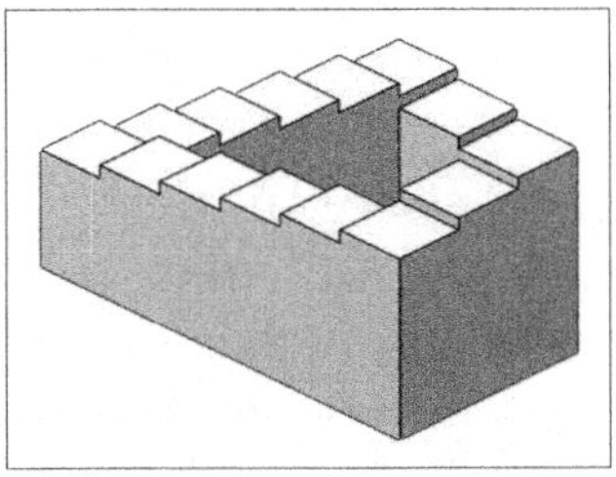

Fig. 34. Structure spatiale impossible.
(« Escalier de Penrose »).

On est très loin d'un principe du tiers exclu vivant dans l'instantanéité. On a été conduit à une prise en considération de deux instants et à une logique de l'adéquation avec l'idée que nous nous faisons de la causalité. Le gouverneur de l'île avait été bien imprévoyant en admettent implicitement que toute affirmation est vraie ou fausse.

Voyons maintenant un autre exemple assez connu, où l'on donne un ordre impossible, sans en avoir l'air. La chose est assez banale en soi, mais nous allons montrer comment *la prise en considération de temps différents permet de l'éclairer.* Il est intéressant aussi en ce que le temps y apparaît déguisé en espace à cause d'une vitesse, mais c'est le temps qui permet d'y voir plus clair.

D'après le code de la route, un panneau est impératif à partir du point où il est installé et jusqu'à (dans le sens de la circulation ; c'est ici que « en avant » et « futur » s'identifient) ce qu'il soit annulé ou contredit par un autre panneau. Sur une autoroute, il y a un panneau avec l'interdiction de rouler à plus de 80 km/h, et à côté un autre où il est écrit « Ne tenez pas compte du panneau à côté ». Une voiture arrive à 120 km/h. Doit-elle réduire sa vitesse ou non ? On voit immédiatement qu'il est impossible d'obéir aux deux panneaux (pris au sens impératif). L'absurdité de la situation vient de ce que l'ensemble des deux panneaux renvoie à une situation qui est irréalisable. Au point de vue logique, c'est analogue à la présence, côte à côte, de deux panneaux « Roulez à moins de 80 km/h » et « Roulez à plus de 80 km/h », qui ne nous pose aucun problème, sa contradiction étant évidente. Ce problème est tout simplement pittoresque car le conducteur non avisé a l'impression que les deux ordres sont compatibles.

Imaginons maintenant que l'on décale les panneaux, en mettant devant « ne tenez pas compte du panneau qui suit », suivi de l'interdiction de dépasser 80 km/h. Il est clair que l'on doit continuer de rouler à 120 km/h. Si, par contre, on met d'abord l'interdiction de dépasser 80 km/h et ensuite « Ne tenez pas compte du panneau qui précède », on doit réduire la vitesse en arrivant au premier panneau, en étant ensuite libre de rouler à la vitesse que l'on veut dès qu'on arrive au deuxième panneau. *Le problème proposé apparaît donc, grâce à la prise en considération de différents temps, comme limite entre deux ordres parfaitement clairs et différents.* Si vous êtes constructeur de routes, vous devez avoir présent à l'esprit que, puisque les panneaux engagent le futur du conducteur (on n'est pas dans la logique formelle), ils doivent se suivre pour que chacun donne un sens aux suivants. Rien ne s'oppose à ce que des panneaux manifestement non contradictoires (comme « Déviation pour poids lourds » et « Interdiction de rouler à plus de 80 km/h ») soient apposés côte à côte, comme c'est souvent le cas sur les portiques d'autoroute.

Jacques Lacan (1901-1981), dans un texte assez connu[2], a fait une analyse très lucide d'un type de situations impliquant plusieurs acteurs, où les raisonnements de chacun mettent en œuvre ceux des autres. Cela le conduit à la prise en considération de plusieurs instants, « l'instant du regard », le « temps pour comprendre » et « le temps pour conclure », modifiant largement le cadre habituel de la logique usuelle. Je commenterai ce genre de questions en utilisant un exemple analogue, pris dans « A mathematician's miscellany »[3], où il est traité comme un paradoxe de logique formelle. L'objectif est de voir comment son énoncé et son traitement, assez confus, sont parfaitement éclaircis par la prise en considération d'un temps élémentaire, réduit à une relation d'antériorité et postériorité que l'on doit assigner aux divers éléments en jeu :

Trois dames sont dans un wagon de chemin de fer, et rient en trouvant que les autres sont ridicules, car elles ont une tache sur

2. Lacan [1945].

3. Littlewood [1953], p. 25.

le visage (chacune ne voit pas sa propre tache). On les désigne par A, B et C. Alors, A pense : « Pourquoi B, en voyant que C et moi rions, ne se rend-elle pas compte qu'elle est ridicule ? Mon Dieu, je suis ridicule ! » Le raisonnement qui a conduit A à cette conclusion est : « Si je ne suis pas ridicule, B (qui rit, donc qui croit qu'elle n'est pas ridicule) doit se demander pourquoi C rit, donc découvrir qu'elle, B, est ridicule et donc ne pas rire. Donc je suis ridicule ». La conclusion paradoxale est que A ne doit pas rire, et pour des raisons analogues, B et C ne doivent pas rire, donc la donnée du problème « les trois rient » est impossible.

Tel est le paradoxe proposé. Vous voyez que ce n'est pas une contradiction, mais une incohérence (très inattendue) des données. C'est, de toute façon, assez paradoxal. Le caractère paradoxal disparaît en faisant intervenir des instants divers échelonnés dans le temps. En effet, le raisonnement de A n'est valable que si elle est sûre que B a fait préalablement son propre raisonnement et en a tiré les conséquences. Tout cela nécessite du temps. Bien entendu, A, B et C se trouvent dans des situations analogues, et sans des données supplémentaires, par exemple la vitesse de raisonnement de chacune des trois dames, ou l'assurance qu'elles feront ces raisonnements, et quand..., il y a plusieurs issues possibles, toutes impliquant des suites causales (donc le temps).

Ce problème me permet de commenter l'utilisation de la logique ou tout simplement la façon de raisonner[4]. La donnée « chacune rit si une autre est ridicule, sauf si elle-même est ridicule » doit être énoncée de façon explicite. Telles que je vois les choses, ce n'est nullement évident. Pour plus de clarté, je ne dirais pas « trois dames », mais « trois dames coincées ». Si l'on remplace « dames » par « copines », l'histoire devient absolument inintelligible, car trois copines sont parfaitement capables de rire chacune d'elle-même (en tout cas, c'est l'idée que je me fais de trois copines, et je souhaite vivement, pour elles et pour nous autres, que mon idée

---

4. Ce commentaire ne s'adresse nullement au texte de Lacan, qui est bien plus précis et lucide.

soit correcte). L'auteur n'a pas l'air d'accorder beaucoup d'attention à ces précisions, et cela nous renseigne sur sa façon de voir les choses, qui n'est certainement pas la mienne. Il ne tire pas de conséquences de ce paradoxe, et, bien plus étonnant, il ajoute un commentaire qui me semble entièrement faux : « This is a genuine mathematical reasonig. » S'il est exact que les raisonnements par l'absurde (c'est-à-dire, conduisant à une contradiction) sont courants et parfaitement acceptables en mathématiques, ils ne portent, quand ils sont corrects, que sur des situations parfaitement définies sans équivoque, et les conclusions, même paradoxales, sont (ou doivent être) énoncées explicitement. Non, ce n'est pas ainsi qu'on fait des mathématiques, mais que l'on fait des erreurs en mathématiques (et en toutes choses).

Les exemples qui précèdent montrent que la prise en considération de formes embryonnaires du temps (bien plus élémentaires que le temps continu habituel, mais contenant la propriété fondamentale d'antériorité des causes) éclaircit nombre de situations paradoxales de la logique formelle[5]*. La logique formelle est inadaptée à la prise en considération de ce type de situations. Si l'on essaie de les traiter sans élargir la logique, on se retrouve dans des mondes fictifs, exactement comme l'escalier de Penrose, où, en descendant en cascade, on se retrouve au même niveau.*

5. Nous aurons également l'occasion de voir comment le temps embryonnaire permet de déceler des ambiguïtés lourdes de conséquences dans les énoncés de certains problèmes (chapitre VIII, section IV.1).

VII. LA DIALECTIQUE

La dialectique n'est pas une logique, mais une stratégie de la connaissance objective. La logique ordinaire ne fait que prohiber la contradiction, mais ce qui importe c'est de la résoudre, et il n'est pas d'autre voie pour cela que de l'affronter rationnellement, c'est-à-dire de la penser dialectiquement[6].

La dialectique est parfois définie comme une théorie de la contradiction. C'est un raccourci rapide, que nous allons développer. De même que la logique formelle peut être considérée comme le minimum admissible pour pouvoir raisonner, la dialectique est l'étude des lois générales de la nature, une sorte de canevas général commun à toutes les sciences. Vaste programme, par nature inachevé et en changement. Par rapport à la logique formelle, elle perd en précision, mais gagne infiniment en domaine d'application, en pouvoir explicatif, en cohérence avec le monde.

Une autre définition (autre raccourci) consiste à dire que la dialectique est la théorie générale (ou la logique) du changement et de l'évolution. Cette définition a l'avantage d'exhiber son immense programme, qui nous conduit de toute évidence à des formes de raisonnement ne fonctionnant pas par « oui ou non » (le principe du tiers exclu étant alors clairement inopérant), entièrement différentes de celles de la logique formelle. Il ne faudrait pas pour autant penser qu'il y ait une contradiction (au sens d'incompatibilité) entre la logique formelle et la dialectique. Il s'agit simplement d'un élargissement d'horizon, la dialectique contenant localement la logique formelle. J'avais signalé (section précédente) que la logique formelle était une « logique du verbe être », excluant de son domaine d'application des verbes tels que « devenir », « évoluer », « vieillir », ou « s'épanouir » ; c'est précisément la logique de ces verbes-là qui constitue le domaine

6. Sève [1998], p. 127 et 176.

de la dialectique[7]. La dialectique contient la logique formelle, de même que des phrases portant sur « évoluer » ou « s'épanouir » peuvent contenir le verbe « être ».

La pensée dialectique s'oppose à la pensée de la logique formelle qui, sous prétexte de rigueur et de précision, étudie les choses et les concepts dans leur isolement, ce qui constitue un programme limité, la plupart des phénomènes importants étant d'interaction et d'évolution dans le temps. La pensée de la logique formelle est une pensée de l'instantanéité, dont le péché d'orgueil, très répandu chez les penseurs, consiste à se considérer une pensée de l'intemporalité, engendrant ainsi un idéalisme ontologique, alors même que la limitation du programme devient un agent inhibiteur et castrateur.

Cette distinction me semble importante. *L'instantanéité est une section de l'espace-temps par t = constante. Cette section peut contenir des éléments entiers et des relations entre eux, mais n'est pas complète, en ce sens que la cohérence causale d'autres éléments demande un passé qui la précède avec des causes et un futur porteur de ses conséquences. L'intemporalité nie le besoin de ces compléments, se veut autonome et complète, ce qui la plonge dans une atmosphère irréelle, cotonnée par les limitations qu'elle-même s'impose.*

L'un des éléments clés de la pensée dialectique consiste à prendre en considération des *processus où les effets ne suivent pas instantanément les causes : la causalité est différée ou cumulative, il y a une sorte d'inertie.* Il s'agit de l'une des propriétés que nous avions mises en évidence lors de notre premier exemple du système prédateur-proie (chapitre VI, section I.1). Ce point est fondamental, car il contient la clé de la compatibilité de la dialectique avec la logique formelle[8].

---

7. « La dialectique est une logique de l'avenir » Sève [1998], p. 182, ou « Engels est le premier penseur du XIXe siècle à avoir conçu aussi clairement l'univers dans son ensemble comme un processus évolutif », *ibid.*, p. 78-79.

8. Il s'agit ici fondamentalement de la dialectique d'Engels. Je ne pense pas qu'on puisse en dire autant de la dialectique de Hegel, dont celle d'Engels est issue après de profondes modifications. Notons qu'il y a eu des tentatives d'harmonisation de la dialectique de Hegel avec des logiques non classiques (voir Da Costa [1997]). La dialectique de Hegel

Remarquons, avant d'aller plus loin, que les sciences, même les mathématiques, pourtant réputées hautement rigoureuses et intemporelles, sont largement dialectiques. Ce point a été largement développé (sans toutefois mentionner la dialectique en tant que telle) dans Byers [2007], d'où nous prenons, un peu au hasard, une citation significative (page 283) :

> La relation entre les mathématiques et la logique a été modifiée de façon décisive. Nous commençons à voir le paradoxe non plus comme quelque chose à éviter et éliminer, mais comme une source d'idées potentiellement riche. Même la détermination de ce qui est correct ou incorrect, ce qui est vrai ou faux, devient une affaire extrêmement subtile.

VIII. LES PRINCIPES DE LA DIALECTIQUE

Nous commencerons par énoncer les principes de la dialectique, en expliquant ensuite le contenu qu'il convient de donner à chacun d'eux. À la rigueur, ce contenu est changeant avec le progrès des sciences, car en un certain sens, ce contenu est la science elle-même, dont les principes constituent des abstractions. Voici l'énoncé de ces principes, essentiellement dus à F. Engels [1878], sous la forme donnée par J. M. Brohm [2003] :

1. *Mouvement et transformation.*
2. *L'action réciproque (ou interdépendance, dite aussi unité dialectique)*
3. *La contradiction, force créatrice.*
4. *Le passage du quantitatif au qualitatif (bonds et ruptures).*
5. *La négation de la négation : thèse, antithèse et synthèse (ou principe du développement en spirale).*

Notons que Georges Politzer [1936] regroupe les principes 3 et 5 en un seul. Cela ne présente aucun inconvénient, puisque le contenu des principes n'a pas encore été défini. Qui plus est, *l'évolution de nos connaissances scientifiques conduit à une révision permanente du contenu*

---

ne me semble pas très adaptée à l'étude des sciences, et elle est en tout cas totalement en dehors de mon domaine de compétences.

de ces principes. C'est ainsi que *nous serons amenés à énoncer plus tard (section IX), pour les phénomènes faisant intervenir l'évolution d'au moins trois agents, un nouveau principe, « des comportements erratiques sur l'attracteur »* mettant en œuvre des découvertes (le chaos déterministe) datant seulement d'une trentaine d'années, et donc totalement inconnues d'Engels ou de Politzer. Nous verrons, lors de la description de ces principes qui va suivre, qu'il ne s'agit nullement de lois déterministes précises comme celle de la gravitation, mais des tendances générales, sorte de cadre où s'inscrivent des lois plus précises et particulières ou les phénomènes eux-mêmes.

1. Mouvement et transformation

Ce principe constitue en quelque sorte un programme des phénomènes à traiter. La dialectique se veut générale et globale, elle doit prendre en considération tous les phénomènes, dans le but de les comprendre, d'en déceler les relations de causalité et d'ouvrir ainsi la voie à des transformations finalisées.

Comme nous l'avons observé, les relations de causalité font intervenir le temps de façon presque automatique. Précisément, un événement ne peut être (ou faire partie de la) cause [9] d'un autre que s'il s'est produit dans le temps qui précède cet autre. Cela pose, bien entendu, de très difficiles problèmes sur la structure du temps (et de l'espace ; relativité et autres...), mais la propriété que l'on vient d'énoncer est toujours valable, et constitue précisément une définition (peut-être vague) du temps, et plus précisément, de la « flèche du temps », dirigée de la cause vers sa conséquence. Nous avons déjà vu (sections IV à VI) les limitations de la logique de l'instantanéité, même pour traiter des problèmes qui, apparemment, ne font pas intervenir le temps. Cela nous a conduit à la prise en considération d'instants différents, ordonnés par la flèche du temps, porteuse de causalité. Cela ne suffit pas à traiter la plupart des phénomènes d'évolution qui interviennent dans les sciences de la nature. Précisément, le temps

9. Au sens de cause efficiente.

de la physique (même avec les imperfections que l'on a évoquées) est le mieux qu'on a trouvé jusqu'à présent pour décrire les phénomènes… physiques. Cette affirmation peut sembler tautologique, mais ne l'est nullement. Voyons cela sur un exemple.

Le temps de la physique (classique) est indépendant de l'espace (position) ; il se compose d'une succession d'instants identifiés aux points d'une droite indéfinie et munie d'une unité de mesure et d'un sens de parcours (flèche du temps). Ce temps est ce que nous mesurons avec les horloges.

On peut se demander si la prise en considération d'un temps ainsi construit est nécessaire pour étudier des phénomènes du type prédateur-proie du chapitre VI, section I.1. Revenons donc à ce problème au chapitre VI, section I.1 et essayons de raisonner autrement que comme nous y avions fait (avec des équations différentielles d'évolution dans le temps de la physique classique) :

Nous partons, comme au chapitre VI, section I.1, de l'hypothèse qu'il y a un équilibre des deux populations, et nous désignons par x et y les excès des populations par rapport à celles d'équilibre. Nous raisonnons alors comme nous l'avions fait, à cette différence près que nous considérons seulement un « temps formel » ou « embryonnaire », composé de deux instants : le premier, celui de l'équilibre donné, et le deuxième (postérieur, suivant la flèche du temps) après le phénomène de festin-massacre qui s'annonce par la présence simultanée des prédateurs et des proies (et qui remplacera l'évolution dans le temps ordinaire que nous connaissons déjà). Pour écrire les équations qui doivent être satisfaites par x et y, nous raisonnons toujours de la même façon qu'au chapitre VI, section I.1, à cette différence près que, au lieu de considérer les « dérivées par rapport au temps », c'est-à-dire, les petits accroissements graduels de x et y, nous considérons directement les accroissements totaux produits par le phénomène de festin-massacre. Cela nous donne naturellement des équations $x = by$ et $y = cx$, avec $b > 0$ et $c < 0$ (ces équations sont analogues à celles du chapitre VI, section I.1, mais non différentielles). Nous résolvons ce système : on voit que sa seule solution est $x = 0$, $y = 0$ (il suffit de remplacer x de la première équation dans la seconde, et de tenir compte que $cb < 0$). Cela signifie que *notre tentative de solution du problème a échoué lamentablement.*

Nous savions avant de commencer qu'il y avait la solution d'équilibre $x = 0$, $y = 0$, et nous avons trouvé qu'il n'y en a pas d'autre. Le festin – massacre n'a pas lieu ! Est-ce que cela veut dire que les chats ne mangent pas les souris ? Certainement pas ! Comme nous avons étudié le système différentiel du chapitre VI, section I.1, nous savons que *ce qui se passe n'est pas un festin – massacre ponctuel, mais un processus d'évolution dans le temps de la physique classique, avec ses oscillations périodiques* et compagnie. Il est clair que, effectivement, il n'y a pas d'autre position d'équilibre que l'origine. Ce qui s'est passé dans la nouvelle étude que nous venons de faire avec un temps élémentaire est que *nous avons cherché ce qui n'existait pas, et avec des outils inappropriés au problème.* La mise en œuvre d'un temps embryonnaire constitué de deux instants (avant et après) est *inappropriée,* car après, il y aurait un état indépendant du temps, une position d'équilibre qui n'existe pas.

On peut donc affirmer que la pensée de la logique formelle (ne faisant pas ou presque intervenir le temps) est inopérante pour les phénomènes du type prédateur-proie. La méthode des équations différentielles (exemple de mise en œuvre dialectique) nous donne une vision entièrement nouvelle de ces phénomènes.

Il y a lieu de faire certains commentaires sur ce qui précède. L'étude présentée au chapitre VI, section I.1 du système prédateur-proie est certainement sujette à critique. Nous avons souligné que cela ne constituait qu'une certaine approximation (coefficients constants...) et c'est pourquoi nous avons dit qu'il ne s'agissait pas de chats et souris, mais de Felix adorabilis et de Mus mickeiüs, espèces imaginaires dont le comportement des populations est exactement celui du système différentiel du chapitre VI, section I.1. Il y a bien des perfectionnements à faire pour améliorer le modèle, bien des mesures à faire pour calibrer les erreurs par rapport à la réalité et pour délimiter son domaine de validité (même approchée). *Mais sa supériorité par rapport à l'échec de la « méthode de la logique formelle » qui considérait le phénomène comme un tout est manifeste. Ainsi avancent les sciences, toujours inexactes, mais de plus en plus proches d'une vérité insaisissable, grâce à la mise en œuvre de concepts et outils adaptés aux buts poursuivis, loin d'une mystique perfection le plus souvent associée à l'erreur.*

Encore un mot sur la comparaison des deux tentatives d'étude de ce problème. On aimerait comprendre la raison profonde pour laquelle l'événement ponctuel de festin-massacre n'a pas lieu, alors qu'il est bien plus facilement imaginable que le processus périodique. N'est-il pas vrai que les chats mangent les souris ? Pourquoi n'arrive-t-il pas que tous les chats mangent toutes les souris ? Ce n'est pas difficile à comprendre *si l'on réfléchit bien au problème posé et non pas à un autre.* Revenons à la réalité, avec des chats et des souris au lieu de Felix adorabilis et Mus mickeiüs. Dans l'île, il y a beaucoup de chats et de souris, et ils ne font pas que se manger les uns les autres, ils ont beaucoup d'autres activités. Au hasard des choses, un chat rencontre une souris, et l'issue de la rencontre n'est pas douteuse, mais cela n'arrive pas simultanément avec tous les chats et toutes les souris ; *on le sait car cela était écrit implicitement dans les données du problème.* En effet, on est parti de l'hypothèse de l'existence d'un état d'équilibre entre les deux populations, et dans ce cas, il est évident que les individus des deux populations sont dispersés, les rencontres fortuites, ce qui rend impossible, du moins d'un point de vue probabiliste, le festin soudain.

Pour la même raison, *les populations en jeu et les dérivées des fonctions n'ont un sens que dans le cadre (approché) des moyennes de grands nombres, et dans le cadre, approché qu'elles évoluent de façon périodique.* Il est bien évident que si vous avez dans une pièce fermée un chat et une souris, le festin-massacre aura bel et bien lieu, *mais ce n'est pas le problème proposé.*

Un dernier point très important à bien réaliser est que *la solution obtenue du système prédateur-proie ne résulte nullement d'une juxtaposition des solutions de nombreux problèmes « individuels » pour chaque chat et la ou les souris correspondantes.* Il a fallu mettre en œuvre les concepts (temps de la physique classique) et les méthodes (équations différentielles), adaptés (tant bien que mal) au but ; ils donnent ce qu'ils peuvent : la « théorie » du chapitre VI, section I.1, avec ses cycles périodiques, ses imperfections et les interrogations qu'elle soulève. *Ainsi avancent les sciences, ainsi la dialectique est-elle supérieure à la logique formelle.*

Il y a lieu aussi de signaler que ce que nous venons de mentionner, comme quoi le type de phénomènes du chapitre VI, section I.1, ne résulte pas d'une simple juxtaposition de phénomènes ponctuels simples constitue ce qu'on appelle un *phénomène d'émergence, lié à la complexité*[10]. Le tout est bien plus (ou en tout cas bien différent) de la simple addition des parties. Ce point est aussi en rapport étroit avec le passage du quantitatif au qualitatif (4e principe de la dialectique, que nous traiterons après).

Parallèlement, la prise en considération du temps de la physique et des équations différentielles peut être conçue comme une mise en œuvre de la *simplexité*[11], qui permet de saisir ce qu'il y a d'essentiel dans les deux grandes communautés de prédateurs et de proies pour déceler la loi (approchée) de l'évolution périodique.

Les éléments sont là pour comprendre que la science ou la dialectique ne font rien d'autre que ce qu'elles peuvent dans cette fameuse pièce[12] où les acteurs, spectateurs, critiques et auteurs s'identifient. On fait ce qu'on peut, mais « devant nous se trouve toujours l'infini », d'après une fameuse phrase attribuée à Étienne Geoffroy Saint-Hilaire, le grand visionnaire de la nature dont nous avons évoqué la réhabilitation[13].

2. L'action réciproque (ou interdépendance, dite aussi unité dialectique)

Nous avons déjà mentionné à plusieurs reprises qu'en dernière analyse, le monde et son évolution sont une grande pièce de théâtre, dont nous extrayons des parcelles qui satisfont approximativement

---

10. On pourra consulter aussi, par exemple, Lewin [1994].
11. Définie au chapitre II, section I.
12. Allusion au chapitre II, section I.
13. Chapitre I, section V.

aux lois approchées que nous en dégageons. En fait, tout interagit sur tout. Parmi ces phénomènes parcellaires dont nous décelons la causalité, un bon nombre fait intervenir deux (ou plusieurs) entités distinctes, mais dont « le destin est lié » en ce sens que leur évolution est compréhensible (au sens scientifique usuel de causalité et prédictibilité connues) comme un tout, alors que la prise en considération d'une seule d'entre elles la rendrait incompréhensible. On dit qu'elles interagissent. Dans les cas les plus simples, où les états des deux entités à chaque instant peuvent être décrits par deux nombres et où les « lois » de leur évolution sont déterministes, on est conduit naturellement à des systèmes dynamiques en dimension 2, que nous avons traités au chapitre précédent (section II). Il y en a une immense variété, mais *localement au voisinage des positions d'équilibre, leurs formes fondamentales sont le système prédateur-proie et le système de symbiose, avec leurs combinaisons.* D'autre part, ils peuvent donner lieu à l'émergence de phénomènes remarquables, comme celui que nous avons traité du fonctionnement périodique stable de la lampe triode.

Il convient de comprendre que les propriétés que nous avons exposées se retrouvent, éventuellement sous des formes qualitatives, parfois presque caricaturales, dans des processus dont notre maîtrise est très éloignée de la mathématisation des systèmes dynamiques. Ainsi, par exemple, nous savons que le système de symbiose (concordance d'intérêts des deux agents) est profitable ou préjudiciable aux deux suivant la position de départ du point représentatif par rapport à la position d'équilibre (chapitre VI, section I.2). Cela ne vous rappelle-t-il pas la facilité que l'on a à se faire des amis lorsqu'on vient d'avoir un succès, ou son opposé, le « purgatoire » infligé à un parti qui vient de subir un échec aux élections ? Ou la sagesse populaire : « On ne prête qu'aux riches » ? Vous pensez peut-être que ce sont là des exemples évidents qui ont peu à voir avec la dialectique ? Sans doute, mais le système prédateur-proie dont les solutions périodiques engendrées par la contradiction (tendances antagoniques des agents en jeu) sont bien moins évidentes, est aussi du domaine de la sagesse populaire : « la roue tourne » ; si vous avez un système dynamique du type « tendances antagoniques » et, pour une raison quelconque, vous l'écartez de sa position d'équilibre, la roue tournera sans autre intervention extérieure, et les oscillations seront d'amplitude d'autant plus grande que l'écart initial l'était. La période des oscillations, elle, sera en revanche indépendante de la perturbation initiale. Et bien entendu, le même système dynamique, avec les mêmes « tendances antagoniques », s'il se trouve à l'instant initial à la position d'équilibre (ou tout près d'elle), ne bougera pas (ou oscillera très peu) : *il donnera l'impression qu'il n'y a pas « antagonisme » ni loi d'évolution, et qu'il relève de la statique.* Naturellement, les exemples classiques de ce type de phénomènes concernent la contradiction capital-travail et les cycles économiques correspondants [14], mais c'est un phénomène général.

En revenant à des considérations plus générales, il y a lieu de signaler que le point fondamental du contenu de ce principe de la dialectique consiste en ce que *la causalité du phénomène en question ne peut être décrite que dans le cadre de l'interaction. C'est en ce sens qu'on dit qu'il y a unité des contraires : l'évolution isolée de l'une seule des parties du système serait complètement inintelligible* (par exemple, dans le système prédateur-proie, l'évolution de l'une des deux populations est incongrue sans tenir compte de l'autre). Qui plus est, la suppression de l'une des parties conduit à une modification complète de l'évolution de l'autre ; cela revient à dire que *« unité » doit être compris au sens de « indissociabilité »*. Voyons, à ce propos, une citation de Marx dans « Misère de la philosophie [15] » : « Ce qui constitue le mouvement dialectique, c'est la coexistence de deux côtés contradictoires, leur lutte et leur fusion en une catégorie nouvelle. Rien qu'à se poser le problème d'éliminer le mauvais côté, on coupe court au mouvement dialectique. »

---

14. Naturellement, le modèle des systèmes dynamiques sous la forme pure où nous l'avons présenté concerne l'évolution libre du système ; l'interventionnisme d'état consiste précisément à modifier les paramètres ou la structure de ce système dynamique dans le but d'en contrôler l'évolution.

15. Cité dans Brohm [2003], p. 126.

À titre d'exemple, il peut être utile, à la lumière de la citation qui précède, de réfléchir à nouveau aux phénomènes d'extinction naturelle d'espèces évoqués au chapitre VI, section I.2, ou à la propagation des ondes électromagnétiques, où les deux facettes, électrique et magnétique, sont essentielles (Système de Maxwell, chapitre I section II).

3. La contradiction, force créatrice

Les exemples donnés à plusieurs reprises de systèmes faisant intervenir des relations du type prédateur-proie, à l'état pur ou combiné avec d'autres, illustrent largement ce principe de la dialectique. Nous avons vu, en particulier, le caractère bien plus intéressant des situations du type « prédateur-proie » que de celles du type « symbiose », même lorsqu'elles se présentent combinés dans un système. *Alors que les phénomènes du type « symbiose » sont de nature plutôt quantitative, ceux des oscillations, sont à dominante qualitative ; « quelque chose de nouveau » (pas seulement de « plus ou moins ») est sous-tendu par la relation « prédateur-proie ».* Nous avons ainsi vu, par exemple, comment la lampe triode constituait un véritable moteur, donnant lieu à des processus particulièrement stables en fréquence et en amplitude par le jeu des termes prédateur-proie combinés à des termes non-linéaires [16]. C'est une *véritable réification* (émergence d'un courant périodique, source d'émission des ondes électromagnétiques), excellent exemple de la *force créatrice de la contradiction.*

Nous avons rencontré des exemples bien plus simples, quoique peut-être un peu moins caractérisés. Dans le plus simple des systèmes prédateur-proie (celui du chapitre VI, section I.1), le remarquable phénomène des oscillations périodiques peut être interprété comme directement issu de la contradiction entre les intérêts des prédateurs

---

16. Chapitre VI, section II.2. Il y a lieu de signaler que la stabilité de la trajectoire périodique est aussi une conséquence de la contradiction entre l'allure générale des trajectoires près de l'origine (où elles s'en éloignent) et à grande distance de celle-ci (où elles s'en approchent). Cette deuxième contradiction engendre l'unique trajectoire périodique, et opère donc comme un élément de simplexité dans l'émergence du fonctionnement stable de la lampe.

et ceux des proies. Il en va de même pour le système de Maxwell de l'électromagnétisme (chapitre I, section II) ; les oscillations constituant les ondes hertziennes sont issues, comme nous l'avions signalé, de la contradiction entre les actions du champ électrique sur le magnétique et du dernier sur le premier, qui sont opposées. La physique des planètes donne aussi des exemples importants et variés de ce type d'oscillations stables spontanées : c'est le « problème dynamo », à l'origine des champs magnétiques des planètes. Ceux-ci résultent de mouvements de matériaux conducteurs de l'électricité en fusion. La mise en mouvement est principalement due à la convection thermique, mais diffère d'une planète à l'autre ; des phénomènes du type marée jouent parfois un rôle important.

Nombre de phénomènes biologiques, notamment d'activité neuronale, relèvent de ce type de schéma global. Je cite par exemple R. Levin et R. Lewontin [17] : « Il est reconnu que les impulsions nerveuses opèrent par excitation ou inhibition de la décharge d'autres nerfs, si bien que l'état du système dépend *d'un réseau de stimuli opposés, et ce réseau peut engendrer une activité spontanée.* » Cela constitue une généralisation du phénomène de la lampe triode du chapitre VI, section II.2. On trouvera dans Goldbeter [2010] de nombreux exemples, ainsi que des considérations générales sur ce type de phénomènes en biologie.

Bien entendu, comme c'était le cas pour les principes précédents, la vie courante regorge de phénomènes (assez remarqués d'ailleurs, tant ils frappent par leur apparente incongruité) illustrant ce principe. La forme la plus simple est la contradiction entre un projet individuel et la dure réalité, qui engendre souvent des situations entièrement imprévues, illustrées par le dicton « l'enfer est pavé de bonnes intentions ». Une forme plus subtile et intéressante est la suivante. Il est fréquent de voir des handicapés physiques, des victimes d'une injustice ou des gens humiliés pour une raison quelconque, réagir par une volonté décuplée de se hisser jusqu'à

17. Levin and Lewontin [1985] pages 280 et suivantes (p. 362 et suivantes de la traduction partielle française dans Sève 1998).

une position d'élite, donnant un démenti factuel à la blessure initiale. C'est le phénomène du « vous allez voir ce que vous allez voir » (la plupart des fois implicite et non avoué), véritable revanche psychologique qui ne s'inscrit nullement dans la logique formelle (instantanée), puisqu'elle exige au moins deux instants reliés par la causalité (flèche du temps). Bien entendu, elle commence par un repli sur soi parfaitement équivoque, qui n'a un sens que dans le cadre d'un projet. Dans les cas (fréquents) où les deux instants sont éloignés dans le temps, la « revanche » est inopérante en tant qu'action objective, puisque les causes ont disparu depuis longtemps ; *l'injustice (contradiction) initiale a véritablement engendré une dynamique créatrice.*

Dans le domaine de la recherche scientifique, il y a lieu de signaler le *rôle (positif !) très important joué par les erreurs dans le processus de la recherche.* Ce point a été illustré au chapitre I, section IV, et nous y reviendrons sous une autre forme plus loin (chapitre VIII, section II). Nous nous limiterons ici à donner une citation de M. Gell-Mann (né en 1929) dans « Le quark et le jaguar » page 298 (cité par Sève [1998], page 223). « Une proposition absurde ou autocontradictoire peut représenter un état de pensée instable menant à une solution. » Le lecteur trouvera dans le présent ouvrage maints exemples de cette assertion.

Un exemple dans le domaine des sciences qui relève de ce principe de la dialectique est donné par les idées actuelles sur la formation des cellules eucaryotes (avec noyau) à partir des procaryotes (sans noyau) [18].

Les cellules procaryotes ont dû apparaître il y a quelque 3 800 millions d'années. Il en existe toujours, notamment les bactéries qui se reproduisent de façon asexuée. Bien plus tard, sont apparues les cellules eucaryotes, qui se reproduisent de façon sexuée, ce qui leur confère des potentialités formidables de variabilité et donc d'adaptation. Il y a de fortes présomptions (dérivées de l'étude

18. (On pourra se reporter à Le Douarin [2007], p. 95-96 et surtout 107-110 pour une plus ample description).

des propriétés de leur ADN) qu'elles dérivent des procaryotes par un mécanisme assez remarquable : deux cellules sans noyau, de nature différente (une eubactérie et une archéobactérie, mais cela n'a pas une grande importance pour notre propos) se seraient interpénétrées par phagocytose. En clair, l'eubactérie aurait mangé l'archéobactérie, mais celle-ci n'aurait pas succombé, réussissant à survivre et à se reproduire à l'intérieur du cytoplasme de l'eubactérie et de ses descendantes. La nouvelle structure ainsi formée (cellule à noyau), disposant comme nous l'avons indiqué de potentialités accrues, aurait ainsi survécu et proliféré. *Ce processus s'inscrit de toute évidence dans le principe de la dialectique que nous traitons, puisque la relation initiale des deux protagonistes est dissymétrique et antagonique, le résultat étant essentiellement novateur par rapport aux ingrédients de départ.*

Parmi les innombrables exemples dans les sciences de ce principe de la dialectique, citons deux autres exemples pris de A. Berthoz [2009] (pages 136 et 138) : Dans la nage de la lamproie, la fréquence et l'amplitude du rythme locomoteur de base sont réglés par les interactions de l'excitation et de l'inhibition dans les réseaux neuronaux. Par ailleurs, la modification de ce type de réseaux (modification des connexions synaptiques) contrôle le passage, chez de nombreux animaux, de la marche à la course entre autres. Chez la salamandre, le passage des ondulations de nage à celles de course sur terre viendrait tout simplement de l'influence sur le réseau neuronal moteur des stimuli dus au contact des pattes sur le sol.

Ce principe de la dialectique renvoie à la fameuse phrase de Marx « les contradictions sont le moteur de l'histoire », que j'aime paraphraser sous la forme « les contradictions sont le moteur de l'histoire et de beaucoup de choses qui ne sont pas de l'histoire ».

4. Le passage du quantitatif au qualitatif (bonds et ruptures)

Lorsque nous avons traité les systèmes dynamiques en dimension 2, nous avons commencé par les systèmes linéaires (chapitre VI, section II.1) pour nous apercevoir plus tard qu'ils donnaient une bonne approximation des systèmes non-linéaires (ou tout au moins de celui de l'exemple que nous avons étudié de la lampe triode) dans certaines régions (chapitre VI, section II.2). Plus précisément, il y avait deux systèmes linéaires qui donnaient une bonne approximation, l'un près de l'origine, l'autre près de l'infini du plan (régions très éloignées de l'origine). Ils décrivaient des phénomènes fort intéressants, les trajectoires en spirale, s'éloignant et s'approchant respectivement de l'origine. C'est d'ailleurs la « contradiction » de ces deux tendances qui avait donné lieu, comme nous l'avions signalé, à l'existence d'une trajectoire périodique unique, propriété fondamentale de l'émetteur à lampe triode. Nous allons maintenant analyser de plus près, en tant qu'exemple, le comportement des trajectoires tout près de l'origine. C'est important, puisque cela donne la clé du « démarrage » du fonctionnement de la lampe à partir du repos (en fait, de tout état très proche du repos, ce qui est suffisant, puisqu'il y a toujours des perturbations électriques).

Il est facile de voir que, plus on est près de l'origine du plan, plus l'erreur commise en replaçant le système non-linéaire donné par le « linéarisé à l'origine » est petite. En effet, nous avons vu que cette approximation venait de mettre 2v à la place de f(v), ou, ce qui revient au même, de remplacer, près de l'origine, la courbe caractéristique de la lampe par sa tangente à l'origine (figure 28). Il est évident que plus on s'éloigne de l'origine, plus l'erreur commise par cette approximation est grande. Aussi ce qui était une très bonne approximation tout près de l'origine, « perd petit à petit ses bonnes qualités » lorsqu'on s'en éloigne. Il est clair que, en arrivant à la région où se trouve la trajectoire périodique, elle est entièrement fausse, puisque l'approximation linéaire dit que les trajectoires vont vers l'extérieur, alors que la trajectoire périodique se ferme sur elle-même. C'est une situation classique des approximations par linéarisation (et plus généralement, des « développements asymptotiques »). Voilà un excellent *exemple du principe dialectique de passage du quantitatif ou qualitatif. L'approximation est « très bonne » tout près de l'origine, mais se dégrade (phénomène quantitatif d'augmentation de l'erreur) pour arriver à ne plus pouvoir être considérée comme une approximation (perte d'une qualité).*

Les très importants phénomènes dits d' « émergence », qui concernent principalement des propriétés globales des systèmes à grand nombre de composantes (autres que les propriétés des composantes individuelles), entrent naturellement dans ce principe de la dialectique. Il est pourtant clair qu'ils ne sauraient être déduits de notre traitement des systèmes en dimension deux (deux composantes). Pour un traitement dialectique de ces questions, nous renvoyons à Sève [2005], et pour l'émergence en biologie à l'ouvrage déjà cité, Lewin [1994].

La figure 35 (prise de G. Lecointre « Comprendre et enseigner la classification du vivant », Belin, Paris 2008) illustre un exemple de transition qualitative dinosaure-oiseau par des sauts quantitatifs. Un petit nombre (deux sur la figure) suffit.

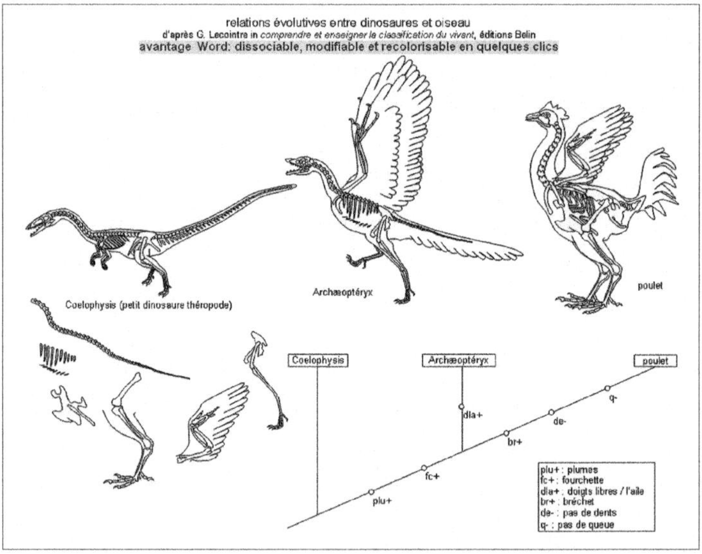

Fig. 35. Un changement qualitatif est obtenu par une suite (d'un petit nombre) de sauts quantitatifs.

Le passage du qualitatif au quantitatif peut d'ailleurs revêtir des formes diverses, très éloignées de la transition continue que nous venons de décrire. Il y a bien entendu des formes assez triviales, consistant tout simplement en franchissement d'un seuil de validité évident. Nous avons vu au chapitre VI, section I.2 (« Plusieurs épilogues possibles »), des exemples où, lorsque l'une des deux populations arrivait à la valeur zéro, l'évolution (périodique ou autre) du système disparaissait en tant que telle. Au chapitre VI, section II.3 (« Systèmes différentiels sur une variété »), nous avons vu un exemple de transition entre trajectoire « ordinaire » et « dense sur le tore » par approximation d'un nombre irrationnel par des rationnels.

Encore une fois, la sagesse populaire dispose de multiples descriptions imagées de la règle qui affirme que l'abus d'une qualité la fait perdre : « n'allons pas jusque-là », ou « il ne faut pas être plus royaliste que le roi ». De telles règles semblent venir du fond des âges ; il me semble même que dans la Grèce ancienne, la démesure (« Hybris ») était érigée en vice suprême, alors que la modération en toute chose constituait la vertu.

Les situations relevant de cette configuration abondent dans les sciences. Nous avons déjà mentionné (chapitre II, section II) la mécanique quantique des particules élémentaires (« petites » particules) qui diffère de celle des « grandes » particules. Il en va de même des mouvements des gaz, liquides et solides déformables. Au niveau macroscopique, on peut les considérer comme des matériaux homogènes, donnant lieu à des théories dites de « mécanique des milieux continus », alors que la structure interne est mieux décrite par des théories corpusculaires (« cinétique des gaz » et autres).

Je voudrais également citer un exemple en biologie qui me semble particulièrement frappant et caractéristique, bien que concernant une situation relativement marginale dans le monde vivant. Il s'agit des amibes grégaires (dictyostelium), véritable intermédiaire entre les animaux mono- et pluricellulaires [19]. Son cycle vital est de quelque 24 heures, au cours desquelles il est tantôt un ensemble d'une pluralité de myxamibes (unicellulaires ressemblant aux amibes), tantôt

19. Voir Le Douarin [2007], p. 115-118, ainsi que Goldbeter [2010].

un animal pluricellulaire résultant de la juxtaposition de ces myxamibes, dont l'unité est attestée par des mouvements d'ensemble par reptation et surtout par le mode de reproduction, par fructification, produisant des spores qui deviennent les myxamibes du cycle suivant.

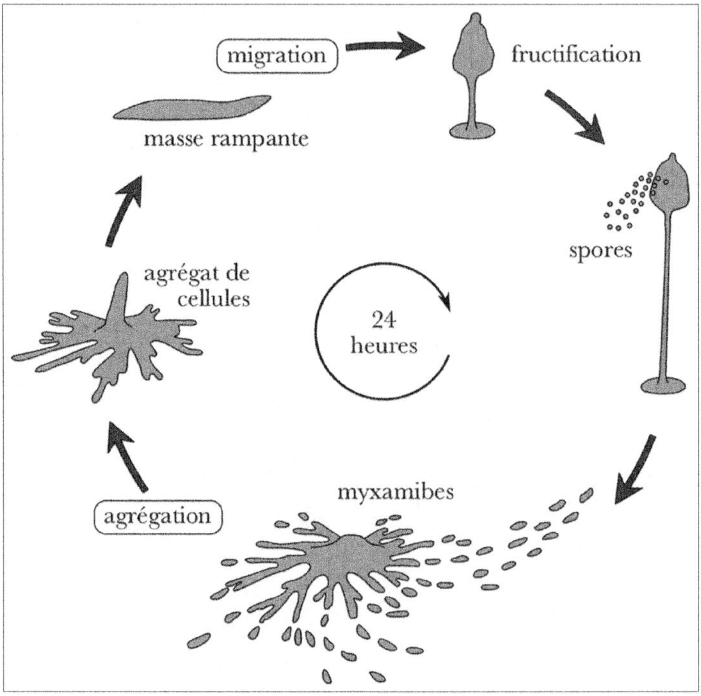

Fig. 36. Schéma du cycle vital du dictyostelium.
Les cellules ou myxamibes s'agrègent pour former une masse capable de se déplacer par reptation. Cette masse s'organise et forme une fructification contenant des spores qui, en se libérant deviennent des myxamibes qui recommencent le cycle.

Le regroupement des myxamibes se fait par des mécanismes chimiotactiques, qui se retrouvent aussi dans le déplacement des cellules dans de nombreux systèmes biologiques. Dans le cas qui nous occupe, le processus d'agrégation est induit par un agent biochimique (l'AMPc), auquel l'amibe réagit par la formation d'un pseudopode dans la direction du stimulus (rapprochement vers sa source), ainsi qu'en entrant en réaction chimique avec lui, ce qui entraîne à son tour une émission d'AMPc, d'où une propagation du phénomène de rapprochement. De plus, lorsqu'une cellule a émis une dose d'AMPc, elle devient pour un certain temps réfractaire à ce produit, assurant ainsi la propagation du processus.

Il y a toute une collection de phénomènes très connus, physiques ou non, tels que les bifurcations, boucles de rétroaction, théorie KAM[20] et bien d'autres, qui entrent dans le cadre de ce principe de la dialectique[21]. Ils concernent des modifications des valeurs des paramètres intervenant dans le problème, qui donnent en général des modifications quantitatives des solutions, sauf à certaines valeurs, où ils ouvrent la possibilité de nouvelles solutions qualitativement différentes, avec transfert de la stabilité vers les nouvelles solutions. Elles font typiquement intervenir des dépendances par rapport au paramètre décrites par une « courbe sigmoïde » analogue à celle de la figure 28, mais nous ne serons pas plus explicites sur ce point.

Il y aurait lieu ici de rappeler que l'approximation est la pièce angulaire de la description que nous avons donnée de la science et de la structure des théories scientifiques (chapitre II section II). L'importance de ce principe de la dialectique est donc fondamentale pour notre propos ; elle traverse, sous des formes variées, tout ce livre.

5. La négation de la négation : thèse, antithèse et synthèse (ou principe du développement en spirale)

L'expression qualitative de ce principe dans le langage usuel est celle de *thèse (= affirmation), suivie de l'antithèse (= négation), suivie de la synthèse (= négation de la négation).* « Suivi » joue ici un rôle fondamental, au sens d'inscrire naturellement ce principe dans le cadre des systèmes évolutifs dans le temps. Il est clair aussi que chaque phase tient compte de tout ce qui précède, ainsi intégré

---

20. Pour A. Kolmogorov, V. Arnold et J. Moser.
21. Voir, à titre d'exemple, Guespin-Michel et Ripoll [2005].

dans une connaissance d'ordre supérieur. *L'énoncé même de cette suite causale montre à l'évidence que l'on n'est pas dans une logique formelle (logique de l'instantanéité) où règne le principe du tiers exclu*, puisque la négation de la négation n'est pas l'affirmation, mais une nouvelle entité, suite naturelle d'un processus dynamique en action. *La thèse est une affirmation primaire, qui, dans le contexte d'une contradiction (opposition des tendances des agents en jeu), fait émerger son opposé (antithèse) ; la prise en considération de la totalité de ce qui précède donne lieu à une synthèse.*

Ce principe général se dégage tout naturellement des analogies avec les systèmes dynamiques en dimension 2 (mettant en œuvre deux entités en évolution). Nous avons vu que le système prédateur-proie à l'état pur (chapitre VI, section I.1) se présente lorsque les seconds membres des équations font intervenir chacun l'autre inconnue (avec des signes opposés). Presque toujours (notamment dans les systèmes dynamiques non-linéaires du chapitre VI, section II.2 et II.3), chacune des équations fait également intervenir la variable correspondante (les coefficients a et d ne sont pas nuls – chapitre VI, section II.1 et figure 27). La conséquence en est que, *le plus souvent, la dynamique prédateur-proie n'apparaît pas toute seule, mais accompagnée d'un phénomène de croissance ou décroissance qui transforme les trajectoires périodiques en spirales, parcourues dans le sens de la dilatation ou de la contraction.* C'est dire que, *en général, les cycles engendrés par une contradiction ne reviennent pas à la position initiale, mais à une nouvelle position, qui ressemble à l'initiale en ce qu'elle se trouve du même côté de la position d'équilibre, mais qui en diffère substantiellement.*

Il est courant de désigner ce processus par « dépassement de la contradiction », alors que le terme philosophique précis pour qualifier cet important processus est la « sursomption de la contradiction » (sursumer = supprimer – conserver – élever) (Voir Sève [1998], pages 43-44).

Les exemples ne manquent pas et concernent tous les cas où la dynamique dialectique engendre un processus à allure essentiellement périodique mais pas de façon exacte. Naturellement, on parle de « synthèse » proprement dite lorsqu'il y a une différence marquée entre les positions de départ et d'arrivée du cycle. Un des exemples les plus frappants dans la nature est probablement celui de la reproduction sexuée, véritable « machine à faire du neuf avec du vieux », où la dynamique des deux sexes se reproduit indéfiniment, mais jamais à l'identique. Dans cet exemple très important, on peut se demander dans quelle mesure on peut dire qu'un sexe est la négation de l'autre, ou qu'il y a contradiction entre eux. On aurait pu faire la même remarque en ce qui concerne la lampe triode. *Il est clair que la terminologie « contradiction » et « négation » doit être adaptée à chaque cas, et nous avions signalé que l'expression « tendances antagoniques » était souvent plus appropriée que « contradiction ».* Nous avons vu explicitement comment l'étude du fonctionnement de la lampe triode faisait intervenir des éléments en interaction dont la « contradiction » était seulement évidente par analogie avec des éléments du système prédateur-proie (que j'avais choisi précisément parce que la terminologie dialectique y était transparente). Dans le cas de la reproduction, il est clair que les rôles des deux sexes dans le processus général (gestation chez les mammifères, ou autres) sont dissymétriques, entrant ainsi tout naturellement dans le cadre général considéré.

On peut mentionner à ce propos que les systèmes dynamiques sur une variété peuvent être exprimés dans des coordonnées locales appropriées. Il se peut très bien qu'une « contradiction » ou « des tendances antagoniques » apparaissent seulement de façon explicite entre des inconnues autres que celles choisies ; dans les cas de « trajectoires tournant autour d'un point », soit périodiques, soit en spirale, il y a toujours des variables locales entre lesquelles le système s'exprime sous la forme indiquée ici.

Un autre exemple est celui des tendances antagoniques de la structure de l'ADN (chapitre IV, section III). Nous avions précisément signalé que les liaisons des deux brins se font par les liaisons pentose-phosphate/base azotée, liées à l'excès ou à la carence d'un atome d'hydrogène ; c'est cette « contradiction » qui engendre la « synthèse », la molécule d'ADN avec ses très remarquables propriétés.

On peut également faire ici un commentaire de fond sur l'Évolution. La théorie darwiniste standard dit que lorsqu'il y a une mutation conduisant à un avantage, cela engendre un essor des phénotypes concernés qui l'emportent sur les autres (survivance des plus adaptés). Or, une mutation ne produit pas une augmentation soudaine de la population ; elle donne un avantage susceptible d'augmenter graduellement la population correspondante (diminution de la mortalité, allongement de l'espérance de vie, etc.), ce qui entre naturellement dans le cadre des systèmes dynamiques [22]. Dans le cadre darwinien de la « lutte pour la vie » dans un contexte prédateur/proie, cela engendre une sortie de l'équilibre (pour les nouvelles équations l'origine n'est plus position d'équilibre) et un processus cyclique entièrement différent de l'essor de l'espèce avantagée (au sens naïf). Cela peut conduire à des phénomènes divers, y compris sa propre extinction, comme nous l'avons vu au chapitre VI, section I.2.

Il convient de noter que l'évolution globale de la recherche scientifique sur un sujet relève souvent de la séquence « thèse, antithèse, synthèse ». Nous donnerons un exemple et des commentaires sur ce point au chapitre VIII, début de la section IV.3.

Il y a également lieu de signaler le rôle de la causalité multiple pour entrer dans le cadre de la dialectique en général, ou des systèmes prédateur/proie en particulier. C'est l'une des raisons qui entraînent que les effets ne sont pas instantanés. Par exemple, lorsqu'un chat mange une souris, il n'y a pas naissance instantanée d'un autre chat, il s'agit au contraire, par réitération du fait de manger une souris, que le chat améliore son bien-être, qui à la longue conduit à un prolongement de sa vie et augmente le taux de natalité. On peut noter que dans cette « causalité multiple », telle que je viens de la décrire, se cache un peu de hasard et de probabilité, que l'on peut interpréter en termes de simplexité.

Ce type de causalité est très différent de celle de la causalité instantanée élémentaire (un chat tue une souris, instantanément, l'un est

---

22. Ce point sera explicité au chapitre IX, section VI, principalement à propos des considérations de Lewontin [2003].

vivant et l'autre mort, ou tant de phénomènes qui fonctionnent par oui ou par non). La causalité multiple, issue de phénomènes de moyenne (dans l'espace, mais souvent dans le temps) est naturellement non immédiate, associée à des processus d'évolution, d'où la dialectique.

6. Faisons le point

Les considérations qui précèdent sur les processus dialectiques (et notamment la contradiction) concernent manifestement des situations qui peuvent être totalement décrites à chaque instant par deux paramètres, et dont l'évolution est complètement déterminée par une loi déterministe fixée d'avance et invariable avec le temps. Le vrai caractère des principes de la dialectique y apparaît clairement. *Ce sont des propriétés générales satisfaites par les lois spécifiques des phénomènes envisagés (les équations précises des phénomènes considérés), qu'elles n'ont pas vocation à remplacer.* Les principes de la dialectique sont ce qu'on appelle parfois des lois-cadres. Il est clair que c'est dans ce cadre qu'a lieu l'analogie avec les systèmes dynamiques en dimension 2. Précisément, nous avions signalé dès le début que les systèmes considérés étaient autonomes, c'est-à-dire faisant intervenir des équations elles-mêmes indépendantes du temps[23]. Mais, bien entendu, *nous avons donné des exemples dans des cadres bien plus généraux, « de la vie courante », et nous avons signalé que les principes de la dialectique se veulent bien plus généraux. Dans ce cas, la relation avec les systèmes dynamiques (en dimension deux) relève seulement de l'analogie, plus ou moins proche.*

L'invariance des lois avec le temps mérite un commentaire. De par leur nature même, les lois de la nature sont indépendantes du temps[24], si bien que, à ce titre, ce point ne constitue pas une restriction. Il n'en va pas de même avec les lois imposées par l'homme ou autres instances (lois au sens juridique, coutumes, conventions d'usage,...)

---

23. En gros, cela s'exprime par le fait que les coefficients *a, b, c, d,* dans les équations sont indépendants du temps.

24. Autrement, il serait impossible de déceler les analogies entre événements divers qui sont la base des lois de la nature.

dont les changements pendant le temps d'évolution d'un système peuvent avoir une influence évidente, mais dont la prise en compte est relativement aisée.

Bien évidemment, un cas bien différent est celui des systèmes « pilotés » par un agent doté de volition, qui peut « contrôler » la situation dans un but. Dans les cas où cette volition peut être exprimée par des buts précis (au lieu d'obéir à des caprices momentanés), il y a des théories appropriées à chaque cas (systèmes contrôlés, asservis, à feed-back...), qui manquent donc de généralité. Il est donc d'autant plus remarquable que les mêmes principes se retrouvent, sous des formes affaiblies ou imprécises dans des processus très généraux de l'économie, la sociologie ou l'histoire et des sciences dites « dures » ; nous en avons donné des exemples variés. Qui plus est, les principes de la dialectique (dont la paternité est souvent attribuée à Engels, mais qui ont eu, bien entendu, un long processus de gestation que nous n'évoquerons pas ici) émanent d'observations socio-philosophiques de l'histoire du monde, et non pas des mathématiques des systèmes dynamiques. Cela laisse supposer que les mêmes structures causales se retrouvent dans les diverses situations que nous venons d'évoquer.

Il convient ici de signaler ou préciser d'autres points :

Les propriétés b (=le système possède une certaine « inertie », ne réagissant qu'avec un certain retard aux sollicitations) et c (=l'évolution du système dépend non seulement de l'équation ou « loi », mais aussi de l'état initial du système) évoquées au chapitre VI, section I.1 sont fondamentales pour comprendre le sens profond du déterminisme dans les systèmes dynamiques et interpréter de façon lucide les principes de la dialectique. Au risque de me répéter, *b* exprime en particulier que les « contradictions » dont il est ici question ne sont pas des « chocs frontaux » instantanés, mais des processus présidés par l'inertie. De même, *c* nous apprend à ne pas confondre un état statique immuable avec l'état d'un système dynamique n'évoluant car il se trouve à une position d'équilibre. Il est clair que, dès qu'il y aura une modification de l'état produit par une influence extérieure, le système évoluera à vue d'œil. Voilà qui montre des possibilités de changement dans des situations contradictoires dont la pérennité semble paradoxale. *Avoir présent à l'esprit que l'issue d'un phénomène d'évolution dépend de façon drastique de l'état initial d'où il est parti n'est peut-être pas inutile pour s'orienter dans le monde où nous vivons.*

Un autre point intéressant à signaler est qu'il y a des « systèmes dynamiques à temps discret », dont les lois sont tout à fait analogues à celles que nous avons décrites. Au lieu de considérer un temps continu (temps de la physique classique), on prend un temps fait d'une suite infinie d'instants séparés (il fait des bonds, comme la trotteuse d'une montre). Il n'y a pas de dérivées, on exprime les choses un peu différemment, mais au fond, c'est pareil. Précisément, je vous avais dit que la dérivée d'une fonction en un point était l'accroissement de la valeur de la fonction pendant un petit intervalle de temps, divisée par la longueur de cet intervalle ; ce n'est pas tout à fait vrai, mais presque, et cela s'applique également au temps discret. N'ayez donc surtout pas peur d'appliquer tout ce qui précède à des processus dont l'évolution se fait par à-coups (générations qui se suivent, ou tout autre) ; vous savez bien que l'application des sciences n'est pas exacte…

Nous venons d'insister sur le fait que, sous une forme approchée, la théorie des systèmes dynamiques peut s'appliquer dans des situations bien plus larges que ce que fait supposer son énoncé précis. Cela n'autorise nullement à considérer que l'état de tout système d'évolution peut être décrit par deux nombres. Bien des systèmes en requièrent trois, quatre ou même une infinité. Non seulement les choses deviennent alors plus compliquées, mais surtout, des phénomènes entièrement nouveaux (le chaos déterministe) peuvent apparaître à partir de la dimension 3. C'est ce que nous abordons par la suite, ainsi que quelques indications sur les difficiles problèmes posés par la capacité des êtres vivants à forger des projets (section IX et X).

IX. DIALECTIQUE DES SYSTÈMES PLUS COMPLEXES. PRINCIPE DU COMPORTEMENT ERRATIQUE SUR L'ATTRACTEUR

La dialectique est aujourd'hui loin du niveau d'élaboration qu'elle mérite[25].

Les processus que nous allons aborder dans cette section (et plus encore dans la suivante) sont bien moins élaborés que ce qui précède. De par leur nature, ils ne sauraient aspirer à un quelconque statut définitif.

Nous avons vu que les principes de la dialectique peuvent être interprétés comme des règles générales saisissant ce qu'il y a de général ou commun dans la dynamique des systèmes, dont l'état à chaque instant peut être décrit par deux paramètres. Il est clair que nombre de systèmes d'intérêt courant nécessitent plus de deux paramètres pour décrire leur configuration.

Plus précisément, la description constitue elle-même une modélisation, une description plus ou moins appropriée de ce qui nous intéresse. Un système tel que celui des populations des chats et souris sur une île peut être décrit, comme nous l'avons fait au chapitre VI, section I.1, par deux nombres représentant les deux populations. Mais nous avions signalé qu'on devait raisonnablement admettre qu'il y avait d'autres choses sur l'île (nourriture pour les deux espèces autres que les souris pour les chats, de la végétation permettant aux souris de se cacher, etc.) rendant vraisemblable l'hypothèse de l'existence d'un état d'équilibre. Nous avions aussi dit qu'il s'agissait d'un modèle très simplifié. Il y a lieu, par exemple, de faire intervenir comme paramètre supplémentaire la quantité de nourriture végétale (et autres…) disponible sur l'île : on avait oublié (c'est souvent le cas) que les souris sont des prédateurs pour la végétation en plus de proies pour les chats ! Aussi, en plus des paramètres x et

25. Sève [1998], p. 122.

y, il aurait lieu de mettre z, la « population végétale », qui évolue avec le temps, et d'écrire une nouvelle équation différentielle décrivant raisonnablement l'évolution de z avec le temps. Notons que z correspond à ce qui est appelé « l'environnement » dans le système d'équations mentionné par Lewontin dans « La triple hélice » pour décrire l'évolution des organismes (voir plus loin, chapitre IX, section VI), dont nous n'avions pas tenu compte dans notre description du chapitre VI, section I.1. Il est clair que *plus le modèle est précis, plus de paramètres il contient.*

Nous avions construit un modèle à deux paramètres. Nous savions qu'il était incomplet et grossier, mais il nous avait appris bien des choses. Nous le remplaçons à présent (sans faire le travail explicite) par un autre à trois paramètres, sans doute plus précis. En partant d'une certaine configuration initiale, la solution aura une allure proche de celle du premier modèle tant que z ne sera pas très différent de sa valeur initiale (le modèle simple était donc tout à fait convenable). Ensuite... cela dépend, il faut étudier le nouveau système. *Mais nous connaissons (chapitre VI, section III), quelques propriétés générales des solutions ; elles sont tout à fait analogues à celles des systèmes en dimension 2 (et donc en accord avec les principes de la dialectique énoncés ci-dessus), à cela près que si le système est non-linéaire il peut y avoir un phénomène de chaos déterministe conduisant à un mouvement erratique sur un attracteur étrange.*

Cela signifie que, en perfectionnant le modèle avec un troisième paramètre pour sa description (en construisant une théorie plus précise), nous obtiendrons (si tout marche bien) des renseignements plus précis sur l'évolution du système, mais, en même temps, la possibilité que cette description conduise à la longue à des comportements erratiques sur un attracteur rendant impossible en pratique la prévision à long terme de l'état du système dont les conditions initiales ont été fixées. Notons néanmoins que ce comportement erratique ne pourra pas aller n'importe où, il sera toujours proche de l'attracteur. *Un point fondamental est que cette situation, qui peut sembler insatisfaisante, n'est nullement un échec de la description par le nouveau système à trois paramètres, elle constitue un progrès par rapport à celle à deux paramètres, qui ne doit pas être confondue avec l'évolution du système naturel (exact, pas modélisé), dont l'évolution nous est toujours inconnue, en particulier son comportement ultime* (je vous avais prévenu que les Felix adorabilis n'étaient pas des chats, ni les Mus mickeïus des souris.).

Peut-on persister à construire des modèles de plus en plus précis ? Oui, c'est la démarche scientifique même, et elle ne peut finir : *si l'on avait un jour un modèle exact, prenant en compte toutes les influences, on aurait un modèle exact de l'univers, rendant impossible sa vérification, puisque l'évolution de l'univers est une pièce qui ne sera jouée qu'une fois. Ce serait un modèle inutile, invérifiable, spéculatif, purement idéologique, certainement pas scientifique.*

Je profite de la situation présente pour faire un petit commentaire sur le statut des sciences. On peut certainement déplorer que certains désastres écologiques (ou autres) n'aient pas été prévus par des modèles manifestement inadaptés ; mais *la possibilité de prévoir tout l'avenir d'un système complexe est contredite par nos connaissances actuelles. Le principe de précaution (au sens pur et dur) est incompatible avec la science et conduit à un immobilisme stérile. Il n'est cohérent que dans un cadre très souple, où le décideur doit être conscient d'une responsabilité qui ne peut pas être scientifiquement évaluée*[26].

Bien entendu, les considérations qui précèdent concernant les systèmes non-linéaires en dimension 3 ou plus, sont complètement générales et les conclusions que nous en avons tirées constituent un principe de la dialectique, nouveau par rapport à ceux de la section VIII (du temps où Engels les avait énoncées, le chaos déterministe et les attracteurs étranges étaient totalement inconnus) :

Principe des comportements erratiques sur l'attracteur

Dans les processus complexes (systèmes non-linéaires décrits par trois paramètres ou plus), l'évolution temporelle obéit à des combinaisons des comportements décrits par les principes de la dialectique

26. Je reviendrai sur ce point dans la section suivante, à propos de la causalité et de la flèche du temps dans la noosphère.

de la section VIII, mais il peut arriver (et c'est souvent le cas[27]) que le comportement ultime du système soit totalement imprévisible à partir de la connaissance (approchée) de son état initial (ou présent). De cette évolution ultime on sait en général seulement qu'elle consiste en un mouvement erratique du point représentatif à proximité d'une région (l'attracteur) à structure très complexe (elle-même inconnue en général) ; ce mouvement est souvent fait de divers éléments vaguement périodiques, le caractère erratique consistant en le basculement, à des moments pratiquement imprévisibles, entre ces éléments.

L'énoncé qui précède est incomplet et imprécis. Une description plus explicite dépend du système lui-même (souvent inaccessible à une étude complète), si bien que, en général (et donc en tant que principe général de la dialectique), pratiquement rien de plus ne peut être dit, du moins dans l'état actuel de nos connaissances.

Il convient néanmoins de rappeler que tout cela se trouve dans le cadre général du système dynamique en question. Cela implique en particulier que, s'il passe par une certaine configuration, l'évolution pendant un temps « pas trop long » sera parfaitement prévisible et stable (autrement dit, approximativement égale à celle qui correspondrait à une configuration proche). *D'où une prévisibilité tout à fait satisfaisante pendant des temps d'évolution pas trop longs* (la durée dépendant évidemment du système considéré).

Il est utile, en ce point, de commenter *l'« effet papillon », image populaire du chaos déterministe, souvent mal comprise et mal interprétée.* Les phénomènes météorologiques sont un bon exemple de la situation qui précède. Le battement d'une aile de papillon en Amazonie peut modifier l'évolution du système atmosphérique après ce temps « pas trop long » et donc être responsable d'un cyclone dans les Caraïbes, ou de sa date. Mais il ne faut surtout pas en tirer des conséquences inconsidérées. *En admettant qu'un certain battement*

27. Il est remarquable que la propriété d'un système d'avoir un comportement chaotique est structurellement stable. Cela signifie que, en modifiant légèrement le système lui-même, la propriété persiste.

des ailes d'un certain papillon ait produit un certain cyclone dans les Caraïbes à un certain moment, il faut bien réaliser que d'autres cyclones auront lieu de toute façon dans les Caraïbes à d'autres moments, et que des battements d'ailes de papillons (et autres) il y en a partout et toujours, et que cela n'implique pas que l'on puisse supprimer les cyclones en immobilisant les papillons... Plus intéressant est peut-être de bien réaliser que l'attracteur du système est tel que ses mouvements erratiques passent souvent par des événements tels que les cyclones tropicaux à Cuba et les aurores boréales au cap Nord, mais jamais (quels que soient les battements des ailes des papillons) par des aurores boréales à Cuba et des cyclones tropicaux au cap Nord, car ces configurations, tout en étant admissibles, sont loin de l'attracteur.

Une dernière remarque peut être utile pour délimiter le domaine d'application de ce nouveau principe de la dialectique. Le nombre n de dimensions est au moins trois. Cela concerne des systèmes dynamiques au sens mathématique, donc exprimés par un système de n équations différentielles du premier ordre avec n inconnues. Cela signifie que les équations contiennent les inconnues et leurs dérivées premières par rapport au temps. Dans le cas des dérivées d'ordre supérieur, pour faire le comptage, il faut se ramener préalablement à un problème analogue du premier ordre, en faisant intervenir des inconnues auxiliaires. Ainsi, par exemple, dans les problèmes de mécanique, dont les équations font intervenir les accélérations (dérivées secondes des distances), il faut faire intervenir les vitesses comme inconnues auxiliaires (les accélérations sont les dérivées des vitesses). Il en résulte que le nombre de dimensions effectives est le double de celui des paramètres définissant la configuration du système. Si l'on a, par exemple, un pendule double dans un plan vertical (c'est un pendule simple suspendu à un autre) la configuration est définie par deux paramètres (les angles des pendules par rapport à une droite verticale), mais le système dynamique est de dimension 4 (défini par les deux angles et leurs vitesses angulaires). Il peut donc y avoir chaos déterministe. En fait, il y en a s'il n'y a pas de frottement (c'est difficile à mettre en évidence en pratique) et il n'y en a pas s'il y a frottement (qui conduit dans le futur lointain à la position d'équilibre stable : les deux pendules sont verticaux vers le bas).

Il convient ici de rappeler encore (comme nous l'avions fait à la section VIII.1), et pour les mêmes raisons, que certains phénomènes d' « émergence » concernant des propriétés des systèmes à un grand nombre de composantes, tout en admettant un traitement dialectique [28], ne sont pas du ressort de notre traitement des systèmes dynamiques.

X. CAUSALITÉ ET FLÈCHE DU TEMPS DANS LA NOOSPHÈRE. LA PROPHÉTIE QUI S'AUTO-RÉALISE ET L'ASSASSINAT DU ROI DUNCAN

Nous avons vu que les principes de la dialectique, y compris le nouveau principe des déplacements erratiques sur l'attracteur, tout en étant assez généraux, dérivent de façon naturelle de la théorie des systèmes dynamiques. Cela signifie que le paradigme fondamental est celui d'une loi immuable assignant à chaque position admissible du système la vitesse de son évolution en passant par cette position. Au risque d'être trop explicite, je préciserai que la « loi » ce sont les équations, et que son caractère « immuable » découle de ce que leurs seconds membres ne dépendent pas du temps. En gros, la position du système à chaque instant conditionne une nouvelle configuration à un instant postérieur infiniment proche et la réitération du processus définit toute l'évolution future.

Il est clair que ce schéma correspond grosso modo à la causalité physique. Cela rend d'autant plus remarquable le fait que bien des propriétés de systèmes non physiques soient parfaitement compatibles avec les principes de la dialectique. Il n'empêche que le type général de causalité (au sens large) est celui de la physique, où la flèche du temps va des causes vers les conséquences ou effets. Il va de soi qu'il s'agit ici de « causes efficientes » et non de « causes finales ».

---

28. Sève [2005].

La construction de modèles mentaux (chapitre V, section IV) par les systèmes neuronaux de l'homme et de bon nombre d'animaux introduit des *voies détournées de la causalité, des boucles rétroactives apparentes de la flèche du temps*. Lorsque des activités mentales sont en jeu, c'est la complexité inouïe de l'état présent qui semble chercher un but futur. Même lors d'un acte volitif explicite et conscient[29], *notre action n'est pas conditionnée par le futur, mais par l'état présent des modèles mentaux que nous avons construits du futur ou des futurs possibles.*

Les processus de ce type sont extrêmement complexes (cela signifie que nous savons très peu là-dessus) et il serait illusoire d'en donner des descriptions et interprétations définitives. Cela vaut néanmoins la peine de signaler que *le « temps » qui y est en jeu n'est plus le temps de la physique classique ; l'instantanéité n'y a pas de sens, comme si le présent avait une certaine épaisseur.* Cela se comprend facilement : les processus neuronaux mettent en jeu des phénomènes électrochimiques (à causalité physique ordinaire) mais le modèle mental lui-même n'a un sens qu'en tant que synthèse (de courants en mouvement, de circuits, de boucles). *Ce n'est pas un état instantané, c'est une « palpitation électrochimique ».* Cela peut prendre facilement un ou plusieurs dixièmes de seconde. Par comparaison avec le temps que nous mesurons en regardant notre montre-bracelet, cela peut être instantané, certainement pas par rapport aux temps extrêmement courts que l'on peut mesurer couramment dans un laboratoire.

Quoi qu'il en soit, la prise en considération des phénomènes cognitifs implique, au moins, la possibilité dans certains processus de « changer les lois ». Cela peut s'interpréter de bien des façons (nous sommes dans un terrain mouvant, les affirmations doivent être prises à titre indicatif). En fait, les équations décrivant certains systèmes dynamiques peuvent être modifiées (les coefficients des équations qui les décrivent dépendront du temps) pour les adapter

29. Comme nous avons dit au chapitre V, la plupart des activités mentales (y compris la prise de décisions et la communication) sont inconscientes.

à l'obtention d'un but (afin d'atteindre un état dont on a une image mentale). *Cela crée l'illusion d'une cause finale.*

Tout ce domaine fascinant et complexe constitue la noosphère (noos = noûs = esprit). On pourrait mentionner une infinité de phénomènes tout à fait remarquables illustrant ce domaine surprenant à plusieurs points de vue. Je me limiterai à en mentionner deux.

La prophétie qui s'auto-réalise

C'est un type de phénomènes dont le schéma élémentaire primaire est : *X affirme que les actions de la société Y vont monter. Pourvu que X soit crédible, les gens les achètent et la loi de l'offre et de la demande fait que les actions de la société Y montent.*

Les modalités pratiques sont variées. Nous avons déjà rencontré les effets placebo et nocebo (chapitre V, section III) et verrons plus tard (Coda. La belle histoire de Borodine et de son éclipse de soleil) un exemple où un mauvais présage avant le combat démoralise l'armée, qui est défaite par la suite. Les exemples concernant la crise financière déclenchée en 2008 sont nombreux. J'ai devant mes yeux une coupure du journal *Le Monde* (10 septembre 08, page 13) où le rôle de la crédibilité (ou du contexte) est évident. Le titre de l'article est « United Airlines victime à Wall Street... d'une information vieille de six ans ». En voici un extrait :

> La publication dans la journée d'un article vieux de près de six ans du Chicago Tribune par le site Internet du South Florida Sun Sentinel et relayé par l'agence financière Bloomberg a provoqué un mouvement de panique. Le Chicago Tribune y évoquait la déconfiture de United Airlines et son placement sous le chapitre 11, disposition propre au régime américain de faillites [...] Cet article n'aurait jamais dû être repris par la très sérieuse agence financière. Le fait est que l'information est diffusée à 10 h 53 ; le titre d'UA, qui avait ouvert la séance à 12,17 dollars entame une descente vertigineuse et, à 11 h 06, a perdu 33 % de sa valeur. Une dépêche instantanée informant de l'événement accentue le processus et le titre ne vaut plus que 3 dollars à 11 h 16, lorsqu'une nouvelle dépêche démentit l'information que UA soit placée sous le chapitre 11. Le titre UA finit la journée à 10,92 dollars.

C'est instructif à plusieurs points de vue, que je vous laisse le soin de méditer...

L'assassinat du roi Duncan

Il s'agit de phénomènes dont le schéma est : X (ce sont des sorcières dans la pièce de Shakespeare, mais cela n'a pas une importance capitale) fait deux prophéties à Y (Macbeth), qui ne les croient pas. La première se réalise et X devient crédible. Macbeth croit alors que la seconde se réalisera : il sera roi d'Écosse. Il écrit à son épouse en la mettant au courant des faits, sans préciser l'interprétation qu'il en fait. Macbeth et Lady Macbeth sont tous deux grisés de pouvoir, mais ils construisent des modèles mentaux différents de l'avenir. Macbeth pense : « puisque tel est le futur, laissons le destin s'accomplir ». Lady Macbeth pense : « puisque tel est le futur, le roi actuel va mourir. Que le destin s'accomplisse au plus vite : profitons de la présence du roi ce soir dans notre château pour le tuer ». Ils discutent et Lady Macbeth convainc son mari, qui tue le roi Duncan.

Voilà pour le schéma ; le rôle réitéré des sorcières et de leurs multiples prédictions réalisées (la forêt qui marche vers le château, l'homme qui n'est pas né d'une femme...) enlève toute vraisemblance à la pièce de Shakespeare, qui plonge dans un univers cauchemardesque. C'est dommage pour mon propos, ce qui ne m'empêche pas d'en profiter pour imaginer d'autres situations et poser des questions.

Si X fait une prédiction qui s'avère, il devient crédible. Si ensuite il fait une affirmation (Macbeth sera roi d'Écosse), même de façon nonchalante, même pour plaisanter, il peut très bien arriver qu'il soit pris au sérieux par une Lady Macbeth ; elle en construit un modèle mental qui, par sa volonté, deviendra la réalité. Une autre question intéressante est la suivante : *si, pour une raison quelconque on est sûr qu'un certain événement va se produire, est-on responsable des éventuelles décisions qui conduiront à son accomplissement ?* À mon avis, cette question n'est pas explicitement contenue dans Macbeth, mais Shakespeare me semble en donner sa réponse : Le modèle mental de Lady Macbeth ne prévoyait certainement pas qu'elle deviendrait maniaque du lavage des mains, sans jamais parvenir à « effacer une petite tache », ni qu'elle mourrait emportée par la folie. À l'époque où elle avait construit son modèle, elle pensait à l'irresponsabilité (ou elle minimisait la question, obsédée par le pouvoir) ; plus tard, elle a été hantée par la responsabilité. *Il me semble que cette question est très importante, et que la réponse de Shakespeare ne la résout pas. Elle est à l'origine de la dialectique conformisme/héroïsme inutile.*

Ces questions sont passionnantes, nous pourrions en discuter indéfiniment, ou remplir des livres,... ou déclencher des crises,... ou assassiner en nous donnant bonne conscience,... ou gagner des batailles en démoralisant l'ennemi, ou... oui, sans aucun doute, nous faisons tout cela et bien d'autres choses !

VIII

Que font les scientifiques face aux problèmes et comment en génèrent-ils de nouveaux

Ce chapitre concerne de petits exemples de recherche en mathématiques. Le premier est fictif (il porte sur des questions parfaitement acquises) dans le but de montrer comment s'introduisent les erreurs et leurs conséquences sur l'évolution même de la recherche. Le deuxième contient un traitement original d'un problème connu, montrant comment en modifiant la façon de l'attaquer, on est conduit à des propriétés nouvelles et à une vision entièrement différente de la situation ; la démarche constitue un exemple de processus dialectique, dont nous verrons des implications en termes d'individualisme ou d'interaction et de système complexe. Le problème en question est le « dilemme du prisonnier », qui a des implications claires en économie et autres matières.

I. FAISONS UN PETIT EXEMPLE DE RECHERCHE EN MATHÉMATIQUES

Dans le texte qui suit, comme dans la vraie recherche, on ne donne pas tous les détails ; tout est pourtant correct, en particulier les commentaires sur les erreurs que l'on va faire et analyser. Il ne s'agit pas d'une recherche proprement dite, c'est la présentation qu'on en fait qui simule une recherche qui se fait.

Comme vous le savez, la suite des nombres naturels (en mathématiques on dit simplement les « naturels »).

(N) 1, 2, 3, 4, …

est indéfinie ; juste après chaque naturel n il y a le n + 1, ensuite n +2, et cela ne finit pas (on dit qu'il y a une infinité de nombres naturels), mais cela commence par 1 (il est parfois commode de commencer par 0, cela ne change pas grand-chose). On peut ajouter une suite analogue en ordre inverse, par exemple, les nombres négatifs, et l'on obtient ce qu'on appelle les nombres entiers (ou « entiers ») :

(Z) …, -3, -2, -1, 0, 1, 2, 3, …

Cette suite est indéfinie vers la gauche aussi bien que vers la droite, elle ne commence ni ne finit. La suite Z est à peu près deux fois la suite N (à la présence de 0 près), une fois à l'envers et une fois à l'endroit. Il est indiscutable que la suite Z est plus riche (contient bien plus d'éléments) que la suite N ; on serait tenté de dire que « le nombre d'éléments de Z est le double (ou le double plus un) de celui de N ». Mais un ensemble avec une infinité d'éléments n'a pas un nombre associé ; la phrase que nous voulions dire n'a pas de sens.

Il est remarquable que la suite Z peut être numérotée. On commence par 0, ensuite 1, on saute à -1, et on continue avec 2, -2 et ainsi de suite ; ce n'est pas la seule façon de faire. Quoi qu'il en soit, on peut établir une correspondance entre les éléments de N et ceux de Z où à chaque élément de N, corresponde un et un seul de Z et à chaque élément de Z corresponde un et un seul de N (on dit qu'il y a une bijection). Cela peut surprend la première fois. Cela ne peut pas arriver avec les ensembles d'un nombre fini d'éléments ! On dirait que Z a le même nombre d'éléments qu'une partie (au sens strict) de lui-même (N est une partie de Z) ! Voilà pourquoi on n'appelle pas cela un nombre : Les ensembles infinis se caractérisent justement par la possibilité d'établir une bijection entre eux et une partie (stricte) d'eux-mêmes.

On dit que les ensembles (comme N et Z) entre lesquels on peut établir une bijection ont même puissance ou même cardinal (au lieu de même nombre d'éléments). Les puissances des ensembles sont analogues aux nombres tant que les ensembles sont finis. Pour les ensembles infinis, cela se manipule autrement que les nombres, on s'en doutait d'après ce qui précède.

Pour l'instant, nous savons que les deux ensembles N et Z ont même cardinal (qui s'appelle la puissance du dénombrable). Y a-t-il diverses puissances, comme il y a plusieurs nombres ? D'après ce qu'on vient de voir, en prenant deux fois le même ensemble, on ne change pas la puissance, et de toute évidence, il en est de même en prenant 3 ou 4 fois la même chose... À vue de nez, pour passer de la puissance du dénombrable à une puissance supérieure, il faut prendre une infinité d'ensembles infinis...

Essayons de voir (on dit qu'on fait une conjecture) s'il est vrai que l'ensemble des nombres rationnels a une puissance supérieure à celle des naturels (supérieure à la puissance du dénombrable). Les nombres rationnels (ou fractionnaires) sont ceux de la forme n/d où n et d sont des naturels (c'est-à-dire, les classiques 1, 2, 3,...) premiers entre eux (on considère donc des fractions irréductibles, sans perte de généralité). Il y en a beaucoup plus que des naturels, puisqu'entre deux nombres fractionnaires, il y a toujours un autre nombre fractionnaire (par exemple, la fraction égale à la moitié de la somme des deux). Si l'on représente les nombres sur une droite, les rationnels sont partout, ils semblent remplir la droite d'après ce qu'on vient de dire, alors que les naturels sont bien isolés, comme lorsqu'on fait la queue devant un guichet. Les rationnels c'est tout autre chose, c'est comme une queue où entre deux personnes, il y en aurait toujours au moins une autre (donc une infinité, par voie de conséquence) ; ce ne serait pas une queue, ou ce ne seraient pas des personnes... quoique, justement, il ne s'agit pas de personnes, mais de points sur une droite... C'est vraiment intrigant... La conjecture est-elle vraie ou non ?

La conjecture est fausse. On peut énumérer les rationnels. L'ensemble des rationnels a la puissance du dénombrable ; on peut faire une queue avec eux, c'est assez facile. Construisons le tableau (T) des fractions de deux naturels (m/n) :

(T)	(1/1)	(1/2)	(1/3)...
	(2/1)	(2/2)	(2/3)...
	(3/1)	(3/2)	(3/3)...
	......	......	......
	......	......	......

qui est naturellement indéfini vers la droite et vers le bas. On peut énumérer tous les éléments du tableau en utilisant le fait que les diagonales allant vers la gauche en descendant sont finies (si la phrase qui précède peut vous sembler énigmatique, vous allez comprendre tout de suite). Il suffit de commencer par 1/1, ensuite la diagonale 1/2, 2/1, après la diagonale suivante 1/3, 2/2, 3/1 et ainsi de suite. C'est réellement curieux : une infinité dénombrable d'infinités dénombrables est une infinité dénombrable ! Quel rapport avec le problème des rationnels ? En fait on a fait « plus » que ce qu'il fallait. Chaque rationnel est plusieurs fois dans ce tableau : les rationnels sont les fractions irréductibles ; dans l'énumération que l'on vient de décrire, il suffit le moment venu de sauter les fractions qui sont réductibles pour obtenir une queue formée de tous les rationnels. Ainsi donc, l'énorme ensemble des rationnels a la puissance du dénombrable et pas plus ! Bien entendu, la numérotation faite ne respecte pas l'ordre de petit à grand, (on a vu 1/1 devant 1/2, ou 1/3 devant 3/1...) mais cela n'était pas exigé.

Au point où l'on en est, il y a lieu de se poser sérieusement la question : y a-t-il des ensembles de puissance supérieure à celle du dénombrable ? Depuis qu'on connaît les prouesses pour transformer des ensembles en files d'attente, il n'est pas impossible que cela marche toujours, et que tous les ensembles infinis aient la puissance du dénombrable !

Continuons pour voir. Les nombres réels, qui correspondent aux positions des points sur la droite, sont les rationnels plus les irrationnels. Pourquoi mêler les points de la droite aux nombres ? Parce que les Grecs avaient découvert les nombres irrationnels à cause de la géométrie[1].

---

1. Un lecteur m'a signalé qu'il s'agissait plutôt de rapports irrationnels. Pour les Grecs, les fractions n'étaient pas des nombres (rationnels), mais des rapports entre nombres (entiers) .

D'après le théorème de Pythagore, $\sqrt{2}$ est la longueur de l'hypoténuse du triangle rectangle dont les petits côtés ont la longueur 1. Vous pouvez faire un petit dessin et voir que c'est quelque chose comme 1,41... et vous pouvez le situer très facilement sur la droite, une fois les points 0 et 1 fixés. Mais $\sqrt{2}$ n'est pas une fraction de deux entiers (premiers entre eux, sinon, l'on peut simplifier la fraction). En effet, si l'on avait $\sqrt{2} = n/d$, on aurait $2d^2 = n^2$; or, de la décomposition en facteurs premiers, on voit que si n et d sont premiers entre eux, il en va de même de n^2 et d^2, ce que contredit la formule précédente. Ainsi, le point correspondant à $\sqrt{2}$, que vous avez très facilement dessiné, n'est-il pas un rationnel (dont il y avait énormément.), c'est quelque chose de nouveau là où l'on ne s'y attendait pas, c'est pour cela que les Grecs les appelaient « irrationnels » et le nom est resté. Bien entendu, $\sqrt{2}$ n'est pas égal à 1,41, qui est le rationnel 141/100. C'est pour cela que j'avais écrit 1,41... ; la fraction décimale qui décrit $\sqrt{2}$ ne s'arrête jamais. De même, tout irrationnel (tout point de la droite qui n'est pas rationnel) a une description décimale avec une infinité de chiffres non nuls[2].

Proposons-nous donc d'étudier la puissance de l'ensemble des nombres réels (ou de points de la droite). Cet ensemble contient celui des rationnels, dont nous savons déjà que, tout en étant très nombreux, ils ont la puissance du dénombrable. La question est de savoir si l'on peut énumérer les réels (auquel cas son ensemble aurait aussi la puissance du dénombrable) ou si c'est impossible, qui montrerait que le continu aurait une puissance plus élevée (et accessoirement, que tous les ensembles infinis n'ont pas le même cardinal).

On peut s'amuser à essayer de construire une bijection entre les réels et les naturels, mais chaque fois cela ne marche pas. Qu'est-ce que cela prouve ? Rien, peut-être ne s'y a-t-on pas bien pris, y a-t-il

2. Certains rationnels ont aussi une infinité de chiffres décimaux, comme 2/3 = 0,6666... mais les points de suspension peuvent être décrits exactement avec un nombre fini d'instructions, ce qui n'est pas le cas de l'infinité « désordonnée » des chiffres décimaux d'un irrationnel. C'est compliqué et sans objet pour mon propos.

une façon extrêmement astucieuse de le faire,... ou peut-être qu'il n'y en a pas. On dit que le problème est ouvert.

Dans des cas comme celui-là, après avoir essayé sans succès de trouver une bijection, on peut essayer de démontrer qu'elle n'existe pas... Or, pour prouver qu'une chose existe, il suffit de la trouver, mais comment peut-on démontrer qu'elle n'existe pas ? Pour cela, il suffit de prouver que l'existence est impossible, qu'elle conduit à une incohérence logique, une contradiction [3]. Précisément, le mathématicien allemand G. Cantor (1845-1918) avait trouvé un raisonnement extrêmement astucieux prouvant que si la bijection en question existait, elle ne serait pas une bijection.

Reprenons l'idée de Cantor. On suppose qu'il existe une bijection entre les naturels et les réels (positifs, mais cela n'est pas essentiel), autrement dit, qu'il y a une suite :

$$(S) \qquad r_1, r_2, r_3, r_4, \ldots$$

formée par tous les nombres réels positifs. Par commodité, on considérera par la suite (S) en colonne du haut vers le bas, au lieu d'en file horizontale. On va représenter chacun des réels par son expression décimale, en supprimant la partie entière, ce qui donne le tableau suivant :

$$(T) \qquad \begin{array}{l} a_{11}, a_{12}, a_{13}, a_{14}, \ldots \\ a_{21}, a_{22}, a_{23}, a_{24}, \ldots \\ a_{31}, a_{32}, a_{33}, a_{34}, \ldots \\ a_{41}, a_{42}, a_{43}, a_{44}, \ldots \\ \ldots\ldots\ldots\ldots\ldots\ldots \\ \ldots\ldots\ldots\ldots\ldots\ldots \end{array}$$

3. Cela s'appelle une démonstration par l'absurde, parfaitement admissible, puisque l'arithmétique relève de la logique. Nous avons rencontré au chapitre VII la dialectique, qui met en œuvre certaines contradictions, mais d'une autre nature : elles ne sont pas des impossibilités logiques.

Comme la suite (S) est hypothétique, on ne peut l'écrire que de façon symbolique, à la différence du tableau (T). Mais on ne s'y perd pas : par exemple, a_{21}, a_{22}, a_{23}, a_{24},... est la partie décimale de r_2, chacun des a est un chiffre de 0 à 9. On construit maintenant le nombre réel dont l'expression décimale est

(b) $b = 0, b_1, b_2, b_3, b_4, \ldots$

où les b sont des chiffres de 0 à 9, choisis arbitrairement, avec la seule condition que b_1 soit différent de a_{11}, b_2 différent de a_{22}, b_3 différent de a_{33} et ainsi de suite. Il est clair que le réel b n'est pas dans la liste (S) : en effet, il n'est pas r_1, car son premier chiffre décimal est différent, il n'est pas r_2, car son deuxième chiffre décimal est différent, et ainsi de suite. On a donc démontré que quelle que soit la suite (S), elle ne contient pas tous les réels, puisqu'il y en a au moins un qui n'y est pas !

Ce résultat est tout à fait intéressant. La droite contient beaucoup plus de points que ceux qui correspondent aux longueurs rationnelles ! La puissance de l'ensemble des nombres réels (des points de la droite) s'appelle « puissance du continu ». Elle est plus grande que la puissance du dénombrable. Ainsi donc, les ensembles infinis ne sont-ils pas tous analogues, il y en a dont on ne peut pas compter les éléments les uns après les autres. Mais le plus remarquable est probablement l'endroit inattendu (du moins pour moi) où se situe le saut de la puissance du dénombrable à la puissance du continu : ce n'est pas en passant des entiers aux rationnels, mais de ceux-ci aux réels. Ainsi les irrationnels, ces bêtes curieuses comme $\sqrt{2}$ classées comme « non-compréhensibles » par la pensée grecque sont énormément plus nombreuses (si l'on peut dire) que les rationnels, les « compréhensibles ». On ne le voyait pas avant de l'avoir démontré, mais les mathématiques ne se voient pas, elles se démontrent. Une fois habitué aux choses démontrées, on arrive à « voir » qu'il y a très peu de rationnels par rapport aux irrationnels.

II. MAIS ON A FAIT UNE ERREUR. REPRISE ET COMMENTAIRES

On apprend beaucoup de choses avec les erreurs. Je vous en avais glissé une au chapitre I, section VII, à propos de « la révolution de 1848 » ; j'ai fait la même chose dans la section qui précède, pour avoir matière à commenter. Les erreurs en mathématiques sont subtiles ; elles n'ont rien à avoir avec 3 fois 6 = 28, que n'importe qui peut faire, mathématiciens et non-mathématiciens confondus.

Je vous avais prévenu que tous les détails n'étaient pas donnés. Il en est toujours ainsi, on s'appuie sur des choses connues, sinon, à propos de toute question, il faudrait refaire presque toutes les mathématiques. *Le problème dans la pratique est que, à propos d'une question, les éléments préalables que l'on met en œuvre ne sont connus que... plus ou moins, et quand bien même ils seraient bien connus, dans leur articulation avec la question traitée, il y a matière à adapter et ajuster, et c'est là que se glissent souvent des erreurs.*

Ce que j'ai démontré (sans erreur) est que l'ensemble des expressions décimales des nombres réels (et non des nombres réels) n'est pas dénombrable. Pour une démonstration rigoureuse, il aurait fallu que ces deux ensembles soient le même (ou qu'il y ait entre eux une bijection), et cela est presque vrai... mais faux.

Cela devient inquiétant. Il y a des erreurs et en plus, on nous parle de choses qui sont « presque vrai » ? Ce n'est pas sérieux, en mathématiques, on utilise le principe du tiers exclu, il n'y a que vrai ou faux.

Voici l'explication de ce qui vient d'être avancé. Il est exact que pour faire correctement la démonstration, on doit avoir bien présent à l'esprit ce que sont les nombres réels. Ce n'est pas une mince affaire, on n'a réussi à le faire correctement que vers la fin du XIXe siècle (alors que les Grecs classiques savaient déjà qu'il y avait des irrationnels !), et ce n'est pas ici le lieu de traiter ces choses-là explicitement. Il nous suffit de beaucoup moins. Qu'une expression décimale définisse un nombre réel et un seul est vrai et se démontre facilement [4].

4. Par exemple, en utilisant des suites de Cauchy, mais ce n'est pas ici le lieu de le faire.

Qu'un nombre réel ait une expression décimale se démontre aussi facilement de la même façon. Mais démontrer qu'elle est unique est un peu plus délicat. Peut-il y avoir deux expressions décimales différentes correspondant au même nombre réel ? Une rapide analyse de la situation montre immédiatement que c'est impossible pour les expressions décimales ne contenant que des 1, 2, 3, 4, 5, 6, 7, 8 ; mais, lorsqu'il y a des 0 et des 9, cela se complique et il est bien moins facile de conclure. Il suffit de travailler un petit peu[5] pour s'apercevoir que ce n'est pas une complication, mais une difficulté de fond : *Il y a effectivement des couples d'expressions décimales (contenant des 0 et des 9) qui définissent le même nombre réel.* Un exemple est le couple 1 et 0,9999... et tous les dérivés imaginables, par exemple, 0,3060000... et 0,3059999... Voilà que la question de l'unicité du développement décimal était parfaitement légitime, et elle nous apprend (ou nous rappelle) des choses curieuses auxquelles on n'aurait pas pensé.

On voit à présent de façon parfaitement claire qu'à la section qui précède, *on a démontré autre chose que l'énoncé final.* Il ne faut pas confondre les nombres réels avec les expressions décimales, dont il y a davantage, d'après ce qu'on vient de voir à l'instant ! Et, du coup, on comprend que l'on n'a nullement démontré que la puissance du continu est plus grande que celle du dénombrable, puisque les nombres réels correspondent seulement à une partie des expressions décimales.

Pas de panique. Avoir bien compris une situation, même en cas d'échec, vous met en très bonne situation pour la modifier, l'arranger, parfois pour partir dans une autre direction. Dans le cas qui nous occupe, il n'est pas difficile de modifier un peu la démonstration de la section précédente pour la rendre parfaitement rigoureuse. On part de l'hypothétique suite (S) des nombres réels. Pour chacun d'eux, on construit son développement décimal ou l'un de ses développements, s'il en a plusieurs. Ensuite, en construisant le nouveau

---

5. Ce n'est vraiment pas difficile, mais j'ai décidé de ne pas inclure ces développements ici.

développement b, on prend soin, en choisissant les chiffres b_1, b_2, b_3... que chacun soit différent de 0 et de 9 (ce qui est trivialement possible d'après le choix proposé). On est alors assuré que le développement b correspond à un nombre réel bien déterminé, qui n'est aucun de ceux de la suite (S) (vérification également triviale). *La démonstration est à présent rigoureuse et le résultat est vrai.*

Tout est bien qui finit bien ! Que dis-je ? *Rien ne finit en recherche.* Je ne vais pas continuer ici, il y a des livres de mathématiques pour cela. Mais on peut faire des commentaires de nature très diverse, dont je donnerai certains, de façon assez désordonnée.

Il est intéressant de comprendre *comment, dans la pratique de la recherche, on glisse d'un problème à un autre.* Dans l'exemple qui précède, le problème initial a été finalement résolu, après un détour par d'autres questions. Tel n'est pas toujours le cas. Mais ce qui est très fréquent, c'est de glisser vers d'autres problèmes, dont on arrive à résoudre certains, d'autres non. C'est la dynamique propre du travail de recherche. Vous avez vu comment on glisse, presque sans s'en apercevoir, des nombres réels aux suites indéfinies de chiffres de 0 à 9. Il ne faut pas croire que ces suites en elles-mêmes manquent d'intérêt. Sans m'étendre, je vous rappelle que dans notre vie courante, nous utilisons très souvent des chiffres autrement que pour leur valeur : pensez au code secret des cartes bancaires, ou aux numéros des commandes ou dossiers, qui comportent parfois des chiffres et des lettres, mais dont les affaires d'unicité sont essentielles (deux cartes d'identité avec le même numéro vous assurent un bon sac de nœuds !).

Puisqu'on avait dévié, au cours de la démonstration, sur cette curieuse propriété de 100 = 99,9999... et analogues, il est utile de rappeler que cette propriété est largement connue des commerçants, qui libellent souvent les prix sous la forme 99,99 € plutôt que 100 €, afin que le client retienne plutôt 90 que 100 par erreur d'arrondi. Un commerçant démentira probablement ce préjugé, et mettra un point d'honneur à vous rendre un centime d'euro lors d'un payement en espèces, même si vous montrez peu d'intérêt à ce qu'on vous rende la monnaie d'un billet de 100 €. Notre grossier système monétaire est incapable de matérialiser la subtile égalité mathématique 100 = 99,9999... qui, remplacée par 100 € > 99,99 € permet aux commerçants de protester du bien fondé des étiquettes 99,99 € et analogues.

Cette regrettable carence des systèmes monétaires a été mise à profit par R.-L. Stevenson pour écrire « La Bouteille diabolique », variante du mythe de Faust que j'ai utilisée (chapitre IV, section IV) pour faire un argumentaire sur les explications magiques. Nous savons que 0 = 1 – 0,999... ce qui signifie très précisément que 0 est la limite de la suite 1 ; 0,1 ; 0,01 ; 0,001 ; ... Mais ce type de choses ne peut se faire avec les prix pour les raisons que l'on vient de voir. D'après Stevenson, le diable (le Malin !) savait pas mal de mathématiques, mais était surtout un grand expert en faiblesses humaines et en les lamentables carences de nos conventions monétaires. Cela a donné la très amusante « Bouteille diabolique » ; je vous invite à lire la section IV du chapitre IV au cas où vous l'auriez sautée.

Un autre commentaire de nature entièrement différente concerne la démonstration ci-dessus. Il y a peu de chances qu'un mathématicien l'accepte. La différence est très grande entre comment on fait les mathématiques (et la science en général) et comment on en présente les résultats. Surtout, certains mathématiciens, très attachés à ce qu'ils appellent « l'élégance » des résultats et démonstrations. Cela consiste le plus souvent à cacher les idées et surtout les cheminements suivis pour les trouver et à présenter les résultats de façon inattendue mais, bien entendu, irréprochable du point de vue de la rigueur, un peu comme un prestidigitateur sort un lapin de son chapeau. Ce n'est pas la meilleure façon d'apprendre à d'autres à faire de la recherche (ou des tours de prestidigitation), et cela contribue largement à l'incompréhension des mathématiques par le grand public, mais c'est très utile pour le prestige des mathématiciens élégants. Bien entendu, des remarques de ce type s'appliquent à toutes les sciences, et d'autre part, il serait illusoire et inutile d'exposer les résultats scientifiques sous la forme où ils ont été obtenus. Vous pourrez aussi vérifier la parenté entre ces propos et la « science de jour et science de nuit » de F. Jacob (chapitre V, section VI).

Un dernier commentaire concerne les points d'exclamation, d'interrogation et autres expressions affectives que j'ai insérés dans la section précédente. Vous pensez peut-être que j'en faisais un peu trop. Cela dépend de qui vous êtes, vos âges, formation et tempérament. Je peux vous assurer que, à mon avis, je n'en ai pas trop fait. Et je vous invite aussi à comparer avec ce que j'ai dit sur les chercheurs à la section VI du chapitre III ; vous comprendrez peut-être ce que j'y ai essayé de dire, à propos des paroles de la Havanaise de Carmen...

III. RECHERCHE FONDAMENTALE ET FINALISÉE. LES PROBLÈMES QUI SE POSENT ET LES PROBLÈMES QU'ON SE POSE

Nous sommes à présent en excellente position pour comprendre ce que H. Poincaré appelait les *« problèmes qui se posent »* et les *« problèmes qu'on se pose »*. L'activité de recherche suit souvent un cheminement à peu près analogue à celui que nous avons vu aux deux sections précédentes. À un moment, une question, un problème intrigue. Les raisons peuvent en être très variées : une question d'un collègue, un point que l'on n'a pas compris ou qu'on veut approfondir car il n'apparaît pas suffisamment satisfaisant, ses applications... Le terme « applications » recouvre à son tour des choses variées : il peut s'agir d'applications proprement dites pour l'industrie ou d'applications pour une autre recherche en cours. Tout cela constitue les « *questions qui se posent* », celles qui ont pour ainsi dire un sens en elles-mêmes. Au cours du travail de recherche, d'autres questions, qui ne présentaient *a priori* pas de lien avec le sujet, suscitent un intérêt, soit comme éléments partiels du travail en cours, soit parce le chercheur s'attend à y trouver des renseignements utiles pour faire avancer son sujet primitif. Cela revient en quelque sorte à se constituer une panoplie d'ingrédients pour avancer ensuite. Ce sont les « *problèmes qu'on se pose* ». En principe, leur légitimité vient de leur lien hypothétique avec le problème primitif, mais il est fréquent qu'ils prennent rapidement leur envol. C'est normal, car, au point où l'on en est, on voit mal leur différence avec le problème primaire « qui se posait ». C'est une affaire de temps et de motivations. Les échelles de temps en recherche sont très longues, sans commune mesure avec le temps que vous avez passé à lire ou survoler les deux sections précédentes, et *l'on en arrive à « oublier » le problème primitif.* D'autre part, *la dynamique propre du travail de recherche fait que le « problème qu'on se pose », génère de l'intérêt.*

Le mécanisme qu'on vient de décrire constitue une véritable « usine à problèmes ». Dans la pratique, *la recherche ne finit jamais, car l'activité même de recherche engendre des problèmes intéressants.* Bien entendu, la résolution éventuelle d'un « problème qui se pose » n'est jamais complète et satisfaisante, ce qui engendre aussi d'autres questions. C'est le foisonnement des chantiers ouverts qui offre des chances de réussite à la recherche d'une solution (toujours partielle) au « problème qui se pose ». Celui-ci évolue de ce fait, posant de nouvelles questions. *La recherche scientifique n'a rien à voir avec la recherche d'une aiguille dans une botte de foin.* Voyons ce que dit à ce propos la biologiste Nicole Le Douarin (Le Douarin [2007], page 82) :

> C'est une constante de la création culturelle : les grandes œuvres, les découvertes majeures ne répondent pas aux questions que tous se posaient avant elles, mais relèvent les nouvelles questions que tous se poseront bientôt. En sciences comme en art, les créateurs partent de faits ou de points de vue particuliers pour en révéler une portée universelle jusque-là latente.

Il convient d'interpréter, à la lumière de ce qui précède, la découverte comme un processus dialectique avec ses trois phases : thèse (étude des problèmes qui se posent), antithèse (progrès de la compréhension à l'aide des problèmes qu'on se pose) et synthèse (solution, partielle ou totale du problème qui se posait)[6].

---

6. Dans le cadre du chapitre VII, section VIII.

IV. LES FAUX PROBLÈMES. LE DILEMME DU PRISONNIER

Le but de cette section est de montrer comment certains problèmes, apparemment parfaitement énoncés, contiennent des ambiguïtés conduisant, suivant la façon de les interpréter, à des solutions entièrement différentes. Une étude approfondie de la situation [7] conduit à la compréhension cohérente de la situation et à la résolution de paradoxes apparents. Ce programme est développé à propos d'un exemple classique, le « dilemme du prisonnier », mais il permet d'éclairer certaines situations rencontrées en économie (En fait, nous donnons dans la section IV3 une question d'économie strictement équivalente au dilemme du prisonnier). Il y a lieu de signaler que l'une des interprétations de ce type de problèmes conduit à la « théorie des jeux », que nous n'abordons pas explicitement, mais certains commentaires à son propos sont faits aux sections IV.2 et IV.3.

1. Le dilemme du prisonnier en est-il un ?

Le dilemme du prisonnier est un petit problème de logique que l'on pose sous une forme qui contient une ambiguïté cachée, donnant ainsi lieu à une diversité de problèmes mathématiques élémentaires correspondant à ses diverses interprétations. La comparaison des diverses solutions présente un caractère paradoxal tout à fait intéressant, que l'on utilise parfois pour tirer des conséquences sur l'utilité de comportements apparentés à l'égoïsme, l'altruisme, la loyauté, la trahison et autres. Ce dilemme a suscité grand nombre de variantes et toute une littérature. On s'efforcera ici de préciser le sens de l'énoncé, ce qui conduit naturellement à des développements divers et une compréhension non paradoxale de la question, ce qui a peu à voir avec l'éthique… quoique… c'est peut-être ça l'éthique !

De quoi s'agit-il ? Sous sa forme primaire, c'est le problème suivant :

7. Qui peut être interprétée en termes de dialectique (chapitre VII).

Dilemme du prisonnier simultané et non répété

Deux suspects porteurs d'armes sont arrêtés devant une banque et accusés, sans preuves, de tentative de cambriolage. Ils sont placés dans des cellules séparées et le juge leur propose le choix suivant : Si aucun n'avoue le cambriolage, ils seront condamnés pour port d'armes à 2 ans de prison. Si l'un avoue et pas l'autre, celui qui avoue sera libéré, alors que l'autre sera condamné à la peine prévue par la loi, 10 ans. Si les deux avouent, ils seront condamnés à 8 ans. Les deux prisonniers savent que le choix est proposé de façon indépendante à tous les deux, mais ils ne peuvent communiquer entre eux. La question est : que vont-ils faire, en admettant que chacun cherche à minimiser sa peine, sans se soucier du sort de l'autre[8] ? La « théorie standard » pour résoudre le problème est la suivante.

Raisonnement standard

Désignons par A et B les deux prisonniers. A raisonne de la façon suivante : au cas où B avouerait, je serais condamné à 8 ou 10 ans suivant que j'avoue ou non, donc j'ai intérêt à avouer ; au cas où B n'avouerait pas, je serais condamné à 0 ou 2 ans suivant que j'avoue ou non, donc j'ai également intérêt à avouer. Par conséquent, A avoue. De son côté, B raisonne de façon analogue et avoue. Ils sont condamnés à 8 ans, alors que s'ils avaient choisi tous les deux de ne pas avouer, ils auraient été condamnés à 2 ans seulement.

On peut en déduire qu'il vaut mieux être solidaire qu'égoïste et bien d'autres choses…

En termes de logique, le résultat laisse un peu perplexe : comment se fait-il qu'en cherchant froidement son profit, on ne le trouve pas ? Entre nous, je vous dirais que la logique n'a rien à voir avec la morale, et que, des quatre possibilités, si le meilleur choix n'a pas été trouvé, c'est soit, tout simplement, qu'on a mal raisonné, soit qu'on peut entendre plusieurs choses différentes par « meilleur choix ».

---

8. J'ai donné un énoncé apparemment très précis, en particulier, « *chacun cherche à minimiser sa peine, sans se soucier du sort de l'autre* ». Nous verrons plus tard qu'il est en fait ambigu, admettant des mises en œuvre diverses.

Reprenons calmement ; une dizaine d'années de prison méritent de traiter la chose sérieusement sous tous les angles.

Pourquoi n'y a-t-il pas un raisonnement qui donne le résultat manifestement meilleur (A et B n'avouent pas et écopent de 2 ans) ? Peut-être qu'il existe, et le « raisonnement standard » serait erroné, puisqu'il aboutit à un résultat qui n'est manifestement pas le meilleur. Pour cela, je raisonne, comme on le fait très souvent en mathématiques, « en supposant le problème résolu » ; cela donne :

Premier raisonnement non standard

Je suppose qu'il existe un raisonnement que peut faire A, lui permettant de conclure ce qui est plus avantageux pour lui (avouer ou ne pas avouer), sans se soucier de l'autre. Naturellement, le problème étant symétrique, il est clair que B peut aussi faire ce raisonnement, ce qui lui permettra de choisir entre avouer ou ne pas avouer. A et B raisonnent, chacun de son côté, pour faire le choix le plus avantageux sans se soucier du sort de l'autre, et le trouvent. Toujours par symétrie, ce choix est donc le même pour les deux. Donc ils choisissent, soit d'avouer, soit de ne pas avouer. Voilà que le problème est très simplifié, car on a le choix non plus entre quatre possibilités mais entre deux ; qui plus est, on peut raisonner sur l'un des deux acteurs, puisque l'autre fait la même chose. Alors c'est trivial : s'ils avouent, ils prennent 8 ans, s'ils n'avouent pas, 2 seulement, donc ils n'avouent pas et sont condamnés à 2 ans.

Voilà donc un raisonnement autre que le raisonnement standard qui aboutit à un autre résultat, manifestement meilleur. Notez que je ne dis pas « qui aboutit au résultat correct » ; nous y reviendrons plus tard (ce point est très épineux, car au point où nous en sommes, il y a deux raisonnements qui donnent, sans ambiguïté, deux résultats différents ; en principe, il doit avoir une erreur quelque part).

Il convient de bien réaliser que l*e premier raisonnement non standard* que nous venons de faire e*st bel et bien égoïste* (le choix de A est dicté par son propre profit, sans se soucier du sort de B) et non pas de coopération : si coopération il y a, elle résulte de l'identité des choix égoïstes de A et B. C'est très bien, mais cela signifie donc que le raisonnement standard serait faux, ce qui nous était passé inaperçu. Ce n'est pas étonnant ! Je vous avais dit qu'il fallait reprendre calmement. Revenons au raisonnement standard. *On y voit que le choix de A est fait entre deux possibilités pour chacun des choix de B ; or, d'après l'énoncé du problème, ils choisissent simultanément (ou, indépendamment, ce qui est équivalent).* Ce point est très subtil, mais il a des conséquences graves, car (il sera repris explicitement dans la section IV.2 sur l'approche géométrique) *on a « oublié » la comparaison entre eux des deux cas où A et B font le même choix*, qui sont justement ceux qui apparaissent par la suite (dans le premier raisonnement non standard) comme fondamentaux[9]. En raisonnant avec cet oubli, le raisonnement standard donne « A avoue ». Si B fait de son côté le même raisonnement faux, on se retrouve avec un résultat qui a deux raisons d'être faux. Pourquoi cela ne sautait-il pas aux yeux ? Tout simplement parce que c'est subtil, on s'est laissé entraîner par les mots sans bien réaliser ce qu'ils représentent. *Au point où l'on en est, on voit que le raisonnement standard est faux et égoïste (en bon français : bête et méchant) alors que le premier raisonnement non standard est égoïste et lucide (malin).*

Ayons un peu de calme, on n'a pas encore tout compris. Continuons de triturer le problème pour voir ce qu'il cache. L'énoncé est remarquable, avec ses quatre chiffres 0, 2, 8, 10. On voit facilement *qu'on peut les modifier sans rien changer au résultat, tant qu'ils sont strictement ordonnés de la même façon* (« strictement » signifie que les cas d'égalité sont exclus, on ne peut pas prendre 0, 5, 5, 10 ou analogues). Laissons-les donc comme ils sont, tout en sachant qu'il n'y a aucune magie des chiffres, seulement de leur ordre. Et justement, cet ordre est surprenant. 8 > 0 ; cela veut dire que si A avoue, sa peine dépend de ce que fait B, et dans quelle proportion ! Il en va de même si A n'avoue pas, car 10 > 2. C'est ça la justice ?

9. Il y a lieu de signaler le rapport évident entre la situation présente et le « temps embryonnaire » introduit dans la section VI du chapitre VII : Le raisonnement standard nécessite de considérer que l'on fait son choix une fois que l'autre a fait le sien, alors que les deux choix sont simultanés (ou analogues à simultanés en vertu de l'incommunication).

Je n'aimerais pas rencontrer un tel juge. Je le vois comme un sinistre personnage jouissant de son pouvoir sur ses victimes. *La logique n'a rien à voir avec la morale, mais pourquoi en tirer des conséquences sur la supériorité de la coopération sur l'égoïsme ? Tout au plus pourrait-on dire que, dans certains cas où l'on est soumis à des choix cyniques, il peut être avantageux de coopérer ; cela n'a rien de paradoxal : si vous êtes deux à être attaqués par un ennemi commun, vous avez intérêt à coopérer.* On peut objecter que cela n'a rien à voir avec le problème de logique… si, cela nous donne une piste excellente : *l'ordre des quatre chiffres a été choisi pour nous attraper.* Rassurez-vous, par un logicien, pas par un sinistre personnage…

Reprenons donc ces chiffres, et plus particulièrement 8 > 2. Si B avoue, la peine de A bascule entre 10 et 8 par le choix de A. Si B n'avoue pas, la peine de A bascule entre 2 et 0 par le choix de A. Autrement dit, *la peine de A dépend beaucoup plus (8 ans) du choix de B que de son propre choix (2 ans).* Voilà qui est remarquable ! Le sort de chacun des deux dépend bien plus de ce que l'autre fait que de son propre choix. La remarque est assez intéressante pour comprendre ce qui s'était passé dans le raisonnement standard : *pour minimiser la peine de A, celui-ci s'était occupé très explicitement de son propre choix, ne prêtant pas trop d'attention à celui de B, qui est bien plus important ; en fait, c'est la combinaison des deux qui donne la clé du problème.* Ce n'est peut-être pas complètement clair mais cela va le devenir avec l'approche de la section suivante.

2. Une approche géométrique du dilemme du prisonnier

Cette section contient quelques développements et calculs mathématiques très simples ; au cas où ils ne seraient pas du goût du lecteur, il pourra les survoler ou même les sauter sans grave préjudice, et passer aux commentaires (section IV.3).

Une question intéressante sur laquelle nous reviendrons dans la section IV.3 est la suivante. Pourquoi le raisonnement standard est-il considéré comme standard, et pourquoi le premier raisonnement non standard, ou éventuellement un autre, ne se trouvent-ils pas dans la littérature courante (ou tout au moins celle, non exhaustive, que j'ai consultée) ? Et quel raisonnement auriez vous fait si l'on vous avait posé la question ? Si vous êtes arrivé jusqu'ici sans y avoir réfléchi avant, il est un peu tard, car votre choix serait biaisé. Cela fut mon cas. La première fois que j'ai vu le dilemme du prisonnier, je l'ai lu de façon non critique, en prenant connaissance du raisonnement standard et des explications complémentaires qui en étaient données. Cela portait sur des commentaires sur la théorie des jeux, qui ne m'a jamais intéressé (c'est très rare que je joue, et de toute façon, cette théorie concerne des drôles de jeux, par exemple, l'équilibre de la terreur pendant la guerre froide ; elle a été élaborée principalement à la Rand Corporation dans les années 1950...). J'avais pris le dilemme du prisonnier comme une curiosité, en acceptant le raisonnement standard et le paradoxe auquel il conduit. Plus tard, j'ai vu [10] qu'il y avait de nombreuses variantes (répétées, non simultanées, etc.) et que l'on en tirait des conséquences sociologiques (utilité de la coopération et autres). Alors, j'ai commencé à m'y intéresser et essayé de comprendre par moi-même la nature profonde du paradoxe en utilisant mes propres connaissances, sans lire quoi que ce soit de théorie des jeux. J'expose dans cette section mon raisonnement, qui semble utile pour deux raisons. D'une part, *il montre sur un exemple extrêmement élémentaire comment une approche différente (une façon différente d'attaquer un problème) fournit des résultats en général différents, non contradictoires avec ceux de la première approche.* D'autre part, comme nous le verrons dans la section suivante, *de par le point de vue différent, cette approche jette un autre éclairage sur les phénomènes de coopération.*

Je manipule mal les nombres et leurs combinaisons ; le problème qui nous occupe, basé sur des combinaisons et comparaisons des chiffres 0, 2, 8, 10, et censé conduire à un paradoxe, n'était certainement pas fait pour moi. En revanche, j'aime bien la théorie des fonctions, chercher les maxima et minima et autres choses de ce genre. Et justement, le dilemme du prisonnier consiste à minimiser

---

10. Voir Delahaye [1993], chapitres 11 et 12 et Eber [2006].

la ou les peines ; seulement, il y en a deux, cela se mélange un peu. J'ai donc cherché un problème de théorie des fonctions dont la version discrétisée serait le dilemme du prisonnier. C'est très facile, et le dilemme du prisonnier apparaît en fait comme un cas particulier de l'étude qui va suivre.

Je considère deux « prisonniers » A et B. Chacun des deux peut faire un choix non pas binaire (« oui » ou « non » avouer) mais continu, dans un intervalle [0, 1]. Prendre la valeur 0 est « avouer » et 1 est « ne pas avouer ». Cela signifie que je considère des états intermédiaires entre « avouer » et « ne pas avouer » ; le problème donné consistera à prendre les variables dans les valeurs extrêmes. Soient x et y les choix de A et B respectivement. La peine encourue par A est une fonction des choix de A et B, c'est-à-dire de x et y. On la désigne par $P_A(x, y)$. La peine de B est $P_B(x, y)$; les rôles de A et B étant analogues et échangeables, on aura pour tout choix (x, y) que

$$P_B(x, y) = P_A(y, x).$$

Nous devons à présent définir la fonction P_A d'une façon telle que, pour x ou y égaux à 0 ou 1, les valeurs de P_A soient celles du problème proposé. En se référant à la figure 37 du plan de coordonnées x, y, le domaine de définition de la fonction P_A est le carré de coté unité dont les sommets sont les points (0, 0), (0,1), (1,0), (1,1) qui d'après nos conventions correspondent respectivement à « A et B avouent », « A avoue et pas B », « B avoue et pas A », et « ni A ni B n'avouent ». La fonction P_A est définie sur le carré, et doit prendre en ces points les valeurs 2, 0, 10, 8 respectivement ; pour le reste, je peux prendre les valeurs de la fonction P_A arbitrairement (je suis en train de définir mon problème, pas de le résoudre ; mon seul souci pour l'instant est que le problème des prisonniers en soit un cas discrétisé).

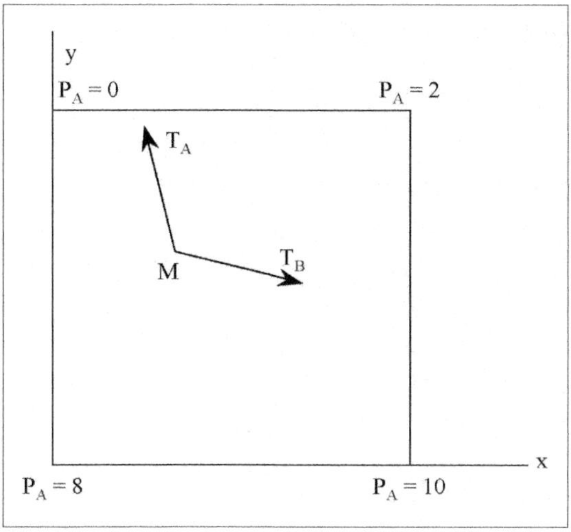

Fig. 37

Je prends

$$P_A(x,y) = 2x - 8y + 8$$

Et bien entendu,

$$P_B(x,y) = 2y - 8x + 8.$$

Notons que j'ai pris la fonction P_A la plus simple satisfaisant aux conditions requises ; il se trouve qu'elle est représentée dans l'espace de coordonnées (x, y, P_A) par un plan (pour d'autres valeurs des peines, cela n'aurait pas été possible ; la suite aurait été un peu plus compliquée, mais essentiellement analogue) [11]. Je pose maintenant le problème.

11. Un lecteur m'a signalé que ces fonctions sont précisément les « payoff functions » qui interviennent dans le traitement du problème en termes de théorie des jeux.

Forme continue du dilemme du prisonnier

On se donne les deux fonctions P_A et P_B qui viennent d'être définies. Comment doit-on choisir x pour que P_A prenne la valeur la plus petite possible (sans tenir compte des valeurs de P_B) et y pour que P_B prenne la valeur la plus petite possible (sans tenir compte des valeurs de P_A) ?

On voit que ce *n'est pas un problème classique :* il ne s'agit pas de trouver x et y pour qu'une certaine fonction de ces variables prenne son minimum ; x et y doivent être choisies indépendamment pour satisfaire à deux conditions enchevêtrées (P_A et P_B sont reliées entre elles). Avant d'attaquer la résolution proprement dite du problème, étudions les variations de x et de y qui font augmenter ou diminuer les deux fonctions P_A et P_B.

Construisons le vecteur gradient de la fonction P_A. C'est le vecteur dont les composantes sont les dérivées de P_A par rapport à x et y, ce qui donne (2,-8). Ce vecteur marque la direction de variation maximale de la fonction, orienté dans le sens des valeurs croissantes. Il est indépendant de la position, grâce à la forme très simple de la fonction (linéaire). Je désigne par *T_A (comme « tendance de A ») le vecteur opposé : T_A = (-2,8),* qui a été représenté sur la figure 37 en un point M, mais il est indépendant du point. *C'est la direction de descente maximale de la fonction P_A.* Plus précisément, si, à partir du point M, on se déplace d'un certain vecteur, la valeur de la fonction P_A diminuera d'une quantité égale au produit scalaire de ce vecteur par T_A; la fonction P_A diminue en se déplaçant d'un vecteur formant un angle aigu avec T_A, et augmente si l'angle est obtus. *Puisque A veut (indépendamment de toute autre considération) diminuer sa peine, sa tendance naturelle sera de déplacer le point (x, y) dans la direction de T_A, ou dans une direction formant avec T_A un angle aigu.* On construit de la même façon le vecteur T_B « tendance de B » égal à moins le gradient de P_B; il est aussi dessiné sur la figure, et s'obtient en échangeant les composantes de T_A.

Deuxième raisonnement non standard

Essayons de résoudre la forme continue du dilemme du prisonnier à la lumière des considérations qui précèdent. A tend à minimiser sa peine sans se soucier de celle de B. C'est dire que si, à partir d'un certain point M, on donne des variations δx et δy à x et y, A veut que le vecteur (δx, δy) soit dans la direction de T_A, ou tout au moins qu'il forme avec T_A un angle aigu. Or, A ne dispose que du choix de x, donc de δx, pas de δy, qui échappe complètement à son contrôle ! Cela signifie, de façon très précise, que *la condition est impossible à satisfaire. Quel que soit son choix de δx, le déplacement peut être bénéfique ou préjudiciable pour A suivant la valeur de δy.* La seule chose que peut faire A est de s'entendre avec B d'une façon ou d'une autre, par exemple, en faisant le même choix, ou des choix opposés, ou tout autre. *Sinon, le problème reste complètement ouvert.* On voit facilement que les propriétés qui précèdent restent valables dans le cas du problème discret proposé, où x et y ne peuvent prendre que les valeurs 0 et 1 (le carré se réduit à ses quatre sommets) et δx, δy ne peuvent prendre que les valeurs 0 et 1 ou -1, suivant le point où l'on se trouve. À mon avis, c'est bien moins clair, et je continuerai de raisonner sur le problème continu [12].

Une conséquence du deuxième raisonnement non standard est que l'on voit à présent bien mieux quelle était l'erreur commise dans le raisonnement standard : puisque A raisonnait en fixant préalablement le choix de B, cela équivaut, dans le nouveau contexte à prendre $\delta y = 0$; alors, pour minimiser sa peine, A doit prendre $\delta x < 0$ (dans la figure, pour que le vecteur déplacement forme un angle aigu avec T_A), qui conduit à se déplacer vers x = 0, qui est « A avoue ». Cela conduit, effectivement, *au raisonnement standard, qui découle donc d'un choix délibéré.* Le premier raisonnement non standard conduit au choix $\delta x = \delta y$; le vecteur déplacement est parallèle à la diagonale

12. C'est un fait courant en mathématiques que la prise en considération de situations plus complexes et générales permet de mieux saisir les éléments essentiels d'un problème. Un cas classique est l'utilisation de nombres complexes pour résoudre des problèmes concernant des données et résultats réels.

principale et pour avoir un angle aigu avec T_A, on doit avoir $\delta x > 0$. En considérant le cas discret, on obtient le résultat du *premier raisonnement non standard. On voit bien qu'il n'est pas automatique, il résulte aussi d'un choix* (sous la première forme, c'était l'hypothèse que A et B allaient raisonner de la même façon). En tout cas, ce choix est meilleur que le précédent [13].

La conséquence principale du deuxième raisonnement non standard est que nous voyons bien mieux la structure générale du problème et la causalité des conséquences. Elle découle du couple δx, δy et non de chacun de ses éléments ; c'est ainsi, et tout raisonnement conduisant à une conclusion unique contiendra, d'une façon déguisée, un choix. En particulier, la clause « sans se soucier du sort de l'autre » est équivoque, puisqu'elle peut conduire, comme nous l'avons vu, à des choix divers.

3. Compléments et commentaires

Au point où nous en sommes, le raisonnement standard donne un résultat manifestement insatisfaisant (paradoxal), le premier raisonnement non standard donne un résultat meilleur et le deuxième raisonnement non standard, qui relève manifestement d'un point de vue et de méthodes entièrement différents, donne une sorte de « théorie générale » dont les deux précédents apparaissent comme exemples ou cas particuliers. Si vous avez bien suivi les raisonnements (vrais et faux, tout est intéressant), vous avez probablement une vague impression que le dernier est un peu « extravagant » ou « parachuté », un peu inadapté au problème, et que finalement, il ne le résout pas. Tout compte fait, il ne dit pas ce qu'il faut faire, il explique (et d'une façon que certains qualifieront d'artificieuse et disproportionnée) pourquoi il y a plusieurs solutions possibles, comment les deux raisonnements précédents étaient, et pour des raisons différentes,

13. À titre d'exercice, si vous avez bien suivi ce qui précède, vous pouvez répéter les trois raisonnements en permutant entre elles les peines 2 et 8. Vous verrez qu'il n'y a plus de paradoxe. Le caractère indéterminé subsiste dans le cas continu, mais pour des déplacements incompatibles avec les possibilités du cas discret (0 et 1) ; je vous avais dit que l'ordre des quatre chiffres avait été choisi pour nous piéger *(le sort de chacun des deux dépend bien plus de ce que l'autre fait que de son propre choix).*

sinon faux, tout au moins incomplets. En un certain sens, le troisième raisonnement nous ramène au point de départ en nous disant que tous les choix sont possibles et que c'est une question de... choix !... et cela, on le savait avant de commencer ! Est-ce que tout cela a été inutile ? Non pas, *nous avons appris que, dans le cas qui nous occupe, « chacun tend à minimiser sa peine sans se soucier de l'autre » n'a pas de sens*, c'est comme demander de trouver le plus petit nombre entier dont le carré est bleu, et cela n'était pas du tout évident au début ! *L'issue du dilemme du prisonnier dépend essentiellement des choix de A et de B, et la logique ou les mathématiques ne sont pas faites pour choisir à leur place :* c'est A et B qui doivent choisir et en assumer les conséquences. *Prétendre qu'un raisonnement mathématique peut modifier cet état de choses équivaut à croire à la magie.*

Un grand nombre de démarches scientifiques répondent au schéma qui précède. Il y a un raisonnement primaire, ou une théorie simple, qui donne des résultats insatisfaisants. Une autre, partant de bases différentes, donne un autre type de résultats. Finalement, une troisième, prenant de la hauteur, donne à Dieu ce qui est à Dieu et à César ce qui est à César. C'est très loin d'être inutile, car pour y arriver on a retourné le problème dans tous les sens, ce qui nous en a appris beaucoup sur le problème lui-même, mais le plus souvent, sur d'autres choses : à nous méfier des raisonnements primaires, à chercher des contradictions dans les énoncés, à ne pas espérer qu'un coup de baguette magique nous dispense de la responsabilité d'un choix. *Très souvent, la science ne résout pas des problèmes, elle nous rend plus lucides,* sans nous priver de notre liberté de choix... parfois on le regrette ! On a là également *un bel exemple de processus d'évolution dialectique*[14]*, avec ses trois stades : thèse (le raisonnement standard), antithèse (le premier raisonnement non standard) et synthèse (le deuxième raisonnement non standard).* Vous pouvez trivialement vérifier qu'il y a contradiction entre les deux premiers, alors que la synthèse les englobe en une connaissance d'ordre supérieur.

---

14. Voir chapitre VII, section VIII.5.

Dans cet ordre d'idées, il convient de donner un énoncé d'un problème strictement analogue dans le cadre de l'économie :

Décider si l'on construit un pont

Deux villes (considérées comme équivalentes, pour simplifier) sont séparées par un fleuve ; elles entretiennent un commerce important, mais les transports doivent faire un coûteux détour. La question se pose de construire ou non un pont, dont le coût est α. Le coût des transports pendant la durée de vie estimée du pont est β. Il est entendu que, si les deux villes décident de construire le pont, la facture α sera partagée, mais si l'une des villes décide de construire le pont et pas l'autre, ce sera la première qui payera l'intégralité.

Il est aisé de vérifier que, si β est compris entre $\alpha/2$ et α, et que les instances de décision de chacune des villes cherchent à minimiser leur propre budget sans se soucier de celui de l'autre, on se trouve exactement dans la situation du dilemme du prisonnier, cette fois-ci dans un contexte bien plus réel et moins arbitraire. Les conséquences en sont exactement les mêmes, en particulier l'absurdité logique de l'énoncé (« sans se soucier du budget de l'autre » est un non-sens, puisque le prix à payer en dépend). Nous continuerons néanmoins de commenter le problème sous la forme classique et habituelle du prisonnier, tout en gardant en tête la problématique économique et décisionnelle[15].

Revenons donc au dilemme du prisonnier et profitons de tout ce qui a été fait pour en apprendre davantage. On peut difficilement nier que le raisonnement non standard donne un bien meilleur résultat (peine de deux ans pour A et B) que le standard (huit ans pour A et B) ; Et pourtant… Imaginez que vous êtes A (on est donc en pleine pragmatique, pas en logique) et que, en connaissant ces deux raisonnements, vous penchiez, fort naturellement, vers le non

15. L'interprétation en termes économiques dans l'exemple du pont (il s'agit du même problème mathématique) montre encore l'influence subtile du temps. Dans la pratique, les responsables des deux villes ne feront pas le choix paradoxal de ne pas construire le pont ; on se retrouvera dans cette situation paradoxale par abandon, par absence de choix.

standard, en vous apprêtant donc à ne pas avouer. Vous pensez naturellement que B, pour les mêmes raisons, s'apprête à faire la même chose ; mais... n'auriez-vous pas une petite crainte qu'il n'en soit pas ainsi, que B avoue, auquel cas vous en auriez pour dix ans ? En ce sens, le raisonnement standard est bien meilleur, ou en tout cas, moins traître : si l'autre ne fait pas ce qui est prévu, vous ne pouvez que gagner, être libéré au lieu de huit ans de prison... voilà qui est intéressant : le raisonnement non standard vous place devant la perspective de deux ans avec un risque que ce soit dix, alors que le raisonnement standard vous propose huit ans avec un espoir d'être libéré tout de suite... Finalement, que choisiriez-vous ? C'est clair : cela dépend du choix de B ; et cela, on le savait avant de commencer ! *Ce n'est pas un problème de logique puisque l'approche géométrique a montré que l'énoncé n'avait pas de sens. C'est un problème de connaissance de B, de bien jauger ses capacités en logique, certes, mais surtout ses habitudes dans la prise de décisions, son éventuel goût pour la prise de risques, son attitude envers A...*

Prise de risques... c'est très intéressant ! On avait dit que les fameux 0, 2, 8, 10, n'étaient pas importants, seulement leur ordre. Est-ce si vrai ? Mettons 0, 2, 8, 100. *Le problème logique est le même qu'avant, pas le problème pragmatique.* 100 ans c'est la perpétuité, il est clair que, raisonnablement, on ne prendra pas le risque d'une telle éventualité... A et B vont avouer et en auront pour huit ans. *C'est très important : choisir c'est tirer les conséquences d'une comparaison, mais on ne compare raisonnablement que ce qui est comparable.* Pour jouer à la roulette russe il faut être ivre mort !

Voilà qui nous ramène aux motivations. Pourquoi a-t-on rempli des livres avec le dilemme du prisonnier, essentiellement avec le raisonnement standard, retourné dans tous les sens, sans jamais faire (à ma connaissance) l'un ou l'autre des raisonnements non standard ? À mon avis c'est parce que ces livres sont un pur produit de la théorie des jeux[16], qui privilégie l'individualisme par rapport à l'étude des

---

16. Qui constitue, par ses méthodes et sa problématique, l'un des piliers de l'économie. Voir, par exemple Guerrien [2002].

systèmes. Je m'explique. Dans le jeu proprement dit, il n'y a pas que gagner ou perdre, il y a aussi la possibilité de refuser le jeu. Il y a une longue tradition morale contre le jeu, qui peut conduire à la ruine et au suicide (c'est banal) ; la littérature des XVIIIe et XIXe siècles nous apprend qu'il en est de même pour la déportation et la mort (*Manon Lescaut* de Prevost) ou de l'homicide et la folie (*La dame de pique* de Pouchkine). Le XXe siècle technologique introduit de nouveaux jeux, notamment les jeux stratégiques nourris par l'équilibre de la terreur, cependant que le cinéma l'emporte sur la littérature (*Le docteur Folamour* de Kubrick). Le jeu fascine en ce qu'il a d'imprévisible, tout en étant déclenché par le choix du joueur ; on dirait que le jet des dés, surtout si la mise est importante, met en mouvement des volontés transcendantes. C'est peu compatible avec la logique et la science. *La théorie des jeux s'accommode très bien du raisonnement standard, passant volontiers outre ce qu'il a de manifestement insatisfaisant, car elle n'est pas destinée à satisfaire, mais à donner des frissons, ou, tout au moins, ne pas briser le côté fascinant du jeu.* La théorie des jeux vit… du jeu, il ne s'agit pas de le démystifier : on préfère argumenter sur la coopération ou l'altruisme (rien que ça !) sans les avoir définis ni avoir compris la vraie nature des phénomènes.

Il y a lieu aussi de commenter que le raisonnement standard conduit à un résultat qui est ce qu'on appelle un équilibre de Nash (J.-F. Nash, né en 1928), alors que ce n'est pas le cas du premier raisonnement non standard. De quoi s'agit-il ? Étant donné les règles du jeu, on dit [17] que les choix des deux joueurs constituent un équilibre de Nash lorsque, au vu du choix de l'autre, chaque joueur n'aurait pas pu faire mieux. Cela implique que, après la partie, chaque joueur, en constatant le jeu fait par l'autre, n'aura pas de regret du choix qu'il a fait. On voit bien que cela tourne toujours autour du même raisonnement : on suppose que les autres ont fixé leur choix pour évaluer le sien (alors que les deux choisissent en même temps). Leurré par cette vision réductrice, *lors d'un équilibre de Nash, chaque joueur*

17. Voir, par exemple Eber [2006], p. 5.

n'aura pas de regret personnel (« ah, si j'avais fait... »), mais l'ensemble des joueurs peut très bien avoir un regret collectif (« ah, si nous avions fait... »), qui n'est pas concerné par l'équilibre de Nash. C'est justement ce qui se passe dans le dilemme du prisonnier, où le raisonnement standard donne « les deux avouent », qui est un équilibre de Nash (comme vous pouvez vérifier aisément). Chacun des deux, au vu de ce que l'autre a fait, n'a pas de regret, mais l'ensemble des deux regrette de ne pas avoir choisi de ne pas avouer ! Vous pouvez également vérifier que le choix « aucun n'avoue » (donné par le premier raisonnement non standard) n'est pas un équilibre de Nash, et par conséquent, chaque joueur, au vu du choix de l'autre, aura des regrets ; mais évidemment, en tant que couple, ils n'auront pas de regrets ! Voilà pourquoi j'avais dit ci-dessus que *la théorie des jeux privilégie l'individualisme par rapport à l'étude des systèmes*[18].

Pour en revenir à la façon d'attaquer le problème, pourquoi y a-t-il une telle littérature autour du raisonnement standard et ne fait-on pas spontanément le premier raisonnement non standard (que je n'ai jamais vu, du moins de façon explicite dans ma recherche bibliographique, certes incomplète) ? Il serait intéressant de voir si de petites nuances dans la façon de poser le problème provoqueraient des différences statistiquement significatives dans la façon d'essayer de le résoudre. Concrètement, on peut dire que c'est une question de théorie des jeux, ou de théorie des systèmes couplés, ou qu'il y a un raisonnement qui montre la pertinence d'avouer, ou de ne pas avouer, ou les deux. En ce qui nous concerne, vous et moi, il est trop tard pour expérimenter, puisque nous connaissons les deux raisonnements. Mais nous pouvons nous amuser à classer et commenter, à la lumière des idées que nous manipulons, les œuvres littéraires et cinématographiques évoquées ci-dessus. Je dirais que *l'abbé Prévost et Alexandre Pouchkine adoptent des points de vue subjectifs, où l'individu (ou les divers personnages) est aux prises avec des forces aveugles*

18. Ce schéma se retrouve de façon typique lors des élections. En général, on ne vote pas pour celui qu'on veut, mais pour le moins mauvais parmi ceux qu'on estime pouvoir gagner (en fonction des estimations sur les choix des autres électeurs).

qui le dépassent (l'ivresse du jeu, l'amour effréné), et qui renvoient à l'irrationnel : ainsi s'accommode-t-on du raisonnement standard. Stanley Kubrick traite de questions bien plus profondes : l'avenir de l'humanité, la folle extrapolation de raisonnements douteux. Par la dérision, il nous situe en dehors du film, permettant ainsi une analyse objective de la situation, avec ses divers acteurs en interaction : ainsi cherche-t-on des raisonnements non standard.

Il existe de nombreuses variantes du dilemme du prisonnier, développées en théorie des jeux. Par exemple, le jeu collectif dit « de la ressource commune » (Eber [2006], page 21). Il se joue avec 40 jetons et 4 joueurs (avec des variantes pour n'importe quel nombre de joueurs). Les 40 jetons sont dans un pot commun, et chaque joueur peut en tirer pour lui entre 0 et 10. Le gain de chaque joueur est égal au double du nombre de jetons qu'il a tirés pour lui plus le nombre des jetons qui restent dans le pot après que tous les joueurs ont joué. L'idée est bonne, c'est comme une bibliothèque de prêt : les livres que vous avez empruntés vous donnent deux unités de satisfaction (les lire à la maison, sans vous déplacer), ceux qui sont dans la bibliothèque, une unité de satisfaction (on peut les consulter sur place), alors que ceux qui sont empruntés par les autres ne donnent aucune satisfaction (je dirais même qu'ils donnent plusieurs unités de frustration s'ils sont dans le fichier et que l'on ne peut les consulter, mais cela n'est pas dans les règles du jeu). Combien de jetons faut-il tirer pour avoir le maximum de gain sans se soucier des autres ?

Le raisonnement standard dit qu'il faut en tirer le maximum (10) et tout le monde se retrouve avec 20 points. Le premier raisonnement non standard dit qu'il faut en tirer le minimum (0) et tout le monde se retrouve avec 40 points. Je vous laisse les détails. Je n'ai pas fait de « deuxième raisonnement non standard » (il y en a probablement un, avec des fonctions de quatre variables...) car tout cela me semble *assez fallacieux. Ce n'est pas la même chose de jouer avec des jetons qu'avec des années de prison ; quant à la mort, je vous ai déjà dit qu'il faut être bien imbibé d'alcool pour jouer à la roulette russe !* Si je prends le cas réaliste de la bibliothèque, *tout dépend du comportement des autres.*

Les bibliothécaires le savent, et changent le règlement après une période d'essai. Quant à l'excès de civisme (ne pas emprunter pour ne pas gêner les autres (c'est le raisonnement non standard), *il est absurde, car le règlement est fait pour emprunter.* Le plus remarquable de cette affaire est que, d'après ce que j'ai lu dans la littérature citée (qui ne connaît pas le raisonnement non standard), en faisant effectivement des expériences de jeu, la plupart des sujets font spontanément des choix intermédiaires. *On dirait que, les gens choisissent naturellement la modération en écartant la démesure, cependant que Stanley Kubrick punissait du feu nucléaire (Némésis) la logique dégénérée en absurdité (hubris).*

Il y a bien d'autres variantes du dilemme. La forme séquentielle, où A choisit en premier et B ensuite, en connaissant le choix de A. Cela sert d'introduction à un jeu bien plus intéressant, le « simultané répété », où le dilemme se répète indéfiniment (il n'y a plus de condamnation, mais un jeu avec des jetons). Il s'agit d'adopter des « stratégies gagnantes » en fonction de celles utilisées par l'autre joueur dans les parties précédentes. Une des plus efficaces par rapport à presque toutes les autres est la « donnant-donnant ». Elle consiste à jouer la première partie de façon « coopérative », ensuite, de la façon dont l'autre joueur a joué à la partie précédente. Naturellement, nous avons vu la supériorité de la « coopération » sur la « trahison » (on voit bien ce que cela veut dire, même si j'ai dit que je n'aimais pas cette terminologie). « Donnant-donnant » signifie qu'on débute en coopérant, mais ensuite, on ne se laisse pas faire, chaque trahison est punie par une trahison au coup suivant, et cela se fait sans rancune (il n'y a pas de mémoire au-delà du coup précédent). Je dirais que c'est tout à fait de la modération. C'est fort intéressant, et on utilise ce type de jeux pour « expliquer » comment, au cours de l'évolution, des pratiques de coopération sociale ont pu émerger à partir des intérêts individuels et l'emporter sur d'autres pratiques. « Expliquer » me semble excessif : tout dépend de ces 0, 2, 8, 10 ou analogues qu'on met dedans, mais c'est une piste intéressante !

IX

Biologie et évolution

Ce chapitre ne contient pas d'éléments novateurs, mais des commentaires sur des questions concernant la biologie ou notre vision des phénomènes biologiques et de l'évolution. Certains éléments sont en rapport avec des questions traitées ailleurs, auxquelles ils apportent des compléments ou d'exemples utiles. L'accent est mis sur le développement (emploi des gènes) : seuls les gènes utilisés jouent un rôle, et la mise en œuvre dépend de bien des facteurs, dont l'environnement. En outre, des séquences de gènes sont déplacées, dupliquées, inhibées, activées… c'est le bricolage de l'évolution (F. Jacob). Le chapitre se termine par une réflexion sur science et idéologies.

I. HÉRÉDITÉ ET ÉVOLUTION. CONTRE LES IDÉES SIMPLISTES

Tout ce qui touche l'hérédité intéresse un très large public, préoccupé par la propagation des maladies héréditaires, les capacités physiques et intellectuelles des individus et bien d'autres questions. Mais le caractère poignant de certaines d'entre elles ne justifie pas une croyance inconsidérée en un déterminisme biologique inéluctable de l'individu « dès que les jeux sont faits », c'est-à-dire dès que la fécondation de l'œuf dont il sera issu a eu lieu. *La science ne connaît pas tout et ne connaîtra pas tout, mais nous en savons suffisamment pour affirmer que ce déterminisme est faux, à moins de préciser et nuancer son sens à un point difficilement imaginable.*

Chaque individu d'une espèce (à reproduction sexuée) possède son propre ADN parfaitement déterminé, exactement le même dans toutes ses cellules, et les ADN des divers individus d'une espèce possèdent des caractéristiques analogues les rendant compatibles par croisement. Aussi les petits d'un chien et d'une chienne n'ont-ils aucune chance d'être des sardines ou des pigeons, ils seront à coup sûr des chiots. Ce n'est pas très difficile à comprendre : tout ADN issu de chien et chienne contient, d'une façon ou d'une autre, des instructions pour faire des crocs, pas des nageoires ou des plumes. Bien entendu, les divers petits de notre sympathique couple canin auront des ADN différents (à moins d'être de vrais jumeaux) ; les instructions précises seront différentes à l'intérieur de la fratrie, mais pas au point de commander à un chiot d'avoir des poils et à sa sœur d'avoir des écailles ; pour cela il faut des ADN très différents.

Est-ce si sûr ? C'est un fait qu'une chenille et son papillon ont le même ADN ! Il convient de réfléchir à ce que cela veut dire. Nous sommes habitués à voir grandir et vieillir les êtres vivants et même à reconnaître les traits de la grand-mère, que nous avons connue fort âgée, sur une vieille photo jaunie de sa jeunesse. Elle a toujours eu le même ADN, cela l'identifie, la rend différente de son frère, même si tous les deux évoluent le long de leurs vies. Mais la chenille et son papillon, quand même ! Croyez-vous vraiment qu'un papillon reconnaît les traits de sa grand-mère sur la photo de sa chenille ? Boutade, certes,... et pourtant...

Fig. 38. Une chenille et son papillon ont exactement le même ADN. Le développement du papillon est plus avancé que celui de la chenille.

La mise en œuvre des instructions de l'ADN s'appelle le *développement*. Le nom vient du développement de l'embryon, qui débute comme une cellule (œuf fécondé) et se termine par un conglomérat d'une complexité inouïe de milliards de cellules, l'adulte..., mortel. Cela n'a l'air de rien, mais c'est loin d'être le cas. C'est très difficile (cela signifie que nous en connaissons très peu là-dessus), puisque, même si tout ce qui est génétique est écrit dans l'ADN, il faut bien le lire, correctement et complètement, et le mettre en œuvre au bon moment, n'est-ce pas ? Eh bien, non. Justement, il s'agit de lire correctement et au bon moment, mais certainement pas de lire complètement. Nous serions des monstres (du point de vue humain) si on lisait complètement notre ADN. Il y a là beaucoup de choses que l'on ne doit pas lire, ou plus exactement, ne pas mettre en œuvre. Si on le faisait, nous serions très différents, rien ne prouve même que nous serions des êtres vivants viables. Un peu comme si (c'est une allégorie) nous étions des chenilles dont l'ADN porterait les instructions et pour la chenille et pour le papillon mais ces dernières n'étaient pas lues (n'étaient pas développées).

Ce mode opératoire partiel de l'ADN est très lourd de conséquences. Bien entendu, l'un de nous peut très bien porter une prédisposition à une maladie héréditaire et ne jamais la développer ni s'en apercevoir, chacun le sait. Il est un peu moins connu que la même chose arrive au niveau de l'ADN commun à toute une espèce, qui peut très bien être extrêmement peu différent de celui d'une autre espèce qui nous apparaît très différente. Pour que ces différences nous semblent significatives, il suffit que le développement ait activé certaines potentialités ou d'autres, le reste étant inhibé. *Les espèces diffèrent fondamentalement par leurs divers développements.* On peut parfaitement penser que cela n'explique rien, que l'on n'a fait que déplacer le problème. Si ce n'est pas l'ADN qui détermine une espèce, c'est le développement, ou plutôt la combinaison des deux, mais on voudrait des choses plus explicites et complètes.

Qu'est-ce que le développement, par quoi est-il commandé et comment ? Malheureusement, comme je l'ai déjà dit, nous en savons très peu sur le développement. Mais il serait entièrement faux de penser qu'on n'a fait que déplacer le problème : bien au contraire, *on a libéré le processus du « tout génétique », entrouvrant une petite porte au non-génétique (on dit plutôt épigénétique)*, à ce qui n'est pas déterminé chez chaque individu par son unique et inéchangeable ADN, ni dans chaque espèce par son génome, les propriétés des ADN compatibles entre eux par croisement. Tout compte fait, si l'on pense à nouveau à la chenille et au papillon qui ont le même ADN, c'est peut-être une grande porte au lieu d'une petite qu'on a entrouverte. Ou plutôt qu'on a ouverte… non, *nous sommes très loin de tout comprendre et il en sera ainsi probablement pour longtemps.*

Sans compter que l'ADN change…

Jetons un coup d'œil à quelques découvertes (plus ou moins) récentes [1].

II. LES GÈNES HOX ET LE DÉVELOPPEMENT

Les gènes sont loin d'être tous équivalents dans leur fonctionnement. Certains commandent l'action des autres.

Avant de continuer, il convient d'avoir présent à l'esprit qu'on a beau interpréter et décrire tout cela en termes un peu « informatiques » (coder, instructions,…), en fin de compte, il s'agit fondamentalement de chimie. *Tous ces processus sont en fait des réactions chimiques, assez lentes et « peu spectaculaires »* si on les compare à la combustion qui a lieu presque instantanément à l'intérieur des cylindres d'une voiture ou au changement de couleur d'un précipité de chimie inorganique. Bien entendu, cela n'exclut pas de la physique (comme l'électricité de l'étincelle produite par la bougie du cylindre ou de la chaleur mise en œuvre lors d'une réaction), des mathématiques et d'autres sciences, mais c'est de la chimie, plus précisément, *une très lente réaction chimique qui se produit de façon très hétérogène suivant les diverses régions.*

---

1. Un exposé très accessible et beau du rôle et des limites de l'ADN dans le concert de la vie se trouve dans Noble [2007].

La terminologie « coder pour », « exprimer », est très fortement anthropomorphe, adaptée à notre très pauvre compréhension de ces phénomènes, mais *la nature ne code pas, simplement la matière en présence effectue une réaction chimique, à certains endroits et moments, elle est extrêmement lente* (la potentialité de réaction est « codée »), *à d'autres la réaction est plus visible* (les produits de la réaction sont « exprimés »). Dire que le code est exprimé ne signifie nullement qu'un écrivain l'a sciemment écrit dans une hypothétique langue des gènes ni que cette langue soit lue par qui que ce soit pour fabriquer une certaine protéine plutôt qu'une autre. *On ne sera donc pas étonné que certains gènes commandent l'action d'autres* (cela signifie que les produits de certaines réactions partielles et locales déclenchent d'autres réactions partielles et locales). *On ne s'étonnera pas non plus que certains gènes soient activés ou inactivés par des « détonateurs » thermiques, ou électriques*[2]. Cette mise au point étant faite, j'utiliserai dans la suite la terminologie usuelle pour décrire ces phénomènes.

La découverte des gènes HOX (pour HoméobOX = homéo-boîtes) et de leur fonctionnement est assez récente (années 1990), mais certains des phénomènes qui leur sont associés sont connus de longue date, puisque liés précisément à la métamorphose chenille-papillon. J.-W. Goethe (1749-1832) connu surtout comme écrivain romantique, était également un scientifique (on lui doit en particulier une « théorie des couleurs ») et avait découvert des phénomènes de métamorphose dans les plantes. Loin d'être un caprice de la nature pour exhiber de beaux papillons, les phénomènes de métamorphose étaient donc reconnus comme assez généraux dans la nature. Vers la fin du XIXe siècle, l'hypothèse se répand que ces phénomènes pourraient être liés à l'apparition soudaine de nouvelles espèces. Idée très heureuse, qui liait le développement de l'organisme à la paléontologie et faisait de l'embryologie la clé de voûte de plusieurs facettes de la compréhension du vivant.

---

2. On pourrait également dire que « l'hydrogène et l'oxygène codent pour de l'eau ; cet encodage s'exprime en élevant la température, qui déclenche la combustion de l'hydrogène et produit de l'eau ».

Les gènes Hox contrôlent la forme des organismes. Il s'agit de gènes qui commandent (en activant ou en inhibant) l'action d'autres gènes, eux-mêmes étant activés, soit par d'autres gènes, soit par des agents environnementaux, tels que la température, la concentration d'un produit chimique ou tout autre. Au cours du XXe siècle, on découvre que des mutations de certains gènes chez la mouche drosophile produisent de curieux phénomènes de remplacement d'une antenne par une patte, de pattes par des ailes, de duplication de segments du corps, etc. Il est apparu plus tard que ces divers gènes offraient la particularité d'avoir une partie commune, l'homéoboîte, composée de 180 nucléotides, qui identifie les gènes et régule leur fonctionnement. Elle code une séquence de protéines dont la structure géométrique lui permet de se lier à des zones particulières de l'ADN pour le réguler.

Aussi, *du point de vue de l'évolution, des changements morphologiques majeurs peuvent être issus simplement d'une modification complètement localisée d'un gène, ou même tout simplement des agents environnementaux qui l'activent ou l'inhibent, sans faire nullement appel à l'accumulation de milliers de mutations fortuites triées par la sélection naturelle.*

Naturellement, les gènes du développement contrôlent celui-ci dans une espèce, ce qui peut avoir de très importantes conséquences sur la morphologie générale des individus. Un exemple important est celui des *modifications de la vitesse du développement (hétérochronies).* Comme le développement de l'individu s'arrête, en général, au moment de la maturité sexuelle, si l'on avance ou retarde le moment du déclenchement de la maturité sexuelle sans modifier la vitesse du développement, on produit des phénomènes d'hypomorphose ou d'hypermorphose, les phénotypes adultes étant dans le premier cas petits et d'allure juvénile et dans le deuxième hyper-adultes. D'autres phénomènes de nature analogue interviennent en modifiant la vitesse du développement sans changer le moment de la maturité sexuelle. *C'est assez fréquent chez les insectes et les amphibiens, conduisant à des changements d'espèces.*

Un cas bien connu et fort intéressant est celui d'une salamandre mexicaine appelée axolotl. Cette espèce est aquatique, dotée de branchies et d'une nageoire dorsale. Elle peut être transformée en une espèce apparentée terrestre (donc équipée de poumons), appelée Ambyostoma mexicanum, par des phénomènes hétérochroniques. En fait, l'axolotl est une sorte de forme juvénile de l'ambyostoma. Le phénomène est dû à un mécanisme endocrinien lui-même contrôlé par des paramètres climatiques, notamment la température. La salamandre, comme tous les batraciens, est un animal à sang-froid, autrement dit, n'ayant pas de température propre, elle baigne pour ainsi dire dans la température ambiante. Quand elle colonise des eaux de marécages tempérées ou chaudes, elle devient la forme terrestre ambyostoma. Au contraire, lorsque celle-ci colonise des lacs froids des montagnes, elle prend la forme juvénile aquatique. En fait, *la durée de la croissance est contrôlée par la sécrétion d'une hormone thyroïdienne, la thyroxine, elle-même contrôlée par des gènes activés ou inhibés par la température.*

Le pouvoir caché de l'embryologie pour expliquer certaines des propriétés clés du vivant était apparent de longue date. E. Haeckel (1834-1919) est l'auteur de la fameuse « loi de récapitulation » : « L'ontogenèse récapitule la phylogenèse », d'après laquelle, le développement de l'embryon d'une espèce actuelle copierait l'histoire (du point de vue de l'évolution) de ses ancêtres. Cette loi, reconnue inexacte de nos jours, était issue de l'observation que les embryons d'espèces proches se ressemblent plus que les individus adultes.

Plus récemment, comme nous l'avons signalé, on a découvert chez la mouche drosophile que les mécanismes de morphogenèse du corps étaient contrôlés par des gènes bien identifiés contenant une certaine « boîte homéotique », dont des modifications induisaient automatiquement des changements drastiques dans l'architecture du corps. C'est alors que, dans les années 1990 on a découvert les mêmes gènes (ou plutôt les mêmes groupes de gènes, parfois multipliés par deux ou trois, arrangés en tandem ou autre), d'abord chez les crustacés et les arthropodes, ensuite chez des vertébrés, grenouilles, poissons, hommes, ainsi d'ailleurs que chez les hydres et les éponges. Partout ils jouent le même rôle : définir les positions des cellules le long de l'axe de l'animal. Des techniques de transferts de gènes montrent qu'il s'agit vraiment des mêmes gènes (mêmes séquences codantes) chez les diverses espèces. Des systèmes d'homéogènes commandant la répartition et la forme des organes issus de la segmentation de l'embryon de la mouche ont été retrouvés (avec des duplications, transpositions et autres. Nous reviendrons sur ce point à la section VI à propos du « bricolage de l'évolution ») dans presque tous les animaux. Les gènes de développement des diverses parties du corps sont disposés sur le chromosome suivant un ordre en correspondance avec l'organisation spatiale qu'auront les parties du corps, constituant ce qu'on peut appeler un homonculus génétique[3].

Il apparaît que les zootypes (sorte de « plans de fabrication ») de tous les animaux sont faits de modifications (duplications partielles et autres) d'un même zootype élémentaire. Il y a donc une très forte présomption que ce zootype élémentaire soit celui d'un ancêtre commun, les combinaisons d'homéogènes réprimés ou exprimés auraient donné lieu aux transformations mises en évidence par l'anatomie comparée et la paléontologie. Cela concerne la transformation des nageoires pelviennes et thoraciques en membres chez les tétrapodes, des pattes antérieures en ailes chez les oiseaux ou en des appendices ramifiés des crustacés chez les insectes. Les mêmes gènes contrôleraient la différenciation de l'œil dans toutes les espèces. *La diversification du règne animal résulterait donc de ce que les homéogènes de l'ancêtre commun se seraient dupliqués, modifiés par endroits, auraient permuté leur positions sur les chromosomes, se seraient fusionnés ou recombinés.*

Ce vaste panorama de l'unité du vivant et de la diversification du règne animal à partir d'un ancêtre commun sous l'action notamment d'agents environnementaux garde une étonnante similitude avec les conceptions de Geoffroy Saint-Hilaire, qu'il avait inférées de la comparaison des plans anatomiques de divers animaux[4]. Notamment, son audacieuse affirmation selon laquelle l'organisation d'un vertébré est la même que celle d'un arthropode, à cela près qu'elle est inversée dans le sens dorsi-ventral, souvent décriée et même ridiculisée de

3. Voir Prochiantz [1997].
4. Voir chapitre I, section V, et De Robertis and Sasai [1996].

son temps, est de nos jours couramment admise[5], à la lumière des avancées de la génétique et de l'embryologie.

Il y a lieu de signaler ici des *phénomènes extrêmement intéressants, liés à la dynamique des systèmes, qui concernent la diversité des modes d'expression de certains ensembles de gènes.* Les « *réseaux de régulation* » sont des cartes utilisées pour étudier les interactions des gènes de l'ensemble en question. Ce sont en fait des graphes des interactions où chaque gène codant une protéine elle-même régulatrice (qui favorise ou qui empêche l'expression d'autres gènes) est relié à tous les gènes qu'il contrôle par des arcs orientés, de signe positif ou négatif selon la nature de l'interaction. Le graphe comporte aussi des indications sur les conditions extérieures ou environnementales pertinentes. *Ces cartes contiendraient la clé du fonctionnement des systèmes de gènes.* Or, il se trouve que les interactions entre protéines et gènes ayant une nature non-linéaire, il s'agit de systèmes non-linéaires, *pouvant avoir plusieurs positions d'équilibre stable. Lors de l'expression des gènes du réseau* (lors de l'évolution temporelle du système dynamique en question), *il arrivera à l'une ou l'autre des positions stables en fonction des conditions initiales et des paramètres extérieurs mis en œuvre.* Un exemple assez bien compris de cet état de choses se présente lorsqu'un virus, le bactériophage lambda infecte une population de bactéries : il y deux états stables (lyse et lysogénie) et il est impossible de prédire l'état où se trouvera tel couple bactérie-phage[6].

Notons également le rôle des miARN dans les réseaux de régulation. Ce sont de petites séquences d'ARN non codant (non porteuses d'information génétique) qui interviennent en bloquant l'activité d'une autre forme d'ARN chargée de transporter et de traduire l'information contenue dans l'ADN. Leur interaction avec les protéines semble jouer un rôle important dans le développement de certains cancers[7].

---

5. Slack, Holland, Graham [1993].
6. On peut consulter pour ces questions l'article Guespin-Michel. [2005].
7. Voir « Entretien avec David Baltimore » dans Le Monde du 6 novembre 2010, p. 16.

III. LE GÉNOME FLUIDE ET L'ÉPIGÉNÉTIQUE

Nous venons de mentionner que des causes environnementales comme la température ou la salinité peuvent modifier des gènes ou leur expression, aboutissant à des changements importants des espèces. C'est, bien entendu, contraire à des idées enracinées sur ce qu'est une espèce (les chiens engendrent des chiots et pas des sardines), dont l'identité repose sur son patrimoine génétique, sur son ADN, dont les propriétés de stabilité et de réplication à l'identique ont été commentées au chapitre IV, section III. Il n'est pas étonnant que des phénomènes de mobilité des gènes, induisant des modifications des individus (du phénotype) aient été difficilement admis, ou plus exactement, tenus pour des anomalies insolites ne remettant pas en cause la vulgate bio-génétique.

La biologiste Barbara McClintock (1902-1992) avait observé dès la fin des années 1930 que *certains gènes du maïs pouvaient se déplacer d'un endroit à un autre d'un chromosome, voire sauter d'un chromosome à un autre*. Ses travaux, publiés à partir de 1940, étaient parfaitement étayés du point de vue expérimental, et n'ont pas été mis en cause, mais plutôt *marginalisés ou traités avec un certain scepticisme*, malgré la bonne réputation de l'auteure. C'est quelque trente ans plus tard seulement que les progrès de la biologie moléculaire ont montré que certains fragments de l'ADN des bactéries pouvaient sauter d'un endroit à un autre des chromosomes ou d'une bactérie à une autre. Baptisés « transposons », ces gènes sans domicile fixe ont été par la suite retrouvés ailleurs que dans les bactéries, chez la mouche drosophile, la levure et... le maïs. Un prix Nobel, un peu tardif, a reconnu en 1983 le rôle de pionnière de Barbara McClintock. De quoi s'agit-il ?

Les Indiens d'Amérique du Nord appréciaient particulièrement certaines variétés de maïs dont les épis étaient panachés de diverses couleurs : les grains d'un même épi étaient tantôt incolores, tantôt bruns, rouge orange, ou tachetés. Ce phénomène, appelé variégation, était pratiquement impossible à expliquer avec la théorie classique, puisque la fréquence des mutations fortuites devait être beaucoup trop petite par rapport aux changements observés. Barbara McClintock provoquait des variégations en irradiant des plants de maïs aux rayons X. Elle observa alors, dans les chromosomes responsables de la coloration, des cassures qui se produisaient à des endroits bien précis de ces chromosomes, comme s'ils avaient des points de faiblesse, qu'elle appela Ds (dissociation sites). Il apparaissait que la localisation du site Ds était la même pour les cellules d'une même couleur, mais différente de celle des cellules d'une autre couleur. Par ailleurs, le site Ds sautait ou se transposait après un certain nombre de divisions cellulaires. Or, ces faits inattendus n'ont pas reçu, lors de leur découverte et leur publication, l'attention qu'ils méritaient [8].

Plus tard, à la fin des années 1950, les hôpitaux japonais ont été confrontés à un phénomène d'une rare intensité de résistance aux antibiotiques de la bactérie de la dysenterie. Cette résistance « sautait » parfois à une souche normale (non résistante aux antibiotiques) et développait alors une souche dotée de résistance héréditaire. On a alors reconnu que ce phénomène était dû à des plasmides, apparentés aux variégations [9]. Cette fois-ci, la communauté scientifique a porté toute son attention aux nouveaux phénomènes, à la différence des variégations du maïs portant sur la coloration. Celles des bactéries étaient responsables de la résistance aux antibiotiques, ce qui avait des conséquences autrement importantes pour notre santé. Des recherches ultérieures ont montré la présence de tels « transposons » chez la mouche drosophile, où ils occupent au moins 10 % du génome, ensuite chez presque tous les animaux supérieurs, y compris l'homme (45 % du génome humain ! [10]). L'insertion d'un transposon dans un gène l'inactive, cette inactivation peut être transitoire si le transposon se déplace à nouveau sans laisser de trace. Si, au contraire,

8. C'est une caractéristique générale de l'évolution de la pensée scientifique que les théories (ici, fixité du génome) ne sont pas abandonnées par des *faits qui les contredisent*, mais par de nouvelles théories opposées.

9. Mazliak [2001], p. 114.

10. Chaline [2006], p. 242.

il abandonne une partie de ses séquences ou une copie de celles-ci, *on a une source de variation génétique très importante au sein d'une population. Le génome d'une espèce n'est plus vu de nos jours comme immuable, mais, bien au contraire, changeant et fluide.*

Fait, très remarquable, *les transposons et les plasmides peuvent être influencés par l'environnement.* Ainsi, par exemple, des techniques de clonage, notamment chez la souris, ont révélé que certaines propriétés telles que la couleur du pelage n'étaient pas inscrites dans l'ADN, et dépendaient du type d'alimentation de la mère gestante (ingestion ou non d'acide folique). Or, cette coloration, dont on a localisé le site chromosomique (le gène « agouti » où s'est inséré un transposon), se transmet pendant plusieurs générations indépendamment de toute exposition ultérieure à l'acide folique [11].

Les phénomènes qui précèdent constituent un exemple de *l'épigénétique*, néologisme désignant la transmission par de mécanismes, autres que l'encodage sur l'ADN, de l'hérédité. Il s'agit d'un domaine en développement très rapide, susceptible de modifier très profondément notre vision de l'hérédité et de l'évolution : *tout semble indiquer l'existence d'un deuxième code (le premier étant celui de l'ADN), influençable par des causes environnementales, en tant que véhicule de l'hérédité.*

IV. PETITE DIGRESSION POUR UTILISER CE QUE NOUS VENONS D'APPRENDRE

Comme c'est souvent le cas dans les sciences, *des progrès que l'on pensait être de simples raffinements dans une veine pratiquement épuisée ont fait apparaître des failles béantes, donnant lieu à des découvertes de portée inattendue.*

On vient d'évoquer un exemple d'enchevêtrement de causalités de nature très diverse. Il est clair que Barbara McClintock a joué un rôle de pionnière. Elle n'a pas eu la chance d'entraîner un changement

---

11. Arnaud [2007].

de la façon dont la communauté scientifique envisageait le génome. Cela a probablement retardé notre vision actuelle de la génomique et de l'évolution. On peut s'en consoler puisque de toute façon la découverte a été refaite plus tard, pour des raisons moins fortuites, en étudiant les bactéries développant une résistance aux antibiotiques. Nous y reviendrons bientôt.

Nous venons d'effleurer un point extrêmement intéressant, le développement par des bactéries de variétés résistantes aux antibiotiques. Il est clair qu'il s'agit d'une réaction « naturelle » à l'utilisation massive des antibiotiques pour des raisons médicales. Cette dernière est une intrusion, pourrait-on dire, de l'activité de l'homme sur la nature. Or, l'origine humaine de ces importants événements est, comme tout le monde sait, la curiosité qui avait piqué A. Fleming (1881-1955) en constatant que sa culture de staphylocoques [12] avait été contaminée par un champignon, le Pénicillium notatum, provenant des expériences de son voisin de laboratoire. Au lieu de jeter la culture et de recommencer son travail dans de meilleures conditions d'hygiène, il voulut comprendre ce qui s'était réellement passé.

Faisons maintenant un petit exercice sur le thème de « que se serait-il passé si... ? » en enchaînant les éléments précédents.

- Si Fleming n'avait pas eu la curiosité d'approfondir ce qui s'était passé dans sa fameuse plaque contaminée, la pénicilline n'aurait pas été découverte, ni les antibiotiques. Il n'y aurait pas eu de germes développant une résistance aux antibiotiques, et pas de redécouverte des transposons. Ceux-ci seraient demeurés confinés dans les propriétés singulières d'une variété de maïs appréciée des Indiens d'Amérique du Nord... et de pratiquement personne d'autre.
- De même, si Barbara McClintock ne s'était pas intéressée aux propriétés insolites de cette variété de maïs, il est probable que les transposons auraient été découverts plus tard, lors de recherches sur les bactéries résistantes aux antibiotiques... pourvu que Fleming

12. Fleming travaillait sur l'effet antibactérien des lysozymes (enzymes qui se trouvent dans les larmes et la salive).

ait eu la curiosité de comprendre ce qui s'était passé dans sa plaque contaminée.

– Et tout compte fait, que se serait-il passé si ni Barbara McClintock ni Alexander Fleming n'avaient pas été curieux ?

Eh bien, *tout laisse imaginer que si les chercheurs n'étaient pas curieux, s'ils ne passaient une bonne partie de leur temps à s'interroger (souvent de façon obsessionnelle) sur des questions qui n'intéressent personne d'autre (y compris leurs collègues), la recherche ne se ferait pas, n'en déplaise à maint politicien poursuivant de façon plus ou moins honnête (plutôt moins que plus) le bien commun.*

V. SURVOL HISTORIQUE DES THÉORIES DE L'ÉVOLUTION

Nous venons de voir que nos connaissances sur l'hérédité génétique et son expression ont profondément évolué au cours du dernier tiers du XXe siècle. Les lois de l'hérédité, publiées par Mendel (1822-1884) en 1866, fruit de ses fameuses expériences sur les petits pois dans le jardin du monastère de Brno, ont été, comme chacun sait, pratiquement ignorées durant une trentaine d'années et redécouvertes au tournant du XXe siècle par H. de Vries (1822-1884), C. Correns (1848-1935), et E.-V. Tschermack (1871-1962). Curieux phénomène, sans doute, la revue choisie par Mendel pour sa publication n'avait-elle pas le lectorat approprié à ce genre de communication. Il n'empêche qu'elle a été lue et commentée, puis *marginalisée.*

Comme je viens de le dire, *les lois de Mendel ont été redécouvertes, vérifiées et confirmées.* Elles sont vraies. Toutefois, il est couramment admis de nos jours que Mendel avait manipulé les résultats précis de ses expériences, tant elles allaient au-delà de ce qu'il est vraisemblable d'obtenir dans ce type de travaux d'après le calcul de probabilités. Il ne s'agissait probablement pas de tricherie, mais plutôt d'un manque d'objectivité, du désir d'exposer clairement des exemples des lois qu'il avait décelées ou, tout simplement, de « prendre ses désirs pour des réalités ». Ceci est très courant dans l'expérimentation, on ne voit que ce qu'on veut voir [13], le reste est souvent rejeté au titre des erreurs expérimentales, tout simplement parce qu'inintelligible.

Du temps de Mendel, la méthode expérimentale en biologie n'était pas ce qu'elle est de nos jours. Mendel n'était pas le seul dans ce cas. Pasteur est aussi plus que soupçonné de pratiques de ce type : une fois qu'il avait compris, il se dépêchait de publier, sans faire (ou en bâclant) les travaux de constatation et vérification qui seuls permettent de délimiter et préciser une découverte. Si vous n'étiez pas au courant de cela, ne vous scandalisez surtout pas de ces soupçons de malhonnêteté concernant deux de plus grands scientifiques de toute l'histoire. Bien entendu, la liste pourrait être allongée à souhait [14] ; *le plus souvent, il ne s'agissait pas de malhonnêteté, tout simplement, les règles admises à l'époque dans la pratique des sciences n'étaient pas les règles actuelles.* De nos jours, on demande une description très précise du protocole expérimental de façon à permettre la reproduction et la vérification par d'autres laboratoires ou chercheurs. C'est cela qui est admis comme résultat scientifique, les grandes lois mal étayées étant plutôt énoncées (et considérées) comme de simples conjectures ou hypothèses. Notons en passant que *cela n'a pas que du bon : parfois, les normes actuelles nuisent à l'exposé des idées-forces et font la place à la langue de bois et à des résultats indiscutables mais sans aucune portée.*

Pour en revenir aux *lois de Mendel, elles sont vraies,* mais *dans la pratique, elles sont bien moins applicables qu'on pourrait le penser.* La principale raison en est qu'*il ne faut absolument pas confondre un gène avec un caractère.* Un gène est une instruction permettant de fabriquer (quand le gène est exprimé) une certaine protéine. Un gène n'est pas directement observable au niveau des individus (du phénotype). Au contraire, un caractère (peau rugueuse des petits pois

---

13. Cela est arrivé à Lalande, qui n'a pas su interpréter ses observations de Neptune, qu'il prenait pour des erreurs d'observation (chapitre I, section I). Notons que cela arrive aussi dans la recherche théorique, comme nous l'avons vu à propos de l'erreur de Poincaré (chapitre I, section IV).

14. À toute fin utile, je vous propose comme sujet de réflexion la phrase suivante : « Toute personne (ou personnalité) présente des zones d'ombre ; si vous ne les voyez pas, le plus probable est que vous êtes du côté de l'ombre. »

de Mendel, yeux noirs...) est observable au niveau du phénotype. Tout serait très simple si chaque caractère était associé à un gène et un seul, et chaque gène à un caractère et un seul. C'est loin d'être le cas. *L'expression d'un gène produit une protéine qui a (en général) des effets sur des caractères divers, et un caractère dépend (en général) de la présence de diverses protéines (expression de plusieurs gènes).*

Les lois de Mendel concernent des propriétés logiques et intelligibles dans le contexte des entités matérielles que sont les gènes et de leur combinaison lors de la reproduction sexuée. Or, elles n'ont pas été découvertes en tant que telles, mais en tant que propriétés de l'hérédité de certains caractères. Il est clair en particulier que *la découverte (ou redécouverte) des lois de Mendel n'a été possible que par l'observation de caractères dépendant fondamentalement d'un seul gène, ce qui est plutôt l'exception.* Il est clair aussi que *les lois de Mendel, en tant que lois portant sur les caractères, manquent de généralité :* pour la plupart de ceux-ci, la traçabilité s'estompe dans la diversité des chemins suivis par les gènes dont ils dépendent.

Les éleveurs d'animaux et les pépiniéristes ont toujours eu un savoir-faire empirique relativement efficace. Cela explique partiellement le manque d'intérêt suscité par la publication de Mendel. La possibilité de modifier les races à l'intérieur d'une espèce, voire dans certains cas, de produire une nouvelle espèce appartenait depuis longtemps au domaine du possible. Aussi l'éventualité d'une évolution des espèces animales ou végétales apparaissait-elle vraisemblable bien avant la découverte et l'interprétation de fossiles d'espèces disparues. Notons en passant que *la transmission à la descendance de caractères acquis (sans trop savoir pourquoi ou comment) allait de soi, et constituait même l'ossature de ce savoir empirique.*

On doit à J.-B. Lamarck (1744-1829) le premier énoncé de lois régissant l'évolution des espèces (« transformisme »). Les énoncés de Lamarck étaient plausibles et cohérents ; ils portaient fondamentalement sur le développement des caractères par l'utilisation des organes et d'abord sur leur transmission à la descendance, propriétés déjà évoquées comme étant dans l'air du temps, sinon comme sûres, du moins comme vraisemblables. Mais Lamarck les énonce, sans base suffisante, sous une forme extrêmement précise, qui est reconnue de nos jours comme fausse [15]. Bien entendu, il s'appuie sur nombre d'exemples dont il donne des explications cohérentes, mais qui n'étaient pas les seules possibles. Les lois de Lamarck ne sont pas compatibles avec bien des phénomènes et faits expérimentaux découverts depuis, qui les ont invalidées.

À cette époque et bien après, les restes fossiles d'animaux ou d'hommes (ou plutôt d'hominidés) appartenant à des espèces disparues sont souvent appelés « antédiluviens », c'est-à-dire, d'avant le déluge. Il faut bien réaliser que l'on ne disposait d'aucun des moyens actuels de datation physiques ou chimiques. Quelles étaient ces espèces disparues, avaient-elles vraiment disparu ou plutôt évolué en les espèces actuelles ? Voici que le récit biblique [16] du Déluge vient à point nommé telle une pièce de puzzle pour apporter un peu de cohérence dans un domaine tellement inconnu et inaccessible à l'expérimentation. Il peut sembler incongru de nos jours de mélanger deux niveaux de réflexion, deux « umwelts » différents, celui de la paléontologie et celui de la croyance religieuse ; le fait est que, à cette époque, la paléontologie n'existe pas en tant que science, elle cherche justement ses méthodes, ses moyens de cerner une parcelle d'une réalité dont la nature est largement inconnue. *Ainsi se noue*

---

15. Il peut être utile de prendre connaissance des énoncés des deux lois de Lamarck (Chaline, [2006], p. 105) :

Première loi : « Dans tout animal… l'emploi plus fréquent et soutenu d'un organe quelconque fortifie peu à peu cet organe, le développe, l'agrandit, et lui donne une puissance proportionnée à la durée de cet emploi ; tandis que le défaut constant d'usage de tel organe l'affaiblit insensiblement, le détériore, diminue progressivement ses facultés, et finit par le faire disparaître. »

Deuxième loi : « Tout ce que la nature a fait acquérir ou perdre aux individus par l'influence de circonstances où leur race se trouve depuis longtemps exposée, et, par conséquent, par l'influence de l'emploi prédominant de tel organe, ou par celle d'un défaut constant d'usage de telle partie, elle le conserve par la génération de nouveaux individus qui en proviennent, pourvu que les changements acquis soient communs aux deux sexes, ou à ceux qui ont produit ces nouveaux individus. »

16. Des déluges se retrouvent dans les récits de presque toutes les mythologies et légendes sur l'origine du monde. Le récit biblique était naturellement privilégié dans une Europe aux racines chrétiennes.

un couple infernal, où les évidences des uns n'ont pas de sens pour les autres, où des questions sont interprétées comme des blasphèmes, et de profondes interrogations perçues comme des paradigmes de ridicule[17].

La recherche fait pourtant des progrès, sans se débarrasser d'une charge écrasante d'idéologie. Vient l'époque de la grande controverse des années 1820 -1830 entre Cuvier et Geoffroy Saint-Hilaire, citée au chapitre I, section V. Ils sont tous deux fascinés par l'harmonie du vivant. Le premier[18] perçoit chaque animal comme une œuvre parfaite du créateur ; aucune évolution ou transformation des espèces n'est envisageable, et il résout la question des espèces disparues par de grandes catastrophes suivies de nouvelles créations, ce qui est parfaitement compatible avec le récit biblique. Le deuxième, probablement habité par l'intime conviction de la réalité de l'évolution, ne voit pas de perfection dans chaque animal ; il focalise son intérêt sur les relations entre les diverses espèces, dont il perçoit les subtiles parentés. Naturellement, il cherche également les raisons de cette évolution et, abandonnant les idées très précises de Lamarck sur l'évolution par besoin interne, il s'oriente vers le rôle des influences du milieu, toutefois sans donner sur ce point des réponses précises.

Dans ce parcours à grandes enjambées des théories de l'évolution, nous en arrivons à Charles Darwin (1809-1882). Il était issu d'une famille à forte imprégnation scientifique et médicale. Son grand-père, Erasmus Darwin (1731-1802), était un médecin réputé mais surtout, l'auteur d'une « Zoonomia » (1794), ouvrage où il avançait l'idée de la « descendance avec modification » de tous les êtres

17. Voici une anecdote bien utile pour comprendre quelles étaient les relations entre science et idéologie (raciste) à une époque pourtant bien postérieure à celle de Lamarck : Lors de la controverse qui suivit la découverte de l'homme de Néandertal en 1856, le professeur August Franz Mayer (1787-1865), très sceptique en ce qui concernait son caractère préhistorique, estimait plutôt qu'il s'agissait du cadavre d'un homme moderne assez primitif, probablement un cosaque venu avec les troupes du tsar Alexandre 1er lors de la campagne de France de 1814 (Cité dans Thomas [2005], p. 65).

18. Il n'est pas sans intérêt de rappeler que Cuvier avait de nombreuses responsabilités administratives et politiques, en particulier celle de Directeur des cultes non catholiques au ministère de l'Intérieur.

vivants, issus d'une origine commune, à partir d'une même matière non organique, par génération spontanée. Charles connaissait cet ouvrage, mais n'était pas convaincu de la justesse de ses thèses. Le père de Charles était également médecin ; les hommes de la famille étaient de tradition libres-penseurs en matière de religion, alors que les femmes étaient pieuses et imposaient facilement à leurs maris un certain conformisme moral et social. Ayant contracté la maladie de Chagas en Amérique du Sud lors de son voyage sur le Beagle, Charles Darwin avait une capacité de travail relativement réduite, mais il eut la possibilité de puiser dans la fortune familiale sans avoir à gagner sa vie (toutefois, à la fin de sa vie, les droits d'auteur de ses ouvrages lui rapportaient un revenu très confortable). Pleinement conscient de sa position sociale avantageuse il ne fut jamais tenté par des idées sociales avancées, veillant toujours à ne rien faire qui aurait pu menacer son statut privilégié [19].

La vie de Darwin se décompose en deux périodes bien distinctes : l'observation scientifique lors de son long voyage sur le Beagle (1831-1836) et une longue réflexion et exposition de ses idées.

L'amirauté britannique envoya le navire de dix canons Beagle faire le tour du monde en mission d'exploration et de cartographie, en particulier de la Terre de Feu et des côtes du Pacifique de l'Amérique du Sud. Le jeune Darwin est embarqué comme naturaliste et effectue le tour du monde en presque cinq ans, visitant notamment le Brésil, l'Argentine, le Chili, l'île de Chiloé et l'archipel des Galapagos.

Les activités de Darwin pendant le voyage sont multiples : la première et probablement non des moindres consiste à s'enivrer du spectacle incomparable de la nature, qui le possédera et le conditionnera toute sa vie. Il recueille de nombreux fossiles, notamment d'énormes os de mégathérium dans les plaines d'Argentine, et s'interroge déjà sur les conditions de vie et les prodigieuses quantités d'aliments que devaient consommer ces gigantesques animaux, aujourd'hui disparus. Il étudie la vie des animaux, leurs comportements, et surtout,

19. Mazliak [2002], p. 80.

les rapports qu'entretiennent les êtres vivants avec leur milieu par le biais de leur conduite instinctive, et observe leurs changements de comportement à la suite d'un changement de milieu. Il découvre à 4 000 m d'altitude des coquilles de fossiles marins, ce qu'il interprète par l'élévation de la croûte terrestre. Mais son observation probablement la plus riche en conséquence est celle des variations morphologiques du bec des célèbres pinsons des îles Galapagos. En effet, les diverses espèces de pinsons étaient très proches entre elles eu égard à la taille, la couleur et l'aspect général, mais la forme de leur bec est adaptée à des régimes alimentaires divers, à base de graines, d'insectes ou de bourgeons et de feuilles.

Vient ensuite le temps de l'étude des nombreux spécimens ramenés de son voyage et des publications, après mûre réflexion. Le journal du voyage paraît en 1839. Darwin mûrit alors longtemps sa théorie de l'évolution des espèces. Il part de deux faits essentiels portant sur *la pratique des éleveurs*. Il constate que, pour améliorer une espèce, ils isolent les individus portant des traits intéressants (apparus spontanément) et les accouplent entre eux. Ce sont les éleveurs qui font un choix conscient. Que peut-il se passer dans la nature ? Les « traits intéressants » ne posent pas de problème, puisqu'ils apparaissent dans la nature… naturellement ; mais… « intéressants » pour qui et pour quoi ? Et surtout, qui pourrait, dans la nature, jouer le rôle de l'éleveur et de ses choix conscients ?

En septembre 1838, Darwin lit l'*Essai sur le principe de population* de T.-R. Malthus (1766-1834), publié en 1798 [20]. La doctrine de Malthus est largement connue. Elle prédit que la population augmente de façon géométrique (exponentielle, comme 1, 2, 4, 8, 16…), tandis que les ressources croissent de façon arithmétique (1, 2, 3, 4, 5…). Elle conclut à l'inévitabilité de catastrophes démographiques, à moins d'empêcher la population de croître. Cette théorie paraît de nos jours incongrue et grotesque, tout comme les conséquences que Malthus en tire (il préconise l'arrêt de l'aide aux nécessiteux, en opposition

---

20. Pour ce point et d'autres références sur Darwin dans cette section, voir Chaline [2006], p. 117-128.

aux propositions de W. Godwin (1756-1836), qui souhaite généraliser l'assistance aux pauvres, après les mauvaises récoltes de 1794 à 1800 en Angleterre). Les lois géométrique et arithmétique sont toutes deux fausses, les populations et les ressources se régulant par des mécanismes à causalité multiple autrement plus complexes que ces lois élémentaires[21], mais ce texte fait une grande impression sur Darwin. Il écrit :

> Tout individu qui pendant le terme naturel de sa vie produit plusieurs œufs ou graines, doit être détruit à quelque période de son existence [...] car, autrement, le principe de l'augmentation géométrique étant donné, le nombre de ses descendants deviendrait si considérable qu'aucun pays ne pourrait les nourrir. Aussi, comme il naît plus d'individus qu'il n'en peut vivre, il doit y avoir, dans chaque cas, lutte pour l'existence, soit avec un autre individu de la même espèce, soit avec des individus d'espèces différentes, soit avec les conditions physiques de la vie. C'est la doctrine de Malthus.

C'est... peu rassurant, surtout si vous avez de la descendance... Cela ne veut pas dire que ce soit faux... continuons pour voir le « Principe de la sélection naturelle » :

> Grâce à cette lutte, les variations, quelques faibles qu'elles soient et de quelques causes qu'elles proviennent, tendent à préserver les individus d'une espèce, et se transmettent ordinairement à leur descendance, pourvu qu'elles soient utiles à ces individus dans leurs rapports infiniment complexes avec les autres êtres organisés et avec les conditions physiques de la vie. [...] J'ai donné à ce principe, [...] le nom de sélection naturelle, [...] Mais l'expression qu'emploie souvent M. Herbert Spencer, la persistance du plus apte est plus exacte et quelquefois tout aussi commode.

Ainsi exprimé, c'est le genre de choses qui, de nos jours, demande la mention « esprits sensibles s'abstenir », ou « déconseillé aux moins

21. Nous reviendrons sur ce point à propos des théories actuelles de l'évolution.

de seize ans »… Fort opportunément, Darwin donne certaines précisions :

> Je dois faire remarquer que j'emploie le terme de lutte pour l'existence dans le sens général et métaphorique, ce qui implique les relations mutuelles de dépendance des êtres organisés.

Pendant que Darwin met au point sa théorie, Alfred Russel Wallace (1823-1913), qui a fait comme lui un long voyage de quatre ans en Amérique du Sud et un autre en Indonésie (dans le but exprès de résoudre le problème de l'origine des espèces), *inspiré aussi par la lecture de Malthus, développe des idées analogues.* Je n'estime pas utile de traiter ici la question de la priorité entre Darwin et Wallace ; il y a toute une littérature là-dessus, et l'on peut raisonnablement conclure que la paternité de la théorie de la sélection naturelle est partagée entre les deux, avec un petit avantage pour Wallace [22]. Toujours est-il que Darwin publie son fameux livre « De l'origine des espèces par le moyen de la sélection naturelle, ou la préservation des espèces favorisées dans la lutte pour la vie » en 1859, qui a immédiatement un impact prodigieux. Tout le monde est au courant et prend position, soit pour, soit contre. En gros, libres penseurs contre croyants.

Pourquoi cet impact a-t-il-été bien plus grand qu'à l'époque de Lamarck, Geoffroy Saint-Hilaire et Cuvier ? Mon idée personnelle est que Malthus avait eu une influence sur Wallace, Darwin… *et sur les lecteurs de Darwin*, ainsi tout disposés à accepter la nouvelle théorie et suffisamment nombreux pour faire contrepoids aux croyants attachés à une lecture littérale de la Bible. La situation du temps de Lamarck, Cuvier et Geoffroy Saint-Hilaire était bien différente, puisque ces discussions s'inscrivaient dans la suite des formidables bouleversements idéologiques de la Révolution [23].

---

22. Voir, par exemple, Chaline [2006], p. 120-123.

23. Cette idée peut être nuancée par des considérations qui se trouvent à la fin de la section VII.

Quelles étaient les visions de l'évolution données par Lamarck et Darwin ? Il ne me semble pas inutile de les résumer de façon extrêmement schématique, presque caricaturale, par le fameux exemple de la formation du cou de la girafe (ceci n'a rien d'artificiel du point de vue historique, puisque cet exemple a été explicitement traité et par Lamarck et par Darwin). D'après Lamarck, la girafe allonge son cou par sa propre volonté dans le but d'atteindre des feuilles placées en hauteur, et cette pratique réitérée fait que le cou devient un peu plus long. Le cou allongé se transmet à la descendance et, au fil des générations successives, devient celui que nous connaissons. D'après Wallace-Darwin, il y a une certaine variabilité naturelle de la longueur du cou dans la population des girafes ; celles qui ont le cou plus long jouissent d'un avantage dans un habitat où il y a des feuilles en hauteur, ce qui leur confère plus de chances de survivre et de se reproduire. La répétition de ce phénomène au cours des générations successives change la proportion de girafes à cou plus long par rapport aux autres, et petit à petit, on se retrouve avec une population à cou de plus en plus long.

Il convient de réaliser que, si les raisons invoquées sont très différentes, les deux schémas ont des points communs. Premièrement, ils procèdent tous deux par retouches graduelles ; un changement morphologique important exige un très grand nombre de générations, *il n'y a pas de bouleversements rapides*. Deuxièmement, *les deux schémas exigent la transmission à la descendance des caractères acquis*. Ce point est très important et nous y reviendrons. Il convient aussi de bien réaliser que ni Lamarck ni Darwin ne connaissaient les lois de l'hérédité ni la génétique.

Il serait également utile, sur l'exemple de la girafe, *d'essayer de comprendre de quel type de sélection il s'agit*. Nous avons signalé ci-dessus que, d'après Darwin, elle pouvait être interprétée au sens « pur et dur » de l'impossibilité de survie d'une population en croissance exponentielle (géométrique), impliquant la nécessité de la disparition prématurée du surplus, ou du « sens général et métaphorique des relations mutuelles de dépendance des êtres organisés ». Force est de constater que *ce point n'est nullement clair*.

En poursuivant avec notre historique rapide de l'évolution, douze ans s'écoulent entre la publication par Darwin de *De l'origine des espèces* et celle de *La descendance de l'homme en liaison avec la sélection sexuelle* (1871). Dans ce nouvel ouvrage, Darwin fait un nouveau pas, incompatible avec l'interprétation littérale de la Bible dans un domaine majeur, celui de l'origine de l'homme. En effet, *De l'origine des espèces* portait sur les espèces animales et végétales, donc de l'homme si on le considère comme un animal. C'est un point qui se résout par l'affirmative pour certains, mais qui constitue un obstacle essentiel pour d'autres. Darwin franchit ce pas, mais pas à la légère. Il met pour ce faire, comme nous l'avons noté, douze ans, et une bonne partie de l'ouvrage est consacrée à la description des analogies entre l'homme et les singes supérieurs, de façon à amorcer l'idée que les uns et les autres proviennent d'un ancêtre commun. D'autre part, il considère à présent *une sélection d'une nouvelle nature, la sélection sexuelle*. De quoi s'agit-il ?

La sélection sexuelle avait été développée par Érasme Darwin, le grand-père de Charles, cité ci-dessus. Elle complète la sélection naturelle et fonctionne selon les mêmes modalités de compétition au sein de l'espèce, mais ici, entre individus du même sexe, souvent des mâles, pour s'assurer la possession de partenaires sexuels. Cette lutte ne se termine pas par la mort du vaincu, mais par l'absence ou la petite quantité de ses descendants.

À ce propos, on doit faire une remarque très importante. Le mode opératoire de la sélection naturelle, devenu (ou complété par) la sélection sexuelle, est de nature assez différente de celles des deux types déjà mentionnés lors de l'interprétation du terme « sélection naturelle ». Il convient de remarquer que *Darwin modifie la structure même de la sélection (clé de voûte de sa théorie) en fonction des cas traités*. Nous reviendrons plus tard sur ce point. Signalons que Wallace n'a pas validé la version sexuelle de la sélection ; elle a pourtant connu récemment un regain d'intérêt avec les travaux de Gould et l'écologie comportementale[24].

24. Tort [2008] défend une pluralité d'interprétations de la théorie darwinienne.

Un tournant dans les idées sur l'évolution vient avec la découverte (ou plutôt redécouverte et intégration dans la masse de connaissances) des lois de l'hérédité au début du XXe siècle. Comme signalé dans la section précédente, elles étaient tenues à cette époque pour bien plus générales et exactes qu'elles ne le sont à la lumière de nos connaissances actuelles. Plus tard, la génétique et la découverte de la structure de l'ADN, donnant une base matérielle au support de l'hérédité, rendaient possible une étude de l'éventualité et des modalités de la transmission à la descendance des caractères acquis. On comprend ainsi les raisons de certaines situations où les lois statistiques de l'hérédité ne s'appliquent pas (caractères liés aux gènes se trouvant sur un même chromosome, ce qui fausse l'indépendance statistique des possibles) ainsi que les mécanismes matériels de l'hérédité.

La conséquence la plus importante de ces mécanismes est la loi du *dogme fondamental de la biologie moléculaire*[25], qui consiste en *l'unidirectionnalité de la transmission de l'information de l'ADN vers le cytoplasme (l'inverse étant impossible).* En clair, l'information contenue dans le matériel génétique peut se transmettre à l'animal, pas l'inverse[26].

Cette loi, rendant impossible la transmission des propriétés des individus vers leur propre matériel génétique et donc vers leur descendance, est incompatible avec la transmission de caractères acquis[27], a sonné le glas des théories de type lamarckien. *La seule possibilité de modification du génome (et donc, dans le cadre des connaissances de l'époque, d'évolution d'une espèce) consiste en l'apparition de mutations, modifications des gènes pour des raisons diverses, éventuellement*

25. Le terme de dogme, couramment employé dans le cas qui nous occupe, désigne un paradigme bien (trop) ancré, nullement démontré. Le dogme est une catégorie de la sociologie de la recherche, lui-même non scientifique.

26. Ce « dogme central » a tout de même des exceptions telles que les modes opératoires de la transcriptase inverse et des prions. Ce dogme, ou tout au moins les conséquences qu'on en tire, est de nos jours sérieusement entamé par les phénomènes épigénétiques mentionnés à la fin de la section III.

27. Naturellement, « acquis » s'entend au sens d'acquis par les individus (phénotypes) au cours de leur vie.

aléatoires, donnant lieu à une certaine variabilité du génome, ce qui ouvre la voie à une évolution de type darwinien.

VI. LES IDÉES ACTUELLES SUR L'ÉVOLUTION

Les choses sont pourtant loin d'être si rigides. Cela ne sert à rien d'avoir des gènes s'ils ne sont pas activés. L'histoire commence peut-être vers 1961-1963, lorsque J. Monod (1910-1976), F. Jacob (né en 1920) et A. Lwoff (1920-1994) découvrent la régulation génétique chez la bactérie Escherichia coli. Il s'agit essentiellement de ce que les gènes ont une régulation concertée et sont activés en même temps, et que le milieu peut influer sur leur fonctionnement[28]. L'adaptation serait en partie le résultat d'une interaction des gènes et du milieu. Il y a des *gènes de structure* et des *gènes régulateurs*, dont les commandes peuvent être réversibles sous l'action d'un répresseur.

Mais le véritable bouleversement dans notre conception du génome est venu de la découverte des gènes Hox et des transposons ; ainsi que nous l'avons vu aux sections II et III ; le génome est désormais perçu comme fluide et changeant.

Diverses théories concurrentes ont été proposées pour interpréter les évolutions de diverses suites de spécimens fossiles : Théorie du gradualisme phylétique, théorie des équilibres ponctués… aucune n'est générale, chacune a ses exemples paradigmatiques, son domaine d'application.

F. Jacob, dans son beau petit livre « Le jeu des possibles » (Jacob [1981]) a trouvé une analogie très heureuse pour décrire l'évolution. À la différence d'un ingénieur qui a un but précis et conçoit la machine appropriée, *l'évolution travaille comme un bricoleur qui récupère tout ce qui lui tombe sous la main, sans but précis (ça peut toujours servir) et fait du neuf avec du vieux.* Servir à quoi ? Cela dépend des circonstances. Lisons Jacob [1981], (page 65, puis 66 de l'édition de poche 2007) :

---

28. Chaline [2006], p. 226-227.

> Le processus de l'évolution ressemble à cette façon de faire. Souvent sans dessein à long terme, le bricoleur prend un objet dans son stock et lui donne une fonction inattendue. D'une vieille roue de voiture, il fait un ventilateur ; d'une table cassée, un parasol. Ce genre d'opération ne diffère guère de ce qu'accomplit l'évolution quand elle produit une aile à partir d'une patte, ou un morceau d'oreille avec un fragment de mâchoire. C'est un point qu'avait déjà noté Darwin... Pour Darwin, les structures nouvelles sont élaborées à partir d'organes préexistants qui, à l'origine, étaient chargés d'une tâche donnée mais se sont progressivement adaptés à des fonctions différentes. L'évolution procède comme un bricoleur qui, pendant des millions et des millions d'années, remanierait lentement son œuvre, la retouchant sans cesse, coupant ici, allongeant là, saisissant toutes les occasions d'ajuster, de transformer, de créer.

En ce qui concerne les modifications du matériel génétique concomitantes au bricolage de l'évolution, le même F. Jacob nous explique plus récemment[29] que

> Le principal mode opératoire de ces modifications n'est pas les mutations, comme on avait pensé longtemps, mais des duplications successives de segments d'ADN constituant des unités fonctionnelles appelées syntagmes, ainsi que leur diversifications et réassortiments. Ce qui distingue un papillon d'un lion n'est pas la chimie des molécules, mais l'organisation et la distribution des constituants, le temps d'expression et les quantités respectives des produits des gènes.

D'autre part, la paléontologie découvre les extinctions massives du passé. Il ne s'agit pas d'hécatombes tuant un grand nombre d'êtres vivants, mais de la disparition totale et définitive de la plupart des *espèces*, probablement quelque 90 % dans des laps de temps relativement courts par rapport aux périodes entre deux extinctions. Ce phénomène s'est produit plusieurs fois, datées de façon relativement

---

29. Conférence le 1er janvier 2000, consultable dans www.tous-les-savoirs.com. Noter la similitude avec la description vers la fin de la section II.

fiable. Ces extinctions présentent des caractéristiques du plus grand intérêt. *La diversification du vivant entre deux extinctions ne remplace nullement ce qui a été perdu ;* elle se développe de façon autonome à partir de ce qui reste. Plus intéressant encore : lors d'une extinction, *les espèces survivantes ne sont pas nécessairement les plus évoluées.* Sans doute, le concept de « plus évolué » est-il difficile à définir sans une forte dose d'anthropocentrisme, mais *cela porte en tout cas un coup rude à l'hypothèse souvent ancrée dans notre inconscient collectif qui voudrait que l'évolution ait un plan dont l'homme serait l'aboutissement.*

Les raisons de ces extinctions ne sont pas très bien établies et font souvent l'objet de controverses entre spécialistes. Voyons par exemple ce qu'écrit S.-J. Gould [30] :

> En reconstruisant les mouvements des continents, on se rend compte que le permien a été le théâtre d'un événement unique : la réunion de tous les continents en un seul supercontinent. La grande extinction du permien en est tout simplement la conséquence. [Il fait ensuite allusion aux variations de climat, des courants marins et à l'interaction d'écosystèmes. Et il continue] : La solution du plus extraordinaire problème de paléontologie est donnée par les progrès de deux domaines voisins : l'écologie et la géologie. Quand un problème s'est révélé insoluble pendant plus d'un siècle, il est inutile de chercher des informations supplémentaires et de les classer, comme par le passé, dans les catégories traditionnelles. Grâce à l'écologie théorique, nous avons pu poser la bonne question, et les plaques tectoniques nous ont fourni des arguments solides comme un roc.

Mais l'influence du milieu (ou de l'écologie) sur l'évolution ne se limite nullement à des exemples aussi patents et drastiques que celui qui précède. Nous avons déjà signalé (section II) le rôle de la température ou de la salinité sur l'expression des gènes. Richard C. Lewontin (né en 1929), dans un petit livre très éclairant (Lewontin [2003]), décrit l'état actuel de nos connaissances sur l'évolution,

---

30. Gould [1979], p. 145-148.

qu'il fait dépendre des gènes, de l'organisme et de l'environnement. Il nous dit (p. 26) :

> Il existe depuis longtemps un ensemble de preuves qui démontrent que l'ontogenèse d'un organisme est la conséquence d'une interaction unique entre les gènes qu'il porte, la succession des environnements dans lesquels il vit le long de son existence, et des interactions intermoléculaires fortuites au sein de chacune de ses cellules.

Cette affirmation, qu'il explique à l'aide d'exemples d'expériences avec des végétaux, est exprimée schématiquement dans la figure 39, (inspirée de Lewontin [2003] page 45, prise à son tour de Suzuki *et al.*)

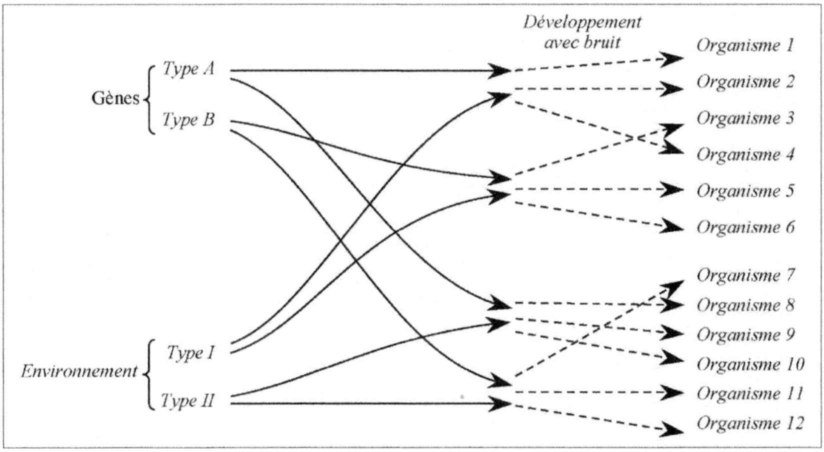

Fig. 39. Les gènes, l'environnement et les circonstances fortuites se combinent pour produire des organismes divers, rendant inconnaissable la paternité des différences.

D'après ce schéma, deux types de gènes, A et B, et deux types d'environnements (I et II) donnent lieu à des organismes 1 à 12. Cela résulte (voir figure 39) en une première analyse des quatre combinaisons possibles des gènes et des environnements (AI, AII,

BI, BII) (colonne du milieu de la figure) qui, compte tenu des variations dues à des interactions moléculaires fortuites, donne les douze organismes possibles. On note en particulier que, si l'ordre utilisé pour classer les organismes en est une certaine propriété quantifiable, il est impossible, au vu d'un organisme, de départager ce qui de cette propriété est dû à la génétique, à l'environnement et aux circonstances fortuites. Nous ne saurons probablement jamais pourquoi la girafe actuelle a un long cou, mais nous comprenons pourquoi d'autres herbivores vivant dans le même habitat que les girafes n'ont pas développé un long cou[31].

Suivons le même auteur dans une description des relations entre organisme et environnement (page 58) :

> Les conditions qui s'avèrent nécessaires au progrès à un moment de l'histoire peuvent devenir, à un autre moment, des obstacles. Le temps est venu où les progrès à faire dans notre compréhension de la nature impliquent que nous considérions la relation entre intérieur et extérieur, entre organisme et environnement [...] *La métaphore de l'adaptation, qui eut une grande importance heuristique dans l'édification de la théorie de l'évolution, est devenue un obstacle à une compréhension claire des mécanismes de l'évolution, et elle doit être remplacée.* Bien que toutes les métaphores soient dangereuses, les véritables mécanismes de l'évolution semblent mieux décrits par l'idée de construction. [Et plus loin, à la page 60] : Un *environnement* est ce qui entoure ou encercle, mais pour qu'il y ait un entourage, il faut qu'il y ait quelque chose à entourer. *L'environnement d'un organisme est la pénombre produite par cet organisme dans le milieu extérieur avec lequel il interagit.* [Plus loin encore, à la page 65] : Il n'est pas possible, en général, de comprendre la distribution spatiale et temporelle des espèces si l'environnement est caractérisé de façon purement physique, et non comme l'espace défini par les activités de l'organisme lui-même. [Et à la page 66] : ils (les organismes) construisent au sens littéral du mot, un monde autour d'eux. [Et il en arrive,

31. Ce point me semble très important. Dans les interprétations initiales de Lamarck et de Darwin, il est incompréhensible que les autres espèces de l'habitat des girafes n'aient pas développé un long cou.

à la page 68, à cette affirmation contondante] : *Ainsi, tous les organismes modifient non seulement leur propre environnement, mais aussi celui des autres espèces, dont la survie peut fort bien en dépendre. La compréhension simpliste et incorrecte du darwinisme, selon laquelle la nature, par la griffe et par la dent, est le théâtre d'une continuelle lutte pour la survie entre les prédateurs et les victimes, passe complètement à côté de cet aspect productif des êtres vivants (souligné par moi).* [Enfin, la page 80] : *Les conditions physiques externes qui contraignent l'évolution des organismes modernes ont été façonnées par leurs ancêtres.* (Souligné par moi.)

Le concept même de causalité des phénomènes dans ce domaine est largement dialectique (au sens du chapitre VII). Il est normal que des processus d'évolution en interaction avec le vivant soient modélisés de façon plus fidèle par des équations différentielles d'évolution (justement) dans le temps que par des recettes simplistes. *De telles recettes simplistes sont à la réalité ce que la bonne vieille locution « œil pour œil et dent pour dent » est à une politique cohérente de lutte contre la délinquance.* Toujours d'après Lewontin [2003], la structure générale du système d'équations différentielles de l'évolution de l'environnement (E) et de l'organisme (O) suit le schéma :

(1) $dE/dt = f(E, O)$

(2) $dO/dt = g(E, O)$

Le point essentiel est que l'équation (1), définissant les changements de l'environnement, dépend de E mais aussi de O. Comme nous l'avons vu au chapitre VI, cela ouvre naturellement la possibilité de *cycles périodiques et autres.* Nous sommes au sein d'un contexte de *dépendance drastique par rapport aux conditions initiales, causalité différée, écologie, possibilité de disparition des espèces...*

Dans l'état de nos connaissances actuelles sur la théorie des systèmes dynamiques, la prise en considération du système d'équations (1), (2), aussi abstraites et imprécises soient-elles, implique des bouleversements majeurs dans notre conception de la mise en œuvre de la causalité de l'évolution. On se souvient de la « théorie standard » (la vulgate du darwinisme) d'après laquelle, en prenant en compte, par exemple, l'avantage de certains individus né d'une mutation avantageuse, celle-ci engendre un essor des phénotypes concernés, qui l'emportent sur les autres (survivance des plus adaptés). Or, il est évident qu'une mutation ne produit pas une augmentation soudaine de la population ; elle offre un avantage susceptible d'augmenter graduellement la population correspondante (diminution de la mortalité, allongement de l'espérance de vie,...). *Dans le cadre darwinien de la « lutte pour la vie » dans un contexte prédateur/proie, cela engendre une sortie de l'équilibre (puisque, pour les nouvelles équations, l'origine n'est plus position d'équilibre) et un processus cyclique dans le temps qui est entièrement différent de l'essor de l'espèce. C'est justement ce type de phénomène qui apparaît de façon tout à fait naturelle dans le contexte du système d'équations (1), (2) de Lewontin.*

Le titre, peut-être un peu ambitieux, de cette section est « les idées actuelles sur l'évolution ». Il est évident que « idées actuelles » ne signifie nullement « idées définitives », ni même « idées correctes ». C'est vrai pour toutes les sciences, mais surtout pour la biologie et l'évolution, qui sont en rapide développement. L'insatisfaction est le premier pas, indispensable, du progrès des sciences. Voyons ce que R.-C. Lewontin, déjà largement cité ci-dessus, dit à ce propos (page 88) :

> Bien sûr, toute l'information sur la structure des protéines n'est pas stockée dans l'ADN, car le repliement des polypeptides en protéines n'est pas complètement spécifié par les séquences d'acides aminés. On trouve commode d'ignorer ce fait car, dans les conditions physiologiques des cellules normales, le repliement est unique... Une protéine est une molécule unique, dotée de propriétés stériques et dynamiques uniques, qui se modifient au cours du processus de repliement. [...] Les biologistes moléculaires n'attirent généralement pas l'attention sur cette ignorance dans la détermination de la structure des protéines : ils répètent, comme les moines bouddhistes répètent leurs mantras, que l'ADN fabrique des protéines. [Et à la page 91] : Actuellement, il y a une grave divergence entre les biologistes moléculaires, qui prétendent que l'explication ultime des organismes vivants passe par la description de la structure et des propriétés chimiques des molécules, et les biologistes

organicistes, qui affirment que seul importe l'organisme entier, surtout si l'on veut comprendre l'évolution du vivant. C'est l'organisme entier qui vit ou meurt, qui se reproduit avec plus ou moins de succès, et qui donc est l'objet de la sélection naturelle.

Nos idées changent, mais loin d'être une crise, c'est un message d'espoir. Voyons ce que Nicole Le Douarin (née en 1930) disait en 2007, à la fin de son beau livre sur les cellules souches (Le Douarin [2007]) :

> Après une vie consacrée à la recherche biologique, j'éprouve le même sentiment d'être née trop tôt. Je réalise que de nouvelles aventures, encore plus extraordinaires que celles auxquelles a participé ma génération, sont à portée de la main.

VII. ÉVOLUTION, DARWINISME ET PLUSIEURS CONTES

De nos jours, il est courant d'associer l'évolution à Darwin, et le terme darwinisme est parfois pris comme (presque) synonyme d'évolution. Ce sont pourtant des concepts foncièrement différents, qu'il est utile d'examiner.

L'évolution est une science, ou plutôt un vaste chapitre d'une science, la biologie, qui fait appel à des résultats et méthodes de presque toutes les autres sciences : sans doute la chimie, la géologie, mais également la physique et les mathématiques. Elle rappelle certainement l'histoire, comme *elle rappelle un superbe roman policier, mais elle est une science.* Elle est même *une science expérimentale*, avec toutes les particularités et contraintes afférentes à son sujet très particulier. Des expériences de différenciation d'espèces sont courantes en laboratoire, en utilisant surtout des mouches, qui rendent possible l'observation en peu de temps d'une longue suite de générations. Les lois de la nature sont universelles, indépendantes de la position et du temps (sans cela, aucune science ne serait possible) ; c'est pourquoi ces expériences ont une valeur universelle (ce qui ne veut dire ni exacte ni nécessairement correcte).

Un jour, conversant avec un collègue paléontologiste[32], je lui ai demandé pourquoi, étant donné que chez nombre d'espèces animales, mâles et femelles sont morphologiquement très différents, des fossiles de mâles et femelles d'une même espèce n'aient pas été identifiés comme appartenant à des espèces différentes. Il m'a répondu que des erreurs de ce type se sont effectivement produites, mais que, le plus souvent, les fossiles ne sont pas trouvés isolés, mais au contraire, dans des sites contenant un certain nombre de spécimens permettant de se faire une idée de la diversité morphologique des sexes, ainsi qu'entre jeunes et adultes, de cette espèce. Et cela doit s'imbriquer de façon cohérente dans le réseau de connaissances. *Il ne s'agit pas d'un roman policier qui finit par l'identification du coupable, mais d'une recherche patiente de faits et de relations de causalité, de plus en plus cohérents, en contiguïté avec les autres branches de la science.*

Et le darwinisme, qu'est-ce ? Les noms en -isme désignent, en général, des systèmes idéologiques ou des méthodologies. *A priori*, le darwinisme est la façon de penser, d'attaquer les problèmes et de se satisfaire de solutions, de Darwin. Mais dans la pratique, qu'est-ce que cela recouvre ?

Curieusement, les découvertes scientifiques de Darwin (on a cité les fameux pinsons de Darwin, mais elles sont nombreuses et profondes, élaborées souvent à l'appui de sa théorie de l'évolution) ne font pas partie de ce qu'on appelle darwinisme. Le darwinisme est fondamentalement un schéma global du mode opératoire de la causalité de l'évolution. En résumé :

Les espèces ne sont pas parfaitement uniformes, il y a des variations entre les individus. La sélection naturelle les départage, éliminant les moins aptes, ce qui conduit automatiquement à une adaptation des espèces.

Mais sans plus de précisions, cela ne signifie pas grand-chose.

Qu'il y ait des variations entre les individus, personne n'en doute. D'où viennent-elles, qu'est-ce qui les produit ? Eh bien, elles existent, c'est un fait ; on peut considérer que le darwinisme ne s'en occupe

32. Philippe Taquet.

pas, que son objet est d'en étudier les conséquences. Alors, pour comprendre la description ci-dessus, il faut savoir ce que c'est que « sélection naturelle », « éliminer » et « adaptation[33] ».

Justement, nous avons vu que, suivant les questions traitées et les époques, Darwin a donné des descriptions très diverses, de « sélection naturelle » et de « éliminer » et « adapter ». Les premières descriptions, qui en appellent explicitement à Malthus et à l'élimination du surplus démographique, évoquent des images convenant peut-être à notre vision de la forêt vierge amazonienne, mais cadrant mal avec d'autres visions de la nature, souvent apparentées à des thèmes bucoliques. Le moins qu'on puisse dire est que c'est très subjectif et peu scientifique.

Mais le plus remarquable du darwinisme est qu'il s'agit d'un -isme qui n'a pas changé de nom en un siècle et demi, alors que son contenu a subi des bouleversements spectaculaires[34]. Certes, le terme néodarwinisme est aussi utilisé, mais il a été appliqué à diverses modifications de la théorie initiale. Et en tout cas, pensez-vous qu'il serait raisonnable de désigner la mécanique actuelle (incluant, entre autres, la relativité) par « newtonisme » ou « néonewtonisme » ?

Mais les choses ne s'arrêtent pas là. Nous avons vu que, sous sa forme initiale, le darwinisme s'inspirait largement de l'économie malthusienne. Voilà que de nos jours, maints économistes et sociologues nous expliquent les mécanismes de l'économie et de la sociologie par des analogies avec l'évolution biologique darwinienne[35]. Vous avez certainement observé, lors de la crise financière et économique commencée en 2009, la méconnaissance des mécanismes du fonctionnement de l'économie. *Dans ces conditions, prétendre que l'évolution, l'économie et la sociologie fonctionnent de la même façon*

33. Ce point est très important : Nous avons vu, en effet, que les idées générales sous-tendues par le darwinisme prennent leurs racines dans la doctrine économique de Malthus, et de nos jours on utilise le terme « darwinien » dans de vastes contextes économiques et sociologiques.

34. Nous avons déjà signalé que Darwin ne connaissait pas l'hérédité ni la génétique, encore moins les gènes HOX et tant d'autres choses…

35. Voir, par exemple Cavalli-Sforza [2005].

(par des mécanismes darwiniens) revient, purement et simplement à fouler aux pieds l'évolution, l'économie et la sociologie.

Que reste-il du darwinisme ? Serait-il faux ? Certes pas ! Le darwinisme est vrai mais parfaitement inutile, car c'est une tautologie. C'est ce que nous allons expliquer à l'aide d'un exemple de la vie courante (on peut le tenir pour économique ou sociologique). Il va de soi que cet exemple ne concerne pas l'évolution, mais le darwinisme, apparemment commun aux trois.

Le réseau des chemins de fer européens est il darwinien ?

Une inspection des chemins de fer européens actuels donne l'impression d'être l'œuvre d'un ingénieur schizophrène[36] :

1. Il y a deux largeurs de voies, une large en Russie et une partie du réseau espagnol, une plus étroite dans le reste de l'Europe.
2. Les tensions des lignes électrifiées sont en général différentes suivant les pays. Par ailleurs, la plupart des réseaux nationaux fonctionnent avec courant alternatif, mais certains ont le courant continu. Cela pose de sérieux problèmes pour les trains électriques internationaux. Il y en a de deux sortes. La plupart n'ont d'international que les wagons, les locomotives étant changées à la frontière. Mais les trains rapides (certains TGV, Eurostar et autres), pour ne pas attendre, sont équipés de locomotives (lourdes et coûteuses) pouvant fonctionner avec deux courants différents, mais cela ne résout pas tout : les rames Londres-Paris ne sont pas échangeables avec les Paris-Amsterdam.
3. Partout en Europe se trouvent des voies de chemin de fer non utilisées et des gares fermées sur des voies en service. Plus pittoresque, je connais une petite gare en Normandie située sur une voie en service où les trains ne s'arrêtent pas, mais qui n'est pas fermée aux usagers : ceux-ci, très peu nombreux, sont transportés (gratuitement, mais sur demande) en taxi de (ou à) la gare d'arrêt la plus proche.

---

36. Les chemins de fer européens sont... en évolution ; les considérations qui suivent correspondent à leur état vers l'an 2000.

Je connais (en gros) les raisons de cet état de choses :

a) Les premières lignes de chemin de fer ont été construites dans la Grande-Bretagne de la révolution industrielle par diverses compagnies privées sans vision de l'avenir. Il y avait en Grande-Bretagne deux largeurs de voies principales. Lorsque les autres pays européens ont commencé à construire leurs propres réseaux, ils ont naturellement suivi ce qui existait, mais deux possibilités se présentaient. L'ampleur du problème a fait que chaque pays, y compris la Grande-Bretagne, a décidé au niveau national de choisir une largeur. La Grande-Bretagne a opté pour la voie étroite déjà construite presque partout. Les autres pays ont suivi, à l'exception de l'Espagne et de la Russie, qui ont préféré la voie large probablement pour des raisons de protection isolationniste, mais aussi parce qu'elle était techniquement avantageuse. Ensuite, l'électrification s'est imposée à l'époque de l'Europe des nations ; il n'y a eu guère de concertation ; le voisin était alors souvent perçu comme ennemi.

b) Vers la fin des années 1960, et pour faciliter les échanges avec le reste de l'Europe, l'Espagne a mis au point des rames automotrices Talgo pouvant changer l'écart des roues, reliant Madrid à Paris et Barcelone à Paris et Genève.

c) La technologie des trains à grande vitesse était apparue au Japon à la faveur de la construction d'une nouvelle voie. Une opportunité analogue, et encore meilleure, s'est présentée en France à cause de la saturation de la ligne Paris-Lyon vers 1970. Une nouvelle ligne devait être construite pour doubler la précédente. Elle pouvait avantageusement être réservée à des trains très rapides effectuant le parcours sans arrêt (ou presque), la précédente étant affectée au fret et à des trains classiques avec arrêts intermédiaires. Le TGV était né, dont le succès était associé à sa flexibilité. À la différence de son ancêtre japonais, les rames TGV pouvaient également rouler à petite vitesse sur les anciennes voies, effectuant de longs parcours sans arrêt qui utilisaient partiellement la voie rapide. Le TGV a naturellement la largeur de voie française (étroite). L'Espagne a ensuite importé la technologie TGV pour la nouvelle voie rapide

AVE Madrid-Séville, qui a donc été construite avec la largeur française. Mais les rames AVE ne peuvent utiliser le reste du réseau espagnol (de voie large). Les parcours mixtes (Madrid-Malaga, par exemple) sont assurés par des rames Talgo, bien moins rapides que les AVE sur la nouvelle voie.

d) Le développement de la voiture particulière en Europe à partir des années 1960 a fait diminuer la demande en services de chemins de fer, surtout pour les petits parcours. Le souci de la rentabilité au détriment du service public a alors conduit à la fermeture de nombre de voies secondaires et de gares, les trains actuels étant réservés à des parcours moyens et longs, avec peu d'arrêts.

Vous pouvez vérifier que a, b, c, d donne une explication assez satisfaisante des raisons qui ont conduit à l'état de choses (apparemment schizophrène) 1, 2, 3. Ce fut un peu long, j'en conviens. Peut-on donner une explication rapide, synthétique, pour remplacer a, b, c, d ? Je ne le pense pas. Peut-être des explications qui n'expliquent rien, du genre « les impératifs économiques », ou « le progrès inégal des techniques », ou « l'optimisation des possibilités offertes ». Ce n'est pas tout à fait faux, mais pas tout à fait vrai, et quoi qu'il en soit, cela ne remplace certainement pas a, b, c, d [37].

Avant d'aller plus loin, avez-vous remarqué les analogies entre le monde vivant (avec sa diversité, ses changements et ses atavismes) et les chemins de fer (avec leurs particularités 1, 2, 3) d'une part, et entre le fameux bricolage de l'évolution, de F. Jacob, décrit ci-dessus et les explications a, b, c, d d'autre part ? Ce n'est pas étonnant, *ce sont les analogies de ce type qui ont entraîné les amalgames entre évolution, économie et sociologie.*

Maintenant, posons carrément la question : L'évolution des chemins de fer est-elle due à la sélection naturelle, qui a conduit à leur adaptation ? Oui, sans doute, il suffit de donner un contenu adéquat à « sélection naturelle », c'est ce que, nous l'avons vu, faisait Darwin. Chaque fois qu'un choix a été fait, l'une des possibilités

37. En ce qui concerne l'optimisation des possibilités, elle peut expliquer chaque choix à courte portée, certainement pas le processus général.

l'a emporté ; laquelle ? *Manifestement, la plus adaptée* aux impératifs qui se présentaient ou ont été retenus au moment du choix. C'est une vision un tant soit peu tendancieuse de la *survivance des plus aptes.* Il est beaucoup plus naturel de dire, tout simplement, que les choix se sont fait *au hasard des choses*, terme souvent utilisé pour ne pas entrer dans les détails, et que, s'il y a eu de remarquables succès, ils répondent à la bonne vieille loi de « l'homme approprié, au bon endroit et au bon moment » plutôt qu'à la « survivance des plus aptes ».

Il en va de même avec l'évolution. « Survivent les animaux qui sont là au bon moment avec des avantages sur les autres dans des circonstances précises » (B. Cyrulnik *et al.* [2000], page 27). Voyons ce que dit à ce propos J. Chaline (Chaline [2006], page 366) :

> Cela signifie que ce merveilleux concept d'adaptation est en soi une superbe tautologie. Le mot adaptation employé dans le stade synthétique de la théorie de l'évolution, mérite donc d'être rediscuté, car sous ce mot se cachent d'une part des processus génétiques complexes et d'autre part, un résultat final qui est celui de la nouvelle fonction d'un organe ou d'une fonction physiologique dans l'environnement donné.

Ce texte est lucide et précis. Du point de vue logique, on a une tautologie[38] *; mais il n'y a pas que cela ; c'est un rideau de fumée qui cache l'essentiel, comme dire « les trains se sont adaptés » cache « a, b, c, d ».* La bonne utilisation de l'idée générale d'adaptation consiste à ne pas la considérer comme une explication en elle-même, mais comme un renvoi à une recherche plus précise, plus convaincante et plus objective des causalités en jeu, en nous éloignant des explications holistiques et transcendantes.

Voyons maintenant, à l'aide d'un (ou deux) contes, les implications, en ce qui concerne l'évolution, du fait, signalé à la section V, *qu'il n'y a nullement identité entre gènes et caractères.*

---

38. Le caractère tautologique de l'adaptation a été souligné par nombre d'auteurs, citons, par exemple, Vallejo [1998] ou Morange [2003].

Conte évolutionniste

Dans une certaine niche écologique habite une population d'animaux prédateurs de l'espèce *E.* Pour une raison quelconque, une mutation *m* se produit dans le patrimoine génétique de certains des individus de cette population et se transmet aux descendants, si bien qu'au bout de quelques générations, on se retrouve avec deux sortes de « races », les non mutés *E* et les mutés *Em.*

La mutation *m* donne naturellement des caractères différents distinguant les individus *E* des *Em.* Or, une mutation n'est rien d'autre qu'un changement dans les instructions pour la production des protéines, et une protéine n'est pas un caractère. Le changement dans la production de protéines donnera en général non pas un, mais plusieurs modifications des caractères. Admettons que, dans le cas qui nous occupe, la mutation *m* produise les deux modifications de caractères suivants :

a) Une augmentation de l'acuité visuelle.
b) Une réceptivité accentuée à une certaine maladie infectieuse, que j'appellerai *M.*

Que va-t-il se passer ? Qui, des *E* ou *Em* seront avantagés par l'évolution et l'emporteront à terme sur les autres ? Il est clair que, puisque *a* est un avantage et *b* un inconvénient, cela dépend des épreuves auxquelles ils vont être confrontés. Envisageons les deux scénarios suivants :

1. Il y a une épidémie de *M,* le reste des conditions étant à peu près normales.
2. Il y a un hiver exceptionnellement long et rigoureux, le reste des conditions étant à peu près normales.

Il est clair que dans le scénario *1* les *Em* seront fortement frappés par la maladie et les *E* l'emporteront. *L'évolution n'aura pas choisi l'avantage a, elle aura préféré éviter le handicap b.* Au contraire, dans le scénario *2*, les *E* seront frappées par la famine, alors que les *Em,* grâce à leur grande acuité visuelle, auront, pour la chasse, une capacité accrue qui leur permettra de surmonter sans trop de dommages l'épreuve de l'hiver. Ce seront les *Em* qui l'emporteront. *L'évolution aura choisi l'avantage a, supportant le handicap b.*

La morale de ce conte est qu'il ne faut pas confondre une mutation avec la modification d'un caractère. Une mutation produit en général plusieurs modifications de caractères, les individus mutés les ayant toutes, bonnes ou mauvaises, les non mutés ne les ayant pas. Alors, suivant les scénarios, diverses issues seront possibles.

En fait, les choses sont encore plus compliquées que cela. On peut imaginer des cas très simples, où une mutation ne produit que des avantages ou que des inconvénients, ce qui donnerait des conséquences indépendantes du scénario. Mais c'est parfaitement utopique, parce que *« avantage » et « inconvénient » ne sont pas des épithètes absolues ; ils dépendent eux-mêmes des scénarios.* Je pourrais continuer le récit pour vous l'illustrer d'un exemple, mais je préfère laisser la parole à Tolstoï, qui, dans son conte « Maître et valet » a traité cette question dans un cadre légèrement différent, avec des individus humains au lieu de populations d'animaux (Tolstoï n'était pas un grand scientifique, mais un grand connaisseur d'hommes).

Maître et valet

Dans la première partie de son conte, Tolstoï décrit un maître riche et despotique, régnant impitoyablement sur ses serfs et serviteurs pour la seule satisfaction de ses appétits égoïstes. Cette situation est acceptée par tous ; il y a des maîtres et des serfs, c'est un grand bonheur pour des serfs d'avoir un bon maître, mais si ce n'est pas le cas, il faut bien accepter la réalité comme elle est. Il y a des lois et des règles, elles s'appliquent, un point c'est tout. Un jour d'hiver, le maître est obligé de partir en voyage. C'est dangereux, car une tempête de neige menace, mais en Russie, on sait s'y prendre, il y a des procédures de survie que tout le monde connaît ; le moment venu on les appliquera, on ne peut pas arrêter la vie pendant le long hiver.

Fig. 40

Le maître part avec son valet dans un traîneau tiré par des chevaux et, bien entendu, ils sont pris dans une terrible tempête. Impossible d'avancer, il faut se protéger du froid et survivre sur la steppe balayée par le vent et la neige. On applique les procédures de survie. On commence par se protéger avec la chaleur des chevaux, qui sont sacrifiés les premiers. Avant qu'ils ne meurent de froid, on a quelques heures, qui suffissent en général pour que le temps s'améliore. Mais cette fois-ci, les chevaux meurent, leurs cadavres refroidissent et le tour des hommes arrive. Le valet doit être sacrifié le premier, il doit entourer autant que possible le maître et lui offrir la chaleur de son corps. Ce qui est fait. Mais le valet a une très grande endurance, alors que le maître est affaibli par son manque d'habitude de la souffrance. Le maître comprend qu'il va mourir de toute façon ; il réfléchit à sa vie qui finit, change de position, entoure le valet lui offrant sa chaleur et meurt. La tempête cède et le valet est le seul survivant.

Dans des circonstances extrêmes, les choses perdent leur sens et en prennent un autre. Les avantages se tournent en inconvénients et vice-versa.

On peut objecter que le conte de Tolstoï a peu de rapport avec l'évolution et que l'altruisme n'intervient que chez les humains. Mais ce n'est pas mon avis. La tempête de neige qui tue les chevaux et la moitié des hommes est une bonne allégorie des terribles hécatombes qui ont frappé le vivant lors des grandes extinctions, laissant à peine 10 % des espèces. Quant à l'altruisme, il y aurait bien des choses à en dire, en commençant par le définir de façon cohérente. D'autre part, il n'y a aucune évidence que le maître soit devenu altruiste à l'approche de la mort. Nous pensons à l'altruisme parce que ce conte est poignant, mais le maître voulait peut-être tout simplement mourir plus vite. Et quand bien même son intentionnalité finale aurait été altruiste, ce n'est pas la même chose d'être altruiste le long d'une vie que de l'être ponctuellement à l'approche de sa fin certaine ; le maître voulait peut-être s'offrir une expérience inconnue, celle de l'altruisme, comme la dernière volonté d'un condamné. *Nous ignorons ces détails.*

Il en va de même de l'évolution. Nous en connaissons les résultats, nous avons des datations fiables, mais de grandes zones d'ombre demeurent, notamment en ce qui concerne les raisons des événements (voir les commentaires de Lewontin à la figure 39). D'autre part, le conte évolutionniste qui précède, tout schématique et allégorique soit-il, montre *l'absurdité d'un raisonnement que l'on rencontre souvent dans la littérature : « Si un certain caractère a été retenu par l'évolution, il a dû constituer un avantage à un certain moment. » Non, il a pu être retenu par contiguïté avec un autre qui constituait un avantage, comme le désavantage b, choisi dans le scénario 2*[39].

Il y a plusieurs types d'explications des phénomènes biologiques et en particulier de l'évolution[40]. Les explications darwiniennes ne sont pas les seules, et sont parfaitement compatibles avec d'autres plus précises (nous en avons donné des exemples), mais dans la pratique, elles sont souvent dangereuses : d'une part, elles ont un certain caractère holistique (général), qui décourage parfois de chercher des causes plus précises, et d'autre part, elles prêtent souvent à des raisonnements erronés.

Cependant, il est utile de signaler que Darwin met en œuvre une *causalité « au jour le jour », sans projet ni méthode*, dont

39. Nous avons pourtant utilisé ce type de raisonnement au chapitre VIII, section IV en tant qu'explication plausible du mode de fonctionnement analogique de notre cerveau. Comme nous l'avons signalé, c'était à titre exceptionnel, en soulignant qu'il a probablement constitué un avantage décisif tout le long de l'évolution.

40. On pourra consulter à ce propos Morange, 2005, en particulier le chapitre II.

le caractère matérialiste est beaucoup plus patent que chez Lamarck ou Geoffroy Saint-Hilaire, dont les vues s'apparentaient ou tout au moins étaient compatibles avec une idée de progrès. Les explications darwiniennes sont pragmatiques, privilégiant la dimension non-transcendante et le caractère fortuit des choix, l'absence de projet. Ce point capital a constitué et constitue probablement le principal obstacle idéologique à l'acceptation par certains de sa théorie.

VIII. SCIENCE ET IDÉOLOGIES.
CE QUE NOUS APPRENNENT EDISON, PROMÉTHÉE ET BIEN D'AUTRES PRESTIGIEUX PERSONNAGES

On raconte que, lors du premier essai du phonographe d'Edison (1847-1931), celui-ci fredonna une courte chanson en présence de ses collaborateurs ; l'appareil l'enregistra et la reproduisit quelques instants après. L'assistance fut saisie d'admiration et d'effroi, et certains auditeurs firent le signe de la croix. Ils savaient pourtant qu'Edison travaillait sur l'emmagasinement et la reproduction du son, mais… la parole… le verbe… c'en était trop ! Cela contient des idées, même des sentiments dans le cas d'une chanson… on avait transgressé les limites de ce qui est permis aux humains, on avait osé pénétrer dans le domaine de la transcendance…

Un siècle après, tout cela est parfaitement oublié, nos enfants ou petits-enfants connaissent mieux que nous-mêmes le fonctionnement de nos chaînes hi-fi et ni les concepteurs ni les dépanneurs d'installations multimédia n'ont l'impression d'entretenir des relations privilégiées avec l'au-delà.

Le sentiment que, d'une façon ou d'une autre, on doit payer pour avoir transgressé les limites de l'humain se retrouve, par exemple, à l'origine du mythe de Faust. Apparemment, il n'y a pas de rapport étroit entre les situations que l'on vient d'évoquer et la version archi-connue de la dérive du docteur Faust, laquelle consiste simplement à s'attacher les services du diable pour se racheter temporairement une nouvelle jeunesse et les passions associées, quitte à rembourser sa dette par un séjour indéfini en enfer.

Fig. 41. Le pacte faustien.

Pourtant, le mythe de Faust aurait été bâti (hypothèse défendue par certains) à propos de l'invention de l'imprimerie. Johan Fust, devenu Faust, était un collaborateur de Gutenberg (vers 1400-1468), soupçonné d'entretenir des rapports avec les forces de l'au-delà, grâce auxquelles il aurait trouvé le moyen de reproduire la parole écrite (toujours le verbe...). Fort opportunément pour l'intégrité des inventeurs de l'imprimerie, celle-ci a été dans un premier temps principalement utilisée pour reproduire... la Bible.

Ce sentiment est tellement ancré dans nos convictions, que nous avons inventé des mythes pour nous racheter d'avoir fait irruption dans la sphère d'activité des divinités. C'est le cas de l'invention de l'allumage du feu, qui nous a conduits à forger le mythe de Prométhée, censé en avoir volé le secret aux dieux. Ceux-ci l'auraient condamné à être éternellement enchaîné, alors qu'un aigle viendrait chaque jour lui manger le foie, renouvelé pendant la nuit. Le peintre Paul Jourdy (1805-1856) en a imaginé une variante moins sanglante ; pourquoi pas, puisque ce sont... des mythes.

Fig. 42. *Prométhée*, Paul Jourdy (1840), musée Ingres de Montauban (don du musée des Beaux-Arts de Dijon).

Au point où nous en sommes, il convient de réaliser que les sciences n'ont pas toujours eu le statut que nous leur connaissons de nos jours. Il y avait des amalgames (il y en a toujours) entre science et idéologie qui n'étaient pas admis comme tels. Ainsi, par exemple, du temps de Leibniz (1646-1716) et Newton (1643-1727), les lois de la nature (chute des corps, par exemple) devaient prévoir l'éventualité d'exceptions ponctuelles de nature miraculeuse. Bien plus important et étonnant à nos yeux du XXIe siècle, *une nouvelle loi, pour être satisfaisante et acceptée comme telle, devait, non seulement prouver sa conformité avec les faits décrits (chute des corps, par exemple), mais encore prouver qu'elle était la meilleure loi possible, au sens de compatible avec le fait que le Créateur avait construit le meilleur des mondes possibles.* La spéculation avec les propriétés d'autres mondes possibles et l'éventuelle optimalité du nôtre faisait donc partie de l'activité scientifique ordinaire.

Il ne s'agit pas d'analyser ici les raisons et les modalités de la quête de transcendance chez les hommes. Je me limiterai à quelques remarques qui me semblent évidentes. L'humanité se voit elle-même entre un passé qui devient de plus en plus diffus en remontant le temps et un avenir inconnu ou incertain. L'idée d'un monde transcendant, qui se retrouve dans presque toutes les religions et nombre de systèmes philosophiques, comble ces deux inconnues et est pleinement rassurante sous deux formes distinctes. En comblant le passé, elle donne au présent des fondations, des racines stabilisantes. En donnant une ossature à l'avenir, elle nous responsabilise. Ce dernier point s'articule naturellement avec un sentiment de justice ou d'injustice. Il s'agit là d'un canevas général où s'inscrivent nombre de schémas spirituels.

La science est disjointe de ce canevas alors que l'art, tout en n'aspirant pas à la transcendance, entretient de très bons rapports avec le monde spirituel. Essayons de comprendre la nature et les articulations des relations, souvent tourmentées, entre science et croyance.

Les scènes de la vie après la mort constituent un thème récurrent du ballet classique : Giselle, La Bayadère,... Précisément, cette dernière a connu des versions différentes dont l'analyse n'est pas sans intérêt :

Sur une musique de L. Minkus (1826-1917) et une chorégraphie de M. Petipa (1818-1910), *La Bayadère* a été créée à Saint-Petersbourg en 1877. La version originale (dite de Petipa) a quatre actes. Dans les deux premiers, le Rajah promet en mariage sa fille Gamzatti au héros Solor. Mais celui-ci et la bayadère Nikiya sont secrètement amoureux. Nikiya et Gamzatti deviennent rivales, et le Rajah fait assassiner Nikiya[41]. Solor, inconsolable, fume de l'opium. Le troisième acte, dit « Le royaume des ombres » est le rêve de Solor, où il danse avec Nikiya. Le ballet se termine par un court quatrième acte, où Solor, après sa mort, danse effectivement avec Nikiya dans l'au-delà, donnant ainsi satisfaction à la quête spirituelle de justice. Plus récemment, R. Nureyev (1938-1993), crée une nouvelle version, en introduisant des modifications dans la chorégraphie originale et les scènes. La version Petipa/Nureyev comporte trois actes, dont le troisième reprend en gros les danses des troisième et quatrième de

41. La scène de la mort de Nikiya présente un grand intérêt dialectique, car assassinat et suicide s'y télescopent. Le Rajah fait mettre un serpent venimeux dans la corbeille de fleurs avec laquelle Nikiya doit danser devant les invités lors des fiançailles de Solor et Gamzatti. Le serpent mord Nikiya qui tombe à terre et le Grand Brahman lui présente une fiole contenant un antidote. Nikiya interroge Solor du regard et voit que celui-ci regarde Gamzatti. Dépitée, elle laisse tomber la fiole et meurt dans les bras de Solor, accouru trop tard.

la version Petipa. Il s'appelle toujours « Le royaume des ombres », *qui peut donc être légitimement interprété aussi bien comme le rêve de Solor que comme une scène de l'au-delà.* Cela ne change rien au spectacle, cela change peut-être la rêverie du spectateur.

Retenons qu'il y a des faits ou situations qui admettent des interprétations soit matérialistes, soit transcendantes, dont la seule conséquence est de changer la rêverie des spectateurs que nous sommes.

Or, l'activité scientifique n'exclut nullement la rêverie, mais elle ne saurait s'en contenter ; son objectif est d'avancer (ou de préciser) nos connaissances. Elle le fait… comme elle peut. De nouveaux domaines basculent dans le cadre de ce qui est accessible à l'expérimentation, à la compréhension, à la mise en rapport cohérente avec d'autres domaines. Ils deviennent matière à discussion, on a des hypothèses, des controverses, des progrès et, nous l'avons vu à plusieurs reprises, des régrès. La science ne sera jamais totale, ni dans les domaines couverts ni dans les explications ultimes. De leur côté, les explications globales, transcendantes, souvent n'expliquent rien, exactement comme nous l'avions vu à propos de « La bouteille diabolique » (chapitre, IV, section IV). La possession de la bouteille peut expliquer *a posteriori* les victoires de Napoléon, mais elle n'explique pas pourquoi il n'a pas obtenu de victoire sur l'Angleterre, ni de descendant avec Joséphine, qu'il a aussi voulus. On peut croire qu'il possédait la bouteille, mais, finalement, cela n'explique rien, cela dissuade de réfléchir au pourquoi des choses. *Une telle explication est incohérente avec le reste ; si l'on s'en contente, cela signifie que l'on ne cherche pas à comprendre.*

Il est facile de construire de toutes pièces des explications à caractère holistique (global) absolument imperméables à tout raisonnement. Imaginez quelqu'un qui affirme que les hommes ont trois bras et qu'il est endormi en train de rêver qu'il vit dans un monde où les hommes n'en ont que deux. Quoi que vous fassiez, y compris d'énergiques secousses pour le réveiller, il peut vous répondre que cela fait partie de son rêve. Manifestement, une telle personne se placerait dans un contexte non scientifique, mais parfaitement inattaquable de son point de vue. À mon avis, tout cela n'est pas très raisonnable, mais il n'est sans doute guère possible d'éradiquer ce type de choses avec des arguments scientifiques. Tout simplement, *cela ne fait pas partie de la sphère du scientifique.*

L'une des principales difficultés avec le créationnisme vient de ce qu'il s'agit d'un sujet très sensible. Prenons un exemple d'une autre nature pour essayer de comprendre. La mécanique classique, en particulier la mécanique céleste, peut aussi être interprétée par des mouvements compliqués de sphères concentriques tournant les unes autour des autres, au lieu d'orbites elliptiques (à l'instar de la théorie de Tycho Brahe, évoquée à la section I du chapitre IV). C'est la simplicité des orbites elliptiques et autres (lois de Képler...) qui conférait une unité et une simplicité générale permettant des explications encore plus satisfaisantes à l'aide des principes de la mécanique (Newton...). Cette démarche a prouvé sa justesse ensuite par son pouvoir prédictif, acquérant ainsi le statut de théorie scientifique rigoureuse. En fait, rien n'empêche de considérer que les masses et les forces n'existent pas et que les mouvements des corps (célestes ou autres) sont produits par une intervention transcendante (mettons, par exemple, des petits anges déplaçant volontairement les corps) *comme si* c'étaient les forces qui le faisaient. Il faut bien comprendre qu'une telle interprétation est *impossible à nier du point de vue scientifique*, car les mouvements auraient eu lieu *comme si* c'étaient des forces newtoniennes. On ne comprend pas très bien l'utilité d'une telle explication, si ce n'est de montrer que les anges connaissent la mécanique et jouent à faire croire aux mécréants qu'il n'y a pas d'anges... Ces explications ne sont ni raisonnables ni utiles, mais pas nécessairement fausses [42]. En tout cas, nous ne pouvons pas les réfuter [43].

Le domaine où l'invocation d'une intervention transcendante est utile pour une interprétation (fût-elle erronée) des phénomènes recule au fur

---

42. On peut rappeler à ce propos la fameuse réplique de Laplace à Napoléon, qui l'interrogeait sur la place de Dieu dans sa théorie : « Sire, je n'ai pas eu besoin d'une telle hypothèse. »

43. Celui-ci constitue un exemple des (rares) cas où le critère de scientificité de Popper (chapitre II, section IV) s'applique clairement : l'hypothèse en question n'est pas scientifique car elle ne peut pas être réfutée.

et à mesure que les sciences avancent. Lorsqu'il en est ainsi, le domaine en question bascule en général du côté de la science ordinaire, et devient complètement désacralisé. (On rapprochera utilement ces propos des considérations du chapitre IV, section I).

Il convient de réaliser que ce processus n'est en général pas complètement clair et transparent. Même en mécanique classique, les interprétations finalistes (principe de moindre action et autres, considérés effectivement comme des principes au lieu de propriétés, évoqués au chapitre IV, section II) coexistent avec d'autres, mais curieusement, elles sont parfaitement désacralisées. Mais la leçon est claire : là où l'utilité d'invoquer une intervention transcendante ne se fait plus sentir, elle est naturellement abandonnée.

Tout semble indiquer que la controverse actuelle sur l'évolution et le créationnisme suivra une démarche analogue. Laissons du temps au temps, et surtout aux scientifiques, pour combler des lacunes, laisser à des fouilles fructueuses de confirmer ou de corriger des hypothèses audacieuses mais parfois incorrectes, pour que de nouvelles techniques de mesure et datation nous fassent connaître le passé et surtout qu'une compréhension bien plus complète et rigoureuse des mécanismes de changement du vivant donne une description de plus en plus cohérente et crédible de la variabilité de la biosphère et des étapes de son passé. On verra alors les explications créationnistes se vider peu à peu de leur raison d'être, et être abandonnées comme inutiles.

Encore une petite remarque avant d'abandonner ce sujet. Un des arguments les plus couramment utilisés par ceux qui se réclament de la transcendance pour combattre les interprétations scientifiques est leur caractère changeant, par opposition à l'intemporalité des interprétations spirituelles. Or, je n'ai jamais vu discuter des scientifiques avec des dieux ; je les ai vus discuter avec d'autres hommes qui se réclament des dieux. Ce qu'on oppose aux raisons scientifiques sont les idées que certains hommes se font de leurs relations avec les dieux. Et celles-ci sont des plus changeantes.

X

Autres commentaires sur les mathématiques

Ce chapitre contient des commentaires divers sur le statut épistémologique de certaines entités ou processus intervenant en mathématiques, pures ou appliquées, leurs rapports avec le monde physique et les processus mentaux menant à leur construction. L'accent est mis sur les modes opératoires et le rôle des conventions, prenant des distances avec les interprétations transcendantes. D'autres aspects de la nature dialectique des mathématiques (sans mentionner explicitement la dialectique) se trouvent dans Byers [2007] « How mathematicians think. Using ambiguity, contradiction and paradox to create mathematics ».

I. REMARQUES SUR L'EXISTENCE EN MATHÉMATIQUES

Connais ta condition humaine et ses limites, ne t'expose pas par démesure à la vengeance de la Némésis divine[1].

Socrate

Qu'on ne cherche pas ici une théorie ontologique profonde sur l'épineux problème de l'existence des entités mathématiques. Je me propose seulement de situer le problème sur une base plus saine que celle souvent adoptée sur ces questions, soit par manque de

---

1. Cité dans le Larousse des mythologies du monde, page 54.

connaissances mathématiques, soit, au contraire, par déformation professionnelle, qui conduit en général à un idéalisme injustifié[2].

Je voudrais commenter le fait même que ce problème se pose souvent de façon naturelle en mathématiques et pas dans d'autres matières analogues. Cela tient sans doute à l'extraordinaire précision des entités mathématiques, incitant à les tenir pour quasiment individuelles et réelles, alors que d'autres entités à la définition plus diffuse sont plus facilement qualifiées de pures abstractions mentales.

Considérons, par exemple, la justice. Je n'ai pas regardé le dictionnaire, mais sa définition me semble difficile et hasardeuse. Voyons des exemples d'utilisation habituelle de ce concept. La phrase assez courante « il n'y a pas de justice » est en général prononcée sur un ton dépité, en guise de conclusion à un récit au contenu regrettable. L'idée opposée s'exprime souvent par la phase « il y a quand même une justice », elle demande à être suivie d'une pause destinée à être comblée par une réflexion apaisante, génératrice d'espoir. Pensez-vous que ces phrases aient quelque chose à voir avec l' « existence » de la justice ? Sans doute pas, et bien entendu, si au coin de la rue, je me trouve nez à nez avec une dame en tunique grecque, les yeux bandés et équipée d'une balance, ma première idée sera qu'il y a une manifestation d'étudiants en droit ou d'une corporation relevant de la justice (en tant qu'institution d'État, mais ce n'est pas de cela qu'on parlait).

Qu'est-ce que, au fait, la justice ? Je ne sais trop, je dirais que « c'est une abstraction de ce qui est juste, de ce qui doit être, pour l'harmonie de la société ». Drôle de définition ; cette fois-ci, je cherche dans le dictionnaire, et j'y trouve « principe moral qui exige le respect du droit et de l'équité ». Pour y voir plus clair, je cherche « droit » : peine perdue, c'est de moins en moins clair, et surtout, de plus en plus imprécis. Ce qui est clair, en revanche, c'est qu'il n'y a pas une entité qui soit la justice. C'est une tendance, un vœu, un idéal... et naturellement, elle n'est nulle part, on peut tout au plus la localiser dans la pensée des gens qui pensent à elle...

2. Déjà signalé au chapitre II, section III.

Le statut des entités mathématiques est très différent, car elles sont beaucoup plus précises. Considérons l'idée de triangle. Des triangles, il y en a beaucoup, mais cela répond quand même à une définition précise. Sans doute y a-t-il un glissement lorsqu'on énonce une propriété relative aux triangles en termes de « triangle » au singulier, par exemple, « l'aire du triangle est égale à la moitié du produit de sa base par sa hauteur », comme s'il n'y avait qu'un triangle. Cela ne coûterait pas plus cher de dire « l'aire d'un triangle… », mais on ne le fait pas. Pourquoi ? Probablement parce que souvent, lorsqu'on apprend ou énonce cette propriété, on apprend aussi ou l'on mentionne l'aire « du rectangle », celle « du carré » et autres. Les triangles sont globalisés en une unité, par opposition aux rectangles, qui sont d'ailleurs globalisés à leur tour comme « le rectangle ». Notons que même quand on parle de l'aire des triangles, et seulement d'eux, ils sont globalisés parce que leurs aires sont données par une formule unique qui est celle qui nous occupe.

Bien entendu, on ne pense pas à ces choses-là lorsqu'on apprend l'aire du triangle ou qu'on l'utilise pour résoudre un problème. Il n'empêche que petit à petit, « les triangles » apparaîtront comme des exemples ou avatars « du » triangle, le triangle quelconque ou le triangle en soi, on ne sait trop. *Nous avons opéré une réification du concept de triangle*, ce qui n'était pas dans le programme. Il convient maintenant de réaliser que *cela constitue une erreur d'interprétation, mais certainement pas un dysfonctionnement de notre pensée*. En effet, le métier de la pensée consiste à appréhender la diversité du monde extérieur de façon simplifiée pour pouvoir la maîtriser, et à réagir sur ce monde extérieur en fonction de notre volonté. *Notre appareil cognitif n'est pas une machine à photocopier fidèlement, elle se doit de simplifier au profit de l'efficacité. Cela vous étonne ? C'est parce qu'il est ou a été efficace que l'évolution l'a gardé ou même développé*[3].

Tout cela était simplement pour dire que *« le triangle en soi » n'existe pas et ne se trouve nulle part, mais que nous l'avons inventé parce que*

3. Ce point a été traité au chapitre V, section IV.

c'est utile et efficace. Et que dire des entités mathématiques qui ne sont pas des concepts, mais des propriétés, notamment des théorèmes ? Un théorème en tant que tel, avec sa démonstration rigoureuse et indiscutable issue de la logique formelle, nous apparaît indissociable de ses hypothèses, à la rigueur comme une sorte d'appendice de celles-ci, et, par voie de conséquence, il accède automatiquement au même statut ontologique que les hypothèses.

Pensons à un jeu de sudoku bien construit et ayant donc une solution (pas nécessairement unique). Une fois celle-ci trouvée, on s'aperçoit que la démarche qui y a mené consiste en certaines déductions logiques et certains tâtonnements, exactement comme la déduction d'un théorème à partir des hypothèses. De toute évidence, la relation entre la solution et l'énoncé du jeu en question est la même qu'entre les hypothèses d'un théorème et sa conclusion. Pourquoi la question du statut ontologique du théorème est-elle naturellement considérée comme digne de réflexion philosophique, alors que ce n'est pas le cas de la solution d'un jeu de sudoku ? La cause en est évidemment subjective, sociologique ou historique, mais dans aucun cas ontologique. *C'est parce qu'un théorème est perçu (ou a été historiquement perçu) comme important ou utile, et que sa démonstration est parfois très difficile que tout ce qui l'entoure est considéré comme digne d'intérêt. Il y a là un phénomène de valorisation qui est parfaitement indépendant du statut ontologique.* La différence avec une solution d'un jeu de sudoku en ce qui concerne les questions ontologiques classiques (un théorème est-il découvert ou inventé ? Préexiste-t-il à sa démonstration par un humain ?) est purement quantitative, et la réponse doit être la même dans les deux cas.

L'idée de l'existence quelque part des solutions de tous les problèmes de sudoku imaginables nous semble saugrenue. Après réflexion, il doit en être de même des théorèmes mathématiques. *Pourquoi cette quête de transcendance injustifiée et, somme toute, ridicule lorsqu'on la met en parallèle avec le jeu de sudoku ?* Je m'abstiendrai de trancher, mais il me semble bien que ces questions sont assez inutiles, un peu comme le sexe des anges, et au contraire, je trouve intéressant et utile de réaliser que le statut ontologique des théorèmes (peut-être à la dimension quantitative près), est le même que celui des solutions des jeux de sudoku.

1. L'objet en géométrie et en sciences cognitives

En mathématiques, il est fréquent d'utiliser des termes dans un sens différent de l'habituel. Je m'amuse parfois avec la boutade suivante : Dans la langue française, « objectivité » est un dérivé d' « objet », mais en mathématiques, je pense que c'est plutôt « objet » qui est dérivé d' « objectivité ». Je m'explique.

Le terme « objet » s'utilise, en particulier en géométrie (objet géométrique), dans le cadre suivant. Nous avons déjà vu (chapitre VI, section II.3) une surface appelée tore et sa description par une sorte de « carte » et un recollement des bords. Cette description n'est pas unique ; on peut définir d'autres cartes et les recollements appropriés pour obtenir une description équivalente.

Ce point est très important ; essayons de le comprendre sur l'exemple bien connu de la sphère. On peut définir la sphère en décrivant ses points par les coordonnées géographiques du méridien de Greenwich. Ce sont la latitude (variant entre 90 °S et 90 °N) et la longitude (variant entre 180 °O et 180 °E, assortie de la propriété de recollement des morceaux qui affirme que 180 °O et 180 °E sont la même chose, le méridien opposé à celui de Greenwich). On peut aussi définir les points de la sphère par les coordonnées du méridien de Paris. Ces deux descriptions sont équivalentes, et l'on peut passer de l'une à l'autre en ajoutant ou retranchant la différence des longitudes entre Greenwich et Paris. Naturellement, pour faire un certain calcul ou démontrer une certaine propriété, on peut choisir la description la plus commode. C'est un peu comme si les deux descriptions étaient des langues, avec un dictionnaire pour passer de l'une à l'autre.

Dit ainsi, c'est naturel et trivial, puisque les deux définitions sont équivalentes. Ce l'est un peu moins pour d'autres surfaces moins familières, que personne n'a vues et parfois même pas imaginées visuellement, que l'on décrit à l'aide d'une ou plusieurs collections de trois fonctions de deux variables qui en définissent des morceaux, convenablement recollés. Ces surfaces sont souvent compliquées et, à la différence de la sphère, personne ne les a jamais vues (sans parler des « surfaces » dans des espaces de dimension plus grande que trois, dites variétés, très utiles et parfaitement manipulables). Lorsqu'il y a plus d'une de ces collections (appelées atlas, formés de plusieurs cartes locales), les changements de cartes doivent satisfaire à des conditions précises si l'on abandonne un atlas pour passer à un autre plus commode pour l'étude de certaines propriétés, analogues au changement des coordonnées géographiques de Greenwich à celles de Paris.

Chose remarquable, une fois une propriété démontrée d'après un calcul, à l'aide d'une certaine description, elle est tenue pour vraie, quelle que soit la description, sans qu'il soit nécessaire de la démontrer à nouveau.

Il n'y aurait pas d'inconvénient à dire que la surface (ou variété) s'identifie à l'un ou l'autre des atlas, dont un seul suffit à la définir. Or, les différents atlas de l'une de ces surfaces ou variétés jouissent justement de la dite propriété que, une fois un calcul fait ou une propriété établie dans l'un des atlas, elle est vraie dans tout autre. *Les différents atlas ne sont donc pas autonomes, ils satisfont à une certaine « solidarité », matérialisée par les lois du passage d'une description à l'autre. On dit alors que la surface est un « objet géométrique ».*

Précisons. On pourrait définir une surface avec chacun des atlas, mais on dit qu'elles sont toutes la même ; c'est un « objet », avec plusieurs descriptions. En interprétant la dite « solidarité » comme réification (ou construction d'un *objet*) on voit, comme je le disais, que « objet » dérive, dans ce cas, de la propriété d'objectivité. L'« objet » ainsi défini est *unique*, alors que *ses descriptions sont plusieurs, mais liées ;* elles étaient comme enchevêtrées entre elles puisque jouissant des propriétés de changement de cartes. *C'est cela qui permet de définir quelque chose d'unique, la surface, dont la naissance est issue de cet enchevêtrement.* Ensuite, on parlera de cet objet comme de la sphère, ou de telle ou telle variété.

Je disais que cela permet de définir et manipuler (on dit « construire ») des surfaces et variétés que personne n'a jamais vues. Mais qui a fabriqué quoi et où se trouve ce nouvel « objet » ? Naturellement, il n'a pas été fabriqué, il n'est nulle part et les mathématiciens ne sont pas en train d'écrire et n'ont jamais écrit un prolongement de la Genèse. *Cet objet n'est rien d'autre qu'une convention de langage pour désigner le ou les atlas utilisés, ainsi que tout autre atlas (il y en a une infinité potentielle) jouissant des dites propriétés de « traduction ».*

Essayons maintenant de comparer le processus qui vient d'être décrit avec d'autres situations de la vie de tous les jours. Il est utile de réaliser que la « reconstitution » (et non la construction) d'un objet (au sens large) à partir des données objectives est une pratique courante dans l'institution judiciaire. Dans les affaires sérieuses, telles que de meurtres, un témoignage ou un aveu ne suffisent pas pour établir une base suffisante à l'instruction d'un procès. Plusieurs témoignages concordants, satisfaisant à des conditions de compatibilité et vraisemblance testées par une reconstitution des faits (censée éliminer les incompatibilités) sont exigés. Cela ressemble de près à la situation mathématique décrite ci-dessus, seule l'issue en est différente. Dans le cadre judiciaire, on admet, avec une marge d'erreur laissée à l'appréciation du juge d'instruction et du jury, que les faits ont bel et bien eu lieu sous la forme décrite. En mathématiques, on admet, sans ambiguïté, que l'« objet » existe, en ce sens qu'il peut être manipulé par des raisonnements mathématiques non incompatibles.

Mais il s'agit de « conventions », mathématiques, judiciaires... qu'est-ce que cela a à voir avec la sensation que nous avons d'un objet visible, palpable, identifiable... ? Eh bien, d'après nos connaissances actuelles sur les modèles mentaux que nous construisons de la réalité extérieure, tout semble indiquer qu'en fait, *c'est par recoupement de sensations diverses que nous arrivons à identifier et individualiser des objets ;* nous construisons notre vision de notre monde (notre umwelt) comme les mathématiciens construisent les objets géométriques (surfaces ou variétés) [4]. Notons bien que cela ne signifie absolument

4. Berthoz A. [2009], p. 98-100.

pas que la réalité extérieure soit une fiction construite par recoupement de nos divers sens ; c'est uniquement l'idée subjective que nous nous faisons de la réalité extérieure qui est ainsi construite[5]. Je finirai donc cette section par une autre boutade :

Dans la langue française, « objectivité » est un dérivé d'« objet », mais dans notre umwelt, c'est plutôt « objet » qui est dérivé d'« objectivité ».

2. Y a-t-il une infinité de nombres ?

Considérons maintenant les nombres entiers et leur statut existentiel.

Un nombre entier (de façon plus précise, entier cardinal) n'est rien d'autre qu'une abstraction de l'analogie partagée par les ensembles dont les éléments peuvent être mis en correspondance biunivoque (bijection). C'est la définition mathématique, et aussi celle qui s'impose par évidence pour donner un sens à la « quantité d'éléments d'un ensemble ». Le nombre 2 est ce qu'ont en commun mes mains, vos oreilles, le pile et la face d'une pièce de monnaie, les sens où l'on peut parcourir un corridor, les extrémités d'une baguette, et... à vous de continuer, si vous voulez, parce que sûrement vous avez compris. Ah, le nombre 2 n'est pas le chiffre arabe 2, ni le romain II, ni toute autre de ses multiples représentations symboliques. Vous direz peut-être que 2 a une drôle de définition, somme toute, assez peu rigoureuse ou convaincante. Vous avez peut-être raison, mais c'est cela 2, ou plus précisément le nombre cardinal 2.

J'ai défini 2 ; je pourrais en faire autant pour 3, 4, 1, admettez que définir 1 aurait été plus difficile, surtout si l'on commence par lui[6]. Pour définir 11, cela l'aurait été encore plus ; les exemples usuels d'ensembles de 11 éléments ne sont pas si évidents. J'aurais sans doute préféré parler de cailloux ou pièces de monnaie, en proposant

---

5. Nous avons mentionné des exemples de ce type de situations à propos de la vision (chapitre V, section II).

6. Le psychologue C.-G. Jung considérait « un », ainsi que les entiers petits comme de « archétypes », c'est-à-dire, des idées structurant aussi bien le monde naturel extérieur que notre monde mental intérieur (cité dans Byers [2007], p. 209).

d'imaginer deux tas de cinq et en ajoutant un (en arrivant à 11, on doit savoir ce que sont 2, 5 et 1). Somme toute, je définirais 11 comme deux fois cinq plus un.

C'est déjà très différent de la définition de deux. Pour définir onze, le mieux est de savoir déjà compter, un peu, pas nécessairement beaucoup, et additionner ce qu'on sait compter... Pas très rigoureux, tout ça ! On croyait que pour additionner il fallait savoir compter... Et pourtant, c'est ainsi qu'on apprend à compter et à additionner, petit à petit et avec des exemples. C'est bien plus tard que l'on apprend qu'il y a autant qu'on veut de nombres naturels, c'est-à-dire une infinité (ça, c'est difficile...). Sans compter qu'on a déjà fait, sans s'en apercevoir, un certain glissement des nombres cardinaux vers les ordinaux : « et en ajoutant un » revient à prendre « le nombre ordinal suivant »...

Il y a maintenant lieu de remarquer que *tous les naturels n'ont pas le même statut épistémologique*[7], et que l'on aurait grand peine à définir des nombres très grands comme on l'a fait pour 2. Par exemple, le nombre 10^{312} (c'est aussi 1 suivi de 312 zéros) est bien plus grand que le nombre d'atomes contenus dans l'univers. Impossible de vous montrer un, encore moins plusieurs ensembles contenant ce nombre d'éléments pour vous apprendre ce qu'est le cardinal 10^{312}.

Naturellement, personne n'a dit que ces grands ensembles doivent être nécessairement formés d'atomes ou de corps matériels. Je peux prendre un ensemble avec beaucoup d'éléments et l'agrandir encore en ajoutant le sourire de la Joconde, les trois mousquetaires (tiens, trois d'un coup !) et... bon, ce n'est pas la peine de continuer, on voit bien que je n'irais pas très loin avec cela et que je risquerais même d'entendre des questions gênantes sur ce qu'est un ensemble. Les mathématiciens ne sont pas à court de ressources pour construire des ensembles avec beaucoup d'éléments. Étant donné un ensemble assez grand, on peut en construire un autre bien plus grand dont les éléments sont toutes les parties possibles du premier ensemble.

---

7. On trouvera dans Davies [2007], chapitre 3 un point de vue proche du nôtre.

Et, l'on peut recommencer à partir de l'ensemble ainsi obtenu autant de fois que l'on veut. Je vous assure que de la sorte, on arrive facilement à dépasser 10^{312}.

Pour le faire, il faut connaître les propriétés combinatoires des ensembles, ce qui exige, entre autres, de savoir compter et ce que sont les nombres naturels. Je crains bien que l'on ne puisse échapper à des définitions opérationnelles pour arriver à savoir ce qu'est 10^{312}. *Ce qui était une commodité pour 11 devient un besoin pour 10^{312}* (notez que cela relève du passage du quantitatif au qualitatif, chapitre VII, section VIII.4). Mais comment procède-t-on, finalement, pour définir ces nombres ? D'une façon très simple et très peu rigoureuse. Avant d'aller à l'école, nous savons déjà, ainsi que beaucoup d'animaux dont les mammifères supérieurs, (comme ci-dessus, mais sans nous en être rendu compte) ce que sont 1, 2, 3, on les ajoute, on les soustrait (en se trompant souvent…) et l'on arrive petit à petit à savoir que des nombres… il y en a pas mal. Plus tard, on apprend des règles pour additionner et soustraire en se trompant un peu moins, et une foule de choses dont on se doutait déjà, telles que 2+1+3 = 1+2+3…

En fait, les grands nombres ne sont atteints que par des définitions opérationnelles, satisfaisant à des règles strictes On sait alors très bien différencier 431 de 433, alors que je n'ai jamais été capable de compter de 1 à 200 sans me tromper ou être interrompu, si bien que, en comptant, pour moi, 431 ou 433 c'est la même chose… Naturellement, les définitions opérationnelles (multiplier par 10,… etc.) sont incomparablement plus puissantes et précises que le comptage. On peut les répéter sans se tromper 10, 20 fois ; avec un peu d'optimisme, autant de fois qu'on voudra (mais de l'optimisme, nous en avons, ne sommes-nous pas des spécimens d'Homo sapiens sapiens ?). C'est alors que la question de l'infinitude de l'ensemble des naturels se pose et se résout par l'affirmative.

Bien, arrivé là, il s'agit d'être raisonnable. Je veux bien que nous soyons des Homo sapiens sapiens (ce n'est pas moi qui ai trouvé ce bijou de narcissisme réitératif !), mais de là, à nous prendre pour le bon Dieu, avec des créations et tout… ! Des nombres naturels très grands et très précisément définis, personne n'en a vu. Nous pouvons les imaginer et les manipuler sur la base de définitions opérationnelles, lesquelles sont simples et comportant peu de risques d'erreurs. Les entités dont nous parlons (les grands entiers) ne sont pas des nombres au sens initial que nous leur avions donné ci-dessus, mais des produits de ces opérations sur des (petits) nombres. *La rigueur, la précision, la pertinence et l'utilité de l'ensemble des nombres entiers ne sont rien d'autre que celles des petits nombres entiers en synergie avec les opérations mentionnées.*

Ces opérations, qu'est-ce, au fait ? Je parle naturellement de l'addition, la multiplication... Il est clair que, lorsque l'on ne connaît que très peu de nombres, on peut définir une table d'addition, 1 + 1 = 2, ... mais au lieu de cela, on la définit comme une opération de juxtaposition et globalisation d'ensembles (on prend deux ensembles représentatifs des deux nombres que l'on veut additionner, on les met côte à côte pour former un autre ensemble et l'on en tire le nombre représentatif). C'est bien plus simple que d'avoir une table, mais, en même temps, très différent. En effet, si j'avais fait une faute de frappe en écrivant 1 + 1 = 1, vous seriez en mesure de me corriger. *L' « opération » addition consiste à juxtaposer et globaliser, et non pas à utiliser une table comme un perroquet.* Or, par un mécanisme évident, que je ne m'attarderai pas à décrire, l'opération d'addition ainsi définie permet de définir des nombres nouveaux, éventuellement grands, autres que ceux qui se trouvaient dans notre petite table d'addition.

C'est ce que j'entends par « les petits nombres entiers en synergie avec les opérations mentionnées ». Au risque de me répéter, seuls les « petits nombres » peuvent être définis de façon primaire, en gros comme « quantité d'éléments d'un ensemble » ; mais la totalité des nombres entiers ne peut être définie que par utilisation d'opérations définies initialement pour les petits nombres, que l'on postule pouvoir être réitérées autant de fois que l'on veut.

Il est clair, au point où l'on en est, que rien ne prouve que les entités ainsi construites (l'infinité des entiers naturels dans le cas qui nous occupe, mais tout autre construite par des procédures analogues) doivent être en accord avec la réalité existante au point de vue physique. Les paradoxes trouvés lors de l'élaboration initiale de la théorie des ensembles infinis (théorie naïve), ont été résolus sur la base de définitions opérationnelles précises assurant la cohérence opérationnelle des développements (théorie axiomatique des ensembles), non par leur adéquation à l'univers préexistant.

Il convient de réaliser que, comme nous venons de le signaler, le caractère infini des nombres vient de ce que *nous postulons que les opérations entre nombres peuvent être réitérées autant de fois que l'on veut.* On l'a fait presque sans s'en apercevoir… mais voilà comment le caractère infini de la suite des nombres entiers entre dans le cadre de la structure des théories scientifiques décrite au chapitre 2, section 2.2. Elle apparaît comme une extrapolation sans bornes des propriétés des opérations arithmétiques établies pour les petits nombres [8].

3. Exact et approché

Deux types de problèmes d'approximation sont, en quelque sorte, opposés eu égard aux données et à la solution (approchée). Ils posent, de ce fait, de très intéressantes questions sur l'existence et la construction d'entités mathématiques, avec des conséquences non négligeables sur la façon de comprendre les résultats et sur la valeur qu'on y attache.

Première situation

Imaginons l'approximation d'une courbe donnée par une ligne polygonale : on veut, par exemple, faire un enclos circulaire à l'aide d'éléments de barrière rectilignes. Il est clair que, si ces éléments sont suffisamment courts par rapport aux dimensions de l'enclos que l'on veut construire, on pourra faire une sorte d' « enclos approximativement circulaire » ; bien entendu, *plus les dimensions des éléments de barrière seront petites, plus la barrière approchée ressemblera à la barrière circulaire que l'on voulait construire.*

---

8. On notera que la situation décrite s'inscrit dans le cadre du chapitre II, sections II et III, en particulier de « la rose de Fontenelle ».

Deuxième situation

Considérons maintenant *une* telle barrière polygonale (avec des éléments assez petits) *parfaitement fixée*. On la regarde de loin, par exemple d'un avion, pour en apprécier la forme. *Si l'on est suffisamment loin, on ne distinguera plus les éléments rectilignes de la barrière, qui semblera être une courbe régulière (circulaire, par exemple).* L'observateur de l'avion, qui ne connaît pas la forme précise de la barrière, affirmera que, d'après lui, elle est approximativement circulaire. Plus précisément, *il dira que, avec la marge d'erreur inhérente à son observation lointaine, elle est circulaire.*

Il est clair que dans la première situation, la (ou les) barrière polygonale constitue une approximation de la barrière circulaire « parfaite » qu'on se proposait de construire. Dans la deuxième situation, au contraire, c'est la barrière « circulaire » vue par l'observateur qui constitue une approximation de la vraie barrière, laquelle reste inconnue.

Ces deux types de problèmes interviennent en mathématiques appliquées.

Un exemple typique de la première situation est l'approximation par éléments finis. Cela concerne la solution approchée de problèmes au moyen de l'ordinateur. Comme l'ordinateur ne peut manipuler que des entiers (tout s'y réduit à une certaine suite de « 0 » et « 1 »), dans tout problème mettant en œuvre des courbes (ou analogues), il fait des approximations qui s'apparentent à celle de remplacer la courbe par une ligne polygonale. Il fait cela aussi bien avec les données qu'avec les résultats, et il est utile de connaître la marge d'erreur du résultat.

Un exemple typique de la deuxième situation est donné par les méthodes dites d'homogénéisation pour l'étude du comportement des matériaux hétérogènes. Si l'on a un matériau formé par un agrégat de *petites* portions de matériaux divers (comme le granit est un mélange de cristaux de quartz, mica et feldspath), quelles seront ses propriétés de conduction de la chaleur, propagation des ondes, etc., en fonction de celles de ses composants ? Les méthodes d'homogénéisation permettent de définir un milieu homogène fictif (dit « milieu homogénéisé ») au comportement macroscopique approximativement analogue à celui du milieu donné, l'erreur étant d'autant plus petite que les dimensions des portions des composantes du matériau donné sont petites. Il est clair que, pour un bloc de granite donné que l'on veut étudier, le matériau homogénéisé constitue une approximation (qui permet de faire des calculs prédictifs simples, ce qui est hors de portée pour le matériau hétérogène donné) [9].

Je suis précisément un spécialiste de ces méthodes, qui, bien entendu, ont été conçues et élaborées dans le but explicite de comprendre et prévoir sous une forme simplifiée la réalité complexe des milieux hétérogènes. À plusieurs reprises, *j'ai été surpris par le renversement des termes « exact » et « approché » fait par mes élèves. Ils élevaient à la catégorie d'exacts les modèles simplifiés* ou « problème homogénéisé », du fait que le modèle simplifié constituait un nouveau concept parfaitement identifiable en soi.

À mon sens, le phénomène suit le schéma suivant : *le processus de conceptualisation du modèle simplifié constitue une entité idéale qui est appréhendée par nous en tant qu'objet* (ceci est parfaitement tautologique !). *Ensuite, les entités individuelles qui ont donné lieu à la construction du concept apparaissent comme de pâles reflets d'une réalité parfaite constituée par le concept réifié.*

Tout se passe donc comme si, oubliant la réalité à l'origine de l'étude, les problèmes de la « deuxième situation » étaient assimilés à ceux de la « première situation » du fait de la similitude de leurs structures mathématiques.

Il importe de comprendre que ce renversement des rôles est purement subjectif, donc sans incidence sur l'utilisation objective qu'on en fera, et, par voie de conséquence, parfaitement admissible, cohérent et acceptable. Or, dès le moment où l'objet réel reçoit le qualificatif d'approché, sa limite devient par la force des choses « exacte », et c'est là que le tour est joué. La limite que nous avons construite n'était au début qu'une entité approchée qui nous permettait d'appréhender le phénomène complexe

---

9. Le lecteur peut aisément vérifier que ce processus s'inscrit naturellement dans le cadre général de la construction des théories scientifiques (chapitre II, section II).

considéré (la courbe continue vue de l'avion est une description grossière de la vraie barrière, complexe et inconnue) mais elle est devenue l'entité exacte, dont la réalité est une approximation. On est devenu platonicien par un jeu de mots. On pourrait aussi dire qu'une simplification fort utile conduit de façon quasi automatique à une dérive idéaliste comportant une erreur d'interprétation de la réalité [10].

Il me semble que ce phénomène est assez général dans la pratique de la recherche. Les scientifiques qui ont construit ces nouveaux concepts ou entités ne se trompent en général pas sur leur positionnement par rapport à la réalité. Il arrive néanmoins que d'autres scientifiques arrivant plus tard, prennent cette nouvelle entité artificielle comme primaire, reléguant au rang d'approximations les entités réelles dont elle est limite.

Deux remarques s'imposent maintenant.

La première est que le processus d'élaboration de concepts pour appréhender des formes simplifiées de la réalité dans le but de la comprendre, fût-ce de manière partielle et imparfaite, permettant ainsi de la maîtriser, est un des éléments de base de l'activité cognitive et ne saurait donc être mis en cause dans le processus d'idéalisation qui vient d'être décrit. Il en va de même de l'activité consistant à nommer une nouvelle entité. Or, *donner un nom c'est réifier*, c'est extraire du magma de l'innommable une individualité avec laquelle on pourra par la suite entretenir une relation privilégiée. Cette affirmation n'est nullement spéculative, bien au contraire, elle est parfaitement ancrée dans les activités cognitives inconscientes. On sait, par exemple, que l'une des règles déontologiques que doivent observer les scientifiques effectuant des expériences sur des cobayes consiste à ne jamais donner de noms propres aux animaux, qui ne doivent être identifiés que par des numéros matricules ; autrement, une charge affective serait automatiquement attribuée à chaque individu, avec les conséquences que l'on peut imaginer sur le déroulement du travail et sa pénibilité.

---

10. On peut donner une interprétation de ce phénomène en termes de la génération spontanée de l'idéalisme dans les sciences (chapitre II, section III).

Une deuxième remarque est que l'erreur d'interprétation vient tout simplement de ce que *la réalité ne nous est pas connue directement en tant que telle ; nous l'appréhendons difficilement et partiellement par des connaissances approchées. Ce sont elles que nous comprenons et qui constituent notre domaine d'intelligibilité, notre « chez nous », où nous sommes à l'aise, notre umwelt. Plus nous connaissons une entité (objet, propriété, même fausse), plus elle est réifiée dans notre umwelt, qui est ainsi construit et appréhendé, au détriment du vrai monde objectif.* Aussi le fait de comprendre la limite (la courbe vue de l'avion) la rend « plus vraie que nature » ; en se laissant entraîner par un souci d'efficacité que l'on ne saurait reprocher à un scientifique, on la qualifiera d'*exacte,* reléguant ainsi à la condition d'*approchée* la réalité objective (la barrière polygonale) que nous ne connaissons que de façon très imparfaite.

Au risque de me répéter, je dirais que, *jusqu'à maintenant, aucune faute n'a été commise, et le scientifique conscient et responsable ne se laissera pas entraîner par des glissements sémantiques. Or, les ingrédients sont là pour que, des personnes moins attachées à l'objectivité et apprenant sur le papier au lieu de suivre la longue démarche de la recherche, prennent des éléments de cet umwelt qui n'est pas le leur, mais celui des auteurs du travail initial de recherche, pour la réalité objective. La boucle est alors bouclée : c'est le monde idéal des éléments exacts qui existe, monde éblouissant et intelligible où la Raison trône, monde dont la véracité émane de sa propre cohérence. On est devenu idéaliste platonicien en se laissant entraîner par le plaisir de la connaissance, en oubliant ce qu'est la connaissance.*

C'est absolument parfait pour « épater le bourgeois », briller dans les salons, voire, pourvu que cela marche, dans certains comités d'évaluation ou d'autres aréopages. Ce n'est pas très bon pour poursuivre des recherches. On peut alors rester à un niveau très idéal, le travail devenant de plus en plus spéculatif, et l'on ne comprend jamais les relations entre les différents objets de la connaissance, qui apparaissent comme des œuvres d'art immuables et isolées, *sans plus de raison d'être que de ne pas être*. On peut aussi se frotter à la réalité, ce qui oblige souvent à revoir à la baisse la perfection et à renier ce qu'on a adoré. *Pour faire une recherche de qualité, je conseille plutôt d'être conscient et responsable, sans se laisser entraîner par un idéalisme injustifié et, à la longue, trompeur.*

Les mathématiques pures se prêtent spécialement au processus d'idéalisation qui vient d'être décrit. L'objet propre de l'étude mathématique, ce sont des entités déjà dépouillées et idéalisées pour lesquelles le fait d'exister est une nuance : on considère qu'elles existent dès qu'elles constituent un objet d'étude. Plus précisément, dès qu'elles constituent un objet d'étude mathématique, on les manipule comme si c'étaient des entités réelles et par voie de conséquence, pour tout ce qui concerne cette étude, *elles sont indiscernables des objets réels, et il est alors commode de les considérer comme tels.* Il appartient ensuite au domaine de l'interprétation subjective de chacun de considérer ou non que ces objets existent effectivement (et où et sous quelle forme).

Mais en tout cas, *ce qui précède n'a aucune incidence sur l'étude des propriétés mathématiques* (peut-être un peu sur la valeur qu'on leur attache) et bien entendu, le terme « existe », copieusement manipulé par les mathématiciens, n'a aucune connotation platonicienne. Seulement voilà, toute la terminologie mathématique est construite comme si cette existence des objets mathématiques était réelle. Par exemple, *on dit qu'on « découvre » un théorème, alors que ce qu'on fait c'est le démontrer, c'est-à-dire prouver, dans le cadre d'une logique, une relation de cohérence entre des éléments.*

Prenons, par exemple, le théorème de Pythagore sur les triangles rectangles : « carré de a + carré de b = carré de h » dit simplement que si l'on a un triangle rectangle, les longueurs des petits côtés et de l'hypoténuse ne sont pas quelconques, elles satisfont nécessairement à la dite relation. Il ne dit nullement que cette propriété était inscrite depuis que la logique existe dans un quelconque temple olympien d'où le génie de Pythagore l'aurait extraite pour nous la faire connaître. Il y a bien plus : le théorème de Pythagore n'affirme même pas que des triangles rectangles existent. Si nous émigrions dans un monde sans droites (oui, c'est possible, d'ailleurs ce n'est même pas la peine d'émigrer, nous y sommes. Comme nous le verrons plus loin à la section II.2, le monde physique dans lequel nous vivons est, pour peu que l'on fasse des mesures précises, lui-même courbe et l'on ne peut y caser des droites.) il n'y aurait pas de triangles, encore moins rectangles, si bien que *le théorème de Pythagore serait inutile ou inopérant, mais pas faux.* Une fois qu'il est démontré, il est indestructible en tant que relation logique entre éléments. Les seules attaques qu'on peut lui porter sont un changement de logique ou une remise en question de la démonstration [11].

II. GÉOMÉTRIES NON EUCLIDIENNES

Cette section contient des commentaires sur le sujet, souvent fascinant pour le non spécialiste, des géométries non euclidiennes. Son but est de les faire comprendre et d'en montrer l'utilité et le statut logique et psychologique. Nous en resterons toujours, par souci de simplicité, à la dimension deux.

1. Géométrie sphérique

Prenons une sphère (la surface, pas la boule), située naturellement dans notre espace habituel de dimension 3, que vous pouvez imaginer de la façon la plus naïve, par exemple comme la surface de la terre. Il est utile de donner des noms au centre et au rayon de la sphère, O et R par exemple. On va discuter des points et des courbes sur la surface de la sphère (le centre O n'en est pas un). Vous pouvez vous représenter les points comme des petites marques au crayon, ou comme des villes, et les courbes comme des traits dessinés au crayon sur la sphère, ou comme des chemins sur la surface de la terre. Ces courbes sont très variées ; il n'y en a pas qui soient des droites, car les droites ne sont pas sur la surface de la sphère. En revanche, il y a des cercles : si vous coupez la sphère par des plans,

11. Dans ce qui précède, « théorème » est pris au sens de « proposition mathématiquement démontrée » (ou démontrable). Les « grands théorèmes », portant souvent un nom d'auteur (de Fermat, par exemple), ont une longue histoire et sont passés par le stade de conjectures, devenues programmes de travail. Ceux-ci ont en général plus de sens que les théorèmes eux-mêmes. La démonstration du théorème ferme le programme.

les courbes d'intersection sont des cercles. Il n'est pas difficile de voir que ces cercles ont un rayon inférieur à R si le plan ne passe pas par le centre O de la sphère et égal à R si le plan passe par O. Ces derniers s'appellent les grands cercles de la sphère ; par exemple les méridiens et l'Équateur sont des grands cercles de la surface de la terre, mais les parallèles ne le sont pas.

On nous donne alors deux points, désignés par P et Q sur la surface. Naturellement, il y a sur celle-ci beaucoup de courbes possibles qui relient P et Q (des chemins de P à Q). On se demande quel est le chemin le plus court. Ce n'est pas la ligne droite allant de P à Q, car elle n'est pas sur la surface de la sphère. Y a-t-il une courbe qui soit la plus courte, quelque chose d'analogue à la droite, mais sur la surface ? Oui, c'est l'arc de grand cercle passant par P et Q ; on peut facilement le construire en sectionnant la sphère par le plan que déterminent les deux points P et Q et le centre O de la sphère. Si par exemple, P est Paris et Q le pôle Nord, le grand cercle est le méridien qui passe par Paris ; le chemin le plus court pour aller de Paris au pôle Nord consiste à suivre le méridien, c'est-à-dire, mettre le cap au Nord et suivre tout droit, on s'en doutait ! Tout droit ? Non, ce n'est pas une droite, c'est un cercle ! Bon, cela ressemble beaucoup à une droite ! En fait, *les grands cercles jouent sur la sphère un rôle analogue à celui des droites sur le plan. Mais l'analogie n'est pas complèt*e : j'ai dit « le plan déterminé par P, Q et O », mais ce n'est pas toujours déterminé ! Si P, Q et O sont alignés, il n'y pas qu'un seul plan, mais une infinité ! C'est ce qui arrive si au lieu de Paris et le pôle Nord, vous prenez le pôle Nord et le pôle Sud : tous les méridiens sont de grands cercles, il n'y a pas un chemin qui soit le plus court, mais une infinité (et, bien entendu, tout autre chemin est plus long que ceux-là).

Sur un plan, avec des points et des droites, on fait la *géométrie plane*. Sur la sphère, avec des points et des grands cercles, on peut faire quelque chose qui ressemble, et qui s'appelle *géométrie sphérique*. C'est très intéressant et utile ; par exemple, on peut grâce à elle dresser des cartes, ou calculer des longueurs, distances et caps pour des voyages sur la terre. Bien plus, elle sert et a été développée historiquement pour repérer la position des étoiles et des planètes sur la voûte céleste (c'est une sphère imaginaire de très grand rayon, où l'on peut supposer dans certains cas que se trouvent les astres) et s'orienter en haute mer.

Il est remarquable que *les cartes géographiques sont toutes plus ou moins déformées,* car la surface de la terre ne peut être reproduite sur un plan en respectant les distances (on dit que *la sphère n'est pas développable*). Pour chaque usage on dresse des cartes le moins déformées possible dans la région d'utilisation, qui donnent pourtant des images extravagantes des contrées éloignées. La plupart de nous, connaissons plus ou moins bien les cartes de l'Europe, de l'Afrique... mais avons souvent des idées totalement erronées sur les relations de position et distances entre régions éloignées. Par exemple, en France, Terre-Neuve est réputée être très au nord, alors qu'elle n'est pas plus septentrionale que Paris ; cette réputation lui vient probablement de ce qu'il y fait bien plus froid, ce qu'on sait par les récits des explorateurs et des pêcheurs bretons, intégrés dans notre subconscient collectif. En Amérique aussi, on pense la même chose de Terre-Neuve, sans doute parce qu'elle est au nord de toutes les régions densément peuplées. De même, les voyageurs qui s'étonnent que les avions allant d'Europe en Californie montent très haut au nord du Canada pour descendre ensuite sont victimes d'illusions. Il n'est donc peut-être pas complètement inutile de décrire et commenter un petit exemple.

Pour être le plus simple possible, je prends deux villes éloignées mais ayant la même latitude (cela veut dire qu'elles sont à la même distance du Pôle Nord, ou encore qu'elles se trouvent sur le même parallèle). Je choisis Paris et Vancouver. Plus exactement, je prends les points de coordonnées géographiques P (2 °E, 49 °N) et V (123 °O, 49 °N) qui sont tout près de Paris et Vancouver (aucune importance, de toute façon les avions ne vont pas de ville à ville, mais d'aéroport à aéroport). Je les ai représentées sur la figure 43, où PN désigne le pôle Nord et D, B, A, C est la partie visible de l'Équateur ; la Terre y est vue un peu d'en haut, c'est pour cela que PN n'est pas sur le bord apparent. Pour la même raison, le parallèle de Paris se voit entièrement ; c'est l'ellipse qui passe par P, V, S et TN.

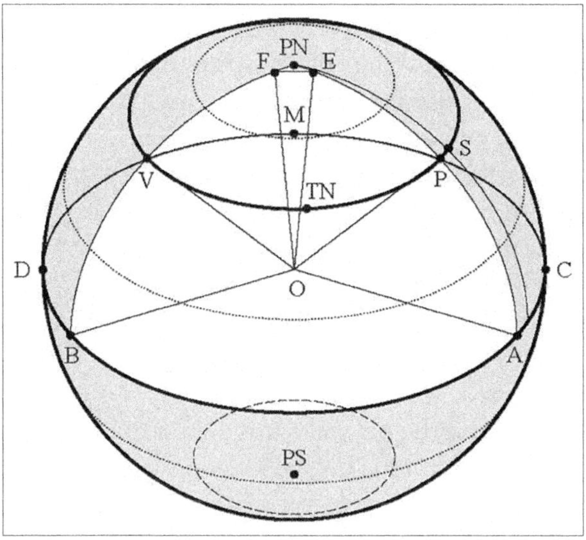

Fig. 43

Pour aller de Paris à Vancouver, puisque les deux villes sont sur le même parallèle, on peut justement suivre le parallèle. C'est très simple, on décolle de Paris, on met le cap à l'ouest et on ne le change pas ; on survole Terre-Neuve (TN sur la figure 43) et bien d'autres endroits, toujours cap à l'ouest et l'on arrive à Vancouver après un vol de 9 111 km. On appelle cela suivre la route loxodromique. Est-ce le chemin le plus court dont je parlais avant ? Le chemin le plus court est l'arc de grand cercle passant par P et V (bien déterminé, puisque P, V et O ne sont pas alignés) et le parallèle n'est pas un grand cercle. Donc la route loxodromique n'est pas le chemin le plus court, que nous avions considéré comme « une sorte de droite ». Pourtant… on ne change pas le cap, toujours ouest, donc on va tout droit. Attention, pas si vite ! Cela revient à raisonner comme en géométrie plane, mais ici, on est en géométrie sphérique. Qu'on ne change pas le cap ne veut pas dire qu'on soit sur « une sorte de droite ». En effet, avoir toujours le cap à l'ouest signifie très précisément que la trajectoire suivie coupe toujours les méridiens sous un angle de 90° ; *mais les méridiens se rapprochent par les pôles,* cela n'a rien à voir avec une collection de droites parallèles dans le plan ! Eh oui, la route loxodromique n'est pas le chemin le plus court entre Paris et Vancouver.

Pour trouver la route la plus courte entre P et V, on procède comme je l'ai indiqué plus haut. On considère le plan déterminé par P, V et le centre de la Terre O, et on coupe la surface de la Terre par ce plan. Cette intersection est la route la plus courte, le grand cercle, la « sorte de droite », sur la figure l'arc P, M, V. On dit que l'on suit la route orthodromique (cette fois oui, vous avez compris : « ortho » = « droit », et « drome » = « courir » : qui court droit) (voir figure 43). Cette courbe orthodromique n'a que 7 907 km entre P et V ; on fait une économie de 13,3 % en distance par rapport à la route loxodromique. Elle passe bien plus au nord, son point le plus septentrional, qui est d'ailleurs le milieu du voyage, puisque P et V sont sur le même parallèle, est le point de coordonnées géographiques 60° 30' O, 68° 8' N, marqué M sur la figure 43. Il est 2 126 km au nord de la loxodromique, et 176 km au-dessus du cercle polaire ; c'est quelque part dans le détroit de Davis, entre le Groënland et la terre de Baffin. Voyez-vous où c'est ? à plus de 2 000 km au nord de Terre-Neuve.

Si vous voulez suivre cette route, je vous conseille vivement, en décollant de Paris, de prendre le cap 34° 36' O et peu après, de quitter la France en passant la côte entre Dieppe et Abbeville (c'est vraiment très différent de la loxodromique, où vous prenez le cap 90 °O et passez la côte entre Cherbourg et le Mont-Saint-Michel !). Avant de survoler l'agglomération londonienne, vous arrivez en Angleterre, pas loin du champ de bataille de Hastings, ce qui vous permet de songer à Guillaume le Conquérant ou aux romans de Walter Scott. C'est tout à fait indiqué, car les longs voyages prêtent à la rêverie, mais attention, ne vous y abandonnez pas trop, car il faut que vous sachiez où vous êtes et changer le cap à tout moment pour garder la route orthodromique. Au milieu du voyage, au détroit de Davis, le cap est exactement à l'ouest. Si vous voulez vraiment aller à Vancouver par cette route-là, je peux vous fournir des instructions précises et complètes, mais pour l'instant, je préfère me livrer à d'autres commentaires sur la géométrie sphérique.

Je disais donc que la géométrie sphérique se fait avec des points et des grands cercles (= « sorte de droites »), à peu près comme la géométrie plane (euclidienne) se fait avec des points et des droites. Par exemple, je peux considérer le triangle P, V, PN (de sommets Paris, Vancouver et le pôle Nord). Deux de ses côtés sont formés par les arcs des méridiens partant du pôle Nord et aboutissant à Paris et Vancouver ; le troisième est l'arc de grand cercle entre Paris et Vancouver, la fameuse route orthodromique décrite ci-dessus. Oui, ce n'est pas la loxodromique, c'est-à-dire, le parallèle, qui est une « vraie courbe », pas un grand cercle, qui, lui, est la « sorte de droite » avec laquelle on fait les triangles sphériques. Cela s'appelle le triangle (sphérique) P, V, PN. Certes, il est bien déterminé par les plus courts chemins sur la sphère entre les trois sommets, et c'est probablement le mieux qu'on puisse faire sur la surface de la sphère si l'on veut copier les triangles plans.

Voyons quels sont les angles de ce triangle sphérique. Celui en P est de 34° 36' (c'est le cap que l'on devait prendre en partant de Paris pour suivre l'orthodromique). Celui en V est pareil. Celui en PN est de 125° (c'est la somme des latitudes 2 °E de Paris et 123 °O de Vancouver). La somme des trois angles est donc 194° 12'. *Ce n'est pas 180° comme dans les triangles plans,* mais c'est quand même un drôle de triangle. Nous étions prévenus que c'était un triangle sphérique, pas un triangle tout court, ou que nous étions en géométrie sphérique, pas plane. Bien entendu, une fois reconnu qu'on est en géométrie sphérique, on dira « triangle » tout court, mais c'est un abus de langage, on sait bien que c'est un triangle sphérique. On vient donc d'apprendre qu'en géométrie sphérique, il n'est pas vrai que la somme des angles d'un triangle vaut 180° ; c'est peut-être 194° 12', pourvu que la somme soit la même pour tous les triangles sphériques, mais, avec ces drôles de triangles, on ne sait pas trop... peut-être chacun a-t-il sa somme d'angles à lui... Ce qui est sûr, c'est que, comme dirait un mathématicien, « il y a au moins un triangle sphérique dont la somme des angles vaut 194° 12' ».

Je ne vous en demande pas tant, car si vous étiez mathématicien, toutes ces explications vous seraient parfaitement inutiles.

Je vous propose de regarder un autre triangle (sphérique). Au lieu de Paris-Vancouver, je vous propose un voyage vers une autre destination, plus proche, mais sur le même parallèle que Paris ou Vancouver, afin que cela ressemble au précédent, mais plus près. Je choisis Paris-Stuttgart, noté S (coordonnées géographiques approchées 9 °E, 49 °N). J'ai répété tous les calculs en remplaçant V par S, et *j'ai trouvé des choses beaucoup moins pittoresques :* bien entendu, vous pouvez aller de Paris à Stuttgart par le parallèle (la route loxodromique), en mettant le cap toujours à l'est et en parcourant 510 km, mais le chemin le plus court est l'orthodromique, la « sorte de droite » (= cercle maximum, obtenu en coupant la surface de la Terre par le plan déterminé par P, S et le centre O de la Terre). Après avoir fait les calculs (deux fois, pour vérifier qu'il n'y avait pas d'erreur!) j'ai trouvé aussi 510 km sur l'orthodromique. Mais l'orthodromique n'était-elle pas la plus courte ? Ça doit être la plus courte, puisque les mathématiciens le démontrent, mais la différence doit être très petite, plus petite que les erreurs de calcul.

J'avais oublié de vous dire que mes résultats ne sont pas et ne prétendent pas être exacts ; je les ai obtenus en utilisant les formules les plus simples, pour travailler un peu moins ; cela entraînait la détermination d'un petit angle par son cosinus ; n'importe quelle personne habituée au calcul vous dira que c'est vraiment cavalier comme calcul, c'est tout faire pour que l'approximation soit assez grossière. J'aurais pu faire mieux, mais sans jamais obtenir les distances exactes. À quoi bon ? cela n'aurait rien changé pour mon propos.

Disons que le gain de distance en empruntant la route orthodromique au lieu de la loxodromique pour aller de Paris à Stuttgart est vraiment très petit (alors que sur Paris-Vancouver, il était de 13,3 %). Cela ne justifie pas de se tracasser avec l'orthodromique et son cap qui change tout le temps. Je vous dirai, pour information que, si vous voulez quand même aller de Paris à Stuttgart par le chemin le plus court, vous devez partir de Paris en prenant le cap 87° 21' E (au lieu de 90 °E par le parallèle). Vous pouvez aussi considérer le triangle (sphérique) de sommets Paris, Stuttgart et le pôle Nord ; ses angles en P et S sont de 87° 21' et celui en PN de 7°, la somme fait 181° 42'. Ce n'est pas 194° 12' comme dans le triangle P,V, PN, mais ce n'est pas non plus 180° comme dans les triangles plans. Donc, effectivement, sur une même sphère, les triangles n'ont pas tous la même somme d'angles.

En arrivant à ce point, vous avez certainement réalisé que la géométrie des triangles sphériques est assez différente de celle des triangles plans. Surtout en ce qui concerne cette fameuse propriété de la somme des angles des triangles plans qui a le bon goût d'être toujours égale à 180°, quel que soit le triangle. En géométrie sphérique, elle dépend de l'aire du triangle. Elle est toujours plus grande que 180°, et la différence entre la somme et 180°, qui s'appelle « excès sphérique », est proportionnelle à l'aire du triangle. Plus exactement, l'excès sphérique (mesuré en radians) est égal à l'aire du triangle divisé par le carré du rayon de la sphère. Ne vous tracassez pas trop avec cette formule exacte, ni avec le fait que pour qu'elle soit vraie, les angles doivent être mesurés avec cette unité exotique qu'est le radian. Retenez en revanche que l'excès sphérique est proportionnel à l'aire du triangle. *Plus le triangle a de surface, plus son excès sphérique est grand.* C'est pour cela que le grand triangle Paris, Vancouver, pôle Nord avait un excès sphérique de 14° 12', alors que le petit triangle Paris, Stuttgart, pôle Nord n'avait que 1° 42' d'excès.

Regardez à nouveau la figure 43. Je vous propose de considérer une collection de triangles pour bien saisir comment évolue l'excès sphérique. À partir du pôle Nord, on considère les deux méridiens de Paris et Vancouver, prolongés jusqu'à l'Équateur, où ils arrivent aux points A et B respectivement. Regardez à nouveau le triangle P, V, PN. Le grand cercle PV est, comme il a été dit, l'intersection de la sphère avec le plan déterminé par les points P, V et le centre O de la Terre. Ce plan coupe l'Équateur aux points C et D. Imaginez maintenant que l'on fasse tourner ce plan comme un éventail autour de la droite CD ; vous obtiendrez une collection de triangles (une famille, dit-on en mathématiques) dont les côtés sont les deux méridiens de Paris et de Vancouver, le troisième étant l'intersection de chacun des plans de la famille avec la sphère. J'ai représenté trois de ces triangles sur la figure. L'un est le P, V, PN que nous connaissions déjà, un autre bien plus grand est le A, B, PN ; j'en ai dessiné aussi un tout petit, E, F, PN, obtenu lorsque le plan est dans son mouvement tout près du pôle Nord. Vous pouvez aussi imaginer tous les autres triangles de la famille, qui ne sont pas représentés sur la figure pour ne pas la rendre confuse.

En commençant par le A, B, PN et en faisant tourner le plan vers le pôle, vous voyez que les triangles ont des aires décroissantes. Les excès sphériques doivent donc l'être aussi. Vérifions, par exemple, que A, B, PN a un excès sphérique plus grand que P, V, PN. En effet, le premier a un angle en PN de 125°, les autres angles étant de 90° ; cela fait une somme de 305°, ou un excès sphérique de 125°, effectivement plus grand que les 14° 12' de P, V, PN. Par contre, le petit triangle E, F, PN aura un excès sphérique très petit. En fait, lorsque le plan tournant approchera du pôle Nord, l'aire sera toute petite (l'aire tend vers zéro, dit-on en mathématiques), et puisque l'excès sphérique est proportionnel à l'aire, il tendra vers zéro.

Cette évolution de l'aire et de l'excès sphérique lorsque le plan tourne mérite réflexion. Le grand triangle A, B, PN, (regardez la figure 43 et essayez de l'imaginer en relief, sur une boule) est vraiment assez différent d'un triangle plan : manifestement, on ne peut pas l'aplatir sur un plan sans le déformer ; il est « trapu », comme s'il avait beaucoup de surface pour son périmètre. *Cette impression est parfaitement exacte, c'est la forme de la sphère qui est cause de cela, et pour « contenir toute cette surface », les angles du triangle sont plus « ouverts » que s'ils étaient sur un plan.* C'est l'excès sphérique. La même chose est vraie, mais quantitativement moins importante et donc moins patente pour le triangle P, V, PN. Quant au petit triangle E, F, PN, (essayez de l'imaginer sur la boule), il est pratiquement dans le plan tangent à la sphère au pôle Nord (c'est le plan parallèle à l'Équateur passant par le pôle) ; lorsque le triangle est tout petit, il est pratiquement indiscernable d'un triangle plan. Ainsi les petits triangles sur la sphère seraient-ils analogues aux triangles plans ? Oui, n'ayez pas peur de penser quelque chose d'un peu contradictoire :

ce n'est qu'un exemple du passage du quantitatif au qualitatif (chapitre VII, section VIII.4).

Ainsi donc, les triangles sphériques sont assez différents les uns des autres, en ce sens que la somme des angles n'est pas la même pour tous, et les tout petits sont « pratiquement » comme les triangles plans, alors que les grands sont trapus et on ne peut pas les représenter sur un plan sans les déformer. *On comprend maintenant pourquoi les cartes géographiques des régions petites ou moyennes (disons pas plus grandes que la France) sont à peu près fidèles, alors que celles des régions étendues sont en général fidèles dans une région et extrêmement déformées dans d'autres.* Notez quand même qu'on a fait des progrès avec les mappemondes. À une époque, disons avant les années 1970, les cartes contenant toute la Terre (sauf les régions polaires) avaient les régions éloignées de l'Équateur extrêmement hypertrophiées. On a commencé alors à faire ces cartes « déchirées » comme la peau d'un fruit qu'on épluche, qui sont devenues habituelles pour ces grandes régions. Les surfaces et les formes des petites régions partielles y sont assez bien représentées, en tout cas bien mieux que sur les cartes anciennes, le prix à payer (on n'a rien pour rien) étant que l'on doit identifier avec l'imagination les deux bords d'une « déchirure » ; elles sont souvent le long de régions océaniques, et ce n'est pas commode pour apprécier du premier coup d'œil les distances traversant ces déchirures. D'autre part, ces déchirures donnent une impression d'artificiel un peu gênante, mais ce n'est pas plus mal, *on gagne en sincérité, car les cartes anciennes nous trompaient sans crier gare.*

Tout cela a une grande influence sur l'idée que nous nous faisons de la Terre. J'ai appris les éléments de la géographie avant les années 1970, et j'ai toujours eu une vague idée que le Groënland était bien plus grand que la péninsule d'Arabie. Pour écrire ce texte, j'ai observé des cartes à peu près modernes d'une façon active et critique, et j'ai vu que cette vague idée était complètement fausse : la péninsule d'Arabie est légèrement plus grande que le Groënland. Bien entendu, à l'époque je n'ai pas lu ou entendu le contraire ; *cette idée fausse m'est venue naturellement, véhiculée par la vision des mappemondes de l'époque.*

Piqué de curiosité, il y a deux semaines, j'ai demandé à l'un de mes fils ce qu'il pensait des dimensions du Groënland et de l'Arabie, et il m'a donné la réponse exacte. J'en ai déduit qu'il a appris la géographie sur des cartes modernes, et c'est très bien comme cela. Le hasard faisant bien les choses, je me suis trouvé lundi dernier dans une salle du Bureau des Longitudes (cet organisme issu de la Révolution qui a entrepris la mesure de l'arc de méridien entre Dunkerque et Barcelone et dont est issu le système métrique décimal) dont l'un des murs est orné de deux magnifiques mappemondes d'époque. J'ai vérifié – si besoin en était – que la représentation du Groënland (dont d'ailleurs une bonne partie débordait de la carte) y était bien plus grande que celle de la péninsule d'Arabie. Oui, ces mappemondes sont bien déformées… raison de plus pour rendre hommage aux hommes dont les travaux, difficiles et souvent titanesques, ont forgé les banalités d'aujourd'hui.

Revenons à la géométrie sphérique. Qu'en est-il des droites parallèles ? J'ai déjà dit que sur la sphère, ce qui tenait lieu de droites étaient les grands cercles, que j'ai parfois nommé « droites ». Il est pourtant curieux que, si l'on a deux de ces « droites », elles se coupent toujours en deux points opposés de la sphère (c'est obligé, puisque les grands cercles sont des sections de la sphère par des plans passant par le centre de la sphère ; ainsi, par exemple, deux méridiens se coupent aux pôles). Autrement dit, sur la sphère, il n'y a pas de « droites parallèles ».

En effet, que sont des « parallèles » ? À force de mettre des guillemets pour signifier que ce n'est pas exactement cela, on ne sait plus de quoi on parle. En géométrie plane, on dit que deux droites sont parallèles lorsqu'elles ne se coupent pas. Il est donc clair qu'en ce sens, il n'y a pas de « parallèles » en géométrie sphérique. Ce n'est pas très étonnant : on avait compris que les « droites » n'étaient pas des droites ; la différence est suffisamment marquée pour qu'il n'y ait pas des « parallèles ». Nous pourrions en rester là, mais il est instructif de voir ce qui se passe si l'on essaie quand même de construire une « droite » parallèle à une autre donnée. En géométrie plane, si l'on a une droite, pour en dessiner une autre à une distance *d*, il suffit de prendre tous les points du plan qui sont à distance *d* de la droite (de façon très précise, faisant cela, on dessine deux droites à distance *d*, de part et d'autre de celle qui est donnée, c'est plus que ce qu'on voulait). Opérons de même sur la sphère. Par exemple, si l'on veut avoir tous les points de la sphère qui sont à une distance *d* de l'Équateur, c'est facile, comme dans le plan, avec les modifications qui s'imposent. À chaque point de l'Équateur, on considère la « droite » perpendiculaire (pas de problème, c'est le méridien de ce point) et l'on mesure la longueur *d* le long du méridien (dans un sens ou dans les deux, si l'on veut avoir les deux « parallèles » de part et d'autre) ; en marquant sur la sphère le (ou les) point(s) de l'extrémité ainsi trouvée. L'ensemble des points ainsi dessinés sur la sphère devrait être la « parallèle ». Certainement, mais... *ce n'est pas une « droite »*. Ce qu'on obtient de cette façon n'est pas un grand cercle, mais un (ou deux) parallèle(s). Autrement dit, les parallèles à une « droite » ne sont pas des « droites », mais de vraies courbes.

Si vous en voulez un exemple, regardez à nouveau la figure 43 : la parallèle à l'Équateur passant par Paris est naturellement le parallèle de Paris, tous ses points sont à la même distance de l'Équateur. Ainsi donc, il n'y pas de « droites parallèles » sur la sphère, que s'est-il passé ? Tout simplement, sur une sphère, tout ce qu'on dessine est « trapu par le centre », si bien que des « droites » à peu près parallèles dans une petite région se rapprochent l'une de l'autre lorsqu'on s'en éloigne suffisamment. *Si l'on veut que la deuxième « droite » reste à distance constante de la première, il faut la courber pour l'éloigner de la première et compenser sa tendance naturelle à s'en approcher. Tendance naturelle ? oui, tout cela est naturel, c'est l'espace (la surface) qui est comme cela. C'est un peu dépaysant, mais on peut s'en consoler en se disant que, tout compte fait, les petits triangles ont bien 180° comme somme des angles et que sur de petites régions, il y a quand même des « droites » parallèles, pourvu que l'on tolère de petites erreurs.*

Je pourrais terminer ici cette section, mais je vais en profiter pour faire certaines remarques qui ne me semblent pas dépourvues d'intérêt. Revenez à la figure 43 et regardez, maintenant que vous avez suivi mes commentaires (je suis un peu optimiste, mais sinon, vous ne liriez pas cette ligne), à nouveau la « droite » PV (l'orthodromique, celle qui court tout droit, en passant par M) en essayant d'imaginer la sphère et en faisant abstraction de tout le reste. Si ma figure n'est pas trop mauvaise et que tout se passe bien, vous devez plus ou moins « voir » que c'est effectivement la route la plus courte entre P et V, et que la loxodromique (regardez-la maintenant quand même, c'est le long du parallèle, en passant par TN) est plus longue car elle « tourne autour du pôle Nord » sans raison. Est-ce vraiment sans raison ?

Nous savions depuis notre enfance que les pôles, Nord et Sud, sont les points de la surface de la Terre se trouvant sur son axe de rotation. Voici maintenant qu'on a utilisé le pôle Nord pour nous raconter des anecdotes sur les routes à suivre pour aller de Paris à Vancouver ou Stuttgart ou sur les triangles sphériques. Mais... qu'ont à voir ces anecdotes avec la rotation de la Terre ? Strictement rien. Et pourtant, le rôle joué par les méridiens et les parallèles a l'air très important dans ce qui précède. Tout compte fait, quel rapport avec une sphère lisse, sans rien d'autre que deux points sur elle (même s'ils s'appellent Paris et Vancouver) et la recherche du chemin le plus court les reliant sur la surface de la sphère ? Serait-on en train de nous tromper ?

Oui et non, je m'explique. La solution du problème consiste simplement, comme je vous l'ai indiqué ci-dessus, à considérer le plan déterminé par P, V et le centre de la Terre, et à couper la surface par le plan. La courbe intersection est le plus court chemin cherché. Si cela vous suffit, tout le reste est superflu. D'autre part, si vous voulez des renseignements plus concrets, par exemple, la route à suivre, la distance et autres, vous aurez besoin de préciser quels sont les deux points, leurs noms (aussi évocateurs que soient les termes de Paris et Vancouver) ne suffisant nullement. C'est ce que j'ai fait, en disant que P était 2 °E, 49 °N et V 123 °O, 49 °N.

Je me suis référé pour cela à une convention établie depuis longtemps pour repérer les points sur la surface de la Terre, avec les parallèles et les méridiens, et où les pôles jouent un rôle important.

J'insiste sur le fait que c'est un choix conventionnel, d'autres façons de repérer les points auraient été possibles, mais celle-là n'était pas si mauvaise, bien que comportant des carences patentes : chaque point a une longitude et une latitude, à l'exception de pôles, qui ont une latitude (90 °N pour le Nord et 90 °S pour le Sud), mais n'importe quelle longitude. Bien entendu, le méridien zéro est aussi arbitraire ; on a adopté celui de Greenwich à l'époque où il était du domaine public que « Britannia rules the waves », mais pour moi, il aurait été un peu plus simple d'utiliser les coordonnées géographiques du méridien de Paris, que l'on trouve encore dans certaines cartes très anciennes. Par souci d'objectivité (la définition des repères a beaucoup à voir avec la subjectivité), je m'empresse d'ajouter que si les cartes de marine avaient été dressées par des marins de l'hémisphère Sud (bien entendu, cela suppose que l'Histoire aurait été autre), des Argentins, par exemple, ayant eu la même idée d'utiliser la ligne des pôles comme base, auraient certainement représenté le pôle Sud en haut, nous condamnant à mener nos pauvres vies la tête en bas ; mais nous nous serions conformés à cette inconfortable position aussi bien que les Argentins se sont pliés à celle que nous leur avons réservée.

Pour revenir à nos routes de Paris à Vancouver, c'est donc le souci d'avoir des règles universelles de repérage des points sur la surface de la Terre qui a conduit à la définition des coordonnées géographiques. Avec cela, on peut étudier et calculer les routes entre deux points quelconques, et bien d'autres choses. *On a tendance à oublier le caractère conventionnel de ces coordonnées, et l'on croit parfois que c'est naturel. Cela implique des préjugés malvenus.* Vous souvenez- vous des commentaires ci-dessus sur le fait que la route loxodromique tourne sans raison autour du pôle au lieu d'aller droit au but, ou sur la propriété inattendue que garder le même cap sur de longues distances n'est pas aller tout droit ? Il n'est pas difficile de se rendre compte qu'une courbe loxodromique (autre que les cas spéciaux que sont les méridiens et les parallèles) s'enroule en spirale autour des pôles Nord et Sud ; manifestement, elle n'est pas adaptée à la navigation dans les régions polaires… Bien entendu, si vous faites une randonnée dans la forêt de Fontainebleau (relativement petite par rapport à la Terre et suffisamment éloignée des pôles), vous irez tout droit au point de destination que vous vous êtes fixé en prenant un certain cap et en le gardant toujours à l'aide de votre boussole (à moins que vous n'ayez un GPS). Mais ne vous avisez pas d'utiliser la même recette sur des longues distances ou près des pôles.

2. Géométries non euclidiennes, géométrie sur une variété

La géométrie ordinaire (dite euclidienne) a été développée à un niveau surprenant d'élaboration dans la Grèce classique. Jusqu'à un temps relativement récent, au XIXe siècle, elle était considérée comme un modèle de perfection et de rigueur logique. Ce prestige était motivé par le fait que des propriétés nullement triviales étaient obtenues par de longs et difficiles raisonnements où seule intervenait la logique, à l'exclusion de tout apport expérimental ou observationnel. Ce magnifique édifice était bâti à partir d'un petit nombre d'axiomes (ou postulats), vérités primaires parfaitement définies, admises de par leur évidence manifeste. Par-delà les nombreuses applications des propriétés géométriques, une question purement logique émergeait : quel était le nombre le plus petit de ces postulats permettant de construire toute la géométrie, autrement dit, combien et quelles étaient les vérités primaires dont tout dépendait.

Il apparut assez vite que l'un des postulats, dit « cinquième postulat d'Euclide » était indépendant des autres, donc nécessaire pour élaborer la géométrie sous sa forme classique, mais que, en le supprimant, d'autres filières logiques parfaitement cohérentes et rigoureuses, pouvaient être construites. Il ne s'agissait certainement pas de la géométrie habituelle, mais de théories qui en conservaient certains traits. Sortes de monstres du point de vue de nos habitudes, elles n'en gardaient pas moins une parfaite cohérence logique, et pouvaient à ce titre être considérées comme équivalentes à la géométrie euclidienne.

Le cinquième postulat (nous sommes toujours en géométrie bidimensionnelle, ou plane dans le cas euclidien) affirme que par un point extérieur à une droite on peut tracer une parallèle à celle-ci et une seule. On peut, en effet, élaborer des théories géométriques logiques en admettant que les parallèles n'existent pas (c'est-à-dire, que deux droites distinctes se coupent toujours) ou que par un point extérieur à une droite, on peut tracer une infinité de parallèles à celle-ci (en fait, il y en a deux extrêmes formant un angle, et tout l'éventail des intermédiaires). *Ces deux théories géométriques, logiques et cohérentes, s'appellent géométrie elliptique et géométrie hyperbolique respectivement.* D'autres possibilités qu'on pourrait *a priori* imaginer ne donnent pas lieu à des constructions logiquement cohérentes.

La géométrie elliptique est déduite de façon parfaitement logique des postulats, notamment de la non-existence de parallèles. Il en découle que la somme des angles d'un triangle est plus grande que 180°, et dépend du triangle. Cela vous rappelle-t-il quelque chose ? En fait, la géométrie elliptique est ce qui résulte de la géométrie sphérique dont il a été abondamment question dans la section précédente en y remplaçant ce que j'appelais « grand cercle », « droite » ou « sorte de droite » par droite tout court, sans guillemets [12]. Si l'on ne change pas les choses, mais seulement leurs noms, c'est la même chose au point de vue logique, comme lorsqu'on fait une bonne traduction dans une autre langue ; la géométrie d'Euclide peut être étudiée en français, mais c'est toujours la même géométrie des Grecs. Il en est bien ainsi : la géométrie elliptique n'est ni plus ni moins que la géométrie sphérique avec un autre nom.

Précisons un peu : la géométrie sphérique est la géométrie sur la surface (bidimensionnelle) d'une sphère de l'espace tridimensionnel euclidien. En y changeant le nom de « grand cercle » par droite (sans guillemets), on obtient une théorie géométrique appelée géométrie

---

12. Il y a quand même une différence, qui ne change pas l'essentiel mais qui n'est pas facile à exposer dans le cadre descriptif succinct de ce texte : la géométrie elliptique est ce qu'on obtient à partir de la géométrie sphérique en identifiant les couples de points diamétralement opposés. C'est un peu subtil et je ne le mentionnerai plus par la suite. Cela élimine en particulier l'ambiguïté des grands cercles, qui ne sont pas déterminés par deux points si ceux-ci sont diamétralement opposés (puisqu'ils deviennent un seul « point »).

elliptique bidimensionnelle (qui ne fait d'ailleurs aucun appel à un plongement quelconque dans un espace de dimension trois ou autre). Cette traduction automatique montre d'ailleurs la cohérence de la géométrie elliptique, puisqu'elle est tautologiquement équivalente à quelque chose de logique : même si cela nous choque, il n'y a rien de logiquement impossible ni incohérent dans le fait que les parallèles n'existent pas. On dit que *la géométrie sphérique est une réalisation de la géométrie elliptique.* Cela revient à dire que la géométrie elliptique est considérée comme quelque chose d'abstrait dont un exemple concret (une réalisation) est la géométrie sphérique. Ce n'est pas la seule : il y a d'autres réalisations sur le plan, mais je ne voudrais pas m'attarder sur ce point.

Et qu'en est-il de la *géométrie hyperbolique ?* Et bien, il y a une surface qui s'appelle la pseudo-sphère. Elle a beaucoup des propriétés de la sphère mais, en quelque sorte « à l'envers ». Plus exactement, il y a plusieurs surfaces connues comme pseudo sphère. Aucune n'est complètement satisfaisante, en ce sens qu'elles ont toutes des singularités ; la plus connue, est une sorte de trompette, rappelant un tube à bord évasé. C'est une surface de révolution dont la méridienne (courbe obtenue en la sectionnant par l'axe) est une courbe spéciale nommée tractrice. Cette trompette est allongée jusqu'à l'infini, devenant de plus en plus fine. Le pavillon évasé a un bord ; on peut d'ailleurs coller deux de ces trompettes par les pavillons, obtenant une surface s'étendant des deux côtés jusqu'à l'infini mais elle a une arête au collage des pavillons (ce sont des points singuliers).

Les points de la pseudo-sphère sont « hyperboliques » : cela signifie que les deux courbures principales sont de signes contraires. Si vous ne voyez pas très bien ce que cela veut dire, imaginez la trompette (ou regardez la figure 44) ; si vous êtes à l'extérieur, vous verrez qu'elle est concave dans la direction longitudinale et convexe dans la direction transversale. C'est cela être hyperbolique. En revanche, la sphère est elliptique : si vous êtes à l'extérieur, elle est convexe dans toutes les directions.

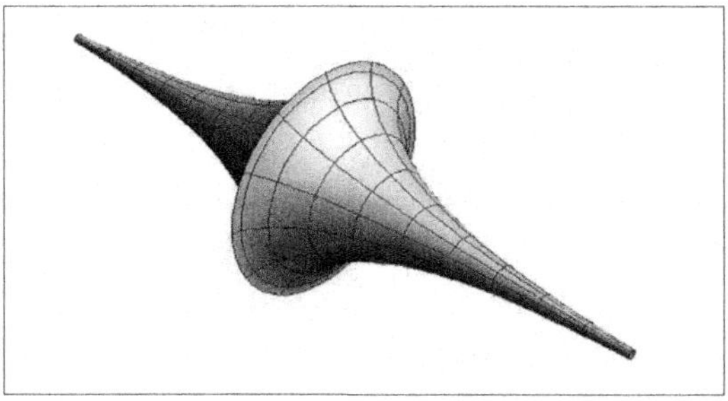

Fig 44. Une pseudo-sphère (Il y en a plusieurs types, aucun sans points singuliers, ici ce sont ceux de l'arête du plan de symétrie). On peut y construire une géométrie, dont les « droites » sont les courbes de distance minimale. Toutes les propriétés de la géométrie sphérique par rapport à la géométrie plane se retrouvent à l'opposé dans la géométrie sphérique. Par exemple, la somme des angles d'un « triangle » y est plus petite que 180°.

Pour en revenir à la pseudo-sphère, je vous dirai seulement que, de même que sur la sphère, il y a beaucoup de choses exprimées avec des sinus et cosinus, sur la pseudo-sphère, on a des expressions à peu près analogues contenant des sinus hyperboliques et cosinus hyperboliques ; par ailleurs, si l'on aime les nombres complexes, on peut aussi avoir une pseudo-sphère en prenant une sphère de rayon imaginaire. Si le sens de ces affirmations vous échappe un peu, cela n'a aucune importance.

Il est néanmoins intéressant de savoir *qu'on peut, sur la pseudo-sphère, élaborer une géométrie pseudo-sphérique ;* les « droites » sont les « géodésiques » (les courbes les plus courtes reliant deux points), et que l'on peut construire des triangles avec. Maintenant, vous souvenez-vous que la sphère était « trapue » et que c'est pour cela que la somme des angles d'un triangle était plus grande que 180° ? Pensez maintenant à la trompette ; ne vous donne-t-elle pas l'impression d'être une sorte de tube qui aurait beaucoup maigri ces derniers temps ? Le fait est que *la somme des angles d'un triangle y est plus petite que 180°.* Et qu'en est-il des parallèles ? Si vous *prenez une « droite » (une géodésique) et un point extérieur, on peut trouver une infinité de « droites » (de géodésiques) passant par le point qui ne coupent pas la première.* Vous ne voyez pas pourquoi ? À vrai dire, moi non plus, mais ce n'est pas très étonnant, car au fur et à mesure qu'on s'éloigne du point, il y a de plus en plus de surface (par rapport à ce qu'il y aurait eu dans un plan), donc il doit y avoir la place pour positionner des « droites » qui ne coupent pas la première ; c'est le contraire de ce qui se passait sur la sphère. C'est cela la géométrie hyperbolique, ou plutôt une réalisation de la théorie abstraite appelée géométrie hyperbolique.

J'avais oublié de mentionner une (plutôt deux) propriétés des espaces bidimensionnels elliptique et hyperbolique (ainsi d'ailleurs que du plan euclidien, que l'on peut appeler espace bidimensionnel parabolique). *Ils sont tous homogènes et isotropes.* Cela signifie que si l'on a une figure sur la sphère, la pseudo-sphère ou le plan, un triangle par exemple, on peut le déplacer et le tourner comme on veut sans le déformer. Précisons un peu. Vous avez un triangle (ou une autre figure) et les points de l'intérieur de son périmètre (imaginez la figure matérialisée par un morceau de carton, ou de tissu), vous pouvez la déplacer et la tourner sans aucune contrainte à l'intérieur de la sphère, de la pseudo-sphère ou du plan en respectant toutes les distances mutuelles des points de la figure, celles-ci étant mesurées, naturellement, le long des géodésiques correspondantes. C'est évident pour le plan et pour la sphère, beaucoup moins pour la pseudo-sphère, où il est clair qu'il faut déformer la figure pour la déplacer le long de l'axe ; le fait est que cette déformation est en tant que figure de l'espace tridimensionnel, mais elle respecte les distances le long des géodésiques. Cela se démontre, je vous avais prévenus que c'était une trompette spéciale.

Je voudrais en rester là sur ces questions, mais il est important de comprendre que *cette propriété n'a rien de trivial et que les surfaces dont les figures jouissent de cette propriété sont assez rares.* Voici un contre-exemple. Considérons une surface formée par un cylindre circulaire fermé par deux demi- sphères aux extrémités. Si vous avez une figure sur l'une des demi-sphères, vous ne pourrez jamais la déplacer sur la partie cylindrique sans la déchirer. Voyez-vous pourquoi ? Si c'était possible, en développant ensuite le cylindre sur un plan, ce qui est trivialement possible, on aurait une représentation de la figure sphérique sur un plan, ce qui est impossible, comme nous le savons, sans déformations de la figure, car la sphère n'est pas développable.

Je finirai cette description anecdotique des géométries non-euclidiennes en en mentionnant une propriété un peu déroutante. Dans la géométrie euclidienne, étant donné une figure, on peut toujours construire une figure *semblable*, c'est-à-dire on peut la dilater (ou contracter) uniformément sans la déformer. Cela implique naturellement la conservation des angles lors de la dilatation. *Cela est impossible dans les géométries non-euclidiennes.* Par exemple, en géométrie sphérique, si nous avons un triangle et construisons un autre de côtés doubles, le nouveau triangle n'aura pas les mêmes angles ; c'est évident, car sa surface sera quatre fois plus grande que celle du triangle initial et son excès sphérique sera donc quatre fois plus grand, si bien que les angles ne pourront être conservés. Il en va de même dans la géométrie sur la pseudo-sphère. Cela constitue une propriété assez remarquable. *Dans les géométries elliptique ou hyperbolique, on peut donc déplacer et tourner les figures, mais on ne peut pas les agrandir ou réduire sans les déformer.*

Pourquoi en est-il ainsi ? C'est que ces espaces ont une courbure qui leur est propre. Revenons toujours au cas de la sphère, connue de tous, où l'on voit à peu près clair. Elle a un rayon bien déterminé. Il est clair aussi que les figures, triangles ou autres, d'une sphère de rayon R ne peuvent pas être mises (sans les déformer) sur une autre sphère de rayon différent 2R, par exemple, qui est beaucoup moins « courbe ». On peut s'en convaincre avec la formule de l'excès sphérique utilisée ci-dessus : le même excès sphérique correspond à un triangle de surface quatre fois plus grande (au lieu de même surface) de la deuxième sphère ; on voit que cela ne marche pas. *Ainsi donc, dans la mesure où la surface de la sphère est considérée comme un espace bidimensionnel elliptique, celui-ci possède en lui-même une longueur R bien déterminée. Voici quelque chose d'un peu insolite : l'espace, avant de contenir quelque chose, incorpore déjà une longueur dans la définition de ses propriétés.*

Si l'on réfléchit un peu, cela n'a rien de choquant en soi : puisque cet espace jouit de propriétés de courbure, il faut bien que la quantité de courbure (non nulle) qu'il possède entre dans sa définition. De ce point de vue, c'est l'espace euclidien qui apparaît comme étant singulier : sa courbure étant nulle, on peut la multiplier ou diviser par n'importe quel nombre et elle sera toujours nulle. C'est pour cela que dans l'espace euclidien, on peut construire des figures semblables à une donnée, alors que cela n'est pas possible dans un espace courbe, car la figure semblable est inadaptée à la courbure (invariable) de l'espace.

Sans entrer dans des détails, je mentionnerai que la courbure dont il est ici question est la « courbure totale » ou « de Gauss », égale au produit des courbures principales en chaque point de la surface. Elle vaut $1/R^2$ pour une sphère de rayon R ; dans le cas de la pseudo-sphère, c'est un nombre négatif, l'inverse du produit des deux courbures principales en chaque point (ce produit est le même pour tous les points de la pseudo-sphère, alors que chacune des courbures principales dépend du point).

J'espère qu'à présent vous avez une idée de ce que sont les géométries non-euclidiennes elliptique et hyperbolique (le passage à la dimension trois me semble inutile). On peut donc aborder quelque chose de plus général : la *géométrie sur une variété* (en dimension 2). Ce sont les systèmes dynamiques sur une telle variété que nous avons rencontrés et partiellement décrits au chapitre VI, section II.3. Ce n'est guère plus compliqué, si l'on en reste au niveau descriptif ci-dessus. Prenons une surface régulière (sans arêtes) quelconque. Les géodésiques sont les courbes de longueur minimale entre deux points ; elles jouent le rôle de droites et on peut avec elles construire des triangles, bien sûr, ainsi que bien d'autres choses, par exemple, suivre la trajectoire d'un point matériel lancé dans cet « espace » avec une certaine vitesse initiale. Si l'on fait alors abstraction de l'espace extérieur, on obtient ce qu'on appelle une variété bidimensionnelle dotée d'une métrique, dont la sphère et la pseudo-sphère sont des exemples [13].

---

13. En fait, ce qu'on obtient ainsi sont des variétés orientables. Il y en a de non-orientables, que l'on ne peut construire que par recollement de morceaux en identifiant les bords de façon adéquate.

Comme nous l'avons déjà signalé, ces variétés ont des applications nombreuses et inattendues, mais la géométrie au sens classique des triangles et compagnie, s'y réduit à pas grand-chose : en général, *les espaces ainsi construits ne sont ni homogènes ni isotropes,* si bien qu'aucun mouvement sans modification des distances n'est possible pour les figures qui y sont dessinées ; elles sont comme figées, incapables de s'adapter à la courbure d'une autre position sans se déformer.

La relativité générale est la théorie cadre où l'on étudie depuis un siècle environ toute la physique de ce qui est grand ou rapide. Cela veut dire que les phénomènes physiques faisant intervenir des vitesses importantes (comparables à celle de la propagation de la lumière) ou des distances grandes (où de petites courbures des « droites » = géodésiques arrivent à dévier de façon appréciable d'une vraie droite) exigent la prise en compte d'effets négligeables dans la vie de tous les jours, des effets dits « relativistes [14] ». La relativité se fait précisément dans des espaces courbes. Je n'ai nullement l'intention de raconter sous forme anecdotique ce qu'est une théorie dont je ne connais presque rien ; je ferai juste quelques remarques dans le cadre général de ce texte.

La relativité se fait dans une variété de dimension quatre, trois coordonnées spatiales et le temps. Bien entendu, si vous pensez à l'espace euclidien ordinaire de dimension trois et ajoutez le temps, vous avez un espace de dimension quatre qui n'a rien de déroutant, sauf peut-être le nom, mais cela est classique lorsqu'on a affaire à des produits élaborés par des mathématiciens. C'est une sorte de boîte infiniment grande et vide, où l'on peut mettre mentalement tout ce qu'on veut. Traditionnellement, on y met le monde physique ou des morceaux du monde physique pour les étudier. Cela vient de Galilée, Newton et d'autres ; c'est le cadre général où les scientifiques des XVIIIe et XIXe siècles voyaient le monde extérieur ; cela correspond aussi à notre vision primaire de ce monde. Kant (1724-1804), au XVIIIe siècle a fait beaucoup plus : élevant l'espace et le temps au rang

---

14. Nous avons mentionné une telle situation à propos du mouvement de Mercure, chapitre I, section I.

de formes *a priori* (notez que formes est au pluriel, l'espace et le temps sont distincts) en a fait le cadre général où nécessairement nous considérons le monde extérieur.

L'étude du comportement des entités physiques à grandes vitesses ou grandes distances (qui n'a rien de « primaire » ni donc d'intuitif) a conduit à la relativité, où l'espace et le temps ne sont pas objectivement séparés. Le temps de chaque observateur (bien entendu aussi acteur, puisque contenu dans l'univers) s'écoule différemment que celui d'un autre, et dépend en particulier de la vitesse relative du mouvement des deux observateurs. L'espace et le temps ne sont pas séparables l'un de l'autre, bien que localement, pour tout ce qui est « proche » d'un observateur, on puisse définir un espace et un temps locaux analogues aux habituels[15]. L'univers est dans un espace-temps global, ou plus exactement, il constitue une variété espace-temps en dehors de laquelle rien n'existe. Notez bien qu'il n'y a rien dehors (même pas l'espace vide) puisque l'univers est « tout » ce qu'il y a. Cela sonne un peu bizarre, mais après tout, n'est-ce pas bien plus satisfaisant que cet univers kantien qu'il fallait mettre dans une grande boîte vide qui n'était pas dans l'univers ?

Par ailleurs, la variété espace-temps n'est pas euclidienne, mais courbe, pour pouvoir donner une description satisfaisante des « effets relativistes » propres aux grandes vitesses ou aux grandes distances. Ce sont ces effets relativistes qui sont bizarres (= inusuels en ce qui concerne la vie quotidienne de la plupart d'entre nous, mais cela est très courant dans les sciences). La courbure de l'espace est définie par la masse de la matière qui s'y trouve. Vous rappelez-vous que j'avais indiqué ci-dessus que dans une variété le mouvement sans déformation des figures était, en général, impossible ? Il n'y a pas de contradiction avec la relativité. Dans cette théorie, il n'y pas de corps solide au sens habituel et, en tout cas, en se déplaçant, il véhicule sa masse, c'est-à-dire la courbure de l'espace qu'il faut.

---

15. Tout cela ne remet pas en cause le fait que la causalité physique suit la flèche du temps : un événement ne peut être influencé que par son passé, et ne peut influer que son futur.

Étrange ou dépaysant ? Certainement, mais pas plus que la très belle poésie de Antonio Machado (Proverbios y cantares, XXIX) au sens transparent :

> Caminante, son tus huellas
> el camino, y nada más ;
> Caminante, no hay camino,
> se hace camino al andar... [16]

Eh oui, *la relativité est probablement bien plus en accord avec notre monde qu'on ne le pense.* Avant de quitter ce beau sujet, je voudrais noter encore une fois que, *tant que l'on n'a pas affaire à des vitesses énormes ni à des distances galactiques, l'espace est localement euclidien, le temps est indépendant de l'espace, la somme des angles d'un triangle vaut 180° et tout et tout. C'est une approximation, mais combien utile.* Oui, parce que (j'avais oublié de vous le dire !) de la variété espace-temps de la relativité générale, on sait très peu de chose, même pas si elle existe, car cela a un rapport avec le big-bang, avec la validité des lois de la physique dans des cas extrêmes et bien d'autres choses. Évidemment, pour des questions mettant en œuvre de grandes vitesses (dans les tokamaks...) ou de grandes distances (lumière venant de galaxies lointaines...), on fait les approximations (relativistes) appropriées et cela marche. On vit comme on peut...

Il convient pourtant de bien réaliser que, tant qu'on ne sort pas d'une région petite par rapport aux dimensions de l'espace (ou plus précisément aux rayons de courbure de l'espace), toutes les géométries sont égales entre elles, notamment égales à la géométrie euclidienne, moyennant de petites erreurs. Cela se comprend facilement en songeant, par exemple, à une sphère (ou à une pseudo-sphère) de rayon R : leurs propriétés remarquables ne se manifestent que sur des portions appréciables de la surface. Tant que l'on ne met en œuvre qu'une petite portion de la surface, mettons de longueurs l,

16. Marcheur, sont tes empreintes/le chemin, et rien d'autre/Marcheur, il n'y a pas de chemin/le chemin se fait en marchant...

elle peut être remplacée par une petite portion du plan tangent en l'un de ses points. Par exemple, en multipliant par 2 les côtés d'un triangle, on en obtient un autre semblable, avec les mêmes angles. Ceci n'est pas tout à fait exact : l'excès sphérique a été multiplié à peu près par 4. En fait, le deuxième triangle n'est pas exactement semblable au premier, car comme nous l'avons signalé, s'il l'était, sa forme serait incompatible avec celle de l'espace.

Tant que l/R est petit et son carré négligeable, l'effet qui vient d'être décrit passe complètement inaperçu de n'importe quel observateur, qui croira donc que la somme des angles des deux triangles est toujours égale à deux droits. Qui plus est, et c'est là le point fondamental pour mon propos, il pensera que le processus de multiplication par 2 « sans modification des angles » peut être répété autant de fois que l'on veut, ce qui est complètement faux : on peut le faire 2, 3, 36 fois, mais seulement tant que les dimensions restent telles que l/R est petit.

Il se passe, en fait, que chaque fois que l'expérimentateur multiplie par 2 les dimensions des côtés, les angles augmentent un petit peu à son insu. Il pensera qu'il peut poursuivre le processus autant de fois qu'il veut, la somme des angles étant toujours 180°, et *il construira ainsi la géométrie euclidienne*[17]. Mais cela n'est qu'approximativement vrai tant que les dimensions sont petites. Il aura extrapolé abusivement une propriété en dehors de son domaine de validité, croyant que le triangle restait toujours avec une somme des angles de 180°. Ce n'est qu'en mettant en œuvre des longueurs *l* comparables avec R qu'il pourrait se rendre compte expérimentalement que la géométrie de son espace n'est pas euclidienne[18].

Il est clair que le *phénomène qui précède s'apparente fortement au principe de la dialectique du passage du quantitatif au qualitatif.* En effet, tant que le triangle est assez petit pour que, avec une approximation

---

17. Noter la ressemblance avec la construction des nombres évoquée à la section I.2.

18. Ce qui précède peut être utilement rapproché des considérations sur la structure des théories scientifiques du chapitre II, section II, en particulier de la figure 8, où l'on avait mis l'accent sur le fait que les théories étaient (approximativement) valables indépendamment d'une connaissance exacte de la réalité, impossible à obtenir. Voir aussi le rapport avec « la rose de Fontenelle », chapitre II, section III.

donnée (par exemple, celle décelable avec le rapporteur d'angles de l'expérimentateur), la somme des angles est « égale » à 180 degrés, l'observateur vérifie expérimentalement qu'en multipliant par un nombre quelconque les longueurs des côtés, les angles restent toujours les mêmes. S'il poursuit les expériences pour des longueurs des côtés telles que l'excès sphérique atteigne le minimum décelable par son rapporteur, il observera que les triangles suffisamment grands ont un excès sphérique non nul, et comprendra donc que la géométrie de l'espace où il expérimente n'est pas euclidienne. Il n'en reste pas moins qu'il aura appris que, dans une certaine approximation, tant que les triangles sont petits, la géométrie euclidienne est parfaitement valable. Bien entendu, si l'on change la finesse des appareils de mesure, le seuil à partir duquel la géométrie euclidienne n'est plus admissible changera aussi. Plus les appareils sont fins, ou plus l'exigence d'exactitude est grande (= plus la tolérance à l'erreur est petite), plus le domaine de validité de la géométrie euclidienne sera restreint.

Pour résumer en une phrase, *la géométrie euclidienne est l'idée que nous nous faisons des propriétés de l'espace entier sur la base d'une connaissance expérimentale d'une petite parcelle de l'espace physique, lequel est approximativement euclidien.* Nous construisons une image (simplifiée, donc manipulable et utile) de la géométrie de l'espace qui se substitue à celui-ci en ce qui concerne notre conscience et connaissance.

Par ailleurs, on peut faire le même type de commentaires eu égard à la structure du temps. Pour les mêmes raisons que dans le cas de l'espace, *la structure de celui-ci, d'après notre expérience sensori-motrice, est celle d'une droite, que nous imaginons infinie dans le futur et le passé,* faute de démenti provenant de l'expérience objective. Mais il est aussi clair que *cette idée que nous nous faisons du temps est approximativement compatible avec une structure physique relativiste, qui nous apparaîtra pourtant comme cognitivement exotique.*

Coda. La belle histoire de Borodine et son éclipse de soleil

Les contradictions sont le moteur de l'histoire.
Karl Marx

Une visite des sciences ne saurait avoir un épilogue faisant penser à une conclusion, à des adieux ; elle peut avoir une coda, au sens de ce terme dans le ballet classique : final où l'on reprend quelques éléments sous une forme différente.

Dans cet esprit, qu'il me soit permis d'évoquer brièvement Alexandre Borodine (1833-1887), plus connu comme compositeur que comme scientifique : tout le monde connaît l'explosion de vitalité et de charme mélodieux véhiculée par les danses polovtsiennes du Prince Igor. Et pourtant, il était un scientifique, un chimiste de grande valeur, très apprécié du grand Mendeleïev (1834-1907). Il était un compositeur du dimanche, peut-être un peu plus, engagé comme on sait dans le « groupe des cinq » pour l'essor d'une musique typiquement russe, exploitant les immenses richesses des mélodies populaires de sa terre natale. Il était aussi un grand artisan de la promotion sociale des femmes, principalement par l'éducation scientifique. Cela fait beaucoup pour une vie… et, effectivement, il a vécu constamment sollicité par des collègues, des amis, des élèves, pour mener à bien des tâches souvent collectives dont il était le fer de lance ou la cheville ouvrière. Il était plus qu'apprécié, il était aimé, avec l'amour de l'engagement mutuel, de la reconnaissance et du respect.

Borodine était fils illégitime d'un membre de la noblesse, inscrit officiellement, suivant une pratique habituelle, comme fils d'un valet.

Il reçut naturellement une bonne éducation, apprenant plusieurs langues étrangères, la chimie et l'électricité ; dans le même temps il montrait une rare disposition pour la musique : âgé de 9 ans, il composa une polka pour piano, *Hélène*, dédiée à une dame portant ce prénom et dont il était amoureux !

De 1850 à 1857 il fréquente l'Académie de Médecine et Chirurgie de Saint-Petersbourg, où il poursuit de brillantes études, et se passionne pour la chimie. Sa thèse est la première dans l'histoire de l'académie à être écrite et soutenue en russe et non en latin. Mais il montre peu d'inclination pour la pratique de la médecine et passe plusieurs années voyageant en Europe (Bruxelles, Paris, Pise, Iéna, mais surtout Heidelberg) où il approfondit ses études et fait des recherches en chimie ; il rencontre aussi Franz Liszt (1811-1886) et la jeune pianiste Ekaterina Protopopova (1832-1887) qui deviendra son épouse. À partir de 1862 et jusqu'à son décès en 1887, il enseigne à l'Académie de Médecine et Chirurgie de Saint-Petersbourg. Il s'y illustre sur les plans pédagogique et humain, mais surtout par son engagement pour ouvrir l'académie aux femmes, et y faire dispenser un enseignement de médecine pour les sages-femmes.

Sa vie est toujours partagée entre ses recherches en chimie organique et la composition musicale. La photographie ci-jointe le montre en compagnie de Mendeleïev. On lui doit de nombreux résultats, dont la découverte en 1861 de la réaction de la bromine sur des sels des acides valérique et butyrique (halogénation), redécouverte par H. Hunsdiecker (1904-1981) en 1939, qui porte de nos jours le nom de réaction de Borodine-Hunsdiecker.

Borodine est approché par Balakirev (1837-1910) en vue de la réalisation de son projet d'exploiter les immenses richesses des mélodies populaires pour fonder une école russe de composition. Le *groupe des cinq* est créé : Balakirev, Borodine, Cui (1835-1918), Moussorgski (1839-1881), Rimski-Korsakov (1844-1908). Borodine prend une part très active à ses activités. Il participe, en particulier, à la composition de l'opéra-ballet *Mlada*, conçu comme une œuvre collective, terminée par Rimski-Korsakov et parfois attribuée à celui-ci. Mais sa grande œuvre musicale est l'opéra *Le prince Igor*, auquel il se consacre pendant presque vingt ans et qu'il laisse inachevé. Lors d'un bal masqué organisé par les étudiants de l'académie, il s'effondre et la fête bascule dans le deuil. Une autopsie révèle l'état extrêmement détérioré de ses artères. Il repose au cimetière Alaxandre Nevski de Saint-Petersbourg, à proximité de ses amis Moussorgski et Rimski-Korsakov. Sa tombe est ornée de notes des danses polovtsiennes et de formules chimiques des réactions qu'il a étudiées. Les étudiantes de l'académie lui ont brodé des mots de remerciements sur une pièce de tissu qui a été enterrée avec lui. Pourquoi les jeunes filles se sont-elles dépêchées de faire ce travail avant l'enterrement, au lieu de demander que des remerciements soient gravés sur sa tombe, à côté des notes et des formules, nous privant de la possibilité de les lire ? Elles devaient connaître, sous une forme ou une autre, *le secret du renard* (« L'essentiel est invisible pour les yeux. […] C'est le temps que tu as perdu pour ta rose qui fait ta rose si importante. ») [1].

Fig. 45. Borodine entre ses collègues chimistes (de gauche à droite Gitinski, Borodine, Mendeleïev et Olevinski)

1. Chapitre V, section V.2.

Il a été dit et répété qu'il eut été préférable pour Borodine et pour nous qu'il choisisse l'une de ses deux activités, scientifique ou musicale, car de toute évidence, il ne menait à bien de façon cohérente ni l'une ni l'autre. C'est conclure un peu vite, car il semble évident qu'il n'aurait pas été heureux (mais l'était-il ?) après un tel choix, un tel déchirement. On regrette également que son magnifique opéra, Le prince Igor, soit resté inachevé. Ses amis Glazounov (1865-1936) et surtout Rimski-Korsakov, le génie de l'orchestration, l'ont terminé sous une forme souvent contestée (la même aventure est arrivée au Boris Godounov de Moussorgski), pour manquer de fidélité à la partition originale et concluant l'histoire de façon assez incohérente. Mais sans l'orchestration éblouissante de Rimski-Korsakov, que nous serait-il resté de ces chefs-d'œuvre ? *Toute ouvre humaine, sous une forme ou une autre, est collective, toute vie humaine est sociale, toute contradiction est féconde.*

L'histoire du Prince Igor est très belle [2]. Vous la connaissez probablement ; sinon, je vous conseille de visionner l'opéra au plus vite, avec sa musique et ses danses. Cela ne m'empêche pas de vous la raconter de façon très succincte, sous une forme inspirée des bandes dessinées, où j'ai utilisé des images d'une représentation au théâtre Mariinski de Saint-Petersbourg [3].

Pour défendre sa patrie menacée par les incursions récentes des polovtsiens, Igor, prince de la ville russe de Poutivl, prépare une campagne. Au moment où il harangue ses troupes, une éclipse de soleil, immédiatement interprétée comme un mauvais présage, sème la terreur parmi les généraux et le peuple ; tous conseillent au prince d'annuler la campagne : *Prince, ne pars pas !*

---

2. Le livret, écrit par Borodine lui-même, est basé sur une légende médiévale.
3. Courtoisie de V. M. Baranovsky, Théâtre Mariinsky.

Fig. 46

Mais Igor, en souverain responsable, refuse d'obtempérer : « *Qu'avons-nous à craindre ? On n'échappe pas à son destin !* », cependant que la peur se dessine sur tous les visages :

Fig. 47

Les images qui précèdent sont un peu sombres, car elles ont été prises pendant l'éclipse. Fort opportunément, sur la scène suivante, en pleine lumière, la princesse Yaroslavna implore à son tour son mari de se désister : « *Je n'ai jamais éprouvé de telles craintes ! Mon aimé, reste avec moi !* »

Fig. 48

Inflexible dans sa détermination à faire son devoir envers sa patrie en danger, Igor part à la tête de son armée, mais celle-ci est démoralisée et la campagne tourne au désastre. Nous assistons donc à une variante de *la prophétie qui s'auto-réalise*[4].

4. Chapitre VII, section X.

Igor devient prisonnier des polovtsiens, commandés par le khan Kontchak, alors que le peuple de Poutivl subit les exactions du prince Galytski, frère de Yaroslavna et régent pendant l'absence d'Igor. Précisément, l'une des plus belles scènes constitue un excellent *exemple de processus dialectique* : Le prince Galytski a enlevé une fille pour son plaisir, un chœur de jeunes filles s'adresse à Yaroslavna pour la faire délivrer, mais il est soumis à une déchirante contradiction entre son aspiration à la justice et la peur d'accuser le régent. Le chœur commence par implorer justice (*thèse*). Yaroslavna demande le nom de l'auteur de l'enlèvement, mais aucune des jeunes filles n'ose le prononcer. Le chœur se désagrège et disparaît en tant que tel, devenant une assemblée de filles apeurées, chacune s'adressant à sa voisine pour l'encourager : « dis-lui, toi » (*antithèse*). Le fiasco de la démarche étant évident, le chœur se reconstitue, mais sous une forme entièrement différente, ce n'est plus un chœur implorant mais un chœur accusateur qui livre finalement le nom du coupable : c'est Galytski ! (*synthèse*). La scène suivante est naturellement une superbe altercation lyrique entre Yaroslavna (soprano) et son frère (baryton).

Dans le camp polovtsien, Kontchakovna, fille du khan Kontchak, intercède pour améliorer le sort des prisonniers russes et rencontre Vladimir, fils d'Igor. C'est à cette occasion, en quittant la garde, qu'un groupe de soldats polovtsiens chante le chœur que nous avons cité[5] comme exemple de description de causalité primitive (finalisme) : « … Le soleil va se coucher derrière les montagnes et emporter la lumière avec lui, le ciel nous envoie la lune, qui se déplace pour protéger le ciel, pour éclairer la terre et pour nous protéger… »

5. Chapitre IV, section I.

Fig. 49

Le temps passe. Admirant le courage et l'intégrité morale d'Igor, Kontchak lui propose une alliance qu'Igor refuse, cependant que Vladimir et Kontchakovna tombent amoureux. Kontchak voit très favorablement ces amours et des fêtes sont organisées en l'honneur des prisonniers, à grand renfort de danses polovtsiennes. Igor, invité d'honneur, refuse de boire ; Kontchak lui propose une belle esclave :

Fig. 50

Igor refuse toujours et pleure les malheurs de son peuple alors même que la danse s'achève dans une apothéose de joie :

Fig. 51

Le reste de l'histoire est confus et incongru. Igor retourne dans sa patrie et Galytski est démis. Cette partie est, comme je l'ai indiqué, fort contestée. Il est plus cohérent de considérer que l'opéra s'achève alors que l'histoire se poursuit, avec ses contradictions intelligibles, ses indéterminations inéluctables, ses chaos déterministes qui surprennent toujours les hommes, acteurs et spectateurs d'une pièce qui ne sera jouée qu'une fois.

Encore un commentaire. Dans certaines représentations de ce bel opéra, l'ordre des parties 2 (Yaroslavna et Galytski à Poutivl) et 3 (Igor et Kontchak au camp polovtsien) soient échangées. Cela se produit souvent avec les œuvres posthumes, car on ignore quel ordre aurait retenu l'auteur. *Les contes d'Hoffmann* d'Offenbach, en est un exemple classique. Mis à part l'introduction et la conclusion, cet opéra est constitué par trois contes parfaitement distincts et isolés. Le cas du *Prince Igor* est très différent, et garde un rapport très intéressant avec la structure profonde de l'espace-temps. Au temps d'Igor il n'y avait pas de téléphone portable ! on partait en guerre pour de bon, sans possibilité d'exercer une influence quelconque sur les événements dans des contrées éloignées (aussi fallait-il un régent à Poutivl). La flèche du temps sous-tendue par la causalité établit sans ambiguïté les relations « les parties 2 et 3 suivent la 1 (le départ d'Igor de Poutivl) » et « la partie 4 (le retour d'Igor, si on l'accepte) suit les parties 2 et 3 ». Par contre, aucune relation de causalité (flèche du temps) ne relie entre elles les parties 2 et 3. Si vous êtes contraint (comme c'est le cas pour jouer la pièce dans un théâtre) de représenter ces événements sur une suite d'instants à une position fixée, (en respectant la flèche du temps, c'est-à-dire la causalité, pour la vraisemblance), vous aurez deux possibilités. Dans le cas qui nous occupe, j'ai utilisé des images de la version de G. Gheorgiev au théâtre Mariinski, qui est jouée dans l'ordre 1, 3, 2, 4, mais j'ai fait mon récit dans l'ordre 1, 2, 3, 4, qui est celui que je préfère, car il renvoie à un peu plus tard le morceau de bravoure constitué par les danses polovtsiennes, faisant durer le plaisir. Soyez assuré que dans le cas du *Prince Igor les deux suites temporelles sont très belles et, surtout, parfaitement cohérentes avec le récit* (Les musicologues appellent respectivement les parties 2 et 3 simplement « acte russe » et « acte polovtsien »). *Avec ce commentaire vous disposerez d'un outil vous aidant, peut-être, à comprendre certains paradoxes de la relativité, ou, plus simplement, pourquoi il est très difficile de dater des souvenirs isolés, sans rapport de causalité avec d'autres dont la date est évidente.*

Pourquoi raconter tout cela ? C'est un prétexte pour vous faire réfléchir et rêver, mais aussi parce que je m'interroge : Pourquoi Borodine, scientifique et compositeur engagé, a-t-il choisi pour son opéra un conte où les présages se réalisent, où les défaites deviennent des histoires d'amour et les prisonniers des invités sans pour autant être heureux ? Et pourquoi n'est-il pas arrivé à le finir avant de mourir ? Je l'ignore, mais j'ai une piste : Borodine connaissait le monde mieux que la plupart d'entre nous, Igor, Galytski, la fille de Kontchak, sont n'importe qui, peut-être vous ou moi, et c'est pour cela que ce n'est pas terminé.

Bibliographie

I. Quelques coups d'œil sur l'histoire des sciences

Les références Barrow-Green [2010], Chaline [2006], Diehl-Donnelly [2011], Di Trocchio [1999], Mazliak [2002], Taton [1955], Vincent [2010] n'ont pas été citées dans le texte, mais leur lecture est suggérée.

BARROW-GREEN J., "Poincaré and the three-body problem", AMS – LMS History of Mathematics, 1977, vol. 11 (Cité par J.-C. Yoccoz La lettre du Collège de France, N° 28, avril 2010, p. 38-42).

CHALINE J., *Quoi de neuf depuis Darwin ?* Paris, Ellipses, 2006. Cité aussi au chapitre IX.

DE ROBERTIS E.-M. and SASAI Y., "A common plan for dorsoventral patteringin Bilateria", *Nature*, vol. 380, 1996, p. 37-40. Cité aussi au chapitre IX.

DIEHL D and DONNELLY M.-P., *Inventeurs ou imposteurs ?* Paris, Express-Roularta, 2011.

DI TROCCHIO F., *El genio incomprendido*, 1999, Madrid, Alianza.

GOULD S.-J., *La mal-mesure de l'homme*, Éditions Ramsay, Poche, 1983.

— *La structure de la théorie de l'évolution*, Paris, Gallimard, 2006.

HEARNSHAW L.-S., *Cyril Burt psychologist*, Londres, Hodder and Stoughton, 1979.

LAVAL C., « Le paradigme néolibéral de la connaissance », in *Raison Présente*, 2009, N° 171, p. 29-39.

MAZLIAK P., *Les fondements de la biologie. Le XIXe siècle de Darwin, Pasteur et Claude Bernard*, Paris, Vuibert, 2002. Cité aussi au chapitre IX.

POINCARÉ H., *Les méthodes nouvelles de la mécanique céleste*, Paris, Gauthier-Villars, 1893, nombreuses éditions.

POINCARÉ H. et MITTAG-LAFFLER G., *Correspondance entre H. P. et G. M-L*, Bâle, Birkhäuser, 1999.

RECLUS E., *L'homme et la terre*, 1905. Plusieurs éditions, dont La Découverte 1989 (textes choisis et introduction par B. Giblin).
SLACK J.-M.-W., HOLLAND P.-W.-H., GRAHAM C.-F., "The zootype and the phylotopic stage", *Nature*, 1993, vol. 361, p. 490-492. Cité aussi au chapitre IX.
TATON R., *Causalités et accidents de la découverte scientifique*, Paris, Masson, 1955.
TUBIANA M., *Le bien-vieillir. La révolution de l'âge*, Paris, Fallois, 2003.
VINCENT J.-D., *Elysée Reclus. Géographe, anarchiste, écologiste*, Paris, Robert Laffont, 2010.

II. Généralités sur la connaissance scientifique

Les références Flanagan [1990], Poincaré [2002], [2005], [2008], UR [2010], n'ont pas été citées dans le texte, mais leur lecture est suggérée.

BACHELARD G., *Essai sur la connaissance approchée*, Paris, Vrin, 1927.
— *Le nouvel esprit scientifique*, Paris, Presses Universitaires de France, 1934.
— *La philosophie du non*, Paris, Presses Universitaires de France, 1940.
BERTHOZ A., *La décision*, Paris, Odile Jacob, 2003. Cité aussi au chapitre V.
— *La simplexité*, Paris, Odile Jacob, 2009. Cité aussi aux chapitres V, VII et X.
CYRULNIK B., DIGARD J.-P., MATIGNON K.-L., PICK P., *La plus belle histoire des animaux*, Paris, Le Seuil, 2000. Cité aussi au chapitre IX.
FLANAGAN D., *Le connu, l'inconnu et l'incompréhensible*, Paris, Dunod, 1990.
FOUCAULT M., *Qu'est ce que les Lumières*, Paris, Éditions Bréal, 2004.
HOTTOIS G., *De la Renaissance à la postmodernité*, Bruxelles, De Boeck et Larcier, 1997.
KELLY G.-A., *The psychology of personal constructs*, New York, Norton, 1955.
KUHN T., *La structure des révolutions scientifiques*, Paris, Flammarion, 1983.
LARGEAULT J., *Intuition et intuitionnisme*, Paris, Vrin, 1992.
LEVINS R. and LEWONTIN R., *The dialectical biologist*, Cambridge, Cambridge University Press, 1985. Cité aussi aux chapitres III et IX.
LEWONTIN R.-C., *La triple hélice. Les gènes, l'organisme, l'environnement*, Paris, Le Seuil, 2003. Cité aussi aux chapitres VII et IX.
MAZAURIC S., *Fontenelle et l'invention de l'histoire des sciences à l'aube des Lumières*, Paris, Fayard, 2007.

Pecker J.-C., *L'univers exploré, peu à peu expliqué*, Paris, Odile Jacob, 2003.
Poincaré H., *La science et l'hypothèse*, 1902. Nombreuses éditions, dont Flammarion 1968. Cité aussi au chapitre X.
— *La valeur de la science*, 1905. Nombreuses éditions, dont Flammarion 1970. Cité aussi au chapitre V.
— *Science et méthode*, 1908. Nombreuses éditions, dont Kimé 1999.
Popper K.-R., *La logique de la connaissance scientifique*, Paris, Payot, 1982.
Prigogine I et Stengers I., *La nouvelle alliance*, Paris, Gallimard, 1979.
Prochiantz A., *Les anatomies de la pensée. À quoi pensent les calamars ?* Paris, Odile Jacob, 1997.
Sève L., *Sciences et dialectiques de la nature*, Paris, La dispute, 1998. Cité aussi aux chapitres III et VII.
— *Émergence, complexité et dialectique*, Paris, Odile Jacob, 2005. Cité au chapitre VII.
Uexküll J. von, *Mondes animaux et monde humain*, 1934, Édition Pocket Agora, 2005.
UR, *Le rationalisme d'hier à demain*, Ouvrage collectif, Paris, Nouvelles éditions rationalistes, 2010.

III. Quelques remarques sur la pratique de la recherche

La référence Bernal [1967] n'a pas été citée dans le texte, mais sa lecture est suggérée.

Beevor A., *Stalingrad*, Paris, Fallois, 1999.
Bernal J.-D., *The social function of science*, MIT Press, 1967.
Cornwell J., *Les savants d'Hitler*, Paris, Albin Michel, 2008.
Diamond J., *Effondrement*, Paris, Gallimard, 2006.
Levins R. and Lewontin R., *The dialectical biologist*, Cambridge, Cambridge University Press, 1985. Cité aussi aux chapitres II et IX.
Menger, *Le travail créateur*, Paris, Gallimard – Seuil, 2009.
Ruelle D., *Hasard et Chaos*, Paris, Odile Jacob, 1991.
Saint-Pulgent M. de, *L'opéra comique. Le Gavroche de la musique*, Paris, Gallimard, 2010.
Sève L., *Sciences et dialectiques de la nature*, Paris, La dispute, 1998. Cité aussi aux chapitres II et VII.

IV. Quelques remarques sur causalité et finalisme

CAZENAVE M. (dir.), *Aux frontières de la science. Dictionnaire de l'ignorance,* Paris, Albin Michel, 1998.

DANCHIN A., « Des minéraux à la vie : une alternative à la soupe prébiotique ? », in Cazenave M. (dir.), 1998, p. 196-212.

GOULD S.-J. and LEWONTIN R., "The spandrels of San Marco and the panglossian paradigm : a critique of the adaptationist programme", London, Prod. Roy Soc. 1979, ser. B, vol 205, p. 581-598. Cité aussi au chapitre IX.

SCHRÖDINGER E., *Qu'est-ce que la vie ?* 1944. Nombreuses éditions, dont Christian Bourgeois 1986.

V. Cerveau et pensée

Les références Buser [2005], Buser P., Debru C. [2011], Buser, Debru, Kleinert (dir.) [2009], Carosella, et al. (dir.) [2008], Changeux [1983], Changeux [2002], Cyrulnik [2006], Hubel [1994], Köler [1964], Miller [2000], Moles [1957], Poincaré [1905], Polya [1961], Ruelle [2007] n'ont pas été citées dans le texte, mais leur lecture est suggérée.

ANSERMET F. et MAGISTRETTI P., *À chacun son cerveau. Plasticité neuronale et inconscient*, Paris, Odile Jacob, 2004.

BERTHOZ A., *Le sens du mouvement*, Paris, Odile Jacob, 1997.

— *La décision*, Paris, Odile Jacob, 2003. Cité aussi au chapitre II.

— *La simplexité*, Paris, Odile Jacob, 2009. Cité aussi aux chapitres II, VII et X.

BREZINSKI C., *Comment l'esprit vient aux savants*, Paris, L'Harmattan, 2007.

BUSER P., *L'inconscient aux mille visages*, Paris, Odile Jacob, 2005.

BUSER P., DEBRU, C., *Le temps, instant et durée*, Paris, Odile Jacob, 2011.

BUSER P., DEBRU C., KLEINERT A. (dir.), *L'imagination et l'intuition dans les sciences*, Paris, Édition Hermann, 2009.

BYERS W., *How mathematicians think. Using ambiguity, contradiction and paradox to create mathematics*, Princeton, Princeton University Press, 2007. Cité aussi aux chapitres VII et X.

CARRIER M., "Scientific discovery : multiple pathways to scientific novelties", in Buser, Debru, Kleinert, 2009, p. 97-112.

Carosella, *et al.* (dir.), *L'identité changeante de l'individu*, Paris, L'Harmattan, 2008.
Changeux J.-P., *L'homme neuronal*, Paris, Fayard, 1983.
— *L'homme de vérité*, Paris, Odile Jacob, 2002.
Crespin R., *À la scène, à la ville*, Arles, Actes Sud, 2007.
Cyrulnik B., *De chair et d'âme*, Paris, Odile Jacob, 2006.
Cyrulnik B., Digard J.-P., Picq P., Marignon K.-L., *La plus belle histoire des animaux*, Paris, Le Seuil, 2000.
Di Trocchio F., *Las mentiras de la ciencia*, Madrid, Alianza, 1995.
Damasio A.-R., *L'erreur de Descartes. Raison et émotion*, Paris, Odile Jacob, 1994.
Davies E.-B., *Science in the looking Glass. What do scientists know ?* Oxford, Oxford University Press, 2007. Cité aussi au chapitre X.
Ehrlich M.-F., Tardieu H., Cavazza M., *Les modèles mentaux ; approche cognitive des représentations*, Paris, Masson, 1993.
Fagot-Largeault, « L'esprit d'invention chez Charles Nicolle », in Buser, Debru, Kleinert (dir.), 2009, p. 125-136.
Feldmeyer J.-J., *Le Cerveau*, Paris, Le cavalier bleu, 2006.
Frith U., *L'énigme de l'autisme*, Paris, Odile Jacob, 1992.
Hadamard J., *Essai sur la psychologie de l'invention dans le domaine mathématique*, suivi de Poincré H., *L'invention mathématique*. Paris, 1945. Nombreuses éditions, dont Jacques Gabay.
Hubel D., *L'œil, le cerveau et la vision*, Paris, Pour la Science, 1994.
Jacob F., *La statue intérieure*, Paris, Odile Jacob, 1987.
Jeannerod M., « Neuroscience de l'imagination », in Buser, Debru, Kleinert, 2009, p. 113-124.
Jeannin Y., « L'imagination et l'intuition en chimie. Comment concevoir, analyser, construire et prévoir », in Buser, Debru, Kleinert, 2009, p. 87-96.
Johnson-Laird Ph., *Mental models. Towards a cognitive science of language*, Harvard, Harvard University press, 1983.
Johnson-Laird Ph., *How we reason*, Oxford, Oxford University Press, 2006.
Köler W., *Psychologie de la forme*, Paris, Gallimard, 1964.
Koestler A., *The act of creation*, nombreuses éditions, dont Pan Books, London, 1964.

LE DOUARIN N., *Les cellules souches, porteuses d'immortalité*, Paris, Odile Jacob, 2007. Cité aussi au chapitre IX.

MILLER A.-I., *Les intuitions de génie*, Paris, Flammarion, 2000.

MOLES A.-A., *La création scientifique*, Genève, Kister, 1957.

NICOLLE C., *Biologie de l'invention*, Paris, Alcan, 1932.

PLATONOV K.-K., *Psychologie récréative*, Moscou, Éditions du progrès, 1968.

POLYA G., *Mathematical discovery. On understanding, learning and teaching problems solving*, New York, John Wiley and sons, 1961.

RIZZOLATTI G. et SINIGAGLIA C., *Les neurones miroirs*, Paris, Odile Jacob, 2008.

POINCARÉ H., *La valeur de la science*, 1905. Nombreuses éditions, dont Flammarion 1970. Cité aussi au chapitre II.

RUELLE D., *The mathematician's brain*, Princeton, Princeton University Press, 2007.

SAINT-EXUPÉRY A. de, *Le petit prince*, 1944. Nombreuses éditions.

SCHWARTZ J., "Creating versatile new robots to mimic the motions of nature", *Le Monde*, 2007, supplément venant du *New York Times*, Science & technology, April 7.

SCHWARTZ L., *Un mathématicien aux prises avec le siècle*, Paris, Odile Jacob, 1997.

SINGER W., « Le soi, une perspective neurobiologique », in Carosella et al. (dir.), *L'identité changeante de l'individu*, Paris, L'Harmattan, 2008, p. 121-138.

VIDAL C., « Le sexe du cerveau. Entre science et idéologie », *Cahiers rationalistes*, 2008, N° 594.

VI. Interaction, causalité non instantanée et systèmes dynamiques

Les références Françoise [2005] et Ruelle D. [1991] n'ont pas été citées dans le texte, mais leur lecture est suggérée.

FRANÇOISE J.-P., *Oscillations en biologie. Analyse qualitative et modèles*, Springer, 2005.

GOLDBETER A., *La vie oscillatoire. Au cœur des rythmes du vivant*, Paris, Odile Jacob, 2010.

HIRSCH H. and SMALE S., "Differential equations, dynamical systems and linear algebra", *Academic Press*, 1974.
PONTRIAGUINE L., *Équations différentielles ordinaires*, Éditions de Moscou, 1969.
RUELLE D., *Hasard et chaos*, Paris, Odile Jacob, 1991.

VII. Pragmatique et dialectique

Les références Lefèbvre H. [1969] et Lévy – Leblond [1996] n'ont pas été citées dans le texte, mais leur lecture est suggérée.

BERTHOZ A., *La simplexité*, Paris, Odile Jacob, 2009. Cité aussi aux chapitres II, V et X.
BROHM J.-M. *Les principes de la dialectique*, Paris, Les éditions de la passion, 2003.
BYERS W., *How mathematicians think. Using ambiguity, contradiction and paradox to create mathematics*, Princeton, Princeton University Press, 2007. Cité aussi aux chapitres V et X.
DA Costa, N., "*Logiques classiques et non classiques*", Paris, Masson, 1997.
ENGELS F., *Anti-Dühring*, Nombreuses éditions, 1878.
GOLDBETER A., *La vie oscillatoire. Au cœur des rythmes du vivant*, Paris, Odile Jacob, 2010.
GUESPIN-MICHEL J. et RIPOLL C., « Systèmes dynamiques non linéaires, une approche de la complexité et de l'émergence », in Sève L., *Émergence, complexité et dialectique*, Paris, Odile Jacob, 2005, p. 13-47.
LACAN J., « Le temps logique et l'assertion de certitude anticipée. Un nouveau sophisme », 1945. Texte facilement accessible par internet.
LE Douarin N., *Les cellules souches, porteuses d'immortalité*, Paris, Odile Jacob, 2007. Cité aussi au chapitre VIII.
LEFÈBVRE H., *Logique formelle logique dialectique*, Paris, Anthropos, 1969.
LEVIN R. and LEWONTIN R., *The dialectical biologist*, Cambridge, Cambridge University Press, 1985. Cité aussi aux chapitres II et III.
LÉVY-LEBLOND J.-M., *Aux contraires*, Paris, Gallimard, 1996.
LEWIN R., *La complexité. Une théorie de la vie au bord du chaos*, Inter éditions, 1994.

LEWONTIN R.-C., *La triple hélice. Les gènes, l'organisme, l'environnement*, Paris, Le Seuil, 2003. Cité aussi aux chapitres II et IX.

LITTLEWOOD J.-E., *A mathematician's miscellany*, [1953], Édition préparée par B. Bollobás, Cambridge, Cambridge University Press, 1986.

NOVECK I., « Le raisonnement propositionnel » in Politzer G. (dir.), 2002, p. 103-136.

POLITZER G., *Principes élémentaires de philosophie*, Nombreuses éditions, dont Paris, Éditions Sociales, 1936.

— dir., *Le raisonnement humain*, Paris, Hermès, 2002.

SÈVE L., *Sciences et dialectiques de la nature*, Paris, La dispute, 1998. Cité aussi aux chapitres II et III.

— *Émergence, complexité et dialectique*, Paris, Odile Jacob, 2005. Cité aussi au chapitre II.

VAN Der Henst J.-B. [2002] « Contexte et raisonnement », in Politzer G. (dir.) [2002], p. 271-305.

VIII. Que font les scientifiques face aux problèmes et en génèrent-ils de nouveaux

DELAHAYE J.-P., *Logique, informatique et paradoxes*, Paris, Bélin-Pour la Science, 1993.

EBER N., *Le dilemme du prisonnier*, Paris, La découverte, 2006.

GUERRIEN B., *Dictionnaire d'analyse économique. Microéconomie, macroéconomie, théorie des jeux*, Paris, La Découverte, 2002.

LE Douarin N., *Les cellules souches, porteuses d'immortalité*, Paris, Odile Jacob, 2007. Cité aussi au chapitre VII.

IX. Biologie et évolution

Les références : Foster, [2000] et Raoult [2010] n'ont pas été citées dans le texte, mais leur lecture est suggérée.

ARNAUD Ph., « L'expression du gène "agouti" », *Science et Avenir*, N° hors série décembre 2006/janvier 2007, p. 35.

CAVALLI-SFORZA L., *Évolution biologique, évolution culturelle*, Paris, Odile Jacob, 2005.

CHALINE J., *Quoi de neuf depuis Darwin ?* Paris, Ellipses, 2006.

Cyrulnik B., Digard J.-P., Matignon, K.-L., Pick, P., *La plus belle histoire des animaux*, Paris, Le Seuil, 2000. Cité aussi au chapitre II.

De Robertis E.-M. and Sasai Y., "A common plan for dorsoventral patteringin Bilateria", *Nature*, 1996, vol. 380, p. 37-40. Cité aussi au chapitre I.

Foster J.-B., "Marx's ecology : Materialism and Nature", Monthly Revew Press, 2000. Il y a une traduction en espagnol, "La ecologia de Marx", El Viejo Topo, 2004.

Gould S.-J., « Darwin et les grands enigmes de la vie », *Points sciences*, Pygmalion, 1979.

Gould S.-J. and Lewontin R., "The spandrels of San Marco and the panglossian paradigm : a critique of the adaptationist programme" Prod. Roy Soc. London, 1979, ser. B, vol 205, p. 581-598. Cité aussi au chapitre IV.

Guespin-Michel J., « Réseaux de régulation, boucles de rétroaction et dialectique », in Sève L., *Émergence, complexité et dialectique*, Paris, Odile Jacob, 2005 (p. 243-253).

Jacob F., *Le jeu des possibles*, Paris, Fayard, 1981. Édition poche 2007. La pagination est celle de l'édition de poche.

Le Douarin N., *Les cellules souches, porteuses d'immortalité*, Paris, Odile Jacob, 2007. Cité aussi au chapitre V.

Levins R. and Lewontin R., *The dialectical biologist*, Cambridge, Cambridge University Press, 1985. Cité aussi au chapitre III.

Lewin R., *La complexité*, Inter Éditions, 1994.

Lewontin R.-C., *La triple hélice. Les gènes, l'organisme, l'environnement*, Paris, Le Seuil, 2003. Cité aussi aux chapitres II et VII.

Mazliak P., *La biologie du XXe siècle. Les grandes avancées de Pasteur aux neurosciences*, Paris, Vuibert, 2001.

— *Les fondements de la biologie. Le XIXe siècle de Darwin, Pasteur et Claude Bernard*, Paris, Vuibert, 2002.

Morange M., *La vie expliquée ? 50 ans après le double hélice*, Paris, Odile Jacob, 2003.

— *Les secrets du vivant. Contre la pensée unique en biologie*, Paris, La Découverte, 2005.

Noble D., *La musique de la vie. La biologie au-delà du génome*, Paris, Le Seuil, 2007.

Prochiantz A., *Les anatomies de la pensée*, Paris, Odile Jacob, 1997.

Raoult D., *Dépasser Darwin*, Paris, Plon, 2010.

Slack J.-M.-W., Holland, P.-W.-H., Graham, C.-F., "The zootype and the phylotopic stage", *Nature*, 1993, vol. 361, p. 490-492. Cité aussi au chapitre I.

Thomas H., *D'où vient l'homme ?* Paris, Le grand livre du mois, Acropole, 2005.

Tort P., *L'effet Darwin. Sélection naturelle et naissance de la civilisation*, Paris, Seuil, 2008.

Vallejo F., *La tautología darwinista*, Madrid, Taurus, 1998.

X. Autres commentaires sur les mathématiques

Les références Changeux et Connes [1089] et Poincaré [1902] n'ont pas été citées dans le texte, mais leur lecture est suggérée.

Berthoz A., *La simplexité*, Paris, Odile Jacob, 2009. Cité aussi aux chapitres II, V, VII.

Changeux J.-P. et Connes A., *Matière à pensée*, Paris, Odile Jacob, 1989.

Byers W., *How mathematicians think. Using ambiguity, contradiction and paradox to create mathematics*, Princeton, Princeton University Press, 2007. Cité aussi aux chapitres V et VII.

Davies E.-B., *Science in the looking Glass. What do scientists know ?* Oxford, Oxford University Press, 2007. Cité aussi au chapitre V.

Dehaene S., *La bosse des maths*, Paris, Odile Jacob, 1997.

Poincaré H., *La science et l'hypothèse*, 1902. Nombreuses éditions, dont Flammarion, 1968. Cité aussi au chapitre II.

XI. Coda. La belle histoire de Borodine et son éclipse de soleil

Lischke A., *Alexandre Borodine*, Paris, Bleu Nuit Éditeur, 2005.

Index

A

Q

R

S

Table des matières

Remerciements

Ce livre doit beaucoup à mes amis le mathématicien Daniel Bennequin et le philosophe Emilio Hernandez Crespo. Ils ont soutenu et encouragé le projet dès son début. Ils y ont mis à contribution, sous des formes diverses, leur aide, compétence et dévouement. Qu'ils trouvent ici le témoignage de ma profonde reconnaissance.

S'agissant d'un travail touchant un large éventail de matières scientifiques et épistémologiques, j'ai été amené à consulter un grand nombre de collègues aux spécialités diverses, soit pour m'informer, soit pour faire contrôler tel ou tel point du manuscrit. Il me serait impossible de les citer en signalant explicitement leurs contributions ; par ailleurs, je n'ai pas pu retenir certaines de leurs remarques, pourtant pertinentes et éclairées. Qu'ils veuillent bien trouver ici l'expression de ma sincère reconnaissance. Voici la liste de leurs noms, sans doute incomplète : Alain Berthoz, Philippe Boulanger, Jean Chaline, Jean David, Claude Debru, Etienne Ghys, Melquiades Gonzalez, Bernard Guerrien, Jesús Hernández, Gérard Huet, Pierre Joliot, Jean-Pierre Kahane, Hélène Langevin-Joliot, Cédric Ledormeur, Nicole Le Douarin, Miguel Lobo, Michel Morange, Michel Paty, Jean-Claude Pecker, Maria Eugenia Pérez, David Ruelle, Jacqueline Sanchez-Hubert, Luis Sanz, Luc Tartar. Par ailleurs, l'aide de Janine Indeau pour la préparation du manuscrit et surtout des figures, ne saurait être sous-estimée.

Mes remerciements s'adressent également à Giuseppe Longo, qui m'a fait l'honneur d'accepter le manuscrit, ainsi qu'aux éditions Hermann, et très particulièrement à son directeur, Philippe Fauvernier, pour leurs conseils éclairés dans la préparation finale du manuscrit et pour la belle présentation du livre.

Mise en pages : Élisabeth Gutton
Couverture : Marcel Perrin

Achevé d'imprimer

Printed in Dunstable, United Kingdom

91338354R00268